普通高等教育"十三五"规划教材

# 神奇的润滑

潘传艺　编著

中国石化出版社

## 内 容 提 要

本书有助于普及润滑材料的应用和管理知识，具有较高的实用价值和现实意义。本书的价值在于很少书籍能够覆盖润滑剂在大多数行业领域的应用，包括润滑剂在风电、人工智能和无人机制造、船舶、智能终端(手机)制造、汽车零部件、模具加工、陶瓷与石材加工、航空航天领域、电力设备、工程建设、轻工化工设备、造纸设备、机床设备、纺织设备、钢铁及冶金、太阳能等行业及其设备上的应用；其内容还涉及车用润滑油液、工业润滑剂、金属加工液、润滑脂以及各类设备用油的选用；介绍了润滑的管理与专业化营销，叙述了绿色润滑和最新润滑技术。

本书可作为高等院校选修课教材，也适用于从事润滑剂的科研、生产、应用和销售人员阅读。

### 图书在版编目(CIP)数据

神奇的润滑 / 潘传艺编著．—北京：中国石化出版社,2019.3
 ISBN 978-7-5114-5224-5

Ⅰ.①神… Ⅱ.①潘… Ⅲ.①润滑剂-基本知识
Ⅳ.①TE626.3

中国版本图书馆 CIP 数据核字(2019)第 041941 号

未经本社书面授权,本书任何部分不得被复制、抄袭,或者以任何形式或任何方式传播。版权所有,侵权必究。

**中国石化出版社出版发行**

地址：北京市朝阳区吉市口路9号
邮编：100020　电话：(010)59964500
发行部电话：(010)59964526
http：//www.sinopec-press.com
E-mail：press@sinopec.com
北京柏力行彩印有限公司印刷
全国各地新华书店经销

\*

787×1092 毫米 16 开本 19.5 印张 486 千字
2019年3月第1版　2019年3月第1次印刷
定价：60.00元

# 《神奇的润滑》编写人员

编　著　潘传艺
参　编　谭超武　汪小龙　何智杰　蓝秉理　徐立庶　梁高健

# 序

润滑是很神奇的，凡是有摩擦运动的地方就需要润滑，润滑可以减少磨损、保护摩擦面，润滑可以提高效率、节约能源。无论是各种动物的运动部位还是各种机械的运动部件，如果没有润滑，运动就不可能进行下去。人类对润滑的应用历史久远，我国人民是世界最早使用润滑剂和润滑技术的民族之一，早在春秋时期已应用动物脂肪来润滑车轴。社会生产力的发展需要润滑技术的发展。

改革开放以来我国的经济高速发展，特别是制造业的高速发展，也较大地促进我国的润滑剂和润滑技术的发展。当今社会，无论是简单的机械工具、设备还是现代化的机械加工、机械装备、汽车、高铁、航空航天、智能机器等高科技机械设备都离不开润滑。可以说，没有先进的润滑技术和润滑材料，就没有现代化的先进制造业。润滑不仅关系到机械设备的正常运转、还关系到节约能源、环境保护。

润滑如此重要，可是在我国还有许多工况企业，机械设备使用人员，由于不重视润滑、不懂润滑，由此引起的设备磨损、故障、损坏、停工、停产、以及能源浪费和环境污染等事故常有发生，造成了较大经济损失。因此，学习和应用好润滑技术，对促进我国的现代化建设和国民经济发展有着十分重要的意义。

润滑是一种自然现象，也是一门科学。它涉及物理、化学、材料、机械工程和润滑工程等，是一门边缘学科。润滑剂及润滑技术已经成为工程技术的功能性基元。

本书作者潘传艺博士，早期在原机械工业部广州机械科学研究院从事摩擦与润滑及润滑材料的研究工作，后来在广东工业大学从事新材料及工业润滑的教学科研工作，也帮助许多企业研发润滑新材料，有多项发明专利和科研成果，出版过多部著作，是一位从事摩擦与润滑、润滑剂研究应用的中青年专家。本书是作者藉多年从事润滑技术和润滑剂的科研、应用实践经验，进行资料的收集整理。本书包括内容不仅有摩擦磨损机理、润滑剂基础知识介绍、润滑剂在各个行业设备中的应用，还介绍润滑剂的应用管理与专业化营销、绿色润滑和润滑技术的发展，特别是通过以神奇润滑引入概述，引人入胜；还有风电行业的润滑、人工智能与无人机行业的润滑、智能终端制造行业的润滑、航空航天行业、太阳能行业的润滑等新兴行业润滑的章节的编入是本书的亮点。本书包含的润滑应用行业齐全、润滑剂类别品种齐全，是一本比较全面新颖的润滑技术书籍。

我相信该书的出版发行，一定能够给我国从事润滑技术的科研、生产、应用、销售人员带来较大的帮助。本人作为从事润滑技术工作三十多年的老兵，非常感激作者的辛勤劳动和奉献精神，在此极力向各界读者推荐该书。

张晨辉

# 前　言

本书介绍了摩擦学与润滑技术的发展，阐述了润滑剂的基本知识，侧重点在于总结了润滑剂在十多个行业的应用与选用。内容涉及车用机油、工业润滑材料以及润滑脂等的应用，图文并茂，加入了润滑的管理学内容，并叙述了最新的润滑技术。科普性和行业细分应用是本书最大特色。本书适用于普通高等大专院校石油化工专业学生的专业选修课程和全校各文理专业学生的公选课程，以及对润滑技术应用感兴趣的一般读者。

本书有助于普及润滑材料的应用和管理知识，具有较高的实用价值和现实意义。本书的价值在于很少书籍能够覆盖润滑剂在大多数行业领域的应用，包括润滑剂在风电、人工智能和无人机制造、船舶、智能终端（手机）制造、汽车零部件、模具加工、陶瓷与石材加工、航空航天领域、电力设备、工程建设、轻工化工设备、造纸设备、机床设备、纺织设备、钢铁及冶金、太阳能等行业及其设备上的应用；其内容还涉及车用润滑油液、工业润滑剂、金属加工液、润滑脂以及各类设备用油的选用；介绍了润滑的管理与专业化营销，叙述了绿色润滑和最新润滑技术。笔者为促进我国润滑知识的普及应用，根据多年的科研、教学、现场应用的经验，将自己关于润滑应用的一些体会和经验奉献与读者。

与国内外已出版的同类书籍比较，本书的独到之处在于内容丰富，覆盖面广，具有明显的科普性并具有细分行业中的润滑剂应用之参考价值。

本书在编写过程到了广东工业大学、广东省润滑油行业协会的多位专家以及众多同行的指导和建议，其中深圳市建儒科技有限公司谭超武、安美科技股份有限公司汪小龙、广东车路士能源科技有限公司何智杰、深圳市合诚润滑科技有限公司蓝秉理、广州市方川润滑科技有限公司徐立庶和中山市天图精细化工有限公司梁高健等同志参与了本书主要章节第三章、第四章和第五章的编写和校稿工作，在此表示衷心感谢！本书得到"广州市科学技术协会、广州市南山自然科学学术交流基金会、广州市合力科普基金会"资助出版，特此致谢！

由于作者水平和时间限制，本书一定还存在着不足之处，敬请读者批评指正！

作　者

# 目　　录

第1章　神奇的润滑 ································································ ( 1 )
  1.1　神奇的润滑 ······························································ ( 1 )
  1.2　摩擦与磨损 ······························································ ( 4 )
  1.3　润滑机理 ································································ ( 5 )
第2章　润滑剂的基本知识 ······················································ ( 7 )
  2.1　润滑剂的作用 ···························································· ( 7 )
  2.2　润滑剂的组成 ···························································· ( 8 )
    2.2.1　基础油 ······························································ ( 8 )
    2.2.2　添加剂 ······························································ ( 9 )
  2.3　润滑剂的分类 ··························································· ( 10 )
  2.4　润滑剂的生产 ··························································· ( 11 )
    2.4.1　物理加工路线 ······················································ ( 11 )
    2.4.2　化学加工路线(润滑油加氢) ······································ ( 12 )
    2.4.3　润滑油的生产 ······················································ ( 12 )
  2.5　润滑剂的基本性能与检测 ············································· ( 13 )
    2.5.1　润滑剂的一般理化指标 ··········································· ( 13 )
    2.5.2　润滑剂的性能指标 ················································ ( 16 )
    2.5.3　润滑剂的检测与分析 ············································· ( 19 )
第3章　润滑剂在各行各业中的应用 ········································· ( 21 )
  3.1　润滑剂在各行业及其设备中的应用 ·································· ( 21 )
    3.1.1　风电行业的润滑 ·················································· ( 21 )
    3.1.2　人工智能与无人机行业的润滑 ·································· ( 23 )
    3.1.3　船舶行业的润滑 ·················································· ( 25 )
    3.1.4　智能终端制造行业的润滑 ······································· ( 29 )
    3.1.5　汽车零部件加工行业的润滑 ···································· ( 31 )
    3.1.6　模具与润滑 ························································ ( 34 )
    3.1.7　陶瓷与石材加工行业的润滑 ···································· ( 38 )
    3.1.8　航空航天行业的润滑 ············································ ( 40 )
    3.1.9　电力设备的润滑 ·················································· ( 44 )
    3.1.10　工程建设设备的润滑 ··········································· ( 48 )
    3.1.11　轻工化工设备的润滑 ··········································· ( 52 )
    3.1.12　造纸设备的润滑 ················································ ( 53 )
    3.1.13　机床设备的润滑 ················································ ( 55 )
    3.1.14　纺织设备的润滑 ················································ ( 57 )

  3.1.15 钢铁及冶金行业的润滑 …………………………………………（59）
  3.1.16 太阳能行业的润滑 ……………………………………………（65）
 3.2 车用润滑油液的应用 …………………………………………………（67）
  3.2.1 汽车润滑部位 …………………………………………………（67）
  3.2.2 车用内燃机(机油)的特点与选用 ……………………………（69）
  3.2.3 车辆齿轮油的特点与选用 ……………………………………（78）
  3.2.4 自动传动液(ATF)的特点与选用 ……………………………（81）
  3.2.5 制动液的特点与选用 …………………………………………（82）
  3.2.6 防冻液的特点与选用 …………………………………………（89）
  3.2.7 减震器油的特点与选用 ………………………………………（90）
  3.2.8 车辆润滑脂的特点与选用 ……………………………………（92）
 3.3 工业润滑剂的应用 ……………………………………………………（94）
  3.3.1 液压油的特点与选用 …………………………………………（94）
  3.3.2 工业齿轮油的特点与选用 ……………………………………（99）
  3.3.3 汽轮机油的特点与选用 ………………………………………（103）
  3.3.4 压缩机油的特点与选用 ………………………………………（105）
  3.3.5 冷冻机油的特点与选用 ………………………………………（106）
  3.3.6 真空泵油的特点与选用 ………………………………………（110）
  3.3.7 汽缸油的特点与选用 …………………………………………（112）
  3.3.8 轴承油的特点与选用 …………………………………………（114）
  3.3.9 链条油的特点与选用 …………………………………………（117）
  3.3.10 导轨油的特点与选用 ………………………………………（119）
  3.3.11 绝缘油和变压器油的特点与选用 …………………………（121）
  3.3.12 热传导油的特点与选用 ……………………………………（123）
  3.3.13 气动工具油的特点与选用 …………………………………（125）
  3.3.14 热处理油的特点与选用 ……………………………………（128）
  3.3.15 精密仪表油的特点与选用 …………………………………（132）
  3.3.16 橡胶油的特点与选用 ………………………………………（133）
  3.3.17 防锈油的特点与选用 ………………………………………（139）
 3.4 金属加工液的应用 ……………………………………………………（144）
  3.4.1 切削液的特点与选用 …………………………………………（144）
  3.4.2 磨削液的特点与选用 …………………………………………（146）
  3.4.3 电加工液的特点与选用 ………………………………………（149）
  3.4.4 冲压拉伸润滑剂的特点与选用 ………………………………（151）
  3.4.5 轧制润滑剂的特点与选用 ……………………………………（155）
  3.4.6 锻造润滑剂的特点与选用 ……………………………………（159）
  3.4.7 挤压加工润滑剂的特点与选用 ………………………………（167）
  3.4.8 拉丝拉拔润滑剂的特点与选用 ………………………………（173）
  3.4.9 脱模剂(油)的特点与选用 ……………………………………（179）
 3.5 润滑脂的应用 …………………………………………………………（182）

  3.5.1 润滑脂概述 ………………………………………………………… (182)
  3.5.2 润滑脂的性能特点 ……………………………………………… (186)
  3.5.3 车用润滑脂的应用 ……………………………………………… (187)
  3.5.4 工程机械润滑脂的应用 ………………………………………… (196)
  3.5.5 铁路机车润滑脂的应用 ………………………………………… (200)
  3.5.6 钢铁行业润滑脂的应用 ………………………………………… (202)
  3.5.7 石油管专用润滑脂的应用 ……………………………………… (213)
  3.5.8 食品机械用润滑脂的应用 ……………………………………… (215)
  3.5.9 纺织机械润滑脂的应用 ………………………………………… (217)
  3.5.10 电气相关润滑脂的应用 ……………………………………… (219)
  3.5.11 电动工具润滑脂的应用 ……………………………………… (221)
  3.5.12 光学仪器润滑脂的应用 ……………………………………… (223)
  3.5.13 阻尼润滑脂的应用 …………………………………………… (224)
  3.5.14 塑料润滑脂的应用 …………………………………………… (225)
 3.6 其他类型润滑剂的应用 ……………………………………………… (227)
  3.6.1 合成润滑剂的应用 ……………………………………………… (227)
  3.6.2 固体润滑剂的应用 ……………………………………………… (230)
  3.6.3 气体润滑剂的应用 ……………………………………………… (233)

## 第4章 润滑剂的应用管理与专业化营销 …………………………………… (238)

 4.1 润滑的管理 …………………………………………………………… (238)
  4.1.1 润滑管理的目的 ………………………………………………… (238)
  4.1.2 润滑管理的任务 ………………………………………………… (240)
  4.1.3 润滑管理的制度 ………………………………………………… (241)
 4.2 润滑剂的使用管理 …………………………………………………… (246)
  4.2.1 润滑剂的管理与维护 …………………………………………… (246)
  4.2.2 润滑油的使用与储运 …………………………………………… (249)
  4.2.3 废液处理与废油再生处理技术 ………………………………… (250)
 4.3 润滑剂的专业化营销 ………………………………………………… (252)
  4.3.1 润滑油的专业化营销特点 ……………………………………… (252)
  4.3.2 润滑剂的专业化营销技巧 ……………………………………… (256)
  4.3.3 润滑剂的专业化售后服务 ……………………………………… (260)
  4.3.4 润滑剂的专业化营销案例分析 ………………………………… (266)
  4.3.5 润滑剂的互联网营销 …………………………………………… (268)
 4.4 润滑管理问答 ………………………………………………………… (270)

## 第5章 绿色润滑与润滑技术发展 …………………………………………… (272)

 5.1 绿色润滑与环境保护 ………………………………………………… (272)
  5.1.1 绿色润滑 ………………………………………………………… (272)
  5.1.2 环境保护 ………………………………………………………… (275)
 5.2 润滑技术发展 ………………………………………………………… (277)
  5.2.1 纳米润滑技术 …………………………………………………… (277)

  5.2.2 油气润滑技术 …………………………………………………………（279）
  5.2.3 油雾润滑技术 …………………………………………………………（279）
  5.2.4 微量润滑技术 …………………………………………………………（280）
  5.2.5 机械加工中的自润滑技术 ……………………………………………（282）
  5.2.6 高温固体自润滑技术 …………………………………………………（282）
  5.2.7 仿生润滑技术 …………………………………………………………（283）
  5.2.8 气体润滑技术 …………………………………………………………（284）
  5.2.9 全优润滑技术 …………………………………………………………（285）
  5.2.10 薄膜润滑技术 …………………………………………………………（287）
**附录1 润滑剂专业词汇英中文对照** …………………………………………………（289）
**附录2 部分常用润滑油产品及厂家** ………………………………………………（298）
**附录3 部分常用润滑油添加剂及厂家** ……………………………………………（299）
**参考文献** ………………………………………………………………………………（300）

# 第1章 神奇的润滑

## 1.1 神奇的润滑

人类自诞生之日起，摩擦始终伴随着人类的活动，有运动的物体就会有磨损，有磨损就需要润滑，自从人类发明可行走的车辆之后，润滑剂就应运而生了。中国商朝（公元前1300年）就有战车出现，周朝就有采用动植物脂肪作为润滑剂来润滑车轴的记录（诗经·国风·邶风·泉水）：载脂载舝，还车言迈。遄臻于卫，不瑕有害？

摩擦与润滑主宰着自然和我们的文明，古代中国对摩擦学与润滑技术的发展做出了重要的贡献，从史前时代燧氏钻木到远古华夏黄帝作车，从商周民间辘轳提水，到《天工开物》记载的摇车转链，我们对摩擦现象的探索由来已久，对润滑的运用是人类走向文明的标志之一，对摩擦和润滑规律的科学探索是现代科学技术发展的重要标志。

从达芬奇（Leonardo da Vinci）的固体摩擦实验（图1-1），到阿孟顿（Guillaume Amontons）的摩擦计算公式（图1-2）；从库伦（Charles Augustin Coulomb）的古典摩擦定律（图1-3），到德萨古利斯（John Theophilus Desaguliers）的摩擦分子学说（图1-4）；从克拉盖尔斯基（Крагельский, И. В.）的摩擦的分子机械论（图1-5），到鲍登与泰伯（Frank Philip Bowden & James D. Taber）的黏着摩擦理论（图1-6）；从托尔（Beauchamp Tower）的油膜压力测试（图1-7），到雷诺（Osborne Reynolds）的润滑方程（图1-8）；从哈代（William Bate Hardy）的边界润滑模型（图1-9），到斯特里贝克（Richard Stribeck）的润滑状态曲线（图1-10）；从赫兹（Heinrich Rudolph Hertz）的接触理论（图1-11），到格鲁宾和道森（Alexander N. Grubin, Duncan Dowson）（图1-12）等的弹性流体动力润滑理论；从乔斯特（H. Peter Jost）（图1-13）的摩擦学定义，乃至雒建斌（图1-14）等的超滑理论；人们对摩擦磨损和润滑的研究，发展到了表面工程纳米摩擦和薄膜润滑等现代摩擦学与润滑技术领域，摩擦学与润滑技术在这些方面的发展对现代工业的进步发挥了重要作用，通过大量的科学实验和定量研究，越来越多的摩擦学与润滑技术规律被发现和应用，摩擦学与润滑技术成为人类改变世界、创造未来的重要力量。

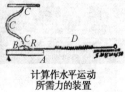

图1-1 达·芬奇的固体摩擦实验　　　　　图1-2 阿孟顿的摩擦计算公式

铅的黏附作用实验

图 1-3　库伦的古典摩擦定律　　　　　图 1-4　德萨古利斯的摩擦分子学说

图 1-5　克拉盖尔斯基的摩擦的分子机械论　　　图 1-6　鲍登与泰伯的黏着摩擦理论

图 1-7　托尔的油膜压力测试　　　　　图 1-8　雷诺的润滑方程

图 1-9　哈代的边界润滑模型　　　　　图 1-10　斯特里贝克的润滑状态曲线

图1-11 赫兹的接触理论

图1-12 格鲁宾和道森的弹性流体动力润滑理论

图1-13 乔斯特的摩擦学定义

图1-14 雒建斌与Jerry P. Byers的超滑理论

在工业文明高度发达的今天，摩擦学与润滑技术发挥着更重要的作用，人们统计发现：全世界30%以上的一次能源因为摩擦被消耗，60%以上的机器零部件因为磨损而失效，超过一半的机械装备恶性事故起源于润滑失效和过度磨损，而摩擦学与润滑技术的不断进步，正在创造出一个更加高效、安全、绿色的地球家园，如今摩擦学与润滑技术正越来越广泛地运用于各个领域，从航空航天到交通运输、桥梁工程，再到海洋深潜、地球深部探测（图1-15~图1-17），世界上几乎所有超级工程的背后都有摩擦学与润滑技术的贡献。中国润滑技术的发展也大大助力中国航天事业，在神舟七号载人飞船的第一次润滑材料试验中，中国首位太空漫步的宇航员翟志刚第一次出舱活动（见图1-18）就取回了固体润滑材料实验试验样品，中国科学院兰州化学物理研究所等成功研制了这批航空领域使用的固体润滑材料；中国长城润滑油为中国探测月球背面的嫦娥四号月球探测器提供了4款润滑材料（见图1-19）。

图1-15 航天飞机

图1-16 港珠澳大桥

图 1-17　蛟龙号深潜器

图 1-18　神舟七号载人航天飞行出舱活动

图 1-19　嫦娥四号月球探测器玉兔二号巡视器

随着研究的不断深入，人们发现在摩擦学与润滑技术世界，还有很多奥秘等待着我们去探索发现，尤其是纳米摩擦学与润滑技术、生物摩擦学与润滑技术、绿色润滑、智能润滑和超滑技术的出现，为摩擦学与润滑技术带来了新的发展机遇，每一个新领域的开拓，都让大家格外惊喜与振奋，因为人们确信，摩擦学与润滑技术向前的每一步都将为人类社会带来更高效的生产和更美好的生活，所以，我们应当不忘初心，背负使命，砥砺前行，不辍探索。

"没有一条路绝对平坦，没有一种生活完美无缺。从细小的摩擦，到强大的阻力。每天，人们都要面对各种各样的问题。就在这些问题的背后，存在着一种力量，它悄然无声，有时人们几乎忘了它的存在；它坚韧强劲，时常又迸发出超乎我们想象的能量。正是这种力量，为人们化解分歧，消除摩擦，每一天因此更加美好。正是这种力量，让机器运转更加流畅，让路程更加顺畅，让人们的心情更加舒畅。这就是润滑的力量。"

## 1.2　摩擦与磨损

摩擦学是研究相对运动的作用表面间的摩擦、磨损和润滑以及三者之间相互关系的理论与应用的一门边缘学科；关于摩擦、磨损和润滑的有关学科就构成了摩擦学（Tribology），润滑技术就是摩擦学的工程表现；了解摩擦与磨损的相关知识，有助于进一步学习和掌握润滑技术及其应用。

摩擦分三种类型：滑动摩擦、滚动摩擦和流动摩擦，如图 1-20 所示。用最小的力就能移动物体，有必要将滑动摩擦或滚动摩擦转变成阻力最小的流动摩擦，或是在两个物体之间加入润滑剂，以减轻摩擦。

图 1-20　摩擦类型

两个既直接接触又产生相对摩擦运动的物体所构成的体系称为摩擦副，两个摩擦副之间相互运动将产生磨损，图1-21~图1-25显示了摩擦副表面的五种类型磨损的表面微观形貌。

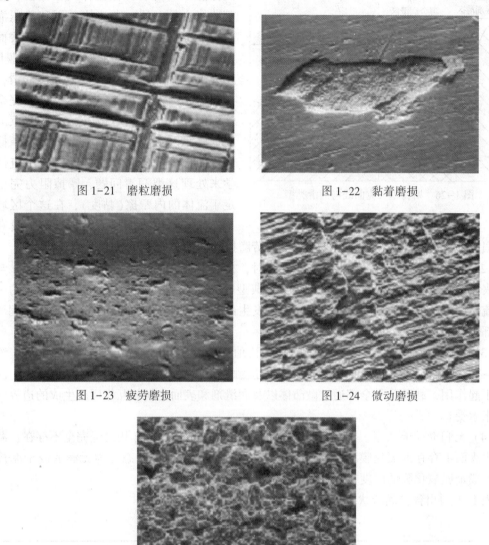

图1-21 磨粒磨损　　　　　　　　图1-22 黏着磨损

图1-23 疲劳磨损　　　　　　　　图1-24 微动磨损

图1-25 冲蚀磨损

## 1.3 润滑机理

理想的润滑是完全隔绝两种物体的直接接触，因此，希望在接触面之间能形成一层较厚的油膜。根据经典的斯特里贝克(Stribeck)曲线(图1-26)，润滑的类型区分为流体润滑、混合润滑、边界润滑和无润滑，其中流体润滑又包括流体动压润滑、流体静压润滑和弹性流体动压润滑。润滑类型随着转速、载荷和润滑剂黏度的变化而变化，润滑状态可以从一种润滑

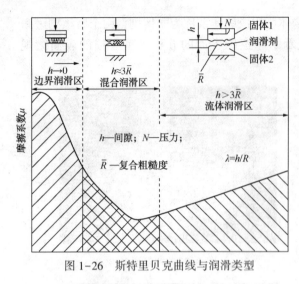

图 1-26 斯特里贝克曲线与润滑类型

状态转变到另一种润滑状态。

(1) 流体润滑 包括流体动压润滑、流体静压润滑与弹性流体动压润滑,相当于曲线右侧一段。在流体动压和静压润滑状态下,平均润滑膜厚 $h$ 与摩擦副表面的复合粗糙度 $\bar{R}$ 的比值 $\lambda$ 大于3,典型膜厚 $h$ 约为 $1\sim100\mu m$。对弹性流体动压润滑,典型膜厚 $h$ 约为 $0.1\sim1\mu m$,摩擦表面完全为连续的润滑剂膜所分隔开,由低摩擦的润滑剂膜承受载荷,磨损轻微。此时摩擦副的表面被连续流体膜隔开,因此用流体力学来处理这类润滑问题,摩擦阻力完全决定于流体的内摩擦(黏度),在这个区域中工作的摩擦副表面没有直接接触,没有磨粒磨损和粘着磨损产生,但可以产生表面疲劳磨损和冲蚀磨损。

(2) 混合润滑 几种润滑状态同时存在时,相当于曲线中间一段,平均润滑膜厚 $h$ 与摩擦副表面的复合粗糙度 $\bar{R}$ 的比值 $\lambda$ 约为3,典型膜厚 $h$ 在 $1\mu m$ 以下,此时摩擦表面的一部分被流体润滑膜隔开,承受部分载荷,也会发生部分表面微凸体的接触,以及由边界润滑膜承受部分载荷。

(3) 边界润滑 相当于曲线左侧一段,比值趋于0(小于0.4~1)时,典型膜厚 $h$ 约为 $0.001\sim0.005\mu m$,此状态摩擦表面的微凸体接触较多,润滑剂的流体润滑作用减少,甚至完全不起作用,载荷几乎全部通过微凸体以及润滑剂和表面之间相互作用所生成的边界润滑剂膜来承受。

(4) 无润滑或干摩擦 当摩擦表面之间,润滑剂的流体润滑作用已经完全不存在,载荷全部由表面上存在的氧化膜、固体润滑膜或金属基体承受时的状态称为无润滑或干摩擦状态。一般金属氧化膜的厚度在 $0.01\mu m$ 以下。

表 1-1 列出各种润滑状态的基本特征及应用。

表 1-1 各种润滑状态的基本特征及应用

| 润滑状态 | 典型膜厚 | 润滑膜形成方式 | 应用 |
| --- | --- | --- | --- |
| 流体动压润滑 | $1\sim100\mu m$ | 由摩擦表面的相对运动所产生的动压效应形成流体润滑膜 | 中、高速的面接触摩擦副,如滑动轴承 |
| 液体静压润滑 | $1\sim100\mu m$ | 通过外部压力将流体送到摩擦表面之间,强制形成润滑膜 | 各种速度下的面接触摩擦副,如滑动轴承、导轨等 |
| 弹性流体动压润滑 | $0.1\sim1\mu m$ | 与流体动压润滑相同 | 中、高速下点、线接触摩擦副,如齿轮、滚动轴承等 |
| 薄膜润滑 | $10\sim100nm$ | 与流体动压润滑相同 | 低速下的点、线接触高精度摩擦副,如精密滚动轴承等 |
| 边界润滑 | $1\sim50nm$ | 润滑油分子与金属表面产生物理或化学作用而形成润滑膜 | 低速重载条件下的高精度摩擦副 |
| 干摩擦 | $1\sim10nm$ | 表面氧化膜、气体吸附膜等 | 无润滑或自润滑的摩擦副 |

# 第2章 润滑剂的基本知识

润滑，就是在发生相对运动的固体摩擦接触面之间加入润滑剂，在两摩擦面之间形成润滑膜，将原来直接接触的干摩擦面分隔开来，变干摩擦为润滑剂分子之间的摩擦，从而起到减少摩擦、节省能耗、降低磨损、延长机械设备使用寿命的目的。

## 2.1 润滑剂的作用

润滑剂的作用，大致可归纳为9个方面，如图2-1所示。

(1) 减少摩擦　在固体摩擦面之间加入润滑剂，可降低摩擦系数，减少摩擦阻力，节约能源。

(2) 降低磨损　机械零件的黏着磨损、表面疲劳磨损和腐蚀磨损与润滑条件很有关系。在润滑剂中加入抗氧、抗腐剂有利于抑制腐蚀磨损，而加入油性剂、极压添加剂可以有效地降低粘着磨损和表面疲劳磨损，从而延长设备的使用寿命。

(3) 冷却作用　液体润滑剂不仅能够减轻摩擦，还可以通过液体流动起到吸热、传热和散热，将部分摩擦热及其他热源排出机外的作用，使设备维持在正常的操作温度。

图2-1　润滑剂的作用

(4) 防腐防锈　摩擦面上有润滑剂覆盖时，可以防止或避免因空气、水滴、水蒸气、腐蚀性气体及液体、尘土、氧化物等所引起的腐蚀、锈蚀。

(5) 绝缘性　精制矿物油或有些合成油的电阻大，可作电绝缘油。

(6) 动能传递　润滑油可以作为静力的传递介质，用于液压系统、遥控马达及无级变速等场合。

(7) 减振作用　液体润滑剂吸附在金属表面上，本身应力小，所以在摩擦副受到冲击载荷时具有吸附冲击能的本领。如汽车、摩托车的减震器油就是油液减振(将机械能转变为热能)。

(8) 清洗作用　通过润滑油的循环可以带走系统中的杂质，再经过滤器滤掉。内燃机油还可以分散尘土和各种沉积物，起到保持发动机清洁的作用。

(9) 密封作用　液体润滑剂对某些外露零部件形成密封，可防止水分或杂质的侵入，在气缸和活塞间起密封作用。

## 2.2 润滑剂的组成

通常来说,润滑剂由基础油加少量的添加剂而制成。基础油分两类:一类是对原油加工,用不同的沸点提取矿物油;另一类是用化学合成制取合成油,再用添加剂改进和提高基础油的性能。根据添加剂的功效,其种类繁多。图2-2为润滑油。

图2-2 润滑油

### 2.2.1 基础油

表2-1为基础油种类。

表2-1 基础油种类

| | 基础油种类 |
|---|---|
| Ⅰ类 | 生产过程基本以物理过程为主,不改变烃类结构,生产的基础油质量取决于原料中理想组分的含量和性质。 |
| Ⅱ类 | 通过组合工艺(溶剂工艺和加氢工艺结合)制得,工艺主要以化学过程为主,不受原料限制,可以改变原来的烃类结构。杂质相对来说要少很多(芳烃的含量要小于10%),饱和烃的含量更高一些,热安定性和抗氧性都比较好,低温和烟炱分散性能都要优于Ⅰ类基础油。 |
| Ⅲ类 | 用全加氢工艺制得,与Ⅱ类基础油相比,属高黏度指数的加氢基础油,又称作非常规基础油(UCBO)。Ⅲ类基础油在性能上远远超过Ⅰ类基础油和Ⅱ类基础油,尤其是具有很高的黏度指数和很低的挥发性。某些Ⅲ类油的性能可与聚α-烯烃(PAO)相媲美,其价格却比合成油便宜得多。 |
| Ⅳ类 | 聚α-烯烃(PAO)合成油。常用的生产方法有石蜡分解法和乙烯聚合法。PAO依聚合度不同可分为低聚合度、中聚合度、高聚合度,分别用来调制不同的油品。这类基础油与矿物油相比,无S、P和金属,由于不含蜡,所以倾点极低,通常在-40℃以下,黏度指数一般超过140。但PAO边界润滑性差。另外,由于它本身的极性小,对溶解极性添加剂的能力差,且对橡胶密封有一定的收缩性,但这些问题都可通过添加一定量的酯类得以克服。 |
| V类 | (1) GTL基础油饱和烃含量高,基本上不含氮和硫,无芳烃,100%为异构烷烃,氧化安定性、低温性能优异,挥发性低,黏度指数极高。能够用于调合高档内燃机油、自动传动液,满足高标准的润滑油产品的需要。<br>(2) 合成烃类、酯类、硅油等 |

基础油包括矿物油和合成油两大类。矿物油是加工原油所得到的不同黏度的润滑油组分。润滑油的基础油是石油的高沸点、高相对分子质量烃类和非烃类的混合物。烃类是烷

烃、芳烃、环烷芳烃等,非烃类是含氧、含氮、含硫有机化合物和胶质、沥青质等。烃类是基础油的主体成分,非烃类占很少比例。

大体上可以把世界各地所产原油分为石蜡基原油、环烷基原油以及中间基原油三大类。石蜡基原油为提炼润滑油的首选原油,其次选用环烷基原油。石蜡基原油既利于加工获取高质量的基础油,又能在加工中得到较高收率的润滑油料。环烷基原油所产的润滑油,虽黏温性能不佳,但因含蜡很少,无须脱蜡,工艺流程短,生产成本低,是制备某些要求倾点很低而不要求黏温性能的专用润滑油,如农用喷雾油、油墨油、金属加工用油、寒区变压器油、冷冻机油等产品的良好原油。

### 2.2.2 添加剂

添加剂为各种极性化合物、高分子聚合物和含有硫、磷、氯等活性元素的化合物。与基础油配伍后,可改善和提高其物化性能,得到更加优良的润滑油品。常用的添加剂主要有黏度指数改进剂(图 2-3)、清净分散剂(图 2-4)、抗氧抗腐剂(图 2-5)、降凝剂(图 2-6)、极压抗磨剂(图 2-7)、油性和摩擦改进剂、抗腐蚀剂、防锈剂、抗泡剂、乳化剂、抗乳化剂、固体添加剂和复合添加剂。由于内燃机油的多级化和通用化,黏度指数改进剂将是用量最大的品种,其次是清净分散剂和抗氧抗腐剂,复合添加剂的品种和数量,将越来越占主导地位。由于内燃机油的低黏度和多级化的需要,摩擦改进剂将有长足的发展。

图 2-3　黏度指数改进剂

图 2-4　清净分散剂

图 2-5　抗氧抗腐剂

图 2-6　降凝剂

图 2-7 极压抗磨剂

## 2.3 润滑剂的分类

凡是有降低摩擦阻力作用的介质都可作为润滑剂。在各种机器及设备中所使用的润滑剂有气体的、液体的、半固体的和固体的。常用的润滑剂类型见表 2-2。

表 2-2 润滑剂类型

液体润滑剂（以润滑油为主）
- 矿物油系润滑油
- 合成油系润滑油
- 水基润滑剂（包括水、乳化液、水和其他物质的混合物）

半固体润滑剂 [润滑脂（图 2-8）]
- 有机脂
- 无机脂

固体润滑剂
- 软金属
- 金属化合物（如二硫化钼）
- 其他无机物（如石墨）
- 有机物质

固体镶嵌式自润滑轴承（图 2-9），是在高力黄铜（ZCuZn25Al6Fe3Mn4）的基体上，镶嵌石墨或 $MoS_2$ 固体润滑剂的一种高性能固体润滑产品。它突破了一般轴承依靠油膜润滑的局限性。在使用过程中，通过摩擦热使固体润滑与轴摩擦，形成油、粉末并存润滑的优异条件，既保护轴承不磨损，又使固体润滑特性永恒。硬度比一般铜套高出一倍，耐磨性能也高一倍。目前该产品已运用于冶金连铸机，列车支架、轧钢设备、矿山机械、船舶、气轮机等高温、高载、低速重载等场合。

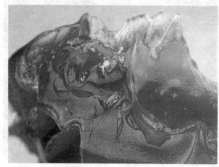

图 2-8 润滑脂

图 2-9 固体镶嵌式自润滑轴承

为了与国际标准相一致，现已参照、采用国际标准 ISO 6743/0—81，制定了我国润滑剂和有关产品的分类标准(GB/T 7631.1—2008)。该标准将 L 类产品按其用途分为 18 个组。其分组及代号均与 ISO 标准一致(表 2-3)。

表 2-3 我国润滑剂及有关产品的分类标准(GB 7631—2008)

| 组别 | 应用场合 | 组别 | 应用场合 |
| --- | --- | --- | --- |
| A | 全损耗系统 | N | 电器绝缘 |
| B | 脱模 | P | 气动工具 |
| C | 齿轮 | Q | 热传导 |
| D | 压缩机(包括冷冻机和真空泵) | R | 暂时保护和防腐蚀 |
| E | 内燃机 | T | 汽轮机 |
| F | 主轴、轴承和离合器 | U | 热处理 |
| G | 导轨 | X | 应用润滑脂的场合 |
| H | 液压系统 | Y | 其他 |
| M | 金属加工 | Z | 蒸汽汽缸 |

## 2.4 润滑剂的生产

石油是由各种不同相对分子质量的碳氢化合物(烃类)组成，首先要经蒸馏，把不同相对分子质量的碳氢化合物按轻重分离出来，依次是石油气、石脑油、汽油、煤油、柴油、重馏分和残渣油，其中的重馏分和残渣油就是润滑油基础油的原料。通过真空蒸馏提取润滑油的原始材料。通过下述各种提炼设施，生产出各类润滑油的基础油，再加入各种添加剂后，可生产出最后的成品油。润滑剂生产流程见图 2-10。

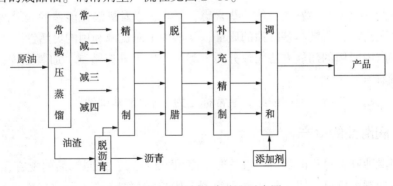

图 2-10 润滑剂生产流程示意图

### 2.4.1 物理加工路线

润滑剂基础材料的物理加工工艺包括常减压蒸馏、溶剂精制、溶剂脱蜡、丙烷脱沥青和白土精制等，主要如图 2-11 所示几个步骤。

物理加工是用选择性溶剂分离的方法将基础油中的非理想组分蜡等分离出来，但对其他有害物如含氮含硫化合物分离能力很差，同时它不能改变基础油的烃类型，因而对原油的烃组成要求较严，资源利用受限制。

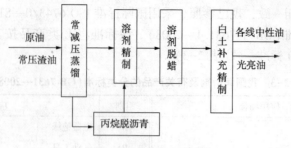

图 2-11 物理加工路线

### 2.4.2 化学加工路线(润滑油加氢)

润滑油加氢是生产润滑油的一种新工艺(图 2-12)。即通过催化剂的作用,润滑油原料与氢气发生各种加氢反应,改变基础油的烃结构,如使非饱和烃或环烷烃变为黏温性能好,润滑性能、抗氧性能好的饱和烃,使低温下易结晶的正构烷烃转变为不易结晶的异构烷烃。同时它又能:一方面除去硫、氧、氮等杂质,保留润滑油的理想组分;另一方面将非理想组分转化为理想组分,从而使润滑油质量得到提高;并同时裂解产生少量的气体、燃料油组分。

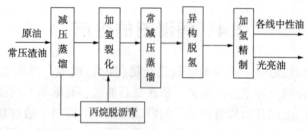

图 2-12 化学加工路线

由于润滑油加氢工艺的发展,使一些含硫、氮高,以及黏温性能差的润滑油劣质原料也可以生产优质润滑油,既提高基础油的质量,又增加了对资源利用的灵活性。

润滑油生产中所用的加氢方法大致分为三类:即加氢补充精制、加氢处理(或叫加氢裂化)和加氢脱蜡(异构脱蜡)。

经过上述精制工艺所得到的油品,通常称之为"润滑油基础油"。

### 2.4.3 润滑油的生产

调和是润滑油制备过程的最后一道重要工序(图 2-13),按照油品的配方,将润滑油基础油组分和添加剂按比例、顺序加入调和容器,用机械搅拌(或压缩空气搅拌)、泵抽送循环、管道静态混合等方法调和均匀,然后按照产品标准采样分析合格后即为正式产品。

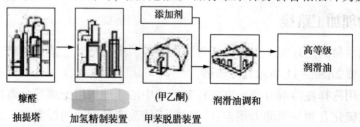

图 2-13 润滑油产品调和

通常，经炼油厂精制后得到的只有常三线、减二线、减三线、减四线和光亮油(即减压残油经脱沥青、精制后所得的高黏度油料)等几种不同黏度的基础油料。许多牌号的润滑产品常常是利用两种或两种以上不同黏度的基础油组分按一定比例(该比例常称为调和比)混合调制成的，基础组分油的调和是润滑油产品调制的基础。

(1) 混合油黏度和调和比的计算　不同黏度的油料混合后，其黏度不是加成关系，而应由下式计算

$$\lg\nu = n_1\lg\nu_1 + n_2\lg\nu_2$$

式中　$\nu_1$、$\nu_2$——混合油1组分和2组分油的运动黏度，$mm^2/s$；

$n_1$、$n_2$——1、2组分油的混合比例，%(计算时为小数，$n_1 = 1-n_2$)。

(2) 混合油性质的变化　两种以上的组分油调合成所需黏度的油品时，不但黏度不成算术平均值，其他的一些性质指标也没有算术平均性，而一般是偏向于性能较低组分油的性质的情况较多。例如：

① 不同闪点的组分油混合成的油品的闪点，一般是偏向于低闪点组分油的闪点，即呈闪点下降现象。

② 不同凝点的组分油混合成的油品的凝点，一般偏于高凝点组分油的凝点，即凝点上升现象。

③ 不同黏度指数的组分油混合成的油品的黏度指数一般都偏向高黏度指数分组油的黏度指数。在一定范围内还表现出一定的可加性，即为黏度指数上升现象。

④ 不同油性的组分油混合成的油品，其油性大体上呈算术平均值的直线关系。

⑤ 混合油的其他一些指标如酸值、灰分、杂质、残炭等为可加性指标。

## 2.5　润滑剂的基本性能与检测

润滑油是一种技术密集型产品，是复杂的碳氢化合物的混合物，而其真正使用性能又是复杂的物理或化学变化过程的综合效应。润滑油脂的基本性能包括一般理化指标、性能指标和模拟台架试验指标。这些性能的指标数据会出现在产品的规格及质量检验报告中，我们应认识这些指标的意义，从而判断产品的质量及变化后对使用的影响。

### 2.5.1　润滑剂的一般理化指标

每一种类润滑油品都有其共同的一般理化性能，以表明该产品的内在质量。一般的理化性能如下：

(1) 外观(色度)　对于基础油来说，油品的颜色往往可以反映其精制程度和稳定性。一般精制程度越高，其烃的氧化物和硫化物脱除得越干净，颜色也就越浅。不能仅凭颜色的深浅判别基础油的质量好坏，大多数的润滑油已无颜色的要求，主要能满足使用要求，颜色深浅都可以。图2-14为石油产品色度测定器。

(2) 密度　密度是润滑油最简单、最常用的物理性能指标。一般此指标用以作体积和重量的换算，并无表示质量上的意义。图2-15为石油产品密度测定仪。

图 2-14 石油产品色度测定器　　　　图 2-15 石油产品密度测定仪

（3）黏度　黏度反应油品的内摩擦力，是表示油品油性和流动性的一项指标。润滑油的黏度一般有两种表示方法，一种是运动黏度，单位为 $mm^2/s$，工业润滑油一般测其 40℃ 时的黏度，内燃机油和车辆齿轮油测其 100℃ 时的黏度，采用低剪切力的毛细管黏度计测量；另一种为动力黏度，单位为 $mPa \cdot s$，表示内燃机油和齿轮油等低温流动特性，测量温度由产品规格指定。采用高剪切力的旋转黏度计测量。很多润滑油产品以其运动黏度作为产品牌号。图 2-16 为石油产品黏度测定器。

（4）黏度指数　黏度指数表示油品的黏度随温度变化的程度。黏度指数越高，表示油品的黏度受温度影响越小，其黏温性能越好，反之越差。图 2-17 为运动黏度测定仪。

图 2-16 石油产品黏度测定器　　　　图 2-17 运动黏度测定仪

（5）闪点　把油加热使油蒸发，对其蒸气与空气混合物点火，能点着时的油温度为闪点，也叫闪火点（flash point），闪点表示油品蒸发性的一项指标。油品的馏分越轻，蒸发性越大，其闪点也越低。同时，闪点又是表示石油产品着火危险性的指标。油品的危险等级是根据闪点划分的，闪点在 45℃ 以下为易燃品，45℃ 以上为可燃品，在油品的储运过程中严禁将油品加热到它的闪点温度。在黏度相同的情况下，闪点越高越好。图 2-18 为石油产品自动开口闪点和燃点测定器。

（6）凝点和倾点

凝点是指在规定的冷却条件下油品停止流动的最高温度。油品的凝固和纯化合物的凝固有很大的不同。油品并没有明确的凝固温度，所谓"凝固"只是作为整体来看失去了流动性，并不是所有的组分都变成了固体。润滑油的凝点是表示润滑油低温流动性的一个重要质量指标，对于生产、运输和使用都有重要意义。

倾点表示在降温时被冷却油品能流动的最低温度。

凝点和倾点都是油品低温流动性的指标，两者无原则的差别，只是测定方法稍有不同。同一油品的凝点和倾点并不完全相等，一般倾点都高于凝点 2~3℃ 但也有例外。图 2-19 为石油产品凝点和倾点自动测定仪。

图 2-18　石油产品自动开口闪点和燃点测定器　　图 2-19　石油产品凝点和倾点自动测定仪

（7）酸值、碱值和中和值　酸值是表示润滑油中含有酸性物质的指标，单位为 mgKOH/g，酸值分强酸值和弱酸值两种，两者合并即为总酸值(简称 TAN)。通常所说的"酸值"，实际上是指"总酸值(TAN)"。碱值是表示润滑油中碱性物质含量的指标，单位是 mgKOH/g。碱值分强碱值和弱碱值两种，两者合并即为总碱值(简称 TBN)。通常所说的"碱值"，实际上是指"总碱值(TBN)"。中和值实际上包括了总酸值和总碱值。但是，除了另有注明，一般所说的"中和值"，实际上仅是指"总酸值"，其单位也是 mgKOH/g。新润滑油中的酸值、碱值及中和值一般表示油中含酸性或碱性添加剂的多少，在用油的这些指标表示油中残存的这些添加剂的多少或油的老化程度。图 2-20 为石油产品水溶性酸及碱测定器。

（8）水分　水分是指润滑油中含水量的百分数，通常用质量分数表示。

润滑油中水分的存在，会破坏润滑油形成的油膜，使润滑效果变差，加速有机酸对金属的腐蚀作用，锈蚀设备，使油品容易产生沉渣。总之，润滑油中水分越少越好。图 2-21 为石油产品水分测定器。

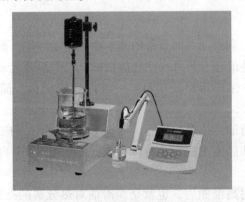 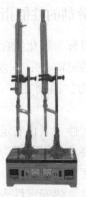

图 2-20　石油产品水溶性酸及碱测定器　　图 2-21　石油产品水分测定器

图 2-22 石油产品机械杂质测定器

（9）机械杂质 机械杂质是指存在于润滑油中不溶于汽油、乙醇和苯等溶剂的沉淀物或胶体悬浮物。这些杂质大部分是砂石和铁屑之类，以及由添加剂带来的一些难溶于溶剂的有机金属盐。通常，润滑油基础油的机械杂质都控制在 0.005% 以下（机械杂质在 0.005% 以下被认为是无）。图 2-22 为石油产品机械杂质测定器。

（10）灰分和硫酸盐灰分 灰分是指在规定条件下，灼烧后剩下的不燃烧物质。灰分的组成一般认为是一些金属元素及其盐类。灰分对不同的油品具有不同的概念，对基础油或不加添加剂的油品来说，灰分可用于判断油品的精制深度。对于加有金属盐类添加剂的油品（新油），灰分就成为定量控制添加剂加入量的手段。国外采用硫酸盐灰分代替灰分。图 2-23 为石油产品硫酸盐灰分测定器。

（11）残炭 油品在规定的实验条件下，受热蒸发和燃烧后形成的焦黑色残留物称为残炭。残炭是润滑油基础油的重要质量指标，是为判断润滑油的性质和精制深度而规定的项目。润滑油中形成残炭的主要物质是：油中的胶质、沥青质及多环芳烃。油品的精制深度越深，其残炭值越小，一般来说，空白基础油的残炭值越小越好。图 2-24 为石油产品残炭测定器。

图 2-23 石油产品硫酸盐灰分测定器

图 2-24 石油产品残炭测定器

### 2.5.2 润滑剂的性能指标

上述指标一般称为理化指标，是大多数润滑油共同具备的基本物理化学特性，而与实际使用性能更密切的更能表示各类润滑油特性的还有另外一些性能指标。它们检验起来比上述指标更费人力物力，因而在产品规格中往往作为保证项目，一般称性能指标。简要介绍如下：

（1）氧化安定性 氧化安定性说明润滑油的抗老化性能，一些使用寿命较长的工业润滑油都有此项指标要求，因而成为这些种类油品要求的一个特殊性能。图 2-25 为全自动润滑油氧化安定性测定仪。

（2）热安定性 热安定性表示油品的耐高温能力，也就是润滑油对热分解的抵抗能力，即热分解温度的高低。一些高质量的抗磨液压油、压缩机油等都提出了热安定性的要求。油品的热安定性主要取决于基础油的组成。图2-26为润滑油热氧化安定性测定器。

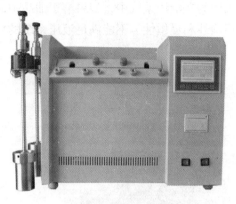 

图2-25　全自动润滑油氧化安定性测定仪　　图2-26　润滑油热氧化安定性测定器

（3）油性和极压性　油性（抗磨性）是润滑油中的极性物在摩擦部位金属表面上形成坚固的理化吸附膜，从而起到耐高负荷和抗摩擦磨损的作用。而极压性则是润滑油的极性化合物在摩擦部位金属表面上，受高温、高负荷发生摩擦化学作用而分解，并和表面金属发生摩擦化学反应，形成低熔点的软质（或称具可塑性的）极压膜，从而起到耐冲击、耐高负荷高温的润滑作用。

（4）腐蚀和锈蚀　油品应该具有抗金属腐蚀和防锈蚀作用，在工业润滑油标准中，这两个项目通常都是必测项目。图2-27为润滑油锈蚀测定器。

（5）抗泡性　润滑油在运转过程中，由于有空气存在，常会产生泡沫，尤其是当油品中含有具有表面活性的添加剂时，则更容易产生泡沫，而且泡沫还不易消失。润滑油使用中产生泡沫会使油膜遭到破坏，使摩擦面发生烧结或增加磨损，并促进润滑油氧化变质，还会使润滑系统气阻，影响润滑油循环。图2-28为润滑油泡沫特性测定器。

图2-27　润滑油锈蚀测定器　　图2-28　润滑油泡沫特性测定器

（6）水解安定性　水解安定性表征油品在水和金属（主要是铜）作用下的稳定性。当油品酸值较高，或含水易分解成酸性物质的添加剂时，常会使此项指标不合格。它的测定方法是将试油加入一定量的水之后，在铜片和一定温度下混合搅动一定时间，然后测水层酸值和铜片的失重。

（7）抗乳化性　工业润滑油在使用中常常不可避免地要混入一些冷却水。如果润滑油的抗乳化性不好，它将与混入的水形成乳化液，使水不易从循环油箱的底部放出，从而可能造成润滑不良。因此，抗乳化性是工业润滑油的一项很重要的理化性能。图2-29为润滑油抗乳化性能测定器。

(8) 空气释放值　液压油标准中有此要求，因为在液压系统中，如果溶于油品中的空气不能及时释放出来，那么它将影响液压传递的精确性和灵敏性，不能满足液压系统的使用要求。图 2-30 为润滑油空气释放值测定器。

 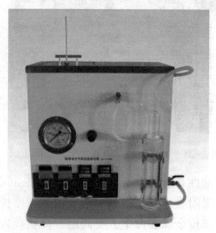

图 2-29　润滑油抗乳化性能测定器　　　　图 2-30　润滑油空气释放值测定器

(9) 橡胶密封性　在液压系统中以各种类型的橡胶做密封件者居多。在机械中的油品不可避免地要与一些密封件接触。橡胶相容性不好的油品可使橡胶溶胀、收缩、硬化、龟裂，影响其密封性，因此要求油品与橡胶有较好的适应性。液压油标准中要求橡胶密封性指数，它是以橡胶圈浸在油中一定时间的变化来衡量。

(10) 剪切安定性　加入增黏剂的油品在使用过程中，由于机械剪切的作用，油品中的高分子聚合物被剪断，使油品黏度下降，影响正常润滑。测定剪切安定性的方法很多，有超声波剪切法、喷嘴剪切法、威克斯泵剪切法、FZG 齿轮机剪切法，这些方法最终都是测定油品的黏度下降率。图 2-31 为含聚合物油的剪切安定性测定器。

(11) 溶解能力　溶解能力通常用苯胺点来表示，是油品与等体积的苯胺在互相溶解为单一液相时所需的最低温度。该试验结果可表明油品中芳烃和极性物的含量。

(12) 挥发性　基础油的挥发性与油耗、黏度稳定性、氧化安定性有关。这些性质对多级油和节能油尤其重要。图 2-32 为润滑油蒸发损失测定器。

图 2-31　含聚合物油的剪切安定性测定器　　　　图 2-32　润滑油蒸发损失测定器

（13）防锈性能　其试验方法包括潮湿试验、盐雾试验、叠片试验、水置换性试验，此外还有百叶箱试验、长期储存试验等。图2-33为润滑油防锈性能测定器。

（14）电气性能　电气性能是绝缘油的特有性能，主要有介质损失角、介电常数、击穿电压、脉冲电压等。基础油的精制深度、杂质、水分等均对油品的电气性能有较大的影响。

（15）其他特殊性能指标　除一般性能外，每种油品都应有自己独特的特殊性能。例如，淬火油要测定冷却速度，乳化油要测定乳化稳定性，液压导轨油要测防爬性能（静/动摩擦系数），喷雾润滑油要测油雾弥漫性，冷冻机油要测絮凝点，低温齿轮油要测成沟点等。这些特性都需要基础油特殊的化学组成，或者加入某些特殊的添加剂来加以保证。

### 2.5.3　润滑剂的检测与分析

润滑油脂除了应具有好的性能指标外，还应有真实反映其实际使用性能的试验方法，这就是模拟和台架试验。它包括一些发动机台架试验。通过试验表明其表现良好，才能更放心使用。

评定油品极压抗磨性能常用的试验机有四球机（图2-34）、梯姆肯环块试验机（图2-35）、FZG齿轮试验机（图2-36）、法莱克斯试验机、滚子疲劳试验机等，它们都用于评定油品的耐极压负荷的能力或抗磨损性能。

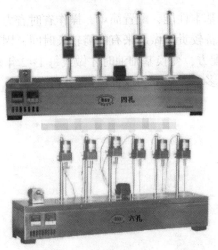

图2-33　润滑油防锈性能测定器

图2-34　四球机

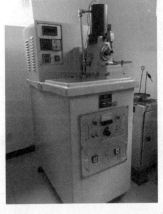

图2-35　梯姆肯试验机

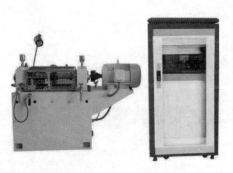

图2-36　FZG齿轮试验机

评价油品极压性能应用最为普遍的试验机是四球机，它可以评定油品的最大无卡咬负荷、烧结负荷、长期磨损及综合磨损指数。这些指标可以在一定程度上反映油品的极压抗磨性能，此方法简单易行，做产品配方研究时相对比较很方便，因而仍被广泛采用。

在高档的车辆齿轮油标准中，要求进行一系列齿轮台架的评定，包括低速高扭矩、高速低扭矩齿轮试验，带冲击负荷的齿轮试验，减速箱锈蚀试验及油品热氧化安定性的齿轮试验。

评定内燃机油有很多单缸台架试验方法，可以用来评定各档次内燃机油。目前 API 内燃机油质量分类规格标准中，规定柴油机油用 Caterpillar 单缸及 Mack、Cummins、GM 多缸机在典型的工况及使用条件下进行评定；汽油机油则进行 MS 程序 ⅡD(锈蚀、抗磨损)、ⅢE(高温氧化)、VE(低温油泥) 等试验。这些台架试验，投资很大，每次试验费用很高，对试验条件如环境控制、燃料标准等都有严格要求，不是一般试验室都能具备评定条件的，只能在全国集中设置几个评定点，来评定这些油品。

总之，由于各类油品的特性不一，使用部位又千差万别，因此必须根据每一类油品的实际情况，制定出反映油品内在质量水平的规格标准，使生产的每一类油品都符合所要求的质量指标，这样才能满足设备实际使用要求。

通常，润滑油的理化指标反映了润滑油的基本性能，配置简单，操作省时省力快速，是润滑油质量检验必做的项目。而性能指标的设备较贵，做起来有的需较长时间，因而有的为必做项目，有的为保证项目(也就是只有变换配方，变换基础油时才做或每 1~2 年做一次)；模拟和台架试验设备昂贵，试验费用及时间较多，一般都为保证项目。

# 第3章 润滑剂在各行各业中的应用

## 3.1 润滑剂在各行业及其设备中的应用

### 3.1.1 风电行业的润滑

**1. 风电润滑的发展概况**

2016年全球风电和新增装机容量超过54GW，其中9个国家的装机容量超过10GW，累计容量达到486.8GW，累计装机容量增长12.6%，中国风电累计和新增装机容量均居全球第一。全球风能理事会的五年市场预测显示，到2021年新增装机容量将增至75GW，累计容量到2021年超过800GW。

我国风能资源丰富，可开发利用的风能储量约10亿kW，其中，陆地上风能储量约2.53亿kW（根据陆地上离地10m高度资料计算），海上可开发和利用的风能储量约7.5亿kW，共计10亿kW，海上风力发电见图3-1。

随着风电行业的快速发展，风电装机并网数量扩大，风机运维的市场也是前所未有的增长。润滑系统是风力发电机正常运转的重要因素，强化整个风力发电机组的润滑管理和状态监测，可减少备件的磨损和更换，提高装置运行的可靠性。提升风电润滑管理水平，有助于减少计划外停机时间，提高运维效率，延长设备寿命，降低成本，提高风电场的效益。润滑油是确保风机能够长期稳定运转的重要保障。在风机的实际运行中，与润滑相关的机械故障比例相当高，润滑对于风电设备可靠运行非常重要，图3-2为风力发电润滑。

图3-1 海上风力发电

图3-2 风力发电

据统计，因齿轮箱和轴承损害造成风电机组停机的原因约占其全部故障的40%~60%，约有1/3的风机故障是由润滑不良引起的，而且风电机组大多地处偏远又涉及高空作业，现场对主要部位进行拆卸维修十分困难，费用巨大，因此，加强对高性能润滑油脂的研究和分析，正确地选用、加注、维护、监测和管理风电油品，重视对设备润滑系统的维护和保养工作，对于风机尤其是大功率风机的可靠稳定长周期运转非常重要。

**2. 风机润滑设备的示意图**

风机润滑点和各部位名称分别见图3-3和图3-4。

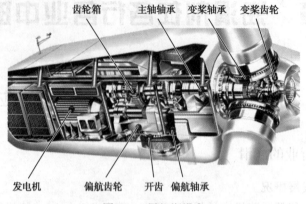

图3-3 风机润滑点

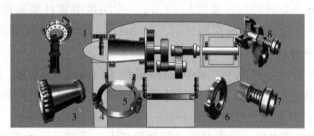

图3-4 各部位名称

1—变桨轴承；2—变桨齿轮箱；3—主轴轴承；4—偏航齿轮箱；
5—偏航开齿；6—发电机轴承；7—滑环；8—主齿轮箱

**3. 风机设备所用的润滑油脂的特点与品种**

其中，主齿轮箱偏航齿轮箱和变桨齿轮箱等采用合成极压齿轮油(320号)；主轴承变桨轴承偏航轴承等系统采用合成极压润滑脂(320号)；液压系统采用宽温液压油(32号)；冷却系统采用长效防冻防锈液。

（1）齿轮油特点　以320号合成极压齿轮油为例

提高风力发电叶轮机的可靠性；

为风力发电叶轮机提供抗磨损与抗腐蚀保护，从而减少维护保养费用；

控制齿轮的点蚀磨损，延长设备使用寿命；

宽的工作温度范围；

快速水分离与低起泡特性，使润滑油膜强度最优化，提高润滑效果；

与全部常用轴承材料相容；

满足主要OEM技术规范和认可。

（2）液压油特点　以32号宽温液压油为例

低倾点确保低温启动时的最佳泵送性；

卓越的抗磨损性能和防腐蚀能力为系统增加无故障运行时间，降低维修保养费用；

优化的热稳定性防止油液降解变质，阻止沉积物生成，从而延长液压油使用寿命和更换周期；

即使有水污染也有非常好的过滤性，减少维修处理时间，节省开支费用；

剪切稳定的黏度指数改进剂为系统在高温和高压下工作提供最高效率。

（3）润滑脂特点　为合成极压润滑脂为例

① 保护金属表面。复合锂稠化剂、抗氧化剂以及合成基础油相互结合可阻止润滑脂在使用中的硬化。极压添加剂在重负荷及/或冲击载荷的情况下能够提供杰出的抗磨损保护。有效的防锈防腐蚀添加剂在潮湿环境中也能够保护金属表面。

② 很宽的操作温度范围。高黏度指数的合成基础油可阻止低温时润滑脂硬化，并可在很宽的温度范围内操作使用。而合成基础油卓越的氧化稳定性能使得润滑脂能够在持续的高温环境中运行使用。

③ 有效降低摩擦。高黏度指数的合成基础油和黏附剂不仅保持了油液的黏度，而且提供了附着特性，即使在高速和高温的情况下也能够防止油液流失。

④ 很好的抗水性能。复合锂稠化剂和粘附剂可非常有效地阻止润滑脂被水淋冲洗而流失，其抗水性能卓越。

（4）防冻液特点　长效、防锈、防冻。

## 3.1.2　人工智能与无人机行业的润滑

无人机（图3-5）是无人驾驶飞机的简称（Unmanned Aerial Vehicle），是利用无线电遥控设备和自备的程序控制装置的不载人飞机，包括无人直升机、固定翼机、多旋翼飞行器、无人飞艇、无人伞翼机。从某种角度来看，无人机可以在无人驾驶的条件下完成复杂空中飞行任务和各种负载任务，可以当作"空中机器人"。

**1. 无人机的分类**

按照不同平台构型来分类，无人机主要有固定翼无人机、无人直升机和多旋翼无人机三大平台，其他小种类无人机平台还包括伞翼无人机、扑翼无人机和无人飞船等。固定翼无人机是军用和多数民用无人机的主流平台，最大特点是飞行速度较快；无人直升机是灵活性最强的无人机平台，可以原地垂直起飞和悬停；

图3-5　无人机

多旋翼（多轴）无人机是消费级和部分民用用途的首选平台，灵活性介于固定翼和直升机中间（起降需要推力），但操纵简单、成本较低。

**2. 无人机和机器人的润滑**

根据无人机和机器人的组成，选择相对应的润滑材料。

① 电动机对应的润滑油。小型电动机常用滑动轴承，在轴承座内设有储油槽或油池采用甩油环和油链、甩油圈在轴套内使用润滑油循环润滑，保持润滑油的耐用寿命为4000～20000h。由于无人机电机要高速转动，因此要用质量好的黏度为32或46的液压油。

② 螺旋桨轴承是一种受力复杂、结构特殊的滑动轴承，它在实际工作中处于极其恶劣的润滑状态下，常常产生严重的磨损而导致尾轴承的过早失效，但由于无人机螺旋桨叶较小，为延长使用寿命，并结合无人机使用地点的温度及湿度。建议用合成润滑油比较好。

③ 无人机和机器人关节面的润滑方式。随着关节滑动和负重而不同。关节的润滑有边界润滑和液膜润滑两种基本方式。边界润滑取决于在接触面上润滑分子单层的化学吸收。关

节的加工精度很高，摩擦面之间的间隙一般很小，而机器人越来越多地应用于高负荷的工况，因此在运转过程中经常处于边界润滑状态，这就要求润滑脂具有足够的油膜厚度和良好的极压性能。因此我们选择润滑脂，润滑脂应具有密封简单、不需要经常添加、不易流失的特性。此外，对于无人机的润滑方式，一般使用滴油润滑，因为现在的无人机多为小型无人机，此方式更加方便民用，无人机润滑油也可以推出瓶装方式来滴油润滑。

图 3-6　无人机螺旋桨　　　　　　　　　图 3-7　智能机器人

机器人润滑脂由全合成基础油、特殊稠化剂及添加剂调配而成。专门针对机器人手臂减速机齿轮研发定制，具有：耐高温及耐低温性；优越的润滑性，有效保护轴承；良好的极压性能，能抗较重负荷；优良的抗水性能，有水环境下使用自如；极佳的化学稳定性，不易变质和积碳；低挥发性能，降低油脂损耗量；良好的抗氧化性，延长润滑脂使用寿命。机器人润滑脂广泛适用于高低温、高速、中高负荷等苛刻条件下的润滑场合，特别适用于各种工业机器人手臂减速机齿轮润滑。

④ 润滑在无人机和机器人传动装置上的应用。齿轮油是一种较高的黏度润滑油，专供保护传输动力零件，齿轮油应具有良好的抗磨极压、耐负荷性能和合适的黏度、良好的热氧化安定性、抗泡性、水分离性能和防锈性能。其中，全合成齿轮油是由全合成基础油及独特添加剂调配而成。专门针对机器人减速机、齿轮箱而研发定制，具有突出的天然高黏度指数，优良的剪切稳定性及低摩擦系数；非常低的倾点，即使冬天也能保持良好的低温启动性；极佳的抗氧化稳定性，可长时间高温下使用而不易变质，使用寿命长；极佳的抗蚀性能，耐海水及酸水。全合成齿轮油适用于机器人的齿轮箱、减速机的润滑，效果非常理想。

⑤ 润滑在无人机保养上的应用。无人机在正常使用时也会发生锈蚀的情况，所以应该用到防锈油。

⑥ 工业机器人润滑油的选用。一般来说，欧系机器人供应商更侧重于润滑介质的清洁冷却性以及易更换性，多数推荐油润滑。而润滑脂润滑相较于油来说，不易泄漏、不易污染，但也存在不易更换、易老化、添加剂损耗快等缺点，日系机器人供应商侧重考虑的是润滑介质的不易渗漏性，故多数推荐脂润滑。

随着工业机器人减速器趋于小型化、轻量化、高速化、重载化的发展趋势，其工况条件势必更加苛刻，对其配套用油提出了更高的性能要求。归纳起来，主要有以下几点：

（a）优异的黏温性能和低温性能，保证在减速器温度变化时，能充分润滑齿轮摩擦副，并能清洁齿面；

（b）更低的摩擦系数和牵引系数，良好的油性，带来减速器传动效率的提升和能耗的降低；

（c）优异的极压抗磨性，提供优异的抗磨性能和承载能力，降低齿轮间的磨损；

(d) 优良的防锈防腐性，提供良好的防锈保护，对铜等有色金属部件无腐蚀；

(e) 优良的氧化安定性和热安定性，更长的油品使用寿命，满足工业机器人减速器 24000~48000h 的换油周期；

(f) 优良的抗泡性能，抑制泡沫的产生并使泡沫迅速消失，保证工业机器人安全运行；

(g) 优异的清净性能和可生物降解性，抑制油泥沉积且不污染环境。

从性能要求来看，传统润滑油通常 8000~12000h 的换油周期与目前大部分型号工业机器人多轴减速器所要求的 24000~48000h 的换油周期还有较大差距，工业机器人减速器配套用油多采用进口高质量产品，其性能中极低的摩擦系数和极低的油泥沉积等特色也是传统润滑油无法比拟的。因此，工业机器人配套用油的选择，也成了开发机器人的关键技术之一。

### 3.1.3 船舶行业的润滑

目前世界船舶保有量为 5.3 亿 t。按照下水量所占世界市场份额为标准，世界主要造船国排列顺序如下：日本(40.7%)、韩国(29.8%)、中国(7.0%)、波兰(5.4%)、法国(5.0%)、美国(3.5%)。船用油即船舶用润滑油，从广义来讲，除包括船用发动机用润滑油之外，还包括船舶所用的透平油、液压油、冷冻机油、齿轮油、压缩机油等。一般来讲，船用油就是指船用发动机用润滑油，包括气缸油、系统油和中速筒状活塞柴油机油。

**1. 船舶和船舶润滑**

船舶是水上交通运输工具(图 3-8)。船舶载重量包括货物、燃油和润滑油、淡水、食物、人员和行李、备品及供应品等的重量。种类繁多，机械设备复杂，润滑工作十分重要。

图 3-8　大型船舶

(1) 船用设备　船舶主机系统——柴油机热效率高，功率范围广，具有起动迅速、维修方便、运行安全、使用寿命长等特点，因此在船舶上得到广泛应用，$3 \times 10^4$t 以下船舶的绝大多数都使用柴油机作为主机。由于其工作条件的特殊，船用柴油机具有一些特点，如超额定转速连续运转、装有调速器和超速限制装置、在倒转工况下能稳定运转、在纵倾和横倾 15°的条件下正常工作等，且要求振动小、噪声低。图 3-9 为船用柴油机。

图 3-9　船用柴油机

（2）主机系统的润滑　船舶发动机按照其结构、性能不同分为二冲程低速十字头柴油机和四冲程中速筒状活塞柴油机。低速十字头柴油机燃烧室和曲轴箱是隔开的，活塞与气缸之间的润滑是靠注油器将气缸油注入分散在气缸套上的许多注油孔内，通过气缸油本身扩散来完成润滑，而曲轴箱是用系统油来润滑的。中速筒状活塞柴油机的结构与一般的陆用高速柴油机结构相似，只是发动机比一般的高速柴油机要大得多，气缸与曲轴箱共用一个润滑油，即中速筒状活塞柴油机油(简称中速机油)。表3-1为船用柴油机分类。

表3-1　船用柴油机分类

| 柴油机类型 | 缸径/mm | 常用转速/(r/min) | 单缸功率/kW |
|---|---|---|---|
| 低速十字头 | 760~1060 | 100左右 | 1470~2940 |
| 中速筒状活塞 | 300~650 | 500左右 | 367~1470 |
| 中高速(船上辅机) | 200~400 | 1000左右 | 73~220 |

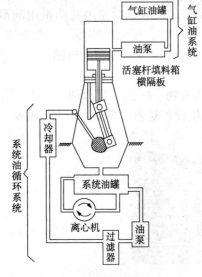

图3-10　船用十字头发动机典型润滑油系统

① 船用十字头柴油机气缸润滑系统。气缸润滑使用专用的润滑系统及设备(气缸注油器、注油接头)，把专用气缸油经缸壁上的注油孔(一般均布8~12个)喷注到气缸壁表面进行润滑。其注油量可控，喷出的气缸油不予回收。这种润滑方式能保证可靠的气缸润滑，而且可选择不同质量的气缸油以满足缸内润滑的不同要求。目前在十字头式柴油机中均使用此种润滑方式。在十字头式柴油机中，由于气缸下部设有横隔板和活塞杆填料函，把气缸与曲轴箱隔开。因此，气缸的润滑和轴承的润滑均自成系统。气缸套与活塞、活塞环之间的润滑是依靠注油器将油送到气缸套周围的许多注油点，并且使用专用的气缸油。图3-10为某些油机的气缸注油润滑系统图。

在某些中速筒状活塞柴油机中，气缸润滑除采用飞溅润滑方式，尚采用注油润滑作为气缸润滑的辅助措施。

② 船用十字头柴油机曲轴箱润滑系统。图3-11为大型低速柴油机滑油系统的示意图。润滑油循环柜3中的润滑油经粗滤器4(图中为磁性滤器)由润滑油泵5抽出，通过细滤器6和润滑油冷却器7输送至柴油机1的润滑油总管中。润滑油总管上设有许多支管，润滑油经由支管送至十字头轴承，经减压阀减压后送至主轴承、凸轮轴轴承等处，在用润滑油冷却活塞的柴油机润滑油系统中还设有专门管路通至活塞中，润滑后润滑油即从各轴承的间隙溢出，落入油底壳，汇集于循环油柜。润滑油在系统中就是这样不断循环的。

润滑油泵常设有两台，其中一台备用。为了保证润滑油压力稳定和流动均匀，常采用螺杆式润滑油泵。在润滑油泵的吸入管上一般装有真空表，以便了解泵的工作情况。真空度通常不超过250mm水银柱。泵的排出管上还装有安全阀和调节出口压力的旁通阀。

③ 附机系统及其他设备的润滑。船舶上气体压送机械如空气压缩机和通风机，要使用压缩机油，制冷装置船舶上普遍使用的是压缩式制冷装置，必须使用冷冻机油。附机系统及其他设备的润滑，与陆地上一般是一致的。

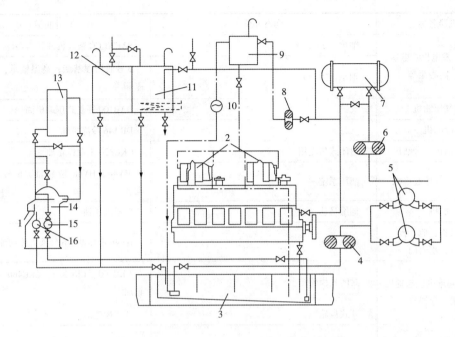

图 3-11　大型低速柴油机润滑油系统示意图

1—主机；2—涡轮增压器；3—润滑油循环柜；4—磁性粗滤器；5—油泵；6—细滤器；7—润滑油冷却器；
8—增压器用细滤器；9—重力油柜；10—溢流管观察镜；11—润滑油污油柜；12—润滑油储存柜；
13—润滑油加热器；14、15—分油机；16—分油机排出泵

④ 船舶润滑油脂的种类。气缸油、系统油、中速机油，这三大类油量占船用润滑油总量的 90%~95%，其他为小品种油，约占 5%~10%。船用油的品种有气轮机油、液压油、冷冻机油、齿轮油、压缩机油、导轨油、尾轴管油等。表 3-2 为船舶各润滑部位使用的润滑油脂。

表 3-2　船舶各润滑部位使用的润滑油脂

| 机器名称 | 润滑部位 | 润滑油脂 |
| --- | --- | --- |
| 柴油机(大型、低速) | 气缸，燃烧燃料油的船舶，烧柴油的船舶 | 船用气缸油、SAE30 CC 柴油机油 |
| | 曲轴箱轴承、推力轴承、减速齿轮、调速器 | 船用系统油、SAE30 CC 柴油机油 |
| | 增压器 | TSA 防锈气轮机油、SAE30 CC 柴油机油 |
| | 排气阀联结机构 | 2 号通用锂基脂 |
| 柴油机(中速或高速) | 气缸及曲柄箱(烧柴油的船舶) | 船用中速机油、SAE30、SAE40 CC、CD 柴油机油 |
| 应急设备动力柴油机 | 气缸及曲柄箱 | 10W-30 CC 汽油机油 |
| 蒸汽汽轮机 | 轴承、减速齿轮及推力轴承 | TSA68 防锈气轮机油、HL68 液压油 |
| 往复蒸汽机 | 气缸 | 680 号、1000 号、1500 号汽缸油 |
| | 轴承(闭式曲柄箱) | 68 防锈汽轮机油、HL68 液压油 |
| 推进器 | 中间轴承 | SAE30 CC 柴油机油 |
| | 尾管轴承(油润滑型) | SAE30 CC 柴油机油 |

续表

| 机器名称 | 润滑部位 | 润滑油脂 |
|---|---|---|
| 电动机、发电机、电扇、泵、离心泵等 | 轴承（油润滑） | SAE30 CC 柴油机油 |
| | 轴承（脂润滑） | 2号通用锂基脂；高温轴承，复合锂基脂等 |
| 空气压缩机 | 气缸 | DAB100 往复式压缩机油 |
| 冷冻机 | 气缸 | DRA46 冷冻机油 |
| 离心净油机、分油机 | 封闭式齿轮箱 | CKC320 工业齿轮油 |
| 液压泵、减压起重机 | 液压系统 | HV46、HV68 液压油、6号液力传动油 |
| 舵机 | 伺服马达 | 舵机液压油 |
| 控制机构，舱盖板天窗，水密门 | 液压系统 | HV46 液压油，6号液力传动油 |
| 转车机、起重机、起货机、绞机、起锚机 | 封闭式齿轮箱 | CKC100、CKC320、CKC460 工业齿轮油 |
| | 开式齿轮 | 开式齿轮油 |
| 五载泵、甲板清洗泵、渣油泵 | 封闭式齿轮箱 | CKC100 工业齿轮油 |
| 一般油润滑摩擦节点 | 船用柴油机油 | |
| 一般油润滑摩擦节点 | 2号通用锂基脂 | |

**2. 船用柴油机润滑油分类和特点**

船用柴油机油。与陆地用柴油机油不一样，具有独特的分类方法，产品特性、以及配方组成。

（1）船用润滑油分类

① 汽缸油。用于低速十字头发动机活塞与气缸垫之间的润滑。属二冲程油。

② 系统油。用于低速十字头曲轴箱润滑。

低速十字头柴油机都是二冲程型。由于发动机很大，活塞直径500~1000mm，所以它装有横隔板和活塞杆填料箱把气缸与曲轴箱有效地隔开，因此曲轴箱油（系统油）对活塞没有润滑作用，活塞与气缸之间完全依靠机械注油器将气缸油供至气缸套周围许多注油点，通过气缸油本身扩散来进行润滑。而曲轴箱用曲轴箱油（系统油）来润滑。

③ 中速机油。用于中速筒状活塞式柴油机润滑。中速筒状活塞式柴油机由于活塞直径比十字头发动机活塞小，在150~500mm，它跟一般的柴油机结构很相似，只是发动机比一般柴油机大，所以它多靠连杆大端甩出把中速机油飞溅到气缸壁来润滑活塞气缸部位，又润滑曲轴箱内部件，对于大功率大直径活塞的中速筒状活塞式柴油机，也设有机械注油器作为飞溅润滑的补充。中速机往往烧重质燃料。

船用柴油机所用的燃料是专用的燃料油，包括以下几种：

（a）船用瓦斯油（粗柴油），硫含量在0.5%左右。

（b）船用柴油燃料，粗柴油和少量残渣油（10%~15%）调和，硫含量在0.5%~1.5%。

（c）船用燃料油，减黏塔底油或减压塔底油，硫含量在3%以上。

(d) 粗柴油和船用燃料油调和而成的各种黏度规格的船用燃料油，硫含量在 1.5%~3%。船用燃料与所要求的船用油见表 3-3。

表 3-3 船用燃料与所要求的船用油

| 发动机 | 低速 | 中速、中/高速 |
|---|---|---|
| 燃料 | 上述 4 种类型燃料都有用，但大部分船舶是用船用燃料油 | (a)、(b)、(c) 类都有用，但大部分船舶是用调和的船用燃料油 |
| 润滑油总碱值 TBN/(mgKOH/g) | 10、40、70、100 气缸油，但用的最多的是 70 | 10、25、30、40 中速机油，但用的最多的是 25、30 |

我国中速机船只所用燃料也分为两类。一类使用进口燃料油，硫含量比较高，要求使用中、高碱值中速机油。另一类是使用国内低硫燃料油及重柴油。

(2) 船用润滑油特点　船用油根据使用燃料硫含量，满足中和燃料燃烧后生成的硫酸要求，有不同碱性产品：气缸油碱值为 10~100mgKOH/g，常用的是 70mgKOH/g。中速机油碱值为 10~40mgKOH/g，常用的是 25~30mgKOH/g。船用油尤其是中速机油和系统油不免要受到水的污染，所以要求有很好的抗乳化性能和分水性能，而且还要有良好的防腐性。船用油黏度分类没有多级只是单级，如气缸油常用的黏度是 SAE 50，中速机油和系统油常用的是 SAE 30、SAE 40；而陆上柴油机有单级油和多级油，例如常用单级油是 SAE 30、SAE 40，常用多级油是 5W/30、10W/40、15W/40 等。

### 3.1.4　智能终端制造行业的润滑

近年来金属壳智能机市场规模逐步扩大，从 2012 年的 8 亿美元的市场规模，持续上升到 2016 年的 83 亿美元，4 年内形成 10 倍空间。如今，中国的智能终端继续惯性增长，生产手机金属机壳的超过 5 亿件。

**1. CNC 加工**

CNC 加工涉及多道连续加工工艺，真正的核心能力在于工序设计和分解、后道 CNC 精加工的工艺能力、需要环评牌照的阳极氧化工艺，上述关键能力和及时完成订单对应的产能才能决定行业供需和客户订单的分配。国内几百台 CNC 规模的小厂众多，但只能接到大厂转包的前道粗加工订单，其生死好坏不会对行业格局产生重大影响。图 3-12 为手机机壳 CNC。

现有成本结构中，CNC 加工占大头，且按机时计价，成本相对刚性，要降低成本，必须大幅减少 CNC 的用量。由于 CNC 是按机时计价，复杂结构的 CNC 工艺看不到明显缩短加工时间的可能性，CNC 的价格不可能大幅下降，只有高端产品能够承担 CNC 的高成本。其他工艺将快速发展。

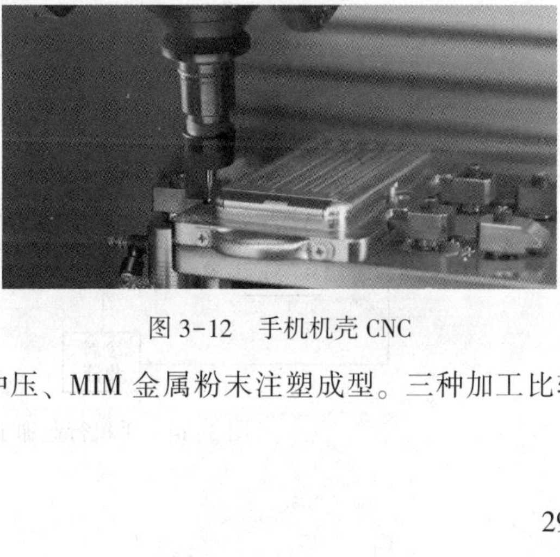

图 3-12　手机机壳 CNC

**2. 手机机壳的三种加工方法**

手机机壳的三种加工方法是：机加工、冲压、MIM 金属粉末注塑成型。三种加工比较方法见表 3-4。

表 3-4 三种加工方法的比较

| | 优点 | 缺点 | 应用 |
|---|---|---|---|
| 机加工 | 无需模具设计,加工方法多,加工精密度高 | 材料利用率低、加工费用高、不适合复杂形状零件 | 手机中框/后盖制造,几乎所有产品的二次加工 |
| 冲压 | 生产效率高、生产周期短、加工尺寸范围大 | 难以精密制造 | 手机中框/后盖以及其他结构简单的零件 |
| MIM 金属粉末注塑成型 | 产量大、精度高、机械性能好 | 工序较多、难以生产大尺寸零件 | 手机卡托、按键等小尺寸、高精度零部件 |

**3. 金属机壳加工的加工液产品**

手机加工工艺的相关化学品包括:CNC 加工切削液、高光液;玻璃磨削液;冲压润滑材料;压铸脱模剂;阳极氧化,表面处理药水;胶黏剂;各环节所用的清洗剂,阳极工艺清洗剂、玻璃面板清洗、铝合金清洗剂等。

**4. 加工液的特点与要求**

使用量大,及时完成订单交货期紧,高速加工,加工材料、机床与工艺更新换代快,综合性能要求高,性价比。

图 3-13 手机中板冲压件

(1)CNC 加工切削液、高光液　CNC 加工切削液:高含油、高含胺的半合成体系;使用寿命长、气味低,适合高速加工。高光液:煤油、酒精、饱和烷烃。

(2)玻璃磨削液　沉降好、适合磨削加工。体系为醇胺+多元醇+沉降剂+其他。

(3)冲压润滑材料　挥发性冲压油:挥发性基础油+酯;水溶性冲压油。图 3-13 为手机中板冲压件。

(4)压铸脱模剂

主要有镁合金压铸脱模剂、铝合金压铸脱模剂、镁铝合金压铸脱模剂、无硅压铸脱模剂、含硅压铸脱模剂。

**5. 手机行业加工液的废液处理**

手机加工会产生很多加工废液,需要进行处理合格后才能排放,处理方式如图 3-14 所示。

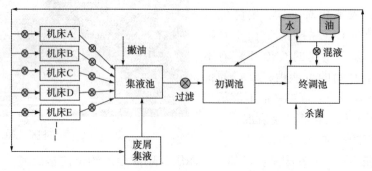

图 3-14 手机行业加工液的管理及废液处理

### 3.1.5 汽车零部件加工行业的润滑

汽车的基本结构包括发动机、底盘、车身、电气设备等四部分。汽车零部件作为汽车工业的基础，是支撑汽车工业持续健康发展的必要因素。"未来十年我国对汽车的需求量仍将保持在13%~15%的年均增长率，比起世界上的汽车强国，我国的汽车市场有一个相对较长的快速增长期，这个时间大概是从2009~2023年，跨度在15年左右，这对国内所有零部件企业来说是一个很好的发展机遇。"图3-15为汽车模型。

**1. 汽车轮毂制造用的加工液**

汽车轮毂(图3-16)按照材料主要分为钢轮毂和轻合金轮毂，而轻合金轮毂又以铝合金与镁合金产品为主。在今天的汽车市场中，钢质轮毂已不多见，大多数车型使用的都是铝合金轮毂，即轻合金轮毂。制造铝制轮毂所使用的铝合金材料包括A356、6061等。其中，A356被铸造铝制轮毂大量选用。A356铝合金具有密度小，耐侵蚀性好等特点，主要由铝、硅、镁、铁、锰、锌、铜、钛等金属元素组成，铝占92%左右，是一种技术成熟的铝合金材料。汽车铝轮毂的粗车和精车工艺通用的切削液一直是该行业加工的热点和痛点。

图3-15　汽车模型　　　　　　　　　图3-16　汽车轮毂

(1) 汽车轮毂加工切削液性能　铝合金轮毂比钢轮毂更适合乘用车，目前其制造工艺基本可分为三种，第一种是铸造，目前大多数汽车厂商都选择使用铸造工艺。第二种是锻造，多用于高端跑车、高性能车以及高端改装市场。第三种较为特别，是最先由日本公司投入使用的MAT旋压技术，目前此技术在国内的应用不如前两种多。

加工切削液的性能需求：

① 良好的极压润滑性能特别是对铝合金切削。

② 极低的泡沫抑制性。

③ 超强的抗菌性能，可以在严格的单机环境下使用周期超过半年以上，集中供液系统可以达到1年以上的使用周期。

④ 不含亚硝酸钠等有害成分。

⑤ 优异的冷却性、润滑性、清洗性，确保铝轮毂的加工精度及表面光洁度。

(2) 汽车轮毂轴承的加工　汽车轮毂轴承如图3-17所示。滚动轴承一般由内圈、外圈、滚动体(包括钢球、滚子、滚柱、滚针等)及保持器等4个重要部分所组成。近代的研究工作证实，由于受到冷、热加工和润滑介质等因素的影响，金属零件表面层的组织结构、物理、化学性质和机械性能等往往与其心部有很大的不同，称为表面变质层。若变质层是由磨削加工引起的，就称为磨削变质层。

图 3-17 汽车轮毂轴承

磨削过程中，轴承磨削液的主要作用是：
① 减少磨拉、黏合剂和切屑、加工表面之间的摩擦，起润滑作用。
② 降低磨削温度及工作温度，起直接冷却的作用。
③ 排除切屑，保护加工表面。
④ 有工件防锈作用。
⑤ 此外还有提高砂轮寿命和磨削效率、降低功率消耗、达到改善磨削质量等作用。因此要求磨削液有润滑性、冷却性、防锈性和浸透性。可见磨削液的选择是很重要的。不同的磨削液，其磨削效果差别很大，选择适宜的磨削液可以提高生产率，减少砂轮的消耗，降低轴承工件表面温升，提高工件表面光洁度，减少表面磨削变质层。

一般来说，磨削液应以冷却为主，并应大量使用。轴承生产中，主要选用水溶性磨削液。

**2. 汽车车壳冲压润滑材料**

据相关统计资料表明：一辆汽车所需的金属零部件中超过70%是通过冲压加工完成的，一台普通轿车的覆盖件大约由180~300块独立的冲压件拼接而成。

（1）汽车车壳冲压特点　冲压就是利用冲床及模具使不锈钢，铁，铝，铜等板材及异性材变形或断裂，达到具有一定形状和尺寸的一种工艺。通常汽车零部件冲压工艺采用板材、薄壁管、薄型材等作为原材料进行，具有机械化与自动化等优势。图3-18为汽车外壳冲压件。

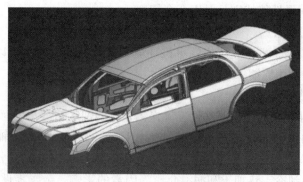

图 3-18 汽车外壳冲压件

（2）汽车冲压件加工油品的要求　汽车外壳板材冲压成形油，具有高油膜强度和高极压等特性。能有效防止模具和产品拉花及烧结，减少汽车外壳模具的磨损，提高产品质量和延长汽车外壳模具的寿命。例如：某高端进口品牌汽车零部件生产商采用厚度4mm不锈钢材质板材加工大变形量壳体，客户使用普通机械油作为该工艺的冲压油使用，其极压抗磨性能不够，在加工过程中板材出现裂纹、裁切边缘有大量毛刺、且有工件发黑难清洗问题，改用极压抗磨性能好的冲压油品即可解决。某国产品牌汽车配件制造企业采用薄板一次成型工艺加工壳体，客户使用菜籽油作为该工艺的冲压油使用。因其采用的油品的性能并不符合工艺要求，造成工件的良品率不高，出现大量的工件破损情况，并且因长期使用菜籽油，冲床表面产生大量的黄袍油泥，并且已经严重腐蚀设备，改用极压抗磨性能好的冲压油品完美解决，而且油品清洗性良好，有效改善了工件环境。

**3. 汽车发动机制造中的加工液**

各大汽车厂一般都有自己专用发动机的生产线，有的在汽车厂的发动机分厂自行生产，有的则由合作的发动机厂生产配套。柴油发动机的材料一般为钢和铸铁，汽油发动机材料中则铸铁和铝合金都有。图3-19为汽车发动机缸。

近年来铝合金材料日益受到青睐，铝合金的应用范围已从发动机活塞、缸盖等扩展到变速箱壳体、轮毂等大型零件。

发动机缸体的加工（图3-20）所用切削油液主要有深孔钻油、珩磨油及各种水溶性切削液。深孔钻油要求具有优异的极压性，能防止烧结情况的发生，同时具有良好的冷却性和排屑性，提高钻削加工效率。珩磨油也是一种专用加工油，黏度低、要求具有适宜的润滑性能、良好的冷却性能和磨屑沉降性，保证洁净，确保加工孔的光洁度。

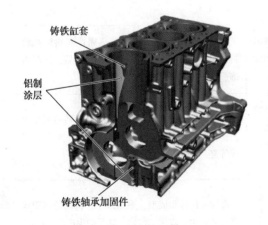

图3-19　汽车发动机缸

图3-20　发动机缸体的加工

有些发动机厂采用大流量集中供液，集中液槽体积从20~120t不等。加工工件中缸盖材质为铝合金，缸体材质为铸铁。主要加工工艺为铣平面→粗镗→精镗→铣孔→钻孔→攻丝等。现使用的水溶性切削液均为乳化液和微乳液。油槽的日常管理和维护管理较规范，专人定点在现场进行监测，进行油液浓度、pH值、防锈等项目的测试和杀菌剂等功能调节剂的补加。

### 3.1.6 模具与润滑

在我国，模具行业已成为新的支柱产业，但精度不高、寿命短一直是影响模具发展的重要因素。延长模具使用寿命，对于提高企业生产效率和经济效益有重要意义。据不完全统计，能源的1/3~1/2消耗于摩擦与磨损，约80%的机器零件失效由磨损引起。提高模具寿命的改进措施有很多方面：利用模具的设计手段（如CAD/CAE/CAM集成化技术）、机械加工技术和表面强化技术等；同时，润滑模具与工件的相对运动表面，减少模具与工件的直接接触，减少磨损，降低成型力，都有利于生产工艺的顺利进行和提高模具寿命。因此，在模具寿命分析中，如何减少磨损，避免局部磨损过大，合理选择润滑剂，研究润滑剂特性与工作状态的关系，对提高模具使用寿命非常重要。

**1. 模具的类型**

模具可以分为冲压模具、塑料模具、铸造模具、锻压模具、橡胶模具、粉末冶金模具、拉丝模具、无机材料成型模具等；

其中冲压模具、塑料模具、铸造模具、锻压模具和橡胶模具是最主要五类模具，表3-5介绍了模具种类及应用领域。

表3-5 模具种类及应用领域

| 模具类型 | 模具种类 | 加工工艺及主要应用领域 |
| --- | --- | --- |
| 冲压模具 | 根据工艺性质，可分为：冲裁模、弯曲模具、拉深模具；根据工序组合程度，可分为：单工序模、复合模、级进模、传递模；根据冲压时的温度情况，可分为：冷冲压模具、热冲压模具等 | 板材冲压成型工艺；主要应用于汽车覆盖件、结构件生产 |
| 塑料模具 | 挤塑模具、注塑模具、热固性塑料注塑模具、挤出成型模具、发泡成型模具、低发泡注塑成型模具和吹塑成型模具等 | 塑料制品成型加工工艺，热固性和热塑性塑料；主要应用于医疗设备，家电产品、汽车内饰、办公设备部件生产 |
| 铸造模具 | 各种金属零件铸造成型时采用的模具，根据铸型的材质分为砂型铸造模具和金属型铸造模具等；金属型铸造模具根据压力不同可分为重力铸造模具、低压铸造模具、压铸模具等 | 金属浇铸工艺和非铁金属材料压力铸造成型工艺；主要应用于汽车发动机、变速箱、轮毂、机床等复杂零部件的生产 |
| 锻压模具 | 模锻锤和大型压力机用锻模、螺旋压力机用锻模、平锻机锻模等；各种紧固件冷镦模、挤压模具、拉丝模具、液态锻造用模具等 | 金属零件体积成型，采用锻压，挤压等体积成型工艺；主要应用于齿轮、轴承的生产 |
| 橡胶模具 | 橡胶制品的压胶模、挤胶模、橡胶轮胎模、O形密封圈橡胶模等 | 橡胶压制成型工艺；主要应用于轮胎、橡胶密封件生产 |

**2. 模具行业以及其加工设备或机床**

线切割、电火花、CNC、数控铣床、锻、车、铣、刨、磨（平磨、内外圆磨床）、台钻、钻床、锯床、攻丝机、热处理等。表3-6为模具加工设备及润滑部位。

表 3-6 模具加工设备及润滑部位

| 工艺名称 | 设备名称 | 设备性能描述 | 用油部位 | 油品名称 | 对油品性能要求描述 |
| --- | --- | --- | --- | --- | --- |
| 切削、铣削钻孔、锯削磨削 | CNC 机床锯床磨床 | 切削加工成型 | 液压系统 | 液压油 | 抗氧化好 运行稳定 |
| | | | 主轴系统 | 主轴油 | 高清洁度 冷却性能 |
| | | | 导轨系统 | 导轨油 | 黏附力强 不易滴落 |
| | | | 切削 | 切削液 | 冷却、润滑、防锈 不易腐败发臭 |
| | | | | 通用切削油 | 冷却、润滑 防锈、清洗 无油烟、挥发少 |
| | | | | 深孔钻油 | 散热快、排屑好 |
| | | | 电火花加工 | 合成火花机油 | 无刺激 不氧化发臭 冲洗沉降性能好 |
| | | | | 特效火花机油 | 无刺激 不氧化发臭 冲洗沉降性能好 |
| | | | 热处理 | 真空淬火油 | 生产效率高 使用寿命长 |
| | | | 防锈 | 防锈油 | 防锈期长 清洗性能好 |

其中中走丝线切割机床是中国独有机型，国内中走丝线切割机部分代表厂家：上海特略、杭州华方(图 3-21)浙江宝玛等。图 3-22 为线切割放电加工机。

图 3-21 杭州华方中走丝线切割机床　　图 3-22 线切割放电加工机

**3. 模具行业以及其加工需要的润滑材料及相关材料**

(1) 设备用油　液压油、导轨油和主轴油等。

(2) 电火花加工液(火花机油)、线切割工作液(膏)。

电火花加工液(火花机油)大致有：

① 矿物型火花机油。1.8~3mm²/s 的加氢精制白油作为基础油。

② 合成型火花机油。液蜡体系。

起消电离、冷却、排除电蚀产物的作用，闪点高、沉降性能好、抗氧化性能好、芳烃含量低、无色无味不刺激皮肤及散发气味，无毒、环保。

（3）线切割工作液(膏)　线切割工作液(膏)(图 3-23)大致有：

① 松香皂类线切割乳化液。传统乳化体系，含油，只能用于快走丝，不能用于中走丝，有时可以兼作切削磨削锯床加工，兑水比例 1：(15~20)，使用容易变黑变脏；松香固体废渣造成环保处理问题。

② 合成水基线切割工作液。不含油，很多油酸皂体系，用于快走丝有时切割完会工件掉下来，兑水比例 1：(15~20)，防锈一般性能良好的线切割工作液；排屑性能良好，切割速度快；工件精度高；保护钼丝，属于电加工，与一般切削液、通用乳化油有所区别。

③ 加工用的切削液、磨削液或乳化油、攻牙油，如图 3-24~图 3-26 所示。

图 3-23　快走丝专用线切割膏

图 3-24　多功能切削液　　　　图 3-25　磨削液　　　　图 3-26　攻牙油

（4）模具加工用切削液、磨削液或乳化油，一般要求并不高，要求不容易发臭；因为模具工件比较大，对防锈有一定要求，同时模具材料硬度较高，所用的磨削液要求具有一定极压抗磨性能。图 3-27 为加工中的切削油。

图 3-27 加工中的切削油

(5) 不锈钢攻丝油采用高含硫添加剂调和而成,用于碳钢、不锈钢及其他有色金属的攻牙、搓丝加工,具有极好的抗磨性、极压性,能有效提高工件光洁度,延长丝锥和刀具寿命。

(6) 模具专用防锈剂(图 3-28)(液体或气雾喷剂) 防锈剂也是经常要用到的润滑油,分为绿色防锈剂、高效防锈剂、长期防锈剂和绿色薄膜防锈剂。绿色防锈剂是采用进口优质防锈材料配制而成,喷上后,使金属表面形成一层防锈油膜,起到润滑,排水及防锈等作用,防锈期限为一年半。高效防锈剂则有 7~8 个月作用时间,但有多种颜色选择。长期防锈剂是一种半透明三明治型,接近无色,不污染成品,涂喷模具、防锈剂排水效果最佳,有多种颜色可供选择,一年半到两年防锈期左右。

绿色薄膜防锈剂会提供一层超薄的绿色的软胶,最适合塑料模具工业。薄膜具有绿色荧光剂,方便施涂表面,防锈膜在注塑过程中自动清除,使用模具时无须清洗,润滑期限一年。

图 3-28 模具专用防锈剂

(7) 机床清洗剂(重油污、年度大扫除清洗用) 模具清洗剂是选用溶剂、分散剂、渗透剂调配而成,能迅速清除油脂、油污及其他顽固污渍,挥发性好,不留痕迹,尤其是适合除去模具上成型留下的塑胶树脂渣、模具防锈膜以及污渍。图 3-29 为机床清洗剂。

图 3-29 机床清洗剂

（8）脱模剂　油性脱模剂适用于橡胶、玻璃、塑料、金属等工业制品脱模，具有脱模效果好、次数多、防锈、润滑、不损模具和增加塑料表面光洁度以及方便耐用等优点。中性脱模剂适合油性与非油性模具之间的使用。干性脱模剂适用于二次加工，如喷漆、丝印、电镀、烫金。图3-30为高效脱模剂。

（9）五金模具胶　图3-31为脱模胶。

图3-30　高效脱模剂

图3-31　脱模胶

### 3.1.7　陶瓷与石材加工行业的润滑

**1. 陶瓷与石材加工行业的发展概况**

陶瓷和石材产品是满足居民物质文化需求升级而使用的天然、高档装饰装修材料，是建材行业最具节能、低碳特点的重要产品之一。随着国民经济的持续快速增长，经济总量不断扩大，宏观经济的快速发展推动工业化和城市化进程，与基础设施、建筑装饰等相关的建筑陶瓷、石材产业迎来大发展时期。陶瓷与石材行业的发展推动其加工业的发展。但石材一般体积大、硬度大，其难加工的特点造成石材加工设备的寿命短，因此，石材加工过程中润滑必不可少。

**2. 陶瓷的种类、石材的种类**

（1）陶瓷的种类

① 建筑卫生陶瓷（图3-32）。如砖瓦、排水管、面砖、外墙砖、卫生洁具等。

② 化工（化学）陶瓷（图3-33）。用于各种化学工业的耐酸容器、管道，塔、泵、阀以及搪瓷反应锅的耐酸砖、灰等。

图3-32　卫生陶瓷

图3-33　陶瓷加热器（化工陶瓷）

③ 电瓷。用于电力工业高低压输电线路上的绝缘子。电机用套管，支柱绝缘子、低压电器和照明用绝缘子，以及电讯用绝缘子，无线电用绝缘子等，图3-34为电瓷配件。

④ 特种陶瓷。用于各种现代工业和尖端科学技术的特种陶瓷制品，有高铝氧质瓷、镁石质瓷、钛镁石质瓷、锆英石质瓷、锂质瓷、以及磁性瓷、金属陶瓷等。图 3-35 为特种陶瓷制成的刀具。

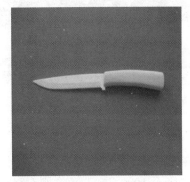

图 3-34 电瓷配件　　　　　　　图 3-35 特种陶瓷制成的刀具

（2）石材的种类　大理石、花岗岩、金刚石，如图 3-36~图 3-38 所示。

图 3-36 罗马大理石雕像　　图 3-37 埃及法老的黑色花岗岩雕像　　图 3-38 加工后的金刚石

**3. 陶瓷与石材加工设备以及需要的润滑材料**

（1）陶瓷与石材的加工设备　主要有锯切加工设备、磨抛加工设备、异型加工设备。

花岗岩大板生产设备：包括大型砂锯，多股钢丝绳串珠锯、花岗石大板连续磨机，高精度自动桥切机；大理石大板生产设备：包括金刚石高速排锯机、大理石大板连续磨机，高精度自动桥切机等；分别如图 3-39~图 3-41 所示。

图 3-39 大型石材切割机　　　　　图 3-40 花岗岩石红外线桥切机

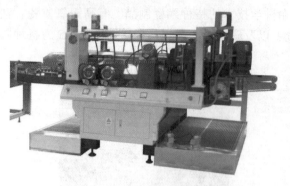

图 3-41 大理石磨边机

(2) 石材的加工、加工特点与润滑要求　花岗岩、大理石通常通过切割和研磨等加工方式被加工成为建筑装饰材料和雕像制作材料，而金刚石和玉石通常作为穿戴饰品，其加工方式是切割、打磨和雕刻等。

花岗岩加工特点：花岗岩石料切割过程中，由于花岗岩石硬度大，金刚石锯片与花岗岩石的界面产生很大的摩擦，使金刚石锯片发热、变形，导致金刚石锯片磨损，也影响了板材的光洁度。以自来水喷淋冷却金刚石锯片，虽然能使干摩擦的瞬时3000℃高温降至1000℃，避免金刚石锯片变形，但仍有火花飞溅，每副金刚石锯片，仅能锯切 150$m^2$ 莫氏硬度为 6~7 的花岗岩石板材。试验表明，人造金刚石在 800℃ 时明显氧化，1000℃ 时完全氧化，1500℃ 时石墨化。人造金刚石表面氧化或石墨化后，其强度和硬度大幅度降低，在切割花岗岩石时甚至被压碎而失去破岩作用，从而直接影响金刚石锯片的使用寿命。而加入润滑冷却切削液后，切削液渗入到金刚石锯片的接触面以后，使金刚石锯片与花岗岩石表面产生抗极压作用，减少了金刚石锯片与花岗岩石之间的摩擦系数，从而减少了表面粗糙，使每副金刚石锯片能切割 300$m^2$ 莫氏硬度为 6~7 的花岗岩板材。

综上所述，石材行业加工用润滑剂需要具备以下几个特点：

① 优秀的冷却能力。在切削过程中，所产生的热量 60% 来自金属变形，40% 来自刀具与工件间的摩擦，润滑、冷却两者必须兼顾。切削液所含的妥尔油中松香酸含量为 30%~40%，脂肪酸含量为 40%~50%。松香酸盐主要起冷却作用，而脂肪酸皂能形成金属皂类的润滑膜，更好地起到了润滑作用。有文献介绍可直接用松香制备润滑冷却切削液。松香中松香酸含量达 90%，虽然冷却效果好，但润滑效果不理想，成本高。也有的介绍用矿物油做润滑冷却切削液，但此法生产的切削液润滑效果好而冷却效果不够理想，且石粉难以沉淀，同时成本过高。

② 优秀的沉降能力。花岗岩石中，主要成分为斜长石(30%~60%)和石英(20%~40%)，锯切下来的石粉粒度极细(<100 目)，表面荷负电，静电相斥，不易沉淀。这就导致了循环切削液中石粉含量太高，增加锯片和花岗岩间的摩擦，加快金刚石锯片损耗。润滑冷却切削液中含有高分子量的聚丙烯酰胺，聚丙烯酰胺通过分子链的架桥作用，使分子链吸附在石粉颗粒上，并产生团聚而沉淀。

**4. 锯切加工**

锯切加工现象大都与锯切过程中的各种摩擦现象有关，使用冷却润滑液，可减小各种摩擦力，从而减少切削热、降低噪声、减小锯片变形和刀具磨损、降低锯切加工成本、提高生产率和产品质量。

### 3.1.8　航空航天行业的润滑

当飞机在蓝天中翱翔(图 3-42)、当火箭腾空而起时，你脑海首先想到的是壮观，然后是激动。可是你知道吗？在航空飞机、火箭、卫星、飞船、空间实验室，以及登月车等航空航天设备的关键部位，如航空飞机发动机、陀螺仪、液压泵、涡轮泵等，是润滑材料在为之进行润滑和保护。

图 3-42 正在航行的航空飞机

**1. 航天器的润滑**

由于航天器所处的真空、失重、辐射等空间环境具有极强特殊性，航天器要保证长寿命和高可靠性，对润滑材料的洁净度和稳定性等性能要求很高。航天设备对润滑材料的指标要求比较苛刻，产品的工艺参数只要稍微一改变，可能本来用着很好的润滑材料或许就不适用了。而且，并不是研发一种润滑材料就能满足航天器的各种要求，所以航空航天润滑材料需要根据航天的不同空间工况，为其提供不同的产品。图 3-43 为火箭发射场景，图 3-44 为嫦娥三号登月车结构简图。

图 3-43 火箭发射场景

图 3-44 嫦娥三号登月车结构简图

（1）太空机械部件的摩擦和润滑与太空环境（图 3-45）密切相关，航天器的工作环境主要有以下特点：

① 高真空。在高真空下金属摩擦表面不能形成降低摩擦的金属氧化物和/或污染物层，容易发生冷焊；摩擦系数特别高，产生的大量摩擦热难以通过气体对流散失掉，致使摩擦面温升很高，摩擦磨损加剧，最终导致烧结。

② 失重。失重从摩擦学观点看是有利的，润滑剂没有承受重负荷的性能要求，但不能使用油槽和重力供油润滑系统；摩擦力矩的扰动易使精确控制速度或位置的机构发生微动，影响控制精度。

图 3-45 太空环境

③ 温度差异大。部分极端的工作温度对润滑剂的高、低温稳定性提出苛刻要求。如卫星驱动机构大多安装在体外，当卫星在轨道上旋转一周时温度变化范围为 $-150 \sim +150℃$。

④ 强辐射。强电磁辐射和高能粒子辐射对空间机械部件造成侵蚀和冲击破坏，暴露在辐射线下的润滑剂会发生断链、聚合等反应。

⑤ 原子氧干扰。近地轨道上常见的 4.25eV 原子氧会冲击航天器表面，使材料发生氧化而遭受破坏。

（2）航天器常用的润滑材料

常用的三大类润滑材料主要是：氯苯基硅油、合成酯、全氟聚醚（图 3-46）等液体润滑剂；金属皂（图 3-47）、聚四氟乙烯粉、铅粉等稠化的润滑脂；软金属膜、二硫化钼膜（图 3-48）和聚四氟乙烯转移膜等固体润滑剂。

 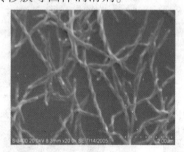 

图 3-46 全氟聚醚　　图 3-47 复合锂基脂的皂化纤维结构　　图 3-48 二硫化钼

液体润滑剂具有低机械噪音，传热、弹性流体动压润滑时磨损小，可以带走磨损物以及正确使用时长寿命等特性，在使用环境许可下，航天器部件的润滑首选液体润滑剂。

航天器寿命从几天到几十年不等，在高真空、失重、部分极端工作温度、强辐射、原子氧条件下，没有单个液体润滑剂能满足所有应用要求。近 40 多年来，航天器使用了不同类型的液体润滑剂，包括精制矿油、硅油、合成酯和全氟聚醚。近年来，合成烃在航天器上逐步得以应用，硅烃也正在进行相关的应用研究。

① 精制矿油。航天器是相对新兴产业，其机械部件的润滑借鉴了其他工业的经验，在早期也采用矿油型液体润滑剂。

② 硅油。航天器中主要使用润滑性能相对较好的氯苯基硅油和氟硅油。

典型产品有以氯苯基硅油为基础油的产品。

③ 合成酯。合成酯良好的边界润滑性和高、低温性能，满足了航空、航天和航海陀螺马达含油轴承、精密仪器及其轴承的润滑要求。MIL-L-085C、MIL-L-3918A、MIL-L-11734C 等规范都是以合成酯为基础油。

④ 全氟聚醚(PFPE)。主要使用的是：阴离子聚合反应六氟环氧丙烷得到的支链 PFPE(K 润滑剂)，如美国 DUPONT 公司 Krytox143 系列油品。光氧化全氟烯烃，再聚合得到的直链 PFPE(Z 润滑剂)，如意大利 Montefluos 公司的 Fomblin Z25 油品。

⑤ 合成烃。在航天器上进行应用研究和使用的合成烃主要是聚 α-烯烃和多烷基环戊烷。

⑥ 聚 α-烯烃(PAO)。典型产品有 NYE 公司 PAO 型的 Nye132、176A、179、182、186、188B 油。

⑦ 多烷基环戊烷(MACs)。太空飞行器上应用 2-辛基十二烷基环戊烷。NYE 公司 MACs 型 Pennzane SH F-X2000 润滑剂。

⑧ 硅烃(SiHC)。目前在航天器上进行应用研究的主要是四硅烃。在硅烃中加入抗氧、抗磨极压添加剂可使其性能更优。

**2. 航空飞机的主要润滑部位及相关润滑产品**

航空润滑油是指飞机发动机及仪表、设备所用的液体润滑剂。可分为石油基润滑油(或称矿物类润滑油，简称矿物油)和合成润滑油两大类。还可按用途分为各类航空发动机用油及航空仪表用油等。

(1) 航空发动机油　航空发动机油作为航空发动机的血液，一种性能优良的航空发动机润滑油，不但要为航空发动机各运动部件提供充分润滑，而且还要提供足够的密封、散热作用，从而保障飞机发动机在高速高温条件下安全、稳定的长时间续航能力。

国际上主要的航空发动机油规格仍然以美国军标规格为主导，此类油品需要重点考虑油品在高低温条件下的储存稳定性、氧化安定性和腐蚀性。图 3-49 为航空发动机。

图 3-49　航空发动机

润滑产品：国内航空发动机油基本分为合成以及矿物两种。主要由中国石油和中国石化生产，以合成航空润滑油为主。型号有：8 号航空润滑油和 20 号航空润滑油；4010 号合成航空润滑油符合美军标 MIL—L—7808J 规范；4209 号合成航空防锈油。

(2) 航空液压油。航空液压油主要用作航空液压系统传动机构的工作液，也是各种要求较高的液压机械的理想工作介质。具有良好的高低温性能、黏温性、抗剪切性、氧化安定性和液压传递性能，使用温度为 $-54 \sim 135℃$。抗氧化安定性可满足各种新型飞机液压系统的使用要求。

润滑产品：15号航空液压油 GJB 1177—1991 主要用于作航空液压传动机构，可替代国产10号、12号航空液压油和美国 MIL-H-5606E 液压油。

（3）航空润滑脂　航空润滑脂主要用于飞机仪表及操纵部件，低温性能要求苛刻，同时还有部分在起落及运动部件上的高温脂。

主要的润滑产品有：

① 2号低温润滑脂。用于飞机的操作杆系统防护与润滑，各种精密仪表和无线电设备，以及轻负荷、高转速、宽温度范围（-60~120℃）内的各种机械设备的滚动轴承和滑动轴承及其他磨损部件的润滑。图3-50为飞机仪表及操纵杆。

图3-50　飞机仪表及操纵杆

② 2号航空润滑脂。2号航空润滑脂具有优良的低温性能、高温性能和抗水性能，可用于宽广温度范围内工作的滚珠轴承的润滑，使用温度-50~120℃。具有优良的高低温性能、机械安定性、胶体稳定性和氧化安定性能。

③ 7007、7008航空润滑脂。专为航空润滑设计的，属多用途航空润滑脂，适用于航空电机轴承和齿轮、操作机构支点、组装联接以及某些仪器、仪表的润滑，也适用于高速球轴承的润滑。

④ 宽温度航空润滑脂（中国石化石油化工科学研究院生产）。适用温度-60~300℃，专为航天设备开发，具体性能及规格保密中。

### 3.1.9　电力设备的润滑

**1. 电力设备润滑特点**

电力行业设备主要由发电设备和输电设备两大类组成。其中发电设备主要有：蒸汽涡轮机、水涡轮机、汽轮发电机、核电汽轮机。润滑油品主要是指汽轮机油；输电设备用油主要是变压器油；核电行业的设备主要使用油品为聚苯醚。图3-51为汽轮机组。

**2. 发电设备对润滑油的要求**

（1）优良的氧化安定性，保证油品在长期循环使用过程中的氧化沉淀物少，酸值增幅小，使用寿命达10年以上。

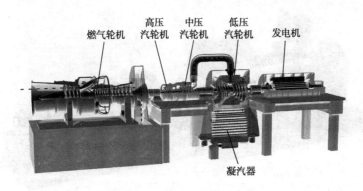

图 3-51 汽轮机组

（2）优良的抗乳化性，容易与水分离，使漏入润滑系统的水在油箱中迅速分离排出，以保证油品的正常润滑和冷却作用。

（3）良好的黏温性，以保证汽轮机组的轴承在不同温度下都能得到良好的润滑。

（4）良好的防锈性，以防止蒸汽和冷凝水渗入系统引起调速系统锈蚀。

（5）良好的抗泡沫性，运行中进入空气而产生泡沫，泡沫过多或不易消失会影响油品的正常循环。

**3. 输电设备润滑剂要求**

（1）优良的电气绝缘性能，绝缘强度高，介质损失角小。

（2）黏度小，散热快，冷却性能好，能将变压器在运行中产生的热传导出去。

（3）良好的氧化安定性，使用寿命长。

（4）凝点低，有好的低温流动性。

（5）闪点高，蒸发性小，保证在运行温度下能安全工作。

（6）变压器油是减压轻质润滑油馏分，经深度精制，加入抗氧剂等调配而制成。

（7）电力设备。包括汽轮机、变压器、水轮机、风力发电机、风力发电偏航系统、风力发电液压刹车系统、磨煤机等。

**4. 主要电力设备润滑特点**

（1）汽轮机润滑特点　汽轮机是使用电站锅炉产生的过热蒸汽去冲动汽轮机叶片，并使之转动，从而带动汽轮机和汽轮发电机发电的一种动力机械。它是发电设备中的一种原动机。

汽轮机工作原理如下：一定温度和压力气体进入喷嘴，在喷嘴内膨胀加速，气体的热能转化为动能。气体以高速度冲击动叶片，动叶片带动叶轮转动，从而将动能转变成主轴的旋转机械能。主轴通过联轴器与其他机械如风机、发电机等相连，从而驱动这些机械转动。汽轮机由于其功率大，燃料便宜易得，因此，广泛地应用于各行各业，如电力工业、大型化肥厂、石油化工行业、航空发动机以及大型船舶和军舰。图 3-52 为冲动式汽轮机组。

工况特点：汽轮机各轴承及启动部分由于摩擦以及高温蒸汽产生大量的热量，汽轮机油不断地循环流过将这部分热量带走，使汽轮机的温度不超出一定的温度值，起到冷却作用。

汽轮机油质量要求：大型汽轮机组，转速 3000r/min，采用 L-TSA32 防锈汽轮机油中、

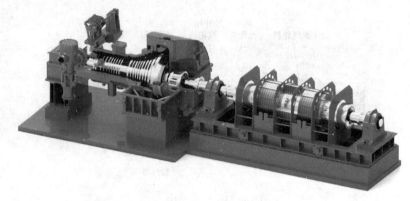

图 3-52 冲动式汽轮机组

小型汽轮机组，转速 1500r/min，采用 L-TSA46 防锈汽轮机油。

（2）汽轮机轴瓦的润滑特点

① 工况特点。重载、高温、腐蚀、蒸汽环境。

② 润滑要求。采用 N32 或 N46 汽轮机油润滑。

（3）汽轮机联轴器的润滑特点

① 工况特点。重载、高温、腐蚀、蒸汽、扭矩大等运行环境恶劣。

② 润滑要求。采用 N32 或 N46 汽轮机油集中润滑。

（4）汽轮机滑动轴承的润滑特点　汽轮机采用的轴承有径向支持轴承和推力轴承两种。径向支持轴承用来承担转子的重量和旋转的不平衡力，并确定转子的径向位置，以保持转子旋转中心与汽缸中心一致。推力轴承承受作用在转子上的轴向推力，并确定转子的轴向装置，以保证通流部分动静正确的轴向间隙。

① 工况特点。高转速，大载荷条件下工作，对轴承工作要求必须安全可靠，摩擦力小。

② 润滑要求。汽轮机轴承一般都采用以油膜润滑理论为基础的滑动轴承，采用循环供油方式，由供油系统连续不断地向轴承供给压力、温度合乎要求的汽轮机油。图 3-53 为汽轮机联轴器、图 3-54 为汽轮机滑动轴承剖面图。

图 3-53　汽轮机联轴器

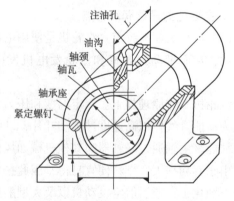

图 3-54　汽轮机滑动轴承剖面图

（5）汽轮机液压控制系统的润滑特点　液压控制调节系统是汽轮机的一个重要系统之一，它包括高压控制油系统、数字电液调节控制系统（图 3-55），以及有关的侍服执行机构和附属设备。

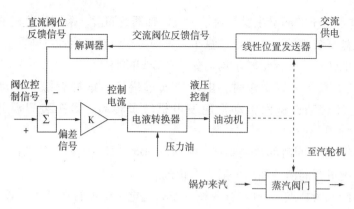

图 3-55　汽轮机数字电液调节控制系统

① 工况特点。工作条件恶劣，工作负荷大，液压油使用环境温度较高。

② 润滑要求。要求具有良好的黏温性能、防腐防锈性能及优异的低温性能。

(6) 汽轮机叶片(图 3-56)的润滑特点　汽轮机本体是汽轮机设备的主要组成部分，由转动部份(转子)和固定(静体或定子)部分组成。叶片是汽轮机本体转子的主要部件之一。叶片一般由叶根、工作部分、叶顶连接件组成。

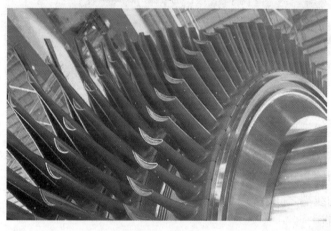

图 3-56　汽轮机叶片

① 叶片工况特点。高温、高压、腐蚀、冲蚀、受力复杂等工作条件复杂。

② 润滑要求。采用汽轮机油。

(7) 汽轮机转子的润滑特点　汽轮机的转动部分总称转子，它是汽轮机最重要的部件之一，担负着工质能量转换及扭矩传递的重任。转子可分为套装转子、整锻转子、焊接转子和组合转子四大类。转子主要有叶轮、轴封套、联轴节、主轴等部件组成。图 3-57 为全凝式汽轮机转子。

① 工况特点。转子的工作条件非常复杂，处在高温工质中，并以高速旋转，因此它承受着叶

图 3-57　全凝式汽轮机转子

片、叶轮、主轴本身质量所引起的巨大应力，还由于温度颁布不均匀引起的热应力等。

②润滑要求。转子的润滑主要是对轴承及联轴器的润滑，采用汽轮机油进行集中润滑。

(8) 汽轮机盘车装置的润滑特点　盘车装置即是在汽轮机启动旋转前和停机后，使转子以一定转速连续地转动，以保证转子均匀受热和冷却的装置。

①工况特点。盘车装置工作时，电动机通过蜗杆、蜗杆轮缘、主动齿轮带动汽轮机转子上的齿轮环转动，从而带动汽轮发电机转子转动。盘车装置温差大，存在振动负荷。

②润滑要求。盘车润滑部位主要有：电动机轴承、蜗轮蜗杆、传动齿轮系统、链轮等。采用集中供油系统进行润滑，油品一般为汽轮机油。

(9) 变压器的润滑特点　变压器(见图3-58)是电力输电行业的主要设备，是一种静止电机，它可以将一种电压的电能转换为另一种电压的电能。

图3-58　变压器

①工况主要特点：

(a) 变压器的铁芯和线圈都浸在变压器中使其与空气和汽轮隔绝；

(b) 变压器的线端之间、高压线圈和低压线圈之间、线圈和接地铁芯，以及油箱壁之间会发生短路和电弧；

(c) 因"铜耗"和"铁芯损耗"产生的热量散发到大气中等。

②变压器润滑剂性能要求。变压器油是减压轻质润滑油馏分，经深度精制，加入抗氧剂等调配而制成。主要用环烷基变压器油、石蜡基变压器油。

## 3.1.10　工程建设设备的润滑

工程机械润滑油是专业用于大型挖掘机械、装载机械、吊装机械、推土及筑路机械等大型机械设备的专用润滑油。

工程机械润滑油主要包括工程机械专用柴油增压发动机油、工程机械专用抗磨液压油、重负荷齿轮油、液力传动油等共四大类，十多个品种。

润滑技术在工程建设中的作用至关重要，没有润滑，工程设备就无法正常工作。工程建设种类繁多，各特点不一，因而在润滑技术、润滑方法和润滑剂的选择方面也有特殊的要求，如表3-7所示。

表 3-7 工程机械一般用油部位的用油标准要求

| 用油 | 用油部位 | 用油名称 | 设备工况 | 推荐用油 | 油品标准要求 |
| --- | --- | --- | --- | --- | --- |
| 工程机械润滑 | 发动机 | 发动机油 | 工况复杂、功率大、热负荷重，燃料硫含量偏高等特点 | CI-4<br>CH-4 | 工程机械发动机油最低满足 API CH-4 以上级别 |
| | 齿轮箱 | 齿轮油 | 要求油品具有优良的抗磨性能，更好的抗泡性和热氧化安定性，同时要求油品具有更高的清洁性、过滤性好 | GL-5<br>85W/140 | 按 API 车辆齿轮油的质量级别，大型工程机械常用 API GL-5 重负荷车辆齿轮油，但工程机械专用齿轮油的某些常规理化指标超越 API GL-5 品质要求 |
| | 液压系统 | 液压油 | 黏度指数高、分水性能优良 | HK 系列 | 工程机械专用液压油通常使用 HM/HV46 或更高级别液压润滑油 |
| | 轴承及关节位 | 润滑脂 | 工程机械专用抗磨液压油 | 极压锂基脂 | 在-20℃至130℃之间具有优异润滑效果，适用于重负荷、高温度、震动剧烈设备使用适用于集中润滑系统 |

根据建设施工使用机械的特点，几种典型工程建设设备润滑剂的选用如下：

(1) 可移动空气压缩机　如图 3-59 所示，一般都是小型的低压压缩机。由于设置在现场，没有水冷却设备，因而对润滑油质量要求较高。一般要用抗热氧化安定性好，结焦积炭少而松软的（最好是由环烷基原油生产的），防锈性能也好的，40℃黏度 28.8~50.6mm$^2$/s（ISOVG 32 或 46）的，抗磨性能较好的空气压缩机油。

(2) 钢丝绳和链索　钢丝绳和链索是工程建设机械常用的传动和输送设施，一般在露天的条件极差的环境中使用，要求润滑油有良好的抗磨性、耐水性和防锈防腐蚀性。图 3-60 为港珠澳大桥上的斜拉索。

图 3-59　空气压缩机　　　　　图 3-60　港珠澳大桥上的斜拉索

(3) 风动（压缩气动）工具　风动机械的振动大，而且是冲击性负荷，因而要用中等极压抗磨性能的润滑剂。回转式工具的行星齿轮和轴承，用 40℃黏度 90~110mm$^2$/s 油稠化的，具有抗磨性能的通用多效锂基脂或钙钠基脂或复合钙基脂（1~2 号）。活塞式工具的活塞、气缸、阀等的润滑，在一般温度下普通用 40℃黏度 41.4~74.8mm$^2$/s（ISOVG46 或 68）的润滑油。图3-61为蒸汽压缩机。

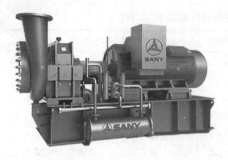

图 3-61 蒸汽压缩机

（4）柴油打桩机　柴油打桩机(机动吊锤)是由发动机直接驱动的锤式打桩机，是建筑工程地基打桩最常用的设备，近代施工则主要用机动打桩机。其主要部件除发动机外，主要有活塞和气缸组，由于温度较高，因而下部活塞润滑要用黏度较高的高闪点、高质量润滑油。图 3-62 为工地上的打桩机。

（5）钻孔机械　钻孔机械是建设工程中常用的机械，种类和规格很多，但大体分为电动机驱动和内燃机驱动两类，也有用压缩空气驱动的小型钻孔机(也称为风钻)。对润滑油的要求是采用抗氧化、抗磨损性能好并能和水结合、在往复滑动摩擦部分形成坚固的润滑油膜的产品。图 3-63 为瞄杆钻机。

图 3-62　工地上的打桩机

图 3-63　瞄杆钻机

（6）液压挖掘机(图 3-64)　挖掘机(液压大铲或挖斗)是土建施工中的挖管沟，挖地基等土方工程中常用机械。由于挖掘机的工作环境不好，经常在风吹雨淋和尘土飞扬的条件下工作，因而必须加强润滑部位的防尘、防雨等防护措施，以免尘埃雨雪等落入，增加机械磨损和促使润滑油(脂)变质。这种机械的作业条件苛刻，负荷变化大，甚至是冲击负荷，因而对所用润滑油(脂)的油膜强度要求大，黏附性好，一般要含有油性及极压剂的精制高质量油(脂)。

图 3-64　液压挖掘机

(7) 推土机　推土机是建设工程中最常用的关键机械，由于使用条件苛刻而且变化大，对润滑剂要求严格而特殊。驱动动力一般多用高速、高强化系数柴油机，而需使用相当于卡特皮勒 3 系列，或 API 的 CD 级润滑油高档内燃机油。而液压系统则要用高黏度指数的防锈、抗氧化、抗磨性能良好的液压油，必要时可用防锈、抗氧级汽轮机油、精制机械油等黏度和质量适当的润滑油代用，尤其在寒冷地区冬季要求使用倾点极低的寒冷液压油，有时可用适当的变压器油调配代用。减速齿轮等要用多级通用极压齿轮油。履带行走装置包括起动轮、诱导轮、上下转轮及履带等滑动部分的负荷大、有冲击、杂质多而润滑条件差，一般用齿轮油或内燃机油润滑，齿轮油负荷性能好，但耐热性差，遇水产生酸性，因而尽可能用内燃机油。也可用防锈抗氧化极压锂基或复合钙基脂。图 3-65 为履带式推土机。

(8) 天车龙门吊　起重运输机械是在一定范围内垂直提升和水平搬运重物的多动作机械。起重运输机械主要包括：岸边集装箱起重机、轮胎式集装箱龙门起重机(场桥)、散货装、卸船机、斗轮堆取料机、门座起重机、带式输送机、取料机、桥式吊车、动臂起重机、卸载机、堆料机。图 3-66 为吊臂。

图 3-65　履带式推土机

图 3-66　吊臂

天车(龙门吊)是建筑工程预制件现场搬运工具，都是在露天使用的。机件种类多，结构也较复杂，要求润滑剂品种较多，特别要求具有良好的防锈性和耐水性及耐寒、耐暑性能。图 3-67 为起重运输机。

图 3-67　起重运输机

（9）盾构机（图3-68） 盾构机是目前地下隧道施工的主要工程机械之一，其中有刀盘轴承、轴承密封、减速机、螺旋输送机等都需要集中油脂润滑系统对其进行润滑和密封，以此来确保盾构机的驱动系统和刀盘等主要设备的正常使用，因此集中油脂润滑系统是盾构机中非常重要的一套装置，盾构机的集中润滑是强制性润滑，是双线式消耗性润滑系统。盾构机所用的油脂包括：盾尾油脂（泵送型和手涂型）、泡沫剂、刀头油脂及机械润滑油脂等。

图3-68 盾构机

### 3.1.11 轻工化工设备的润滑

化学工程是研究化工产品生产过程共性规律的一门科学。轻工化工主要包括化工行业、医用制药行业、食品加工行业等。

**1. 化工行业设备的润滑**

化工设备，通常也叫做化工机械，顾名思义就是指在化学工程生产中用到的机器和设备，包括化工机器和化工设备（狭义）两类。化工机器指能提供动力的那部分化工设备，包括各种粉碎机、压缩机、搅拌机、离心机、泵等；化工设备指工作过程中静止不动或者很少运动的那部分化工机械。

化工机械的润滑方式可分为固体润滑、液体润滑、气体润滑。固体润滑以固体润滑剂、润滑脂作为润滑剂，液体润滑以润滑油作为润滑剂，气体润滑在机械润滑的应用极少。在化工机械润滑剂选用中，考虑到工况要求的不同，选用的形式有所不同：在敞开式设备中一般选用润滑脂作为润滑剂，以避免润滑油的流失；在封闭式和高速运转部件中一般选用润滑油，比如搅拌机的减速箱润滑、电机润滑、轴承润滑等。

由于化工设备工作环境的特殊性，可能涉及酸、碱、高温、高压，将导致化工设备磨损和老化迅速，化工机械设备的润滑标准或润滑级别，须根据化工设备的具体使用环境或使用条件，加以科学分析后进行相应调整。图3-69为乙烯生产工厂。

**2. 医疗器械的润滑**

轴承是医疗器械关键部件，特别是高精度薄壁交叉滚子轴承。所以轴承的润滑是医疗器械润滑的关键。我国已经发展多年，在成熟的技术条件下生产的高质量、高性能的国内精密轴承，现在可以逐步替代进口类似的交叉滚子轴承的高价格。相应润滑脂的研发与制造也越来越全面。图3-70为大型医疗器械。

图 3-69 乙烯生产工厂

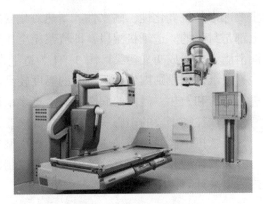
图 3-70 大型医疗器械

**3. 制药行业机械设备的润滑**

制药行业机械设备是化工机械领域的重要组成部分。由于制药机械设备的特殊工况，对药品质量有着最为直接的影响，特别是机械设备使用的润滑油，在使用过程中，不可避免地出现跑、冒、滴、漏等现象，就可能影响到最终企业通过相关认证和产品质量。

正确、合理、及时地润滑设备，对制药设备的正常运转与维护，使之能正常处于良好的技术状态，充分发挥制药设备的使用效能，提高药品的质量，保证药品生产的顺利进行，有着重要的意义。

由于药品生产的特殊性，制药设备既要保持运行状态需要有良好的润滑，又要保证生产质量防止设备可能产生的二次污染，避免所有可能对药物安全构成威胁的因素，故 GMP（药品生产质量管理规范）明确地将制药设备的本身结构、性能、参数等及与其使用的润滑剂等相关物质视为污染源，列为药品生产中对在用设备控制和性能验证的重点。

尽可能选用制药设备制造厂商说明书的指定或推荐的润滑油品，因为产品和设计对设备所使用的润滑剂大都进行过详细的论证和细致的实验，一般情况下它们所推荐的润滑剂是非常可靠的。

**4. 食品机械的润滑**

生活当中的小型家用电器（图 3-71～图 3-73）都需要一定程度的润滑。食品级润滑脂能让设备寿命更长久，使用的更安全、食用更健康。食品机械润滑中使用润滑脂必须要通过食品级认证（H1 级、H2 级）。

图 3-71 搅拌机

图 3-72 绞肉机

图 3-73 果汁机

## 3.1.12 造纸设备的润滑

造纸机械的工作环境是潮湿和高温，某些设备还伴有冲击负荷，因而在润滑剂的选择上主要考虑其抗乳化性、耐水性、耐热氧化安定性及耐负荷性能。造纸机械上的润滑点在原则上都是封闭的。造纸机湿段,即流浆箱至压榨部的各轴承都是用密封的轴承壳以防水浸入和润滑脂溢出造成交叉污染。图3-74为造纸设备的工作简图。

造纸机干段则因作业运行时的温度较高而采用中心润滑站以压力输送润滑油到各处轴承进行润滑和散热。湿段的润滑脂润滑点多采用定期人工巡视检查注、换润滑脂的办法,故润滑系统往往指干段的中心润滑站及全部输、供油管道及注油装置。

造纸机干段的润滑站通常在标准通用型号中选用,最好能在滤油能力方面及油温控制能力方面较强者为佳,如有磁滤器及恒温控制则更适宜。润滑站的输油量通常应按各润滑点散热需要来计算。图3-75为离心式筛浆机。

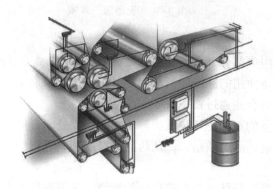

图3-74 造纸设备的工作简图

图3-75 离心式筛浆机

造纸机干段各密闭轴承壳的供油多采用可调注油器,它也被称为滴油阀,它使供入轴承的油适量而持续。这种注油器对于以手动调节油量的系统是十分适用可靠的。图3-76为压光机。

图3-76 压光机

在新型高速宽幅造纸机上,湿段的主要轴承也用中心润滑站进行集中自动强制润滑。在这种系统中,造纸机的湿、干两段各设有中心润滑站,但统一由自动控制系统进行管理操纵。其各润滑点注油量的控制由借微型电动机带动的小型计量泵来实现,自控系统借电子计算机或其他软件调控方式对注油管路上的流量计、压力表等进行监测并对计量注油泵电动机实现调控。

纸浆造纸机械包括纸浆机械与造纸机械两大类以及纸的装饰、加工设备,具体润滑方式如下:

**1. 纸浆机械的润滑**

纸浆机械包括备料、制浆两类设备。纸浆机械的润滑特点是工作环境潮湿、高温,兼有冲击性负荷。一般要求有较好的耐热性、抗氧化性、抗乳化性和防锈性等,黏度为46~100的抗氧防锈润滑油。也有要用耐热性和机械安定性好的2号或3号复合钙基、钠基或锂基润滑脂,乃至使用二硫化钼或石墨润滑脂。纸浆蒸煮设备的轴承和齿轮工作温度较高,常使用工业齿轮油或润滑脂润滑。纸浆机械的润滑部件有轴承、蜗轮蜗杆、减速机、闭式、开式齿轮，涉及润滑材料有 L-HL 液压油、L-CKC 工业齿轮油；钙基脂、复合钙基脂、通用锂基脂、石墨钙基脂及半流体锂基脂等类型。图 3-77 为瓦楞机，图 3-78 为圆柱精浆机。

图 3-77 瓦楞机

图 3-78 圆柱精浆机

**2. 造纸机的润滑**

造纸机的润滑点原则上均系密闭状。造纸机的湿段的各轴承都有密闭轴承壳以防水侵入和润滑脂溢出造成交叉污染。造纸机的干段因运行时温度较高而采用中心润滑站以压力输送润滑油到各处轴承进行润滑和散热。概括造纸机的润滑部件有传动减速箱、蜗轮减速箱、一般滑动轴承、滚动轴承、排气风机、湿段滚动轴承、钢丝绳以及中心润滑站（干段润滑）用油。涉及的油、脂有液压油、全损耗系统用油、钙基脂、钠基脂、石墨钙基脂等类型。

**3. 造纸机及其附属设备的润滑**

（1）分部传动减速箱、中心润滑站用油（干段润滑）、摇振箱、蜗轮减速箱、一般滑动轴承可用液压油或全损耗系统油润滑用 L-HL46 或 L-AN46，40℃时黏度 41.4~50.6mm²/s，闪点（开口）>180℃，凝点<-10℃。

（2）湿段的滚动轴承　钙基润滑脂，滴点>80℃，锥入度（25℃，1/10mm）265~295。

（3）排气风机、湿热处滚动轴承　钠基润滑脂，滴点>40℃，锥入度（25℃，1/10mm）220~250。

（4）钢丝绳　石墨钙基润滑脂，滴点>80℃。

### 3.1.13　机床设备的润滑

图 3-79 为 CNC 自动加工中心。

**1. 机床主要润滑构件介绍**

机床的润滑包括轴承、齿轮、导轨的润滑等，机床润滑油包括：液压油、液压导轨油和齿轮润滑油，不同的机床种类及工况的不同对润滑油品的性能有不同的要求：

图 3-79　CNC 自动加工中心

（1）轴承的润滑

① 滑动轴承的润滑。图 3-80 为轴承。滑动轴承是常用的传动方式，润滑油不仅要起到润滑的作用还要起到冷却的作用，因此需要用润滑性能良好的低黏度的润滑油，同时需要具

备良好的抗氧化、抗磨性、防锈性及抗泡沫性。对于精密磨床的磨石主轴所用的精密滑动轴承，因轴承间隙特小（$1\mu m$），转速特别高，应使用黏度很小、抗磨油性极好的黏度为 $2.0mm^2$（40℃）的润滑油。图3-81为加工过程。

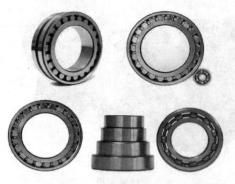

图3-80 轴承

图3-81 加工过程

② 滚动轴承的润滑。滚动轴承在机床上，由于具有摩擦系数小，并运转安静等优点，因而机床上已大量采用滚动轴承，内径25mm，转速30000r/min以下时，可用封入高速脂。转速特别高时，则应用强制润滑或喷雾润滑。需要注意的是滚动轴承除大型、粗糙的特殊情况，一般不能使用含固体润滑剂的脂。

图3-82 导轨

（2）齿轮的润滑　机床的齿轮的冲击和振动不大，负荷较小，应而一般不需要使用含极压添加剂的润滑油。需要注意的是如何防止主轴箱的热变形，冲击负荷较大的冲压或剪切机床的齿轮，应使用含抗磨剂的齿轮油，用于循环润滑或油浴润滑的齿轮油，除了要考虑抗氧化性，还要顾及抗腐蚀、抗磨、防锈蚀及抗泡性。根据齿轮的种类选择合适的齿轮油和合适的黏度。

（3）导轨（图3-82）的润滑　导轨的负荷及速度变化很大，一般导轨面的负荷为 $3\sim 8N/cm^2$，但由于导轨频繁地进行反复运动，因此容易产生边界润滑，甚至半干润滑而导致爬行现象，除了机床设计和材料润滑不良是导致爬行的主要原因。为克服爬行现象，除用氟系树脂导轨贴面等，在改善润滑方面，主要用含防爬剂的润滑油。

**2. 机床设备主要润滑构件和润滑选择**

（1）轴承的润滑选择

① 性能特点。良好的低黏度的润滑油，同时需要具备良好的抗氧化、抗磨性、防锈性及抗泡沫性。

② 油品使用低速时，采用油脂、油液循环润滑；高速时采用油雾、油气润滑方式。但是，在采用油脂润滑时，主轴轴承的封入量通常为轴承空间容积的10%，切忌随意填满，因为油脂过多，会加剧主轴发热。对于油液循环润滑，在操作使用中要做到每天检查主轴润滑恒温油箱，看油量是否充足，如果油量不够，则应及时添加润滑油；同时要注意检查润滑油温度范围是否合适。端面加工如图3-83所示。

图3-83　端面加工

(2) 齿轮的润滑选择

① 油品选用

(a) 根据齿轮线速度选择齿轮油黏度。速度高的选用低黏度油，速度低的选用高黏度油。

(b) 根据齿面接触应力选择齿轮油类型。

(c) 注意使用温度。温度高，油黏度应大，夏天用高黏度油，冬天用低黏度油。

(d) 考虑齿轮润滑和轴承润滑是否同一系统，是滚动轴承还是滑动轴承。滑动轴承要求润滑油的黏度较低。

② 油品使用

(a) 加强过滤和去除水分。工业齿轮油的使用条件很复杂，尤其在钢铁厂、矿山、沙尘、冷却水等可能进到油中，齿轮本身磨损的金属颗粒也进到油中，它们大大降低了油的承载能力，也加速了齿轮的磨损。应及时把油中的固体污染物通过过滤清除出去，通过油箱沉降后用切水器把水除去。

(b) 及时换油。

(3) 导轨的润滑选择

① 油品选用

(a) 按导轨滑动速度和平均压力选择；

(b) 按设备润滑类型选择；

(c) 按实际应用经验选择。

② 性能特点

(a) 良好的热氧化安定性；

(b) 良好的油水分离性及防锈性；

(c) 优良的防腐蚀性能；

(d) 优良的黏附性及防爬性；

(e) 极佳的润滑性能，保证导轨运行的平稳性。

③ 油品使用

(a) 使用过程中避免与皮肤直接接触，避免吸入过多油气；

(b) 储存在阴凉通风的环境中，环境温度需保持在60℃以下，亦不能太过严寒，需避免雨水浸入导轨油中；

(c) 废弃导轨油需交由专业公司收回，以免破坏环境。

机床润滑如图3-84所示，机床主轴承如图3-85所示。

## 3.1.14　纺织设备的润滑

由于纺织品的原料有棉、麻、丝、绢及各种合成纤维，对应的纺织机械的种类、型号、规格也复杂繁多。可分别归类为清梳机、并条机、高速纺纱机、粗纱机、精纺机、络经机、整经机、浆纱机、织布机、验布机、码布机及打包机等。这些机械均须油润滑。因为纺织机(图3-86)用油具有降低摩擦、减少磨损、降温冷却、防腐作用、减震缓冲、清洗清洁等作用。

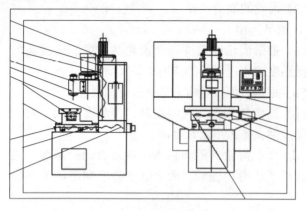
图 3-84 机床润滑图

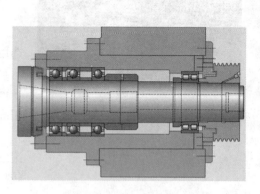
图 3-85 机床主轴承

针织厂主要使用齿轮油、针织机油、锭子油和空压机油;纺织厂中纺纱的设备用润滑材料有:齿轮油、润滑脂、锭子油、液压油和空压机油;织布的的设备用润滑材料有:齿轮油或者合成齿轮油、润滑脂、锭子油、液压油、空压机油和真空泵油;染色的的设备用高温滑脂多一点;主要用油还是得看纺织厂的具体情况。

在新型的纺织设备中,大多数采用集中循环润滑或齿轮箱油浴润滑的方式,因而要求润滑油脂的抗氧化性、防锈性、抗污性要好。进口纺织设备的润滑周期在其说明书中都有详细的说明,每天、每周、每月、每季需要润滑的部位都标注的非常清楚,生产中应严格执行。在通常情况下,进口设备的说明书中所标注的润滑油脂,大多数是世界著名公司的产品,其性能较好,只要按规定进行润滑即可保证设备正常运转。

针织机油是专为大圆针织机(图 3-87)、圆筒针织机、大圆盘机、织袜机、手套编织机及所有针织机开发而成的。对织针、沉降片及凸轮箱起到良好的润滑及保护作用,能减少织针消耗;良好的清洗性能可降低因油品污染而造成的次布。优异的润滑性,能有效保护织针免受磨损并降低运行噪音,不与弹性织物纤维反应。

图 3-86 纺织机

图 3-87 大圆针织机

**1. 纺织设备润滑油的选择原则**

纺织设备的机型较多,运转速度和负荷各不相同,使用的润滑油标号也各不相同。润滑油的种类和标号繁多,正确选择润滑油的种类和标号以及润滑油的保管工作则特别重要。润滑油的选择可按照设备说明书中规定的种类和标号进行。选购润滑油时,要注意润滑油的物理、化学性能指标等。

纺织生产中应根据设备实际性能、运转条件和润滑油生产厂商的说明，在考虑综合经济效益，且能达到润滑要求，有利于管理的原则下，尽可能地减少润滑油的种类和标号，以降低购置保管费用。进口设备的关键重要部位要使用高质量的润滑油，以提高润滑性能，降低能源消耗，延长设备的使用寿命。图3-88为古代纺织机，图3-89为自动化纺织生产线。

图3-88 古代纺织机　　　　　　　图3-89 自动化纺织生产线

**2. 纺织设备润滑时应注意的问题**

纺织设备的运转环境较差，大多在含尘量较高的状态下运行。机器转动件的支撑点易受粉尘污染，致使摩擦阻力增大，机械磨损加剧。在设备的维修和润滑过程中要特别注意磨粒磨损。磨粒磨损是在两摩擦表面存在着磨损的粒子（细砂、铁屑、粉尘等）引起的非正常性磨损，其对机械的磨损极为严重。

凸轮箱（图3-90）更换新齿轮，磨合后重新清理，并更换润滑油后，再投入正常运行。在液压系统的维修，电磁阀、管路等的拆装应做好已拆部位的保护工作，防止杂质进入造成系统污染。需更换的机件应先清洗后安装，液压系统的阀、缸、储油箱等修理或清洁时，揩拭物不能使用棉纱、棉布等，应用绸布或乙烯树脂海绵揩擦。日常管理工作中，要定期清洗液压系统的滤网，清洁

图3-90 凸轮箱结构图

的滤网可以保证液压油的性能，及时清除杂质，一次性滤网必须定期更换。

### 3.1.15 钢铁及冶金行业的润滑

**1. 钢铁生产润滑特点**

生产特点是连续化、高温、高湿、重载和多灰尘。钢铁生产设备多数都属于低速、重载运行，设备大而重，其主要工况特点就是自动化程度高、负荷重、温度高、速率范围宽（极低和高速）、设备尺寸大、环境条件恶劣、水气中、污染程度高等，因而设备的故障率高、维修频繁、机件失效快、消耗大。

(1) 高温　钢铁工业设备所处的环境温度极高,如加热炉或均热炉温度在1100~1200℃,轧板温度通常在650~750℃(图3-91),因此,某些机械设备如钢水输送辊道等长期处于800℃高温热辐射条件下。对于这些润滑部位,往往是通过集中供脂系统将润滑脂送到辊道轴承上。钢铁工业设备所处的环境温度极高,各运转部件长期在高温热辐射条件下,轴承外壳实际温度有的可达200℃以上,加热炉周围的轴承或连铸设备轧辊轴承温度在120~180℃。润滑脂需具有良好的高温性能,使用时要求润滑脂不干枯,不流淌,在高温下分油率小。图3-91为高温钢铁生产线。

图3-91　高温钢铁生产线

(2) 冷却水　在轧制厚板过程中,热轧辊的工作温度很高,为了避免轧辊过度膨胀和发生内应力,工作时需用大量冷却水作散热介质。轧辊线上的轧辊轴承、工作辊道剪切机的滑块和压板,由于受炉温影响,均需要通水冷却或直接向轴承座喷冷却水。除去钢坯表面氧化铁的方法,是用高压水冲射到钢坯表面,使氧化铁皮随水蒸气而剥离。因而操作环境有大量的水及湿气,润滑系统必然要受到水的污染,金属也容易生锈。

(3) 尘埃　钢铁设备受尘埃等污染是其操作环境的重要特点之一。炼铁、炼钢等,大都直接使用焦

炭或重油作燃料,由于废气中含有大量的水蒸气,带出大量灰尘,产生大量烟气。同时,在高温冶炼过程中,由于强烈的氧化作用产生铁渣、钢渣及氧化铁皮等。这些尘埃污染最大,如果轴承密封不良,在热轧时,粉尘及水就可能进入轴承而污染润滑脂,必须防止尘埃等杂质侵入。由于其工作特点,使空气中有大量的煤、焦炭、矿粉、烟气、铁渣、钢渣、氧化铁皮等尘埃。虽然现在各大冶金企业对环保越来越重视,条件有很大改善,但由于其固有的特点,尘埃大仍是其一个显著的特点。要求润滑脂密封性好,抗腐蚀性能好。

(4) 重负荷和冲击负荷　钢厂初轧机、板坯轧机以及轧辊轴承受重负荷和冲击负荷的润滑部位很多,尤其轧制线上的设备,冲击负荷最为明显。如轧制600mm高度的钢梁,用2000t剪切能力的热剪切机;轧制1500mm的轧机具有1600t的剪切能力。这些设备用的润滑脂,要能承受较大的压力。许多冶金设备属高速重载或低速重载设备,并伴有冲击负荷。这对轴承或齿轮的润滑提出了极为苛刻的要求,要有优良的极压抗磨性能。由于冶金设备多为高温工作和连续工作,所以其主要设备一般都配有集中供脂润滑系统,达到多点、远程自动供脂。润滑脂要有优良的泵送性,高温下不硬化,耐水性好,不易乳化,不易冲洗掉,稠度变化小。图3-92为钢铁生产线。

图3-92　钢铁生产线

## 2. 混料机润滑脂

原料混合是冶金企业烧结厂烧结前的一道工序，混料机是主要设备。混料机属重负荷低转速设备，它通过大齿圈和小齿轮啮合传输动力。铁厂的大型混料机要用特大型齿轮(圈)，齿轮直径达数米，传递负荷高达数百吨，所以对齿轮的要求十分严格。混料机润滑脂适用于冶金行业混料机开式齿轮及托辊等低速、重负荷条件下的润滑。

(1) 混料机工作特点　圆筒混料机(图3-93)是烧结、球团系统中重要设备之一，可用于原料混合、制粒、滚煤等多种用途，满足烧结机对原料的要求。工作时通过运输机械(一般为皮带输送机)将由各种原料组成的混合料导入混合机内。混合机筒体成倾斜安装。筒体同转时物料在摩擦力的作用下，随筒体回转方向向上运行，到一定高度，由于自重物料又落下来，并沿筒体轴向倾斜方向移动。物料的颗粒在上升抛物的每一个循环过程中，具有不同的运动轨迹。物料经过多次提升和抛落，在向排料端螺旋状前进的运动中，使物料中各种成分及水分逐渐分散均匀。圆筒混料机结构是由筒体滚圈、支撑装置(包括托辊及轴承)、止推挡辊、传动装置、喂料与喷水装置、底座组成。

图3-93　圆筒混料机

混料机属重负荷低转速设备，其负荷依据烧结面积不同，从80t到300t不等。它通过大齿圈和小齿轮啮合传输动力，两边有托辊支撑，转速约6~10r/min。烧结现场粉尘大，一般为露天使用，受气候条件影响较大，应用条件比较苛刻。

(2) 混料机润滑脂性能　混料机专用润滑脂，应具有优良的极压抗磨性、抗水性和防护性，足够的成膜性以及优良的泵送性、流动性和良好的高低温适应性。

(3) 流动性　混料机润滑脂为集中喷雾润滑或涂刷润滑，所以要求润滑脂有好的流动性、可喷性和低温适应性，润滑脂稠度即锥入度范围对其影响较大，为了满足在不同环境条件、气候条件下对润滑脂的这种要求，混料机润滑脂应具有不同的稠度等级，以满足不同地区和不同季节的使用。

(4) 极压性　由于润滑部位主要为开式齿轮和托辊，由于烧结面积不同，混料机负荷不同，对混料机的极压性能要求也不尽相同，一切应以合理润滑为出发点，润滑脂应满足应用要求。为满足设备的高负荷要求，该类产品应具较高的梯姆肯$OK$值、$P_B$值、$P_D$值等抗磨极压指标，以满足开式齿轮的极压性能要求的指标。

(5) 防锈性及其他　设备多在露天使用，受气候条件影响较大，所以对润滑剂的防腐蚀性有较高的要求。要有优良的黏附性和足够的成膜性，以满足现场高粉尘污染的要求。

(6) 混料机润滑剂分类

① 溶剂沥青性产品。一般为含有氯挥发性溶剂的沥青产品。当润滑剂喷到工作面时，

溶剂挥发，留下一层坚硬的沥青膜，可以满足对润滑剂的泵送性和成膜性的双重要求。存在问题是氯溶剂对环境的影响较大，且清洗困难。

② 矿油型半流体润滑脂。由金属皂稠化矿物油，并加入硫-磷型机压抗磨剂以及固体添加剂、黏度指数改进剂、防锈剂等制成。通过利用半流体润滑脂的流变学特性，使产品有优良的黏附性，同时在环保方面达到规定要求。

③ 合成型半流体润滑脂。这种润滑脂是由金属皂稠化合成油或半合成油，加入极压抗磨剂、黏度指数改进剂、防锈剂等制成，改善了低温性能，可以满足不同地区气候条件的使用要求。

**3. 烧结机润滑脂**

烧结机是烧结厂的核心设备，烧结流程简图如图 3-94 所示。它是将许多连接起来的带式烧结小车，循环移动，小车的原料经点火使其烧结成块，小车移动到下方时，将烧结的矿排出。漏风是烧结机存在的普遍问题。烧结机润滑脂适用于密封烟气道、连续注料、烧结机弹性滑道的集中润滑系统。烧结机滑道使用润滑脂密封和润滑是改善漏风率的有效手段之一。图 3-95 为带式烧结机。

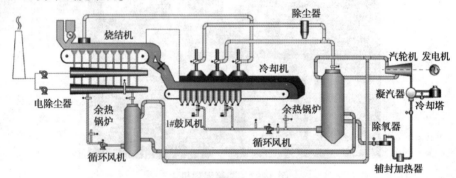

图 3-94 烧结流程简图

图 3-95 带式烧结机

在这种恶劣的工况条件下：

① 上密封板和烧结矿料共同对滑道构成磨粒磨损，使滑道磨损下沉速度加快。

② 因烧结机台车的跑偏，造成滑道与上密封板接触面积减少，致使滑道生严重的不均匀磨损。

③ 由于润滑部位处于高温状态下，因油孔堵塞及磨损后油槽变平，使得上密封板与滑道之间产生了干摩擦，润滑效果的降低，又加剧了滑道的磨损。

④ 高温腐蚀性烟气在风机风压下，对滑道构成了冲蚀。因此，存此工况条件下，共同构成了磨粒磨损和高温烟气冲蚀的过程，从而加剧了烧结机密封滑道的早期失效。表 3-8 为烧结机密封滑道工况条件。

表 3-8　烧结机密封滑道工况条件

| 工作环境温度/℃ | 相对台车滑动速度/(m/min) | 配合形式 | 摩擦副件 | 润滑形式 | 9500 风机风压/kPa | 台车台面风压/kPa |
|---|---|---|---|---|---|---|
| 1300 | 1.6~2.5 | 接触滑动密封 | 台车底板 | 集中供油 | 83.9 | 1.45 |

**4. 烧结机润滑脂性能**

烧结机的滑座和密封杆之间的润滑与密封，对产品的质量和节能及成本的影响是非常密切的。这一部分采用集中供脂润滑，即每 5~30min 供脂一次。因此，烧结机耗脂量很大，每条生产线年用脂都在数十吨。

① 耐热性。润滑脂必须能适应高达 200℃ 的高温，这就要求润滑脂具备高的滴点、较小的高温蒸发损失和较好的高温氧化安定性。

在高温和酸性气体介质下，极压锂基脂和复合铝基脂易被催化氧化，析出基础油，润滑脂变稀，不能形成良好的油膜，只有缩短补加润滑脂的时间间隔来达到润滑和密封的效果，避免烧结机的弹性滑板磨损大。同时，复合铝基脂不能对低温段风箱蝶阀轴承提供良好的保护，低温段风箱蝶阀轴承座腐蚀严重，而且在高温段，也因为润滑脂的流失，造成高温段蝶阀轴承润滑不良。使用脲基润滑脂代替复合铝基脂，克服了以上的问题，能够满足滑道和轴承的润滑要求。

② 密封性。烧结机主体润滑系统的关键润滑部位为烧结机滑道，润滑脂必须在高温下能够保持其不变稀、不流失，对黑色金属保持良好的黏附能力，起到密封作用。润滑脂在高温下变稀并严重分油，会导致润滑脂迅速流失而达不到润滑和密封效果，这样一来，既增加了润滑脂的用量，又降低烧结滑道的密封性。

③ 润滑和抗磨损性能。润滑脂在高温条件下极易结焦、蒸发、氧化、变稀流失，导致弹性密封板与滑板间无润滑，产生干摩擦，造成磨损。滑道磨损变形又加剧了漏风，从而形成恶性循环。如果润滑不良，烧结机滑道一年的磨损就可以使其厚度由原来 20mm 降低到只有 8mm，最薄处仅剩 3mm，不得不进行更换。烧结机滑道为低速高温滑动摩擦，且伴随有大量粉尘。因此，烧结机滑道密封润滑脂必须具备优良的润滑性和抗磨损性能。

④ 泵送性。大型烧结机的润滑脂泵送管线很长，尤其在北方冬季，润滑脂温度低时，极容易造成润滑脂泵送困难，造成设备润滑不良。因此，低温泵送性能是烧结机滑道密封脂必备的特点。二硫化钼润滑脂因含有较多的固体二硫化钼，对泵送性的影响较大。

⑤ 结焦倾向。润滑脂管道出口处位于高温滑道上，长期的高温容易使皂基类型的润滑脂产生结焦，堵塞出口，使得润滑脂不能继续达到润滑面，从而使滑道磨损加剧，造成严重漏风。皂基类润滑脂因含金属离子，在高温下都容易形成结焦，从而堵塞管线。含二硫化钼润滑脂中由于固体物质含量较高，也易引起管线堵塞。

**5. 炼铁与炼钢设备润滑脂**

炼铁一般是在高炉里连续进行的，作业简图见图 3-96。高炉又叫鼓风炉，这是因为要把热空气吹入炉中使原料不断加热而得名。高炉润滑脂主要用于高炉炉顶设备，以及高炉附属设备的某些磨擦副的润滑。炼钢方法一般为转炉炼钢，并以纯氧顶吹转炉炼钢为主。炼钢设备润滑脂主要是指氧气顶吹转炉炉身的倾斜轴承,以及炼钢附属设备的某些磨擦副的润滑。

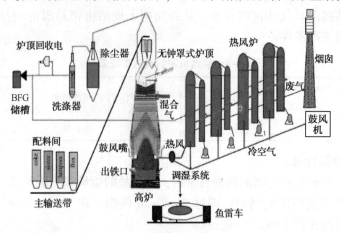

图 3-96　高炉作业简图

(1) 钢铁冶炼设备润滑条件　炼铁无钟炉顶布料装置各机件在低速、重载、高温、并有腐蚀性气体的环境中工作,因此对润滑脂的要求很高,要求润滑脂应具有滴点高、抗氧化、防腐蚀、抗化学腐蚀,良好的抗极压性能及良好的附着性。由于该装置供油方式为集中自动润滑,还要求润滑脂具有良好的泵送性。

以传统的极压锂基脂来润滑机件,但经常会发生以下问题:高温下脂炭化、结焦,泵送性差,加脂困难;加脂频率及加脂量高;花费大量的劳动力、备件费用及润滑费用。用于炼铁设备润滑是以耐热、耐负荷性能优异的聚脲、复合锂基、膨润土或复合铝基润滑脂为主,一般都采用相应润滑脂干油润滑系统进行润滑。

近代炼钢炉的操作采用计算机控制,自动化程度高,所用设备要求相应的润滑系统和润滑剂。转炉倾翻系统是由电机通过减速机驱动托圈使转炉在 360°范围内旋转,完成兑铁、出钢等动作。在吹氧转炉设备中,吹氧转炉由极限回转轴支撑,支撑滚动轴承采用含有二硫化钼的润滑脂。

(2) 高炉润滑脂产品标准　采用有机稠化剂和硅胶稠化剂稠化精制润滑油,并加入高温抗氧剂、聚四氟乙烯粉等制成的高炉用高温润滑脂,具有良好的泵送性、抗腐蚀性、高温性和抗水性。其胶体安定性、抗水性、热稳定性和抗磨性能优良,高温下不变软、不流失,应用寿命长。

**6. 连铸机润滑脂**

成套连铸设备由钢包回转台、浇钢车、中间包、结晶器、二次冷却装置、引锭及其卷扬装置、拉坯矫直装置、出坯(滚道)装置、切割装置、翻转冷床等主要设备构成。连铸机(图 3-97)润滑脂是一种用于钢铁厂连铸生产线轴承的专用润滑脂,正确合理地选用润滑脂对于保证连铸设备正常运行有重要作用。

(1) 连铸机脂工作条件和性能要求

① 连铸机脂工作条件　在连铸设备中,采用脂润滑的有钢包回转台、结晶器、引锭杆、二冷区夹辊及侧导辊、拉矫机、传送辊道及切割机等部位。这些部位共使用内径为 50~150mm 的自动调心滚动轴承 300~400 个。炼钢厂连铸设备的功能主要是将钢水通过冷却形成固体的钢坯,其整个过程设备处于恶劣的环境中,其生产工况有高温、多尘、水淋、低速

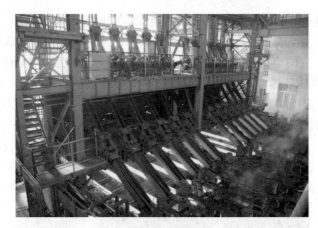

图 3-97 连铸机

重载等特点。

② 连铸机脂性能

(a) 耐高温性。拉矫机滚动轴承在低速重载工况条件下处于边界润滑状态，其吸附膜的吸附强度随温度升高而下降，达一定温度后，将换向、散乱，以至吸脱，丧失润滑性能。这就要求润滑脂要有较高的边界润滑临界温度。拉矫机流动轴承在额定工况下工作温度为140~160℃，因此润滑脂的边界润滑温度达到180℃以上。要求润滑脂在高温条件下，不结焦，不硬化，能防止堵塞润滑脂输送管道和轴承卡死。

(b) 抗水性及防锈性。抗水淋性差的润滑脂在使用过程中容易乳化而流失。在连铸设备中，设备需大量的冷却水，水分极易进入轴承，所以要求润滑脂必须具有较强的抗水性能。要求润滑脂抗水淋效果好，同时能有效保护轴承不发生锈蚀。

(c) 润滑性。滚动轴承的润滑主要是解决轴承中存在的滑动摩擦问题，包括滚动体与保持架之间的滑动摩擦和非承载滚动体与座圈之间的滑动摩擦。一般意义来说滚动轴承对润滑脂的要求不高，只要润滑油膜具有足够的强度，滚动轴承就能处于良好的润滑状态。对于连铸机拉矫机这种在低速高载工况下工作的设备，由于转速低，根本无法形成足够厚度的流体膜，轴承摩擦副局部表面的轮廓峰穿透润滑膜而直接接触，主要靠润滑剂的有机极性化合物吸附在金属表面或与金属表面反应生成固体润滑膜来达到润滑效果。这种润滑状态称为边界润滑，因此，要求润滑脂必须具有优秀的边界润滑性能。

(d) 泵送性。连铸机集中润滑管线长、直径小，而且不可避免地暴露在高温辐射条件下。因此，润滑脂必须具有较好的氧化安定性，高温下不结块、不硬化、不变质，防止阻塞输送管道。

(2) 连铸机脂类型和性能对比　连铸机润滑脂包括极压复合锂型连铸机润滑脂、聚脲型连铸机润滑脂、复合铝型高温连铸机润滑脂和复合磺酸钙型连铸机润滑脂等品种。近年来，连铸设备用脂已基本完成了由极压锂基脂、通用锂基脂向复合皂基脂的转化过程，且高档次的复合铝基脂和聚脲脂已获得了广泛应用。但同时指出，复合铝基脂的高温炭化和聚脲脂的硬化问题必须引起注意。

### 3.1.16 太阳能行业的润滑

单晶硅太阳电池是当前开发得最快的一种太阳电池，它的构成和生产工艺已定型，产品已广泛用于宇宙空间和地面设施。这种太阳电池以高纯的单晶硅棒为原料，纯度要求99.999%。为了降低生产成本，现在地面应用的太阳电池等采用太阳能级的单晶硅棒，材料性能指标有所放宽。有的也可使用半导体器件加工的头尾料和废次单晶硅材料，经过复拉制成太阳电池专用的单晶硅棒。将单晶硅棒切成片，一般片厚约0.3mm。硅片经过成形、抛磨、清洗等工序，制成待加工的原料硅片。加工太阳电池片，首先要在硅片上掺杂和扩散，一般掺杂物为微量的硼、磷、锑等。扩散是在石英管制成的高温扩散炉中进行。这样就在硅片上形成P/FONT>N结。然后采用丝网印刷法，将配好的银浆印在硅片上做成栅线，经过烧结，同时制成背电极，并在有栅线的面，涂覆减反射源，以防大量的光子被光滑的硅片表面反射掉，至此，单晶硅太阳电池的单体片就制成了。图3-98为单晶硅锭，图3-99为单晶硅片。

图3-98　单晶硅锭

太阳能光伏电池用的晶硅切割液，是采用窄分布乙基氧化催化剂和独特性的乙氧基化循环系统及DCS控制技术，进行无规聚合方式生产基础多元醇材料，再加入防沉螯合类添加剂配制而成，这样生产出的切割液，具有质量稳定、相对分子质量分布窄以及有效成分含量高等特点。图3-100为太阳能电池板。

图3-99　单晶硅片　　　　　　　　图3-100　太阳能电池板

目前，光伏产业大量应用的硅片主要通过对硅锭切割取得。在晶硅切割领域，各大厂商均应用多线切割技术。多线切割是近年来发展成熟的新型硅片切割技术，它通过金属丝带动研磨料进行研磨加工来切割硅片，具有切割效率高、材料损耗小、成本降低、硅片表面质量高、可切割大尺寸材料、方便后续加工等特点。图3-101为太阳能光伏组件。

其机理为机器导轮在高速运转中带动钢线，从而由钢线将切割液和碳化硅微粉混合的砂浆送到切割区，在钢线的高速运转中与压在线网上的工件通过连续摩擦完成切割的过程，切割工艺如图3-102。

 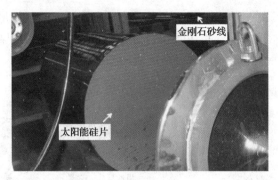

图 3-101　太阳能光伏组件　　　　　图 3-102　切割工艺图

使用碳化硅微粉作为研磨介质切割硅片的过程中，碳化硅微粉颗粒持续快速冲击硅料表面，这一过程会释放出大量摩擦热量，同时碳化硅颗粒与硅棒之间的碰撞和摩擦而产生的破碎碳化硅颗粒、晶硅颗粒以及钢线上金属屑也将混入切割体系中。为了避免被切割开的硅片受切割体系温度升高的影响而发生翘曲和其表面被细碎颗粒过度研磨而影响其光洁度，必须设法将切割热及破碎颗粒及时带出切割体系，因此切割液的主要作用是使混有碳化硅的砂浆保持良好的流动性，均匀稳定的分散碳化硅颗粒，在钢线的高速运动中均匀平稳的作用于硅料表面，同时及时带走热量和杂质颗粒，保证切割出的硅片的质量。

由于聚乙二醇为主要成分的切割液具有浸润性好，排屑能力强的特点，且对碳化硅类磨料具有高悬浮、高润滑、高分散的特性，能够满足整个切割过程对切割液的质量要求和技术标准，对硅片的加工过程起着不可替代的作用。

晶硅切割液作为目前光伏产业链上硅片制作环节使用的必需耗材之一，整个晶硅切割液行业的发展和晶硅切片行业的发展乃至与整个光伏产业的发展均关系密切。太阳能光伏电池行业的发展带动了整个晶硅生产、晶硅切片及晶硅切割液行业的发展。图 3-103 为太阳能发电组。

图 3-103　太阳能发电组

## 3.2　车用润滑油液的应用

### 3.2.1　汽车润滑部位

汽车主要包括动力系统、传动系统、转向系统和制动系统，其中，润滑在各系统中是必不可少的，可以说，适度的润滑是汽车正常运行的保证。下面介绍汽车各个系统的润滑情况。

**1. 汽车动力系统的润滑**

发动机是汽车的心脏，车用机油主要用于汽车发动机的润滑系统，发动机内有许多相互摩擦运动的金属表面，这些部件运动速度快、环境差，工作温度可达 400~600℃。在这样恶劣的工况下，润滑系统只有连续不断地将足够数量、温度适宜、清洁的润滑油输送到各摩擦表面，并在摩擦表面形成油膜，实现液体摩擦，才能降低发动机零件的磨损，延长使用寿命。发动机润滑系统流向如图 3-104 所示。

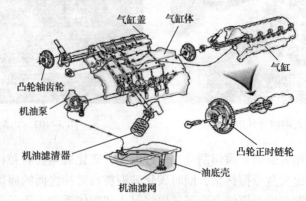

图 3-104　发动机润滑流向示意图

**2. 汽车传动系统的润滑**

汽车传动系统如图 3-105 所示。

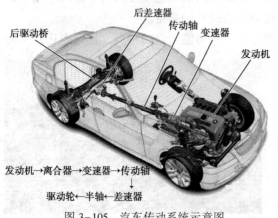

发动机→离合器→变速器→传动轴
驱动轮←半轴←差速器

图 3-105　汽车传动系统示意图

（1）离合器。离合器中的离合器踏板、离合器分离叉、制动踏板轴承都需要润滑，由于离合器轴承周期性运动，易受外界水、尘埃等污染，需具有良好的极压性、抗水性；高温部位的离合器需具有良好的耐高温性、热氧化安定性，因为汽车在行驶中，油温升高会氧化生成油泥、漆膜等，会使液压系统的工作不正常，润滑性能恶化，金属发生腐蚀。其次，还需要抗剪切性，自动传动液在液力变矩器中传递动力时，会受到强烈的剪切力，使油中黏度指数改进剂之类的高分子化合物断裂，使油的黏度降低，油压下降，最后导致离合器打滑。当然，摩擦特性也是不能少的，以适应离合器换档时对摩擦系数的不同要求。随着汽车可靠性和舒适性的要求越来越高，对离合器轴承可靠性和低噪音性要求也越来越高，要求润滑脂在具有长寿命与良好润滑性的基础上同时具有减震性。

（2）变速器　变速器是汽车传动系的主要传动机构，在变速器中齿轮、轴承及各轴均采用飞溅式润滑。变速器外操纵机构各连接铰链需要耐温、黏附性好的长寿命润滑脂润滑。

（3）传动轴　万向节轴承是利用球型连接实现不同轴的动力传送的机械结构，是汽车传动轴上一个很重要的部件。应经常为万向节十字轴承加注润滑脂，夏季应注入 3 号锂基润滑脂，冬季注入 2 号锂基润滑脂。为了使万向节各个轴承均能得到充分润滑，必须使润滑油从各个轴承的油封处挤出为止，润滑中间支撑轴承，应从前轴承盖的通气孔挤出为止。

（4）差速器　汽车差速器主要由左右半轴齿轮、两个行星齿轮及齿轮架组成。功用是当汽车转弯行驶或在不平路面上行驶时，使左右车轮以不同转速滚动，即保证两侧驱动车轮作纯滚动运动。所以，齿轮油润滑对差速器来说是必不可少的。车用齿轮油应该具有较高的耐压性,齿轮在传动时,齿之间啮合部分的单位压力高达 1.96~2.45MPa,而双曲线齿轮单位压力可达 2.94~3.92MPa;其次,具有良好的油性,即能在传动机件之间维持有韧性的边界油层,在齿与齿之间的接触面上,能形成连续坚韧的油膜,以保证传动机件磨损小和预防其擦伤。此外,车用齿轮油还应具有良好的黏温特性,以保证动力传动机构的摩擦损耗较小,提高传动效率,保证汽车易于起步(尤其是冬季的启动)。

**3. 汽车转向系统的润滑**

汽车转向系统由转向操纵装置、转向器和转向传动装置等组成。其中,最突出使用润滑脂的部分是转向器。现在的转向器包括齿轮齿条转向器,蜗杆曲柄销式转向器和循环球式转向器。齿轮齿条转向器主要用车用齿轮油润滑,使用蜗杆式润滑油时应注意油使用温度,定期更换,其油性应该较强,抗杂质性良好。

**4. 汽车制动系统的润滑**

制动液普遍用于汽车的制动系统中,制动液又称刹车油,在制动系统之中,它是作为一个力传递的介质,因为液体是不能被压缩的,所以从总泵输出的压力会通过制动液直接传递至分泵之中。

总的来说,用到汽车上的润滑剂主要有 5 种:发动机油、齿轮油、自动变速器油(ATF)、润滑脂和制动液。它们用在图 3-106 的相关部位上。

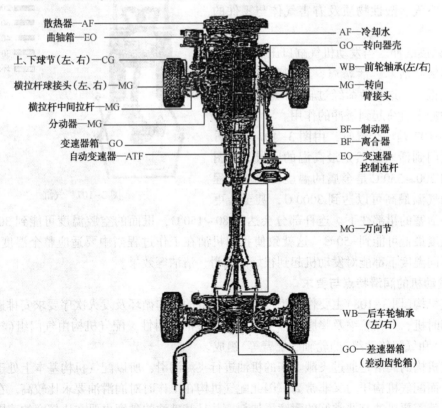

图 3-106 汽车主要零部件润滑示意图

## 3.2.2 车用内燃机(机油)的特点与选用

内燃机是国民经济各行业的主要动力机械之一,随着经济的发展,它在人民生活中也占有越来越重要的地位。内燃机润滑油的消耗量占润滑油总量的一半以上。随着环保和节能的立法及其法规指标的日趋严格,促使内燃机不断改进以符合法规的要求。改进了的内燃机使内燃机润滑油的工作条件越来越苛刻,对内燃机油性能提出新要求,环保和节能的趋势成了内燃机油不断升级换代的主要动力。这就是为什么在各种润滑油中内燃机油的研究最为活跃,升级换代的速度最快的主因。

**1. 润滑油在发动机的作用**

(1) 润滑减磨 活塞和气缸之间、主轴和轴瓦之间均存在着快速的相对滑动,要防止零件过快的磨损,则需要在两个滑动表面间建立油膜。有足够厚度的油膜将相对滑动的零件表面隔开,从而达到减少磨损的目的。

(2) 冷却降温 润滑油能够将热量带回润滑油箱再散发至空气中帮助水箱冷却发动机。

(3) 清洗清洁 好的润滑油能够将发动机零件上的碳化物、油泥、磨损金属颗粒通过循环带回润滑油箱,通过润滑油的流动,冲洗了零件工作面上产生的脏物。

(4) 密封防漏 润滑油可以在活塞环与活塞之间形成一个密封圈,减少气体的泄漏和防止外界的污染物进入。

(5) 防锈防蚀 润滑油能吸附在零件表面防止水、空气、酸性物质及有害气体与零件的接触。

(6) 减震缓冲 当发动机气缸口压力急剧上升,突然加剧活塞、活塞屑、连杆和曲轴轴承上的负荷很大,这个负荷经过轴承的传递润滑,使承受的冲击负荷起到缓冲的作用。

图 3-107 是一个气缸,由图 3-107 可以看出,从气门到活塞显然是最高温的区域,而图中标注的 200~350℃ 是金属的温度,做功过程中燃烧的气温最高可以达到 3000℃,甚至会更

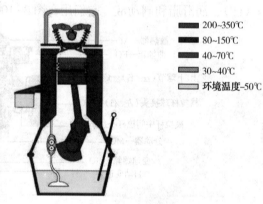

图 3-107 气缸

高。另外活塞的裙部往下,连杆部分会达到 80~150℃,里面的空腔温度可能到 30~40℃。而环境温度最低可能到-50℃。这就致使我们机油在工作过程当中要适应整个温度的范围,满足在不同温度下都能对发动机起到很好的润滑、清洁等效果。

**2. 发动机的润滑特点与要求**

配气机构(图 3-108)主要作用于按照每个气缸的工作循环及发火次序要求安排进、排气门的关闭时机,并在压缩及膨胀过程中保证燃烧室的密封性。配气机构由气门组(气门、气门弹簧等)和气门传动组(凸轮轴、摇臂等)组成。

配气机构的润滑是通过飞溅上来的机油进行飞溅润滑,所以配气机构基本上处于边界润滑状态,而配气机构压力又非常高,因此配气机构在工作时对润滑油要求比较高。在这样的情况下,就需要机油有非常好的耐磨添加剂,并且基础油的黏度也要在比较宽的范围里,对低温流动性方面也是要求很高,经常遇到的问题是气门挺杆"哒哒哒"异响,体现在润滑油的具体指数方面,就是黏度指数(VI)和低温流动性能(CCS)。配气机构还可能由于低温、水汽而生锈,从而腐蚀相关部位并加大磨损,因此在这样的情况下,要防止配气机构生锈(图 3-109),一般来讲要在机油中添加一些碱性添加剂等。

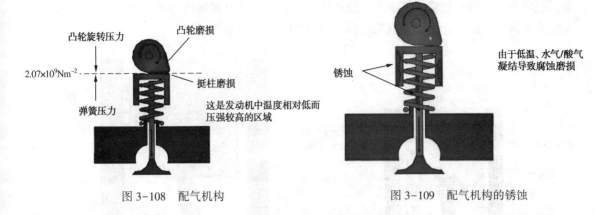

图 3-108 配气机构　　　　　图 3-109 配气机构的锈蚀

关于气门的积炭(图 3-110)，它也需要机油在移动过程中帮助清理。而这些积炭的形成一般来说都是来自于混合气，有多余的碳氢化合物燃烧不完全，这些积炭就免不了积累在气门处。所以在这样的情况下，机油要有很好的氧化稳定性，同时它最好还可以清理积炭。

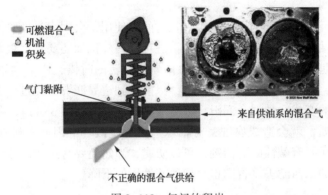

图 3-110 气门的积炭

活塞在发动机里处境比较尴尬。因为做功时，要把燃气密封在燃烧室里，不能把气窜到曲轴箱里面去，而曲轴箱里面的机油也不能串到上面的燃烧室里。并且现代的增压发动机，它第一个密封环(图 3-111)的位置比起过去的发动机更加接近于燃烧的状态。常常在这个地方，机油很难接近，不像下面的两个环是刮油环，会刮掉机油，不让其燃烧。而上面是很好的气密环，因此在润滑方面，对机油要求的工作状态是非常苛刻的，如图 3-112 所示。

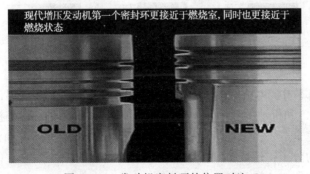

图 3-111 发动机密封环的位置对比

如果机油的润滑不好很有可能出现卡死情况，从而导致这个地方容易产生积炭。反过来,也可能由于积炭把活塞环卡死。除此之外,假如这里有积炭还会导致过大的摩擦力,造成额外磨损、机油消耗增加等现象。图3-113为活塞过度磨损。

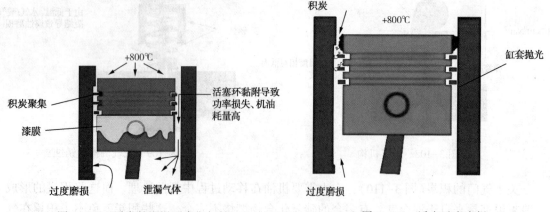

图3-112 活塞的润滑要求良好的高温高剪和清净分散性能

图3-113 活塞过度磨损

积炭会使活塞环产生额外的压力,经过长时间的使用,会因为过度磨损掉下来。因此机油要有高碱性的清洁分散配方,可以把积炭清理掉。另外机油还要具有很好的耐磨性能。

曲轴的轴承都是所谓的滑动轴承,因为在高速运转的时候,用滑动轴承动能损失会更小。在静态的时候,轴承里面只有少许机油,只能达到边界润滑,经过一定的速度运转起来之后,它才能逐渐的变成一种混合润滑,最后才是浸液润滑见图3-114。在这种情况下,润滑油里面如果有杂质,就会造成腐蚀,对轴承造成一些破坏。因此对机油要求有良好流动性、黏润的特性,还要有碱性的清洁剂,可以防腐,当然还要有过滤的特性,类似于机油滤清器,要不断把脏的东西滤去,否则也会导致其性能的下降。

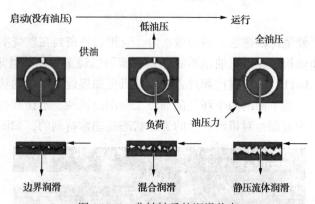

图3-114 曲轴轴承的润滑状态

在发动机不同部位中产生的油泥可分为低温油泥和高温油泥。低温油泥是由于窜气(含有未燃烧的燃油和水)和机油的共同作用产生低温油泥。在低温或者短途运行时,曲轴箱中的水分和燃油没有完全蒸发,从而形成乳化,导致油泥的产生。高温油泥是在高温情况下,聚合成一些比较大的分子,造成机油的稠化,也就是机油的黏度发生了变化,久而久之就形成了油泥的堆积,如图3-115所示。

这些油泥(图3-116)可以导致机油黏度的增加,堵塞油路造成供油不足。而形成一段时间的油泥经过长时间高温加热后会变硬易碎,这就是所谓的"黑油泥"。黑油泥会导致部件磨损的增加，甚至会出现卡咬现象。为了减轻这些油泥带来的危害，机油需要含有比较好的清洁剂、分散剂。

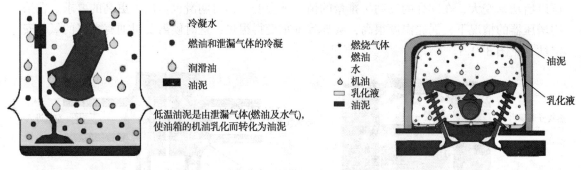

图 3-115　润滑油油道要求良好清净性和分散性　　　　　图 3-116　油泥

油分子在高温时会聚合成较大的分子（如图 3-117 所示，机油分子正常是短分子，在高温情况下很可能会变成长分子，分子链越长，机油的黏度越大），造成机油的稠化，这时机油的黏度就会增加，在发动机高速运转时的消耗也会增加，也就是"搅油"损失，而且还会造成泵送性变差，导致启动困难和供油不足。因此，需要机油具有良好的氧化稳定性和分散性。

从另一方面讲，发动机机油所含有的黏度指数增进剂，受到轴承或活塞环等金属的剪切，会变成较小的分子，从而导致油品黏度的降低，同时使机油的润滑性能下降。机油变稀，油膜变薄会加剧部件间的磨损。而为了避免增黏剂分子被剪切（图 3-118），机油需要有良好剪切稳定性的增黏剂。

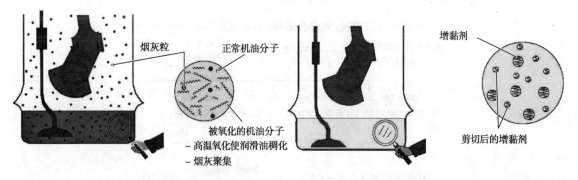

图 3-117　油泥的产生　　　　　　　　　　图 3-118　剪切后的增黏剂

机油经过一段时间的使用会有灰分沉积（图 3-119），灰分沉积是由于燃烧不良形成的碳颗粒和机油添加剂中的金属盐形成的。高温会致使灰分沉积在火花塞点火前引起早燃，产生爆震，增加发动机尤其是轴承与曲轴的负担。导致无法控制燃烧、过热、功率损失和振动噪音等现象的增加。

而活塞上的灰分聚集物由于缸内压力的变化，很有可能发生自燃，也就是会发生爆震现象，对发动机十分不利。面对这

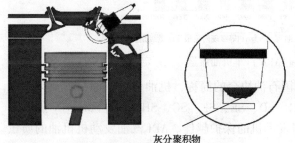

图 3-119　火花塞灰分沉积

些问题,就需要机油是低灰分的润滑油,并且要有良好的清洁性能。图3-120为热灰分。

现在的发动机很多都是带T的,也就是带增压器,主要目的为了节能,因为增压器增压以后功率变大,在同样的发动机排量的情况下会变大,对润滑也提出了更高的要求。在采用增压器的情况下,涡轮温度很高,会导致轴承变得很热,这时候需要机油有良好的氧化安定性,见图3-121。

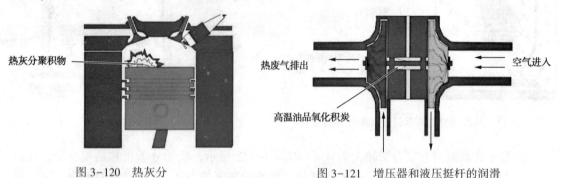

图3-120　热灰分　　　　　　图3-121　增压器和液压挺杆的润滑
要求良好的氧化安定性能

液压挺柱实际上就是为了缓冲高转速的情况下,气门和钢骨之间的敲击,使得这个过程更加柔和。但是,由于液压挺柱里面的液压实际上是机油打进去的,假如不当很可能会堵塞,机油在不同情况下还可能会起泡,会生锈。因此,就要求机油有良好的清洁性能。

**3. 汽车发动机润滑油的选择**

市面上品牌机油说明书上经常会出现"SAE"和"API","SAE"用来评定机油黏度的,"API"用来评定机油的质量等级的。见图3-122。

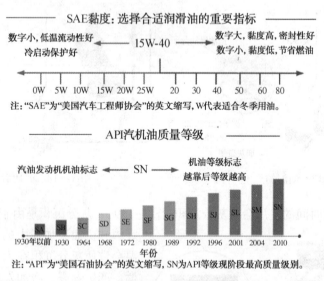

图3-122　"SAE"机油黏度和"API"汽车机油质量等级评定标准

API(American Petroleum Institute)是美国石油协会的简称,机油分为汽油机油及柴油机油,美国石油协会把汽油机油分为SA、SC、SD、SE、SF、SG、SH、SJ、SM、SN多个等级,字母排列越向后,质量等级越高,即对发动机的保护越佳。API汽油发动机机油的质量分类如表3-9和表3-10所示。

表 3-9　API 汽油发动机机油的质量分类

| 等级 | 状态 | 用途 |
|---|---|---|
| SN | 使用中 | 2010 年 10 月推出，旨在为活塞提供改进的高温沉积保护，更严格的污泥控制和密封兼容性。具有资源节约能力的 API SN 通过将 API SN 性能与改进的燃油经济性，涡轮增压器保护，排放控制系统兼容性以及使用含乙醇燃料的发动机保护达到 E85 相结合，与 ILSAC GF-5 相匹配 |
| SM | 使用中 | 具备杰出的燃料经济性和优异的高温保护性能，超强的抗磨损性能和卓越的低温性能，适用于 2010 年及以前的汽车发动机 |
| SL | 使用中 | 用于 2001 年机型提高油品的燃油经济性，保护尾气净化系统，防止催化转换器的催化剂中毒对发动机更好保护，提供更长的换油周期 |
| SJ | 使用中 | 低磷含量保护车辆上的催化转化器；低挥发性满足部分 1997 年和所有的 1998 年车型 |
| SH | 已废弃 | 不适用于 1996 年以后制造的大多数汽油动力汽车发动机。可能无法提供足够的保护，防止发动机污泥积聚，氧化或磨损 |
| SG | 已废弃 | 比 SG 机油具有更好的油泥控制、抗氧化、抗磨、防锈、防腐蚀性能；不适用于 1993 年以后生产的大多数汽油动力汽车发动机 |
| SF | 已废弃 | 比 SE 机油具有更好的抗磨损和抗氧化性能；不适用于 1988 年以后生产的大多数汽油动力汽车发动机 |
| SE | 已废弃 | 防止高、低温沉积物的形成，抗磨、防锈、抗腐蚀；不适用于 1979 年以后制造的大多数汽油动力汽车发动机 |
| SD | 已废弃 | 比 SC 机油具有更好的发动机保护性能；不适用于 1971 年以后制造的大多数汽油动力汽车发动机 |
| SC | 已废弃 | 防止高、低温沉积物的形成，抗磨、防锈、抗腐蚀；不适用于 1967 年以后制造的大多数汽油动力汽车发动机 |
| SB | 已废弃 | 在 SA 油的基础上添加抗氧化、抗擦伤添加剂。不适用于 1951 年以后制造的大多数汽油动力汽车发动机 |
| SA | 已废弃 | 纯矿物油(不含添加剂)。不适用于 1930 年以后制造的大多数汽油动力汽车发动机。在现代发动机中使用可能会导致性能不佳或设备损坏 |

柴油机油由低到高的等级规格为 CA、CB、CC、CD、CE、CF、CF-4、CG-4、CI-4，但同一种机油可以同时符合汽油机油及柴油机油的品质等级，如 API CC/SE API CF-4/SG 就同时标示了适用汽油机或柴油机的等级。API 柴油发动机机油的质量分类见表 3-10。

表 3-10　API 柴油发动机机油的质量分类

柴油发动机机油的质量级别(性能级别)规格
C 开头代表柴油发动机

| 等级 | 状态 | 用途 |
|---|---|---|
| CJ-4 | 制定于 2006 年 | CJ-4 等级制定于 2006 年，能满足高速四冲程柴油发动机的要求，排放要求达到 2007 年的尾气排放标准。CJ-4 柴油机油可以适应的柴油含硫量最高为 500μg/g(硫含量为 0.05%)，但是含硫量越高，换油时间要相对缩短，尾气处理系统的使用时间也比正常情况要短，在含硫量达到 15μg/g 时，就要注意这个问题。CJ-4 级别的性能高于 CF-4、C-4、AH-4 |
| CI-4 Plus | 制定于 2004 年 | 相对于较低级别的机油，CI-4Plus 柴油机油提高了几个方面的性能：更好地防止积炭、烟灰造成的机油变稠，防止机油在高速机械剪切下黏度变小 |

续表

柴油发动机机油的质量级别(性能级别)规格
C 开头代表柴油发动机

| 等级 | 状态 | 用途 |
| --- | --- | --- |
| CI-4 | 制定于 2002 年 | 重负荷柴油发动机机油：2002 年制定，满足重负荷高速、四冲程柴油发动机要求，符合 2004 年的排放标准，适用的柴油含硫量为 0.05% 以内。在配合使用废气再循环系统(EGR)的柴油机上，此等级机油的性能更佳。相对于 CI-4 以下的柴油机油，优点还有：防腐蚀能力好，高温、低温下性能更稳定，更好地抵抗积炭、烟灰，减少活塞沉积物和气门磨损，抗氧化性能提高，有效控制机械剪切造成的泡沫问题和机油黏度降低问题。CI-4 机油的性能比字母排序靠前的机油好，例如 CH-4、CG-4 和 CF-4 都可以被 CI-4 代替，而且可以取得更好的性能 |
| CH-4 | 制定于 1998 年 | 重负荷柴油发动机机油：CH-4 等级的机油能适应高速、四冲程柴油发动机的要求，符合 1998 年的排放标准，适应含硫量 0.5% 以内的柴油。同理，CH-4 可以替代等级较低的机油，并且性能比这些机油高，如 CF-4 和 CG-4 |
| CG-4 | 已过时 | 制定于 1994 年，适用于 1994 年和 1994 年之前制造的高速、重负荷四冲程柴油发动机。此级别已过时 |
| CF-2 | 已过时 | 1994 年制定，适用于二冲程柴油发动机，要注意，这类油不一定能代替 API CF、CF-4 类机油，可代替 CD-II 类油 |
| CF | 已过时 | 1994 年制定，适用于各种柴油发动机，尤其是非直喷式柴油发动机，能适应含硫量高的柴油(含硫量比重能高于 0.5% 以上)。可以取代 CD，CE 级柴油机油。对应涡轮增压、自然吸气柴油发动机 |
| CF-4 | 已过时 | 1991 年制定，适用于高速重负荷四冲程柴油发动机，性能较之 CE 级别有显著提高，尤其在节省燃油和减少活塞沉积物、积炭方面，特别适用于客车、轻型、重型卡车、货车 |
| CE | 已过时 | 1983 年制定，可用于涡轮增压、增压重负荷柴油发动机 |
| CD-II | 已过时 | 适用于当时的二冲程柴油发动机 |
| CD | 已过时 | 1955 年制定，适用于当时的自然吸气、涡轮增压柴油发动机，已过时 |
| CC | 已过时 | 1961 年制定，已过时 |
| CB | 已过时 | 1949 年制定，已过时 |
| CA | 已过时 | 广泛用于 20 世纪 40 年代、50 年代的轻型、中型柴油发动机 |

  市面上通过 API 验证及获授权使用其标志之汽车机油，产品包装上都会印上呈糖圈形(Donut)之 API 认证标志。消费者选购汽车机油时候可留意产品包装上之 API 认证。

  内燃机油黏度分级按 SAE(美国汽车工程师学会)标准进行分级，SAE：是美国汽车工程师学会的简称，它规定了机油的黏度等级，该分类黏度从低到高，(即 0W 机油黏度最低，60 的机油黏度最高)有十个黏度等级 0W、5W、10W、15W、20W、25W、20、30、40、50、60。W 前边的数字表示该级机油适用的最低温度，数字越小，温度越低。如 SAE0W 适应的最低温度是零下 35℃，SAE5W 适应的最低温度是零下 30℃，以此类推。SAE 黏度等级分类如表 3-11。

**4. 选用原则**

  ① 首先根据车型及车况选用机油的性能级别，如车辆说明书上要求使用 SF 油，则选用 SF 级别以上的汽油机油或 SF/CD 以上的通用油如 SG/CD 等。

表 3-11 SAE 黏度等级分类

| SAE黏度等级 | 黏度指数适应气温/℃ | 100℃运动黏度/(mm²/s) | 高温高剪切(150℃,10⁶s⁻¹)黏度/mPa·s | 低温泵送黏度/mPa·s | | 表观黏度/mPa·s |
|---|---|---|---|---|---|---|
| 0W | — | 3.8 | — | −40℃ | 60000 | — |
| 5W | — | 3.8 | — | −35℃ | 60000 | — |
| 10W | — | 4.1 | — | −30℃ | 60000 | — |
| 15W | — | 4.1 | — | −25℃ | 60000 | — |
| 20W | — | 5.6 | — | −20℃ | 60000 | — |
| 25W | — | 9.3 | — | −15℃ | 60000 | — |
| 20 | — | 5.6~9.3 | 2.6 | — | | — |
| 30 | — | 9.3~12.5 | 2.9 | — | | — |
| 40 | — | 12.5~16.3 | 2.9(0W 40、5W 40 和 10W 40 等级) | — | | — |
| 40 | — | 12.5~16.3 | 3.7(15W 40、20W 40、25W 40、40 等级) | — | | — |
| 50 | — | 16.3~21.9 | 3.7 | — | | — |
| 60 | — | 21.9~26.1 | 3.7 | — | | — |
| 0W20 | −50~30 | 5.6~9.3 | ≥2.6 | −40℃ | 60000 | −35℃ ≤6200 |
| 0W30 | −50~30 | 9.3~12.5 | ≥2.9 | −40℃ | 60000 | −35℃ ≤6200 |
| 0W40 | −50~40 | 12.5~16.3 | ≥3.5 | −40℃ | 60000 | −35℃ ≤6200 |
| 0W50 | −50~50 | 16.3~21.9 | ≥3.7 | −40℃ | 60000 | −35℃ ≤6200 |
| 5W20 | −40~30 | 5.6~9.3 | ≥2.6 | −35℃ | 60000 | −30℃ ≤6600 |
| 5W30 | −40~30 | 9.3~12.5 | ≥2.9 | −35℃ | 60000 | −30℃ ≤6600 |
| 5W40 | −40~40 | 12.5~16.3 | ≥3.5 | −35℃ | 60000 | −30℃ ≤6600 |
| 5W50 | −40~50 | 16.3~21.9 | ≥3.7 | −35℃ | 60000 | −30℃ ≤6600 |
| 10W30 | −30~30 | 9.3~12.5 | ≥2.9 | −30℃ | 60000 | −25℃ ≤7000 |
| 10W40 | −30~40 | 12.5~16.3 | ≥3.5 | −30℃ | 60000 | −25℃ ≤7000 |
| 10W50 | −30~50 | 16.3~21.9 | ≥3.7 | −30℃ | 60000 | −25℃ ≤7000 |
| 10W60 | −30~60 | 21.9~26.1 | ≥3.7 | −30℃ | 60000 | −25℃ ≤7000 |
| 15W40 | −20~40 | 12.5~16.3 | ≥3.7 | −25℃ | 60000 | −20℃ ≤7000 |
| 15W50 | −20~50 | 16.3~21.9 | ≥3.7 | −25℃ | 60000 | −20℃ ≤7000 |
| 20W50 | −10~50 | 16.3~21.9 | ≥3.7 | −20℃ | 60000 | −15℃ ≤9500 |
| 20W60 | −10~60 | 21.9~26.1 | ≥3.7 | −20℃ | 60000 | −15℃ ≤9500 |
| 25W60 | −5~60 | 21.9~26.1 | ≥3.7 | −15℃ | 60000 | −10℃ ≤13000 |

② 根据车况及气候环境选用机油的黏度级别，重负荷车和大型车选用黏度较大的油，如 40、20W/50 等，环境气温可决定选用多级机油，如北京地区冬季可用 15W/40、10W/30 油，海南地区、两广地区冬季可选用 20W/50、40 油。

③ 根据发动机使用时间和磨损情况选油，新发动机选用黏度小的油利于节能；而使用较久、磨损较大的发动机选用黏度较大的油，利于密封。

在现代汽车制造业的快速发展潮流下，汽车更新换代也越来越快。所以学会正确选择发动机润滑油能提高汽车的使用寿命。

### 3.2.3 车辆齿轮油的特点与选用

车辆齿轮油,顾名思义是指车辆上用于润滑齿轮传动机构的润滑油。拖拉机、汽车等车辆上用齿轮传动的部件有变速箱、中央传动、最终传动、发动机的正时齿轮机构等。手动变速器构造如图 3-123 所示。

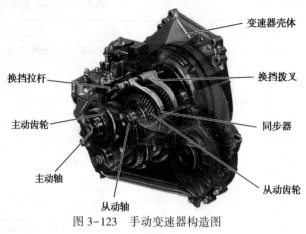

图 3-123 手动变速器构造图

这些总成件因工作要求不一样,齿轮的结构形式也不同,有圆柱齿轮、圆锥齿轮、双曲线齿轮等,但是不管什么样的齿轮传动都是用齿轮油来润滑的。

为保证齿轮传动机构正常工作,在使用中必须严格按规定要求正确使用齿轮油,否则会造成齿轮的早期损坏,影响车辆的正常使用。

**1. 齿轮油的性能**

(1) 齿轮油具有良好的润滑性,减少齿轮啮合轮齿的磨损。

(2) 齿轮油在很大的温度范围内都具有很好的润滑性,黏度可选范围大。

(3) 齿轮油具有良好的低温流动性。齿轮油在低温条件下具有一定的流动性能,还能保持润滑性能。

(4) 齿轮油具有良好的热氧化安定性和防锈防腐蚀性。

(5) 良好的抗泡性。

**2. 齿轮油的分类**

2.1 国产齿轮油的分类

根据 GB/T 7631.7—1995 润滑剂和有关产品(L 类)的分类原则,把车辆齿轮油相应分为普通车辆齿轮油、中负荷车辆齿轮油、重负荷车辆齿轮油三类,见表 3-12。

表 3-12 我国的车辆齿轮油分类

| 名称 | 组成、特性和使用说明 | 使用部位 |
| --- | --- | --- |
| 普通车辆齿轮油 | 精制矿油加入抗氧剂、防锈剂、消泡剂和少量极压剂等而制成。适用于速度、载荷比较苛刻的汽车手传动箱和螺旋锥齿轮的驱动桥 | 汽车的手传动箱,螺旋锥齿轮的驱动桥 |
| 中负荷车辆齿轮油 | 精制矿油加入抗氧剂、防锈剂、消泡剂和极压剂等而制成。适用于在低速高扭矩,高速低扭矩下操作的各种齿轮,特别是客车和其他各种车辆用的准双曲面齿轮 | 汽车的手传动箱、螺旋锥齿轮和使用条件不太苛刻的准双曲面的驱动桥齿轮的驱动桥 |
| 重负荷车辆齿轮油 | 由精制矿油加抗氧剂、防锈剂、消泡剂和极压剂等而制成。适用于在高速冲击载荷、高速低扭矩和低速高扭矩条件下操作的各种齿轮,特别是客车和其他车辆的准双曲面齿轮 | 操作条件缓和或苛刻的准双曲面齿轮及其他各种齿轮的驱动桥,也可用于手传动箱 |

表 3-13 为我国车辆齿轮油与美国 API 分类对应关系。

表 3-13 我国车辆齿轮油与美国 API 分类对应关系

| 我国车辆齿轮油名称 | API 分类品种 | 我国车辆齿轮油名称 | API 分类品种 |
|---|---|---|---|
| 普通车辆齿轮油 | GL-3 | 重负荷车辆齿轮油 | GL-5 |
| 中负荷车辆齿轮油 | GL-4 | | |

（1）普通车辆齿轮油　采用深度精制的矿物油，加入抗氧、防锈、抗泡及少量极压剂，具有较好的抗氧防锈性和一定的极压抗磨性。与 API GL-3 的质量水平相当。该产品执行行业标准 SH/T 0350—1992(1998 年确认)，分为 80W/90、85W/90、90 三个等级(牌号)；适用于一般车辆的弧齿锥齿轮、手动变速器和差速器的润滑。

（2）中负荷车辆齿轮油　曲线齿锥齿轮和使用条件不太苛刻的准双曲面齿轮差速器，以及要求使用 API GL-4 齿轮油的国产和进口车辆上使用。该油目前执行中国交通部制订的中国交通部 JT 224—1996(GL-4)标准。适用于中等负荷车辆的准双曲面齿轮、手动变速器和差速器的润滑。

（3）重负荷车辆齿轮油　该油采用深度精制的矿物油加入硫磷极压抗磨剂、防锈防腐、抗泡剂等。目前执行 GB 13895—1992 国家标准。该油必须通过锈蚀、抗擦伤、承载能力、热氧化稳定性等台架试验。其质量水平与美军 MIL-L-2105C 规格车辆齿轮油相当，达到 API GL-5 性能水平。适用于操作重负荷车辆后桥双曲面齿轮、差速器，也适用于条件苛刻的准双曲面齿轮差速器、手动变速器，以及要求使用 API GL-5 齿轮油的国产和进口车辆的润滑。

2.2　国外车辆齿轮油的分类

国外广泛采用 API(美国石油学会)使用性能分类法和 SAE 黏度分类法。按齿轮油承载能力和使用场合不同，API 齿轮油使用分类共有 6 个级别。见表 3-14。

表 3-14　API 齿轮油性能分类

| API 分类 | 用　途 |
|---|---|
| GL-1 | 纯矿物油，无极压添加剂，用于手动换档变速器 |
| GL-2 | 温和极压，可用于涡型齿轮 |
| GL-3 | 温和极压，可用于正齿轮及螺旋锥齿轮(车轴及变速器) |
| GL-4 | 中度极压，相当于美军规格 MIL-L-2105，用于中等强度准双曲线齿轮 |
| GL-5 | 高度极压，相当于美军规格 MIL-L-210B/C，用于全部偏轴伞齿轮驱动轴和一些手动换档变速器 |
| GL-6 | 用于极高速小型偏心齿轮，防划伤性能优于 GL-5 规格齿轮油，但由于评价实验程序的设备和程序已废止，商业应用价值大为减小 |

我国的车辆齿轮油质量分档是采用目前世界各国均采用的使用性能分类。它是根据齿轮的形式、负载情况等使用要求对齿轮油进行分类的。现行分类见表 3-15。

表 3-15　美国石油学会(API)齿轮油使用性能分档标准(SAE J308—1998)

| 使用性能 | GL-1 普通 | GL-2 蜗轮用 | GL-3 中等极压性 | GL-4 通用强极压性 | GL-5 强极压性 |
|---|---|---|---|---|---|
| 润滑油类型 | 直馏或残馏油 | 含油性剂、直馏或残馏油 | 含硫、磷、氯等化合物或锌化台物等极压剂与直馏或残馏油的混合物 | | |
| 使用范围 | 低载荷低速的正齿螺旋齿轮、蜗轮、锥齿轮及手动变速等 | 稍高速、高载荷、条件稍苛刻的蜗轮及其他齿轮用（双曲线齿轮不能用） | 不能用 GL-1 或 2 的中等载荷及速度的正齿轮及手动变速箱用（双曲线齿轮不适用） | 高速低扭矩，低速高扭矩的双曲线齿轮及很苛刻条件下工作的其他齿轮用 | 比 CL-4 更苛刻的双曲线齿轮用。耐低速高扭矩、高速低扭矩和高速、冲击性载荷的双曲线齿轮油 |

续表

| 使用性能 | GL-1 普通 | GL-2 蜗轮用 | GL-3 中等极压性 | GL-4 通用强极压性 | GL-5 强极压性 |
|---|---|---|---|---|---|
| 使用说明 | 不能满足汽车齿轮要求，不能用在汽车上 | 不能满足汽车齿轮的要求。除特殊情况外不能用在汽车上 | 变速箱、转向器齿轮及条件缓和的差速器齿轮用 | 差速器齿轮、变速箱齿轮及转向器齿轮用 | 工作条件特别苛刻的差速器齿轮及后桥齿轮用 |
| 极压剂含量/% |  |  | 2~4 | 2~4 | 4~8 |
| 相当标准 |  |  |  | MIL-L-2105 | MII-L-2105C |

**3. 齿轮油的选用及注意事项**

（1）车辆齿轮油的选择

① 质量档次的选择。车辆齿轮油质量档次的选择主要是依据齿轮形状、齿面载荷、车型、工况确定，见表3-16。

表3-16 车辆齿轮油质量档次选择表

| 齿轮形状 | 齿面载荷 | 车型及工况 | 质量档次 |
|---|---|---|---|
| 双曲线 | 压力<2000Pa 滑动速度1.5~8m/s | 一般 | GL-4 |
|  | 压力< 2000MPa 滑动速度1.5~ 8m/s | 拖挂车 山区作业 | GL-5 |
|  | 压力>2000MPa 滑动速度>10m/s 油温120~130℃ | 不论 | GL-5 |
| 螺旋锥齿 |  | 国产车 | GL-3 |
| 螺旋锥齿 |  | 进口车或重型车 | GL-4 |

② 黏度牌号的选择。黏度牌号的选择与内燃机油一样，主要是考虑车辆的载荷与最低气温。如一般载重10t以下用SAE 90，10t以上用SAE 140。为了节约能源，最好使用多级油，如SAE 80W/90、85W/140。90、140适应我国南方及北方夏季用，东北及西北寒区可用75W、80W/90，其余地区全年可用85 W/90。

（2）不能将使用级别较低的齿轮油用在要求较高的车辆上，否则会使磨损加剧。例如，将普通齿轮油加在双曲面齿轮驱动桥中，将使齿轮很快地磨损和损坏；性能级别较高的齿轮油可以用在要求较低的车辆上，但过多使用经济上不合算；各级别的齿轮油不能相互混用；润滑油黏度应适宜，不要误认为高黏度齿轮油的润滑性能好，应尽可能使用适当的多级润滑油。

（3）各种级别牌号的齿轮油不能混用，因其中所含的添加剂不同，混合后会产生化学反应而失效。另外，齿轮油中不能进水，否则油料里的添加剂会水解，引起机件锈蚀，失去润滑作用。

（4）齿轮油使用禁忌。在使用中，严禁向齿轮油中加入柴油等进行稀释，也不要因影响冬季起步而烘烤后桥、变速器，以免齿轮油严重变质。

（5）齿轮油随时间的增加损耗也会增加，要注意适时添加。加注齿轮油要适量，一般加到与齿轮箱加油口下缘平齐的位置。加注量少了，不能保证润滑，会加速机件的磨损；加油量过多，会增加齿轮转动的阻力，增加无用功和消耗，还会导致齿轮油溢出，污染零件。

### 3.2.4 自动传动液(ATF)的特点与选用

自动传动液,即 ATF。ATF 是市场上最复杂的多功能液体之一,性能要求非常全面,在传动过程中起的作用:分散热量;磨损保护;匹配的动、静摩擦特性;高低温下的保护作用。

图 3-124 为 AT 自动变速箱剖视图。

**1. 自动变速器油的功能**

(1) 在变矩器里驱动传导体。
(2) 操控液压控制设备的液压油。
(3) 热传导介质(冷却)。
(4) 轴承、齿轮、湿式离合器的润滑。

**2. 自动变速器油的性能**

(1) 适宜的黏度和良好的流动性　低黏度只适宜液压变矩器油,但是副变速器一侧却要求为润滑齿轮和轴承的适宜油的黏度。

图 3-124　AT 自动变速箱剖视图

(2) 在低温下有良好的流动性　低温时流动性不良容易烧毁离合器片。

(3) 高黏度指数　高速转动引起的摩擦热使得自动变速器油(ATF)变热,如在高温下,黏度突然下降,液压操作将不稳定,润滑性能也随之下降。

(4) 优异的氧化稳定性　油温在自动变速过程中可超过 150℃,如果油的氧化稳定性不好,将会形成油泥和积炭的积淀物,妨碍操作运转。

(5) 对离合器进行适当的润滑性能。当润滑不良时,湿式离合器片卡滞的滑动将产生噪音,并损坏离合器片,但是当黏度过高时,滑动将使离合器片过热。

(6) 稳定的离合器啮合要求适宜的摩擦系数。补充的要求有极压性、防泡性、剪切稳定性、防锈蚀。油密封以及齿轮油和液压油应具有的性能。

**3. ASTM 及 API 分类**如表 3-17 所示。

表 3-17　自动变速器油的分类

| 分类 | 符合的规格举例 | 应　　用 |
| --- | --- | --- |
| PTF-1(ATF) | (GM)Dexron Ⅱ、Ⅲ<br>(Ford) M2C33-G、M2C138CJ、M2C166 | 轿车,轻卡车用自动传动液 |
| PTF-2 | (GM)TruckandcoachAllisonC-3、C-4 汽车工程师协会 SAEJ1285 | 用于卡车、农业用车、越野车的自动变速器、多级变矩器和液力偶合器用 |
| PTF-3 | (John-Deere) J20A、J14B<br>(Ford) MIC86A、MIC134A | 农业和建筑野外机械用液力传动液 |

一般交通车辆所用的 ATF 属 PTF-1、PTF-2 类,ATF 的规格标准以美国通用汽车公司(GM)和福特公司(Ford)的规格标准为代表,API 及 ASTM 也推荐参考此两大公司的标准。美国 Allison 泵公司的 AllisonC-3、C-4 规格也具有一定的代表性。

**4. 自动传动液(ATF)选用原则**

(1) ATF 标准中已有低温性能要求,标准设计时考虑全天候使用,因此任何气候环境下均可使用。

(2) 根据车辆说明书要求严格选用 ATF 的规格牌号。因为 ATF 规格不同，摩擦系数要求不同，如果本来规定，用 GM 公司的 DexronⅡ规格的却选用于 Ford 公司的 Mercon 规格，自动变速器很可能会发生换档冲击和制动器，离合器突然啮合现象；如果原本该用 Ford 公司规格却用了 GM 公司规格，有可能引起自动变速器内离合器，制动器打滑，加速摩擦片早期磨损。

(3) 要慎买慎用，不要选用市面上的劣质油，尽量选用汽车生产厂的配套油或大型公司生产的可靠油。

(4) 如果车辆说明书没有严格规定所选用 ATF 的规格牌号，推荐用油可选用多种规格的；如果市面上暂缺推荐规格，可选用相当于此规格的其他规格的油品。选用方法可参考表3-18（注意一定看说明书是否有严格要求）。

表 3-18  ATF 的规格牌号

| 公司名称 | 相应规格 | | |
| --- | --- | --- | --- |
| GM | DexronⅡ | DexronⅢ | DexronⅣ |
| Ford | Mercon | NewMercon | Mercon V |
| Allison | C-3 | C-4 | C-5 |
| Caterpillar | TO-2 | TO-3 | TO-4 |

**5. 自动传动液的正确使用方法**

(1) 首先要选择合适的自动传动液（ATF），根据车辆说明书推荐的规格标准选用，选用时可参考上面章节的"选用原则"。

(2) 换用自动传动液之前，应将汽车停放在水平路面上，并拉紧手制动，选档杆放在 P 位上。

(3) 放 ATF 前，应将变速器预热至工作温度（或行车后停车时换油）以便降低油的黏度，确保油内杂质和沉淀物随油一起排出。

(4) 打开放油口将油放出，注意检查 ATF 的状态，以便分析自动变速器的情况。

(5) 放完油后，应视情况拆下油盘，彻底清洗油盘和过滤器滤网，然后分别安装好。

(6) 加油时，注意要关闭放油口，从加油口注入选定的 ATF，使油面达到规定标准。

(7) 起动发动机，在发动机怠速运转情况下，移动选档杆经过所有档位后回到 P 位，这样可使变速器迅速热起来。

(8) 变速器充分热起后（油温 50~800℃）时，再检查油量，必要时再适量补加。

(9) 在行车过程中要时常抽出油尺检查 ATF 油量，不足时补加，发现变质时应及时更换，以免出现不良现象。

(10) 用剩的 ATF 要密封保存，如无良好的密封手段，可在罐口盖子侧涂蜡密封。

(11) 自动变速器内较脏时，可用热的低粘机械油冲洗，直至无污物为止，然后再加入新的 ATF 液，切勿用柴油、汽油、煤油等清洗。

## 3.2.5 制动液的特点与选用

采用液压制动的汽车占总量的 60% 以上，汽车制动液就是用于汽车液压制动系统的液体。汽车制动液用于汽车液压制动系统中，当液体受到压力时，便会很快而均匀地把压力传到液体的各个部分。液压制动系统就是利用这个原理进行工作的。近年来，随着我国汽车工业的发展及进口汽车数量的增加，对制动液的要求越来越高。制动液的优劣，直接影响汽车的行驶安全，国外对汽车制动液非常重视，把制动液视为安全油料。

**1. 汽车的刹车系统**

早期的汽车采用机械式制动的鼓式刹车。随着液压技术的发展，安全可靠的液压制动刹车系统广泛在汽车上应用。尽管刹车系统的机构不断改进，但在刹车系统里担任制动的刹车油的工作原理却是不变的。当司机踩刹车时，从脚踏极上踩下去的力量，由刹车总泵的活塞，通过制动液传递能量到车轮各分泵，使摩擦片胀开，达到停止车辆前进的目的。当停止刹车时，返回弹簧拉回摩擦片到原来的位置。汽车制动液要保证车辆在严寒和酷暑的气温条件下，在高速、重负荷、大功率及频繁制动的操作条件下都能有效，可靠地保证汽车制动灵活，确保行驶安全。

**2. 汽车的制动性**

汽车的制动性是指汽车行驶时，在短距离内停车且维持行驶方向稳定，而在下坡时维持一定车速的能力。制动性直接关系到汽车行驶的安全可靠，是驾驶人员关注的重要性能之一。对汽车制动性的要求见表3-19。

表3-19 汽车的制动性要求

| 项　　目 | 中　国 | 美　国 |
|---|---|---|
| 制动初速/(km/h) | 80 | 96.5 |
| 制动距离/m　　不大于 | 50.7 | 65.8 |
| 偏差/m | 3.7 | 3.66 |
|  | 车轮不抱死 ||

**3. 汽车制动液的工作条件和性能要求**

（1）汽车制动液工作条件　制动液温度升高的原因，一是发动机罩内的热量传递，二是在刹车过程中的摩擦发热。制动液正常工作温度为70~90℃，大型载重车的制动系统工作温度则高达120℃，而在下坡或频繁制动时，温度可达150℃以上。

（2）汽车制动液性能要求　随着汽车性能的提高，对汽车制动液的要求亦越来越高，现代的汽车制动液应具备下列性能：

① 具有良好的高温抗气阻性。汽车在高速行驶时制动比较频繁，同时会产生大量摩擦热，使制动系统温度升高。如使用沸点较低的制动液，在高温时就会由于制动液蒸发而使局部制动系统的管路内充有蒸气。现代汽车刹车系统，由于汽车平均速度的增加及密闭式车轮设计导致空气流动不好，使刹车油要承受较高的温度，因此刹车油的沸点要高，以防刹车油因汽化而产生气阻，使刹车失灵。汽车制动液规格指标中的平衡回流沸点就是用来评价刹车油的高温抗气阻性能。平衡回流沸点越高，高温抗气阻性能越好。

② 良好的低温启动性。由于汽车制动液的工作条件，要求在高温和低温时都有适宜的黏度，使制动液在高温时不会因黏度太低而造成机械磨损及从总泵或分泵处泄漏，在低温时也不会因黏度过大导致传动不良及刹车失灵。低温启动性是保证汽车制动液在寒区和严寒区刹车时，系统能正常工作。制动液工作的低温黏度只能在800~1000 mm$^2$/s，超出此值就难以保证刹车操作的顺利进行。

③ 良好的金属保护性。汽车制动系统中有各种金属零部件，制动装置多为铸铁、铜、铝及其他合金制成。制动液中的组分不应对零部件产生腐蚀，否则会使制动泵中的活塞和缸壁间隙增大，产生泄漏，导致压力下降，制动失灵。

④ 与橡胶的配伍性好。制动系统中装置着许多橡胶密封部件，这些密封部件必须保持制动系统完全密闭。而橡胶密封件经常浸在制动液中，长期接触后，皮碗等橡胶密封件的机

械强度就会降低，体积和重量发生变化，失去应有的密封作用。制动液不能使系统中的橡胶密封件及皮碗产生软化、溶胀、溶解、固化和紧缩，否则会造成刹车失灵。一般要求刹车油能使橡胶件有一定的膨胀性，以提供适当的轴封、有效的润滑与抗磨损性能。

⑤ 较高的水分容纳性。刹车系统的设计，无法完全阻止水分进入刹车系统，而水分的进入会使刹车油的沸点及黏度下降，影响刹车性能。因此刹车油要评定湿平衡回流沸点，与干平衡回流沸点愈接近则性能愈好。

⑥ pH值呈微碱性。要求刹车油呈微碱性是因为刹车油呈酸性时会加速对制动系统金属零部件腐蚀。

### 4. 汽车制动液分类

1938年美国制定了第一个制动液标准，即美国军用规格ES—377。1946年美国汽车工程师协会（SAE）制定了70R2（中负荷）和70R1（重负荷）两个标准。1968年美国联邦政府运输部以SAET70b为基础，制定了联邦机动车辆安全标准FMVSS。1972年美国对此标准进行了大幅度修改，制定了FMVSS No116 DOT 3、DOT 4、DOT 5标准。日本1964年制定了制动液的标准（Japan Industrial Standard），1970年又按照SAE标准制定了JIS K2233 三种（DOT-3）、四种（DOT-4）的新标准。国际标准化组织（ISO）也于20世纪70年代参照DOT-3规格制定了ISO4925标准。目前，西欧、美国、日本等发达国家的制动液仍执行FMVSS No116 DOT-5、DOT-4和DOT-3标准，我国制动液也是参照这一标准进行分级的。表3-20列出了中国汽车制动液规格与国外的对照。

表3-20 国内外制动液规格对照

| GB 12981 | GB 10830 | FMVSSNO. 116 | 其他标准 |
|---|---|---|---|
| HZY2 | JG2 | — | SAEJ1703 |
| HZY3 | JG3 | DOT3 | ISO4925 |
| HZY4 | JG4 | DOT4 | — |
| HZY5 | JG5 | DOT5 | SAEJ1705 |

另外，按照汽车制动液使用性能的不同，还可将制动液分成通用型制动液、低吸湿型制动液和高沸点制动液三类。

（1）通用型制动液。平衡回流沸点190~205℃，性能可满足SAE DOT-3级我国JG1~3规格要求。成本较低，是使用面广，用量较大的品种。缺点是平衡回流沸点不能满足苛刻条件的刹车要求，吸湿性强，吸湿后平衡回流沸点迅速降低，低温性能变差，在湿热条件下容易发生锈蚀。水含量对聚乙二醇制动液沸点的影响见图3-125。

（2）低吸湿型制动液。由于基础液主要是硼酸酯及羧酸酯，稀释剂为聚乙二醇单醚、乙丙无规共聚物的甲醚，湿平衡回流沸点较高，性能可满足SAE DOT-4及我国JC4的规格要求，主要用于高级轿车。硼酸酯水解后会析出硼酸，少量可溶于醇、醚溶剂中，浓度大时则可析出，影响制动液性能。

（3）高沸点制动液。高沸点制动液是以聚

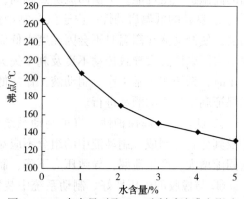

图3-125 水含量对聚乙二醇制动液沸点影响

乙二醇醚或硅油为基础液,平衡回流沸点高,其中聚乙二醇醚288℃,硅油高于300℃。没有吸湿性,可以满足 SAE DOT-5 规格要求。缺点是橡胶收缩、硬化。而硅油的水容纳性差,且有一定的可压缩性,价格高,与其他制动液相溶性差。

**5. 汽车制动液规格**

世界上许多国家都根据各自的具体情况制定了制动液产品标准或相应的安全法规,如美国汽车工程师协会标准 SAE J1703 JAN95《机动车辆制动液》,美国联邦机动车辆安全标准 FMVSS No.116(96)《机动车辆制动液》,法国 NF R12-640《液压制动液》,日本 JIS K2233《机动车用非石油基制动液》等。FMVSS No.116、SAE 系列、ISO 4925 是国际上普遍采用的3个制动液产品标准。

国内机动车辆制动液按机动车辆安全使用要求分为 HZY3、HZY4、HZY5 三种产品,它们分别对应国际通用产品 DOT-3、DOT-4、DOT-5 或 DOT-5.1。技术要求表3-21。

表3-21 机动车辆制动液的技术要求(GB 12981—2003)

| 项 目 | | 质量指标 | | | 试验方法 |
|---|---|---|---|---|---|
| | | HZY3 | HZY4 | HZY5 | |
| 外观 | | 无沉淀及悬浮物,清澈透明液体;硅酮型 HZY5 制动液为紫色透明液体 | | | 目测 |
| 平衡回流沸点(ERBP)/℃ | 不小于 | 205 | 230 | 260 | SH/T 0430 |
| 湿平衡回流沸点(WERBP)/℃ | 不小于 | 140 | 155 | 480 | |
| 运动黏度/(mm²/s) | | | | | GB/T 265 |
| −40℃ | 不大于 | 1500 | 1800 | 900 | |
| 100℃ | 不小于 | 1.5 | 1.5 | 1.5 | |
| pH 值 | | 7.0~11.5 | | | GB/T 7304 |
| 液体稳定性(ERBP)变化/℃ | 不大于 | | | | |
| 高温稳定性(185℃±2℃,120min±5min) | | ±3 | ±[3+0.05×(ERBP−225)] | | |
| 化学稳定性 | | ±3 | ±[3+0.05×(ERBP−225)] | | |
| 腐蚀性(100℃±2℃,120h±2h) | | | | | |
| 试验后金属片状态 | | | | | |
| 质量变化/(mg/cm²) | 不大于 | | | | |
| 镀锡铁皮 | | ±0.2 | | | |
| 钢 | | ±0.2 | | | |
| 铸铁 | | ±0.2 | | | |
| 铝 | | ±0.1 | | | |
| 黄铜 | | ±0.4 | | | |
| 紫铜 | | ±0.4 | | | |
| 锌 | | ±0.4 | | | |
| 外观 | | 无肉眼可见坑蚀和表面粗糙不平,允许脱色或出现色斑 | | | |
| 试验后试液性能外观 | | 23℃±5℃下不凝胶,在玻璃容器壁或金属表面不形成结晶状物质 | | | |
| 沉淀物体积分数/% | 不大于 | 0.1 | | | |

续表

| 项 目 | | 质量指标 | | | 试验方法 |
|---|---|---|---|---|---|
| | | HZY3 | HZY4 | HZY5 | |
| pH 值 | | 7.0~11.5 | | | |
| 试验后橡胶皮碗状态 | | | | | |
| 外观 | | 无鼓泡、脱落表现出的变质 | | | |
| 硬度降低值/IRHD | 不大于 | 15 | | | |
| 根径增值/mm | 不大于 | 1.4 | | | |
| 低温流动性和外观 | | | | | |
| −40℃±2℃,144h±4h | | | | | |
| 外观 | | 透过试液观察,遮盖力图上的线条清晰可辨认。试液无淤渣、沉淀、结晶,不分层 | | | |
| 气泡上浮至液面的时间/s | 不大于 | 10 | | | |
| −50℃±2℃,6h±12min | | | | | |
| 外观 | | 透过试液观察,遮盖力图上的线条清晰可辨认。试液无淤渣、沉淀、结晶,不分层 | | | |
| 气泡上浮至液面的时间/s | 不大于 | 35 | | | |
| 蒸发性能(100℃±2℃,168h±2h) | | | | | |
| 蒸发损失质量分数/% | 不大于 | | | | |
| 残余物性质 | | 用指尖摩擦时,沉淀中不含有颗粒性砂粒和磨蚀物 | | | |
| 残余物倾点/℃ | 不大于 | −5 | | | |
| 容水性(22h±2h) | | | | | |
| −40℃ | | | | | |
| 外观 | | 透过试液观察,遮盖力图上的线条清晰可辨认。试液无淤泥渣、沉淀、结晶,不分层 | | | |
| 气泡上浮至液面的时间/s | 不大于 | 10 | | | |
| 60℃ | | 试液不分层 | | | |
| 外观 | | 0.05(鉴定) | | | |
| 试液中沉淀物体积分数/% | 不大于 | 0.15(商品) | | | |
| 液体相容性(22h±2h) | | | | | |
| −40℃ | | | | | |
| 外观 | | 透过试液观察,遮盖力图上的线条清晰可辨认。试液无淤渣、沉淀、结晶,不分层 | | | |
| 60℃ | | | | | |
| 外观 | | 试液不分层 | | | |
| 沉淀物体积分数/% | 不大于 | 0.05 | | | |

续表

| 项 目 | | 质量指标 | | | 试验方法 |
|---|---|---|---|---|---|
| | | HZY3 | HZY4 | HZY5 | |
| 抗氧化性(70℃±2℃,168h±2h) | | | | | |
| 金属片外观 | | 金属片与锡箔接触面之外的部分,无可见坑蚀和点蚀,允许脱色或出现色斑,允许痕量胶质沉积 | | | 附录J |
| 金属片质量变化/(mg/cm$^2$) | 不大于 | | | | |
| 铝片 | | ±0.05 | | | |
| 铸铁片 | | ±0.3 | | | |
| 橡胶相容性(SBR橡胶皮碗及EPDM橡胶试件) | | | | | |
| 硬度降低值(SBR橡胶皮碗及EPDM橡胶皮碗或试件)/IRHD | 不大于 | | | | |
| 70℃ | | 10 | | | 附录K |
| 120℃ | | 15 | | | |
| 皮碗外观 | | 无鼓泡,脱落 | | | |
| 根径增值(SBR橡胶皮碗)/mm | | 0.15~1.40 | | | |
| 体积变化分数(EPDM橡胶皮碗或试件,70℃和120℃)/% | | 1~10 | | | |
| 行程模拟性能(85000次行程,120℃±5℃,6.86MPa±0.34MPa) | | | | | |
| 金属部件状态 | | 金属部件无可见坑蚀或点蚀,允许脱色或出现色斑 | | | |
| 缸体和活塞直径变化/mm | 不大于 | 0.13 | | | |
| 皮碗状态 | | | | | |
| 硬度降低值/IRHD | 不大于 | 15 | | | |
| 外观 | | 不出现过度的划痕、变形、鼓泡、裂纹、蜕皮或外形变化 | | | |
| 皮碗根径增值/mm | 不大于 | 0.9 | | | |
| 皮碗唇径过盈量/% | 不大于 | 65 | | | |
| 任意24000次行程期间液体损失量/mL | 不大于 | 36 | | | 附录L |
| 缸体活塞工作状态 | | 无卡滞和不良工作状况 | | | |
| 最后100次行程期间液体损失量/mL | 不大于 | 36 | | | |
| 试验后试液状态 | | | | | |
| 液体状态 | | 不含去除不掉的沉淀和胶状附着物 | | | |
| 沉淀体积分数/% | 不大于 | 1.5 | | | |
| 缸体外观 | | 试验期间缸体和其他金属部件上沉淀不多于痕量,制动缸体上不附着用蘸乙醇的布擦除不掉的沉淀 | | | |

**6. 汽车制动液的选择和应用**

汽车制动液的选择应根据车辆说明书推荐的规格标准来选用。中国生产的部分汽车要求使用的汽车制动液参见表 3-22。DOT-5：广州标致 504，505；DOT-4：一汽奥迪 100，富康 ZX，南京依维柯。DOT-3：北京吉普 BJ2021，哈飞 1010E、1010F，南京跃进等。

表 3-22　汽车制动液的选择

| 级别 | 制动液特性 | 推荐使用范围 | 使用车例 |
|---|---|---|---|
| JG0 | 优异的低温性能，高温抗气阻性差 | 严寒地区冬季使用 | |
| JG1 | 有较好的高温抗气阻性 | 一般地区的低档车辆 | |
| JG2 | 有良好的高温抗气阻性和低温性能 | 适合于广大地区的一般车辆使用 | |
| JG3 | 有良好的高温抗气阻性和优良的低温性能 | 适合于广大地区的轿车和面包车使用 | 北京吉普、南京跃进 |
| JC4 | 有优良的高温抗气阻性和良好的低温性能 | 适合于广大地区的高级轿车使用 | 奥迪、捷达、富康 |
| JG5 | 有优良的高温抗气阻性和良好的低温性能 | 高档轿车使用 | 进口高级轿车 |

（1）汽车制动液品种。

国内生产的汽车制动液，符合 JG4 主要有 4606、BPE8019、901-1、SH2318、7104-1 等。国外汽车制动液品种较多，这里不一一列举。

（2）汽车制动液应用。中国石化润滑油的合成刹车油系列产品如下：

① 4603、4603-1 合成刹车油。采用合成油为基础油加入抗氧、抗腐蚀及防锈等添加剂调配制成。4603 号为醇醚型，4603-1 号为酯型。该产品具有良好的高温抗气阻性能和氧化安定性，有适宜的高低温黏度，不腐蚀金属，有良好的橡胶适应性。适用于作各类型载货汽车的制动液，也适用于作其他机械的液压传动液。4603 号适宜于我国非湿热气候条件，气温 -30℃ 以上地区使用；4603-1 号适宜于湿热、气温较高地区使用。4603、4603-1 合成刹车油质量指标见表 3-23。

表 3-23　4603、4603-1 合成刹车油质量指标

| 项　　目 | | 4603 | 4603-1 |
|---|---|---|---|
| 外观 | | 浅黄色至琥珀色透明液体 | |
| 运动黏度/(mm²/s) | | | |
| 　50℃ | 不小于 | 8 | 7.5 |
| 　-40℃ | 不大于 | 5000 | 500 |
| 闪点(开口)/℃ | 不低于 | 100 | 120 |
| 平衡回流沸点/℃ | 不低于 | 190 | 230 |
| pH 值 | | 8~11 | 8~11 |
| 皮碗试验(70℃，120h) | | | |
| 　皮碗根部直径/mm | | 0.15~1.4 | 0.15~1.4 |
| 腐蚀(100℃，120h) | | | |
| 叠片试验(100℃，120h) | | 合格 | 合格 |
| 试验质量变化/(mg/cm³) | | | |
| 　马口铁 | | ±0.2 | ±0.2 |
| 　10 号钢 | | ±0.2 | ±0.2 |

续表

| 项 目 | 4603 | 4603-1 |
|---|---|---|
| LY12 铝 | ±0.1 | ±0.1 |
| HT21-40 铸铁 | ±0.2 | ±0.2 |
| H62 黄铜 | ±0.4 | ±0.4 |
| T2 紫铜 | ±0.4 | ±0.4 |

② 4604号合成刹车油。采用合成油(酯类)为基础油,加入抗氧、抗腐蚀、抗磨损和防锈添加剂调配制成。该产品具有优良的高温稳定性、低温流动性、橡胶适应性,蒸发损失低且防锈性优异。该产品适用作各种高级轿车及其他各型号汽车的制动液与功能液。4604号合成刹车油的质量指标准见表3-24。

表3-24 4604号合成刹车油质量指标

| 项 目 | | 质量指标 |
|---|---|---|
| 外观 | | 浅黄色至琥珀色透明液体 |
| 运动黏度/(mm²/s) | | |
| 100℃ | 不小于 | 1.5 |
| -40℃ | 不大于 | 1800 |
| 平衡回流沸点/℃ | 不低于 | 200 |
| pH 值 | | 8~11 |
| 皮碗试验(70℃,120h) | | |
| 皮碗根部直径增值/mm | | 0.15~1.4 |
| 腐蚀(100℃,120h) | | |
| 叠片试验 | | 合格 |
| 试验质量变化/(mg/cm³) | | |
| 马口铁 | | ±0.2 |
| 10 号钢 | | ±0.2 |
| LY12 铝 | | ±0.1 |
| HT21-40 铸铁 | | ±0 2 |
| H62 黄铜 | | ±0.4 |
| T2 紫铜 | | ±0 4 |

③ 某国际润滑油品牌公司合成制动液系列产品。将国际润滑油品牌公司合成制动液产品的应用情况列于表3-25,供参考。

表3-25 国际润滑油品牌公司合成制动液系列产品

| 产品名称 | 质量等级 | 特 性 |
|---|---|---|
| 超级碟式刹车液 | SAE J 1703、DOT-4 | 高负荷型及高沸点的合成油,干、湿沸点均很高,与刹车系统材料相容性好,制动稳定性好,提供最佳的安全保障,超越奔驰、通用等标准。适用于严苛环境下操作的鼓式或碟式刹车系统 |
| 刹车液 | SAE J 1703、DOT-3 | 合成刹车油,干、湿沸点均很高,与刹车系统材料相容性好,适用于鼓式或碟式的液压刹车系统 |

## 3.2.6 防冻液的特点与选用

防冻液用来防止汽车在寒冷的冬季地区或北极地区使用时散热器冷却水结冰。如今,LLC

(长寿命冷却液)防冻液要求长时间不需更换,并且铝发动机的防冻液趋向是作为免维护的。考虑到对橡胶部件的影响、对金属部件的腐蚀性及长期稳定性,通常将适当的添加剂混合到防冻液中。冬季主要用来防冻的传统防冻液是只用于低温时的防冻,而最近使用的具有特定或更高浓度的长寿命防冻液 LLC 是在较高温度下也能防止腐蚀。图 3-126 为雪地中的汽车。

图 3-126 雪地中的汽车

**1. 防冻液的性能性质**

(1) 降低水的冰点,防止冷却系统如散热器芯子和缸体的被损坏。
(2) 防止冷却系统的各种金属部件生锈和腐蚀,避免由于生锈和沉淀,或因腐蚀引起的液体泄漏而导致冷却效率降低。
(3) 无不良影响,如溶解性差,引起橡胶管和垫圈的溶涨或收缩等。
(4) 优良的稳定性,以避免使用过程中由于热分解和活性组分的蒸发损失导致性能降低。

**2. 防冻液的组成**

(1) 防冻剂 降低冰点温度的主要成分,在 JIS 要求中特别指定乙烯基乙二醇。
(2) 金属缓蚀剂 混合后防止金属生锈和腐蚀。

防冻液尚未建立国家标准,一般生产与使用都参照行业标准。SH0521—92,此标准防冻液以冰点分 6 个牌号,-25 号、-30 号、-35 号、-40 号、-45 号、-50 号。同时也包括浓缩液。其他规格如-16℃、-20℃标号的防冻液不在 SH052-92 规格范围内,一般执行企业标准。

**3. 防冻液选用原则**

(1) 根据气候环境选用 防冻液以冰点分牌号,一般最低气温比防冻液冰点高 2~3℃,按此原则选用,如最低气温为-23℃的要选-25℃号防冻液。
(2) 根据车况选用 有的车辆冷却系统需要防锈防腐保护,可用防冻液;有的车辆夏季高温时须高速长途行车,冷却液须防沸腾的,可用防冻液,此两用途可选最低牌号的防冻液,如-25 号则可,某些企业生产的-20 号也可用。图 3-127 为汽车与防冻液。

## 3.2.7 减震器油的特点与选用

汽车及摩托车的底盘都要有减震器(图 3-128),用于降低因路面不平而造成的车身震动,改善汽车行驶的平顺性和乘座的舒适性,其中液力减震器应用较广泛。

图 3-127　汽车与防冻液

图 3-128　汽车减震器

**1. 减震器油的组成**

图 3-129 和图 3-130 是液力减震器的作用、结构及原理示意图。汽车行驶于凹凸不平的路面时，车架和车桥作相对往复运动，液力减震器的活塞在缸筒中也作往复运动，把减震器油反复地从一个内腔通过一些窄小的孔流向另一内腔，此时孔壁及液体的摩擦和液体内的分子摩擦成为对震动的阻尼力，使车架震动降低，震动阻尼变为热能使油温升高，而由车辆行驶的迎面风则把油冷却下来。因此对减震器油有如下要求：

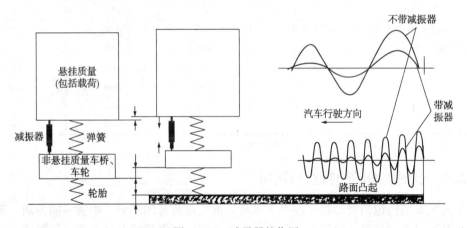

图 3-129　减震器的作用

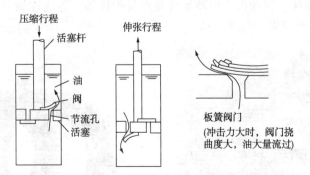

图 3-130　减震器的工作原理

**2. 减震器油的主要性能**

（1）具有抗磨液压油的主要性能　减震器油在减震器中的工作原理类似液压油，因而应有抗磨液压油的主要性能,如抗磨、抗氧、抗泡、防锈及对密封弹性物的相容性等。

(2) 强的抗氧性能　由于减震器把振动的能量变为热能,使油温升高,有的高达150℃以上,它在工作时不断地升温降温,氧化较苛刻,而更换减震器油较麻烦,实际操作中很少为了换减震器油而拆卸减震器,一般减震器本身有问题才拆卸,修理时顺便更换减震器油,因而要求减震器油在长时间中老化较慢,也就是抗氧性能要很好。

(3) 低温流动性能好　车辆流动性大,室外放置时间长,在北方冬天也要正常工作,因而低温流动性要好,大多其倾点都在-40℃以下。

(4) 优秀的黏温特性　这是减震器油的重要要求,因为减震器油不断升温降温,黏度也随之升高降低,若黏度变化太大,油通过小孔的阻力忽高忽低,减振功能就很不平稳,也就是减震衰减大,因而要求减震器油有很好的黏温特性。

减震器油大多采用高精制深度的低黏度基础油,也有的采用合成油,加上类似抗磨液压油的各种添加剂,并加强抗氧组分,同时应有能改善黏度指数的抗剪切性能好的黏度指数改进剂。

减震器油没有通用的规格标准,大多由汽车或摩托车减震器制造厂自行试验后提出要求。表3-26是几个减震器油的典型数据。

**表3-26　几个减震器油的典型数据**

| 项　目 | A | B | C | D |
|---|---|---|---|---|
| 密度/(g/cm³) | 0.87 | 0.87 | 0.86 | 0.9 |
| $\nu_{-40℃}$/(mm²/s) | 2500 | 500 | 250 | — |
| $\nu_{40℃}$/(mm²/s) | 10 | 15 | 10 | 37 |
| 黏度指数 | 90 | 130 | 300 | 140 |
| 闪点/℃ | 145 | 100 | 100 | 150 |
| 倾点/℃ | -50 | -50 | -50 | -40 |

注:A、B、C为汽车减震器油,D为摩托车减震器油。

### 3.2.8　车辆润滑脂的特点与选用

汽车的基本结构包括发动机、底盘、车身、电气设备等四部分。根据不同类别、部位合理选用润滑脂对车辆保养、使用非常重要。汽车上使用润滑脂的部位主要有轮毂轴承(图3-131)、底盘、操纵系统、发动机、电器系统及车身附件等。等速连轴节(CVJ)见图3-132、离合器见图3-133,变速器见图3-134。

图3-131　轮毂轴承

图3-132　等速连轴节(CVJ)

图 3-133　离合器

图 3-134　变速器

**1. 汽车润滑脂分类**

1989 年 ASTM、SAE 和 NLGI 共同提出了 ASTM D4950 汽车用润滑脂的标准分类和规范,该标准规定了适用范围,进行了汽车润滑脂的分类,并详细叙述了汽车润滑脂的性能。表 3-27 列出了汽车用润滑脂的分类标准。

表 3-27　汽车用润滑脂的分类

| 种类 | 标号 | 性能 | 使用温度范围/℃ | 稠　度 | 可能行驶距离/km |
|---|---|---|---|---|---|
| 底盘车体脂 | L-A | 轻中负荷、抗氧化、防锈、抗磨、机械安定 | — | 主要 2 号 | 轿车 3200 以下 |
| 底盘车体脂 | L-B | 苛刻负荷、振动、水接触、长期运转 | -40~120 | 主要 2 号 | 轿车 3200 以下 |
| 轮毂轴承脂 | GA | 较轻负荷 | -20~70 | — | — |
| 轮毂轴承脂 | GB | 轻负荷到中负荷、抗氧、抗腐、抗磨、安定 | -40~120（有时到 160） | 主要 2 号（1 号、3 号也用） | 高速公路用 |
| 轮毂轴承脂 | GC | 中到苛刻负荷、抗氧、抗腐、抗磨 | -40~160（有时到 2000） | 主要 2 号（1 号、3 号也用） | 开停频繁用 |

**2. 汽车润滑脂的特点**

润滑脂的使用因汽车机械部位工况条件不同而异：汽车各机械部位结构、特点需要润滑脂具有良好的抗水性、极压抗磨、黏附性、高温性耐温、长寿命润滑脂润滑的。

(1) 汽车其他电气设备及辅助设备　汽车设备如交流发电机、分电器、起动机、冷气装置用电磁离合器、门窗铰链、雨刮器等用脂根据用脂部位温度、负荷、转速、环境因素,选择长寿命、高低温、抗极压和抗水性的润滑脂。

(2) 汽车电器装置润滑脂　汽车装有许多电器件,主要有交流发电机、启动器、冷气装置、空转轮风扇、水泵电机等等,这些电器的轴承都用润滑脂。目前在这些部位轴承用脂,一般用量小,但性能要求苛刻。

**3. 润滑脂选用原则**

要根据润滑部件的具体条件选择脂的品种牌号,要考虑以下各方面因素:

(1) 使用功能　要求脂作润滑或密封或防护用,选用相应类型的功能脂。

(2) 润滑部件的温度、负荷、速度(工作条件)温度高时选用稠度大的脂,高负荷时选用极压脂,速度大时选用基础油黏度较小的脂等。

(3) 寿命(即使用期限) 要求长期不换脂的选用长寿命脂。

(4) 润滑方式 人工加注的用稠度稍大的脂,集中泵送润滑的选用稠度较低的脂甚至半流体脂。

(5) 介质 与水及腐蚀介质接触的要选用专用脂,如抗水性脂等。

## 3.3 工业润滑剂的应用

工业润滑剂的品种很多,但每一种的种类基本按照 ISO 黏度等级来分类(表 3-28),例如:46 号液压油、150 号齿轮油等。

表 3-28 工业用润滑油 ISO 黏度等级分类

| ISO 黏度级数 | ISO 黏度级数运动黏度(40℃)/( mm²/s) | | |
|---|---|---|---|
| | 中心值 | 最低值 | 最高值 |
| ISO VG2 | 2.2 | 1.98 | 2.42 |
| ISO VG3 | 3.2 | 2.88 | 3.52 |
| ISO VG5 | 4.6 | 4.14 | 5.06 |
| ISO VG7 | 6.8 | 6.12 | 7.48 |
| ISO VG10 | 10 | 9.00 | 11.0 |
| ISO VG15 | 15 | 13.5 | 16.5 |
| ISO VG22 | 22 | 19.8 | 24.2 |
| ISO VG32 | 32 | 28.8 | 35.2 |
| ISO VG46 | 46 | 41.4 | 50.6 |
| ISO VG68 | 68 | 61.2 | 74.8 |
| ISO VG100 | 100 | 90.0 | 110 |
| ISO VG150 | 150 | 135 | 165 |
| ISO VG220 | 220 | 198 | 242 |
| ISO VG320 | 320 | 288 | 352 |
| ISO VG460 | 460 | 414 | 506 |
| ISO VG680 | 680 | 612 | 748 |
| ISO VG1000 | 1000 | 900 | 1100 |
| ISO VG1500 | 1500 | 1350 | 1650 |

### 3.3.1 液压油的特点与选用

用作流体静压系统(液压传动系统)中的工作介质称为液压油,而用作流体动压系统(液力传动系统)中的工作介质则称为液力传动油,通常将二者统称为液压油(液)。

**1. 液压油的性能要求**

(1) 合适的黏度、良好的黏温特性 若液压油的黏度过高,液压泵吸油阻力增加,容易产生空穴和气蚀作用,使液压泵工作困难,甚至受到损坏,液压泵的能量损失增大,机械总效率降低,管路中压力损失增大,也会降低总效率,致使阀和液压缸的敏感性降低,工作不够灵活。若液压油的黏度过低,液压泵的内泄漏增多,容积效率降低,管路接头处的泄漏增多;控制阀的内泄漏增多,控制性能下降,润滑油膜变薄,油品对机器滑动部件的润滑性能降低，造成磨损增加，甚至发生烧结。

由于液压油在工作过程中温度变化较大，不同地区，不同季节也会使油温发生较大变化，要使液压油有合适的黏度，还必须要求液压油有较好的黏温特性，就是其黏度随温度变化不太大，这样才能较好地满足液压系统的要求。图3-135为液压传动示意图，图3-136为液压泵。

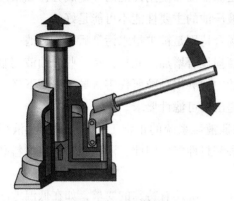

图3-135 液压传动示意图

图3-136 液压泵

（2）良好的抗氧化性 液压油和其他油品一样，在使用过程中都不可避免地发生氧化。特别是空气、温度、水分、杂质、金属催化剂等因素的存在，都有利于氧化反应的进行或加速它的反应速度。因此，液压油必须具有较好的抗氧化性。

液压油被氧化后产生的酸性物质会增加对金属的腐蚀性，产生的黏稠油泥沉淀物会堵塞过滤器和其他孔隙，妨碍控制机构的工作，降低效率，增加磨损。

（3）良好的防腐蚀、锈蚀性能 液压油在工作过程中，不可避免地要接触水分、空气，液压元件会因此发生锈蚀。液压油使用过程的氧化产物或添加剂分解物也会引起液压元件腐蚀或锈蚀，严重地影响液压系统的正常工作，影响液压设备寿命，因此，液压油要有较强的防锈、防腐能力。

（4）良好的抗乳化性 前面提过，液压油在工作过程中，都有可能混进水分。进入油箱的水，受到液压泵、液压马达等液压元件的剧烈搅动后，容易形成乳化液。如果这种乳化液是稳定的，则会加速液压油的变质，降低润滑性、抗磨性，生成的沉淀物会堵塞过滤器、管道以及阀门等，还会产生锈蚀、腐蚀。因此，要求液压油有良好的抗乳化性，使液压油能较快地与水分离，使水沉到油箱底部，然后定期排放，避免形成稳定的乳化液。

（5）良好的润滑性（抗磨性） 在液压设备运转时，总要产生摩擦和磨损，尤其是在机器起动和停止时，摩擦力最大，更易引起磨损。因此，液压油要对各种液压元件起润滑、抗磨作用，以减少磨损。工作压力高的液压系统，对液压油的抗磨性要求就更高。

（6）良好的抗泡性和空气释放性 液压设备在运转时，由于下列原因会使液压油产生气泡：

① 在油箱内，液压油与空气一起受到剧烈搅动。

② 油箱内油面过低，油泵吸油时把一部分空气也吸进泵里去。

③ 因为空气在油中的溶解度是随压力而增加的，所以在高压区域，油中溶解的空气较多，当压力降低时，空气在油中的溶解度也随之降低，油中原来溶解的空气就会析出而产生气泡。

（7）较好的抗剪切性　液压油经过泵、阀等元件，尤其是通过各种液压元件的小孔、缝隙时，要经受剧烈的剪切作用。在剪切力的作用下，液压油中的一些大分子就会发生断裂，变成较小的分子，使液压油的黏度降低。当黏度降低到一定限度时该液压油就不能继续使用了。因此，液压油必须具有较好的抗剪切性。

（8）良好的水解安定性　液压油中的添加剂是保证油品使用性能的关键成分，如果液压油的抗水解性差，油中的添加剂容易被水解，则液压油的主要性能不可能是好的。

（9）良好的可滤性　抗磨液压油在一些使用场合特别是被少量水污染后很难过滤。这种状况引起了过滤系统的阻塞和泵与其他部件污染磨损显著增加。此外，在一些含油液伺服机构非常精密的液压系统中，阀芯尖锐的刃边易被油中的磨损颗粒所伤害，导致精度下降、控制失灵。因此，近年来国内外有些标准对液压油提出了可滤性要求。

（10）对密封材料的影响要小　密封元件对保证液压系统的正常工作十分重要。液压油可使密封材料溶胀、软化或硬化，使密封材料失去密封性能。因此，液压油与密封材料必须互相适应，相互影响要小。

液压设备对液压油的要求除以上几点外，特殊的工况还有特殊的要求，如在低温地区露天作业，则要求液压油凝固点要低，以保持其低温流动性；与明火或高温热源接触，有可能发生火灾的液压设备，以及需要预防瓦斯、煤尘爆炸的煤矿井下的某些液压设备，则要求液压油有良好的抗燃性；乳化型液压油还要求乳化稳定性要好，等等。

由此可见，液压油除了要满足一般的理化指标外，更重要的是要有较好的全面的使用性能。切不可认为简单的理化指标达到就是一种好的液压油。

**2. 液压油（液）的分类**

（1）品种分类　2003年我国液压油（液）产品等效采用ISO 6743-4—1999标准，修订、提出了GB/T 7631.2—2008分类标准。在此标准中把液压系统所用的油液分为L-HH、L-HL、L-HM等17个品种，把液力系统用油分为L-HA、L-HN两个品种。

（2）黏度等级分类　液压油（液）的黏度分类标准采用GB/T 3141—1994，该标准等效采用国际标准ISO 3448—1992《工业液体润滑剂ISO黏度分类》。该黏度分类以40℃运动黏度的某一中心值为黏度牌号，共分为10、15、22、32、46、68、100、150八个黏度等级。

（3）液压油主要品种　我国矿物油型和合成烃型液压油产品标准GB 11118.1—1994包括HL、HM、HV、HS、HG五大类液压油产品。

① L-HL液压油。采用深度精制的矿物油作为基础油，加入多种相配伍的添加剂，具有较好的抗氧、防锈、抗泡沫、抗乳化、空气释放、橡胶密封适应等性能，分为15、22、32、46、68、100六个等级（牌号）。

该系列产品在我国18个应用试验单位的70余台不同类型的机床上（如车床、刨床、钻床、磨床、镗床、铣床、插齿机、珩磨机、磨齿机、组合机床等）经过平均2500天以上的使用试验表明，其各项性能都优于L-AN全损耗系统用油，达到了减小磨损、降低温升、防止锈蚀、延长机床加工精度保持性等目的，油品的使用寿命也比L-AN全损耗系统用油高一倍以上。

该系列产品适用于一般机床的主轴箱、液压站和齿轮箱或类似的机械设备中、低压液压系统的润滑（2.5MPa以下为低压，2.5~8.0MPa为中压）。

② L-HM 液压油(抗磨液压油)。L-HM 液压油是采用深度精制的优质基础油,加入抗氧、抗磨、防锈、抗泡沫、金属钝化等多种添加剂。L-HM 液压油较 L-HL 液压油具有突出的抗磨性(抗磨性要求通过 FZG 和叶片泵试验)按国家标准 GB 11118—1994 L-HM 液压油分为优等品和一等品,优等品有 15、22、32、46、68 五个牌号,一等品有 15、22、32、46、68、100、150 七个牌号。

L-HM 液压油最适用于压力大于 10MPa 的高压和超高压的叶片泵、柱塞泵等。

L-HM 液压油通常分为含锌型(或称有灰型)和无灰型两类。含锌型抗磨液压油,因加入含锌的抗磨剂,燃烧后会残留氧化锌灰,故称之有灰型。此外,油中锌含量(质量分数)低于 0.07%者,称为低锌型;锌含量高于 0.07%者,称为高锌型。无灰型抗磨液压油中不加入含锌的抗磨添加剂,也不加其他含金属元素添加剂,因而燃烧后不残留金属氧化物灰分,故称无灰型。无灰型抗磨液压油在抗氧化性、水解安定性、热安定性、抗磨性、酸值、减少油泥的生成、对合金的抗腐蚀性等方面都比含锌型优越,是一种很有发展前途的抗磨液压油。但是无灰型抗磨液压油的添加剂来源比较困难,且价格也较高,这是无灰型抗磨液压油未能取代含锌型抗磨油的原因。

③ L-HV、L-HS 低温液压油。在环境温度较低(-15℃以下)或环境温度变化较大的地区,液压设备在室外工作必须使用凝点低、低温黏度小、黏度指数高的低温液压油。否则,在低温下液压油的黏度就会增至很大,或失去流动性,使液压设备无法正常工作。

L-HV 低温液压油采用精制矿油为基础油,加入抗剪切性能好的黏度指数改进剂、降凝剂,并加入与相配伍的添加剂调配而成,适用于寒冷地区工程机械的液压系统和其他液压设备。

L-HS 低温液压油采用合成油或合成油与精制矿油混用的半合成油为基础油,加入抗剪性能好的黏度指数改进剂和与其相配伍的添加剂调配而成,适用于极寒地区工程机械的液压系统和其他液压设备。

L-HV、L-HS 低温液压油系列产品经过综合评定证明,都具有优良的高低温性能,良好的热稳定性、水解安定性、抗乳化性和空气释放性。两者不同之处是 L-HV 低温液压油的低温性能稍逊于 L-HS 低温液压油,因而 HV 油只适用于寒冷地区,而 L-HS 油适用于极寒冷地区。从经济上说,L-HV 油的成本、价格都低于 L-HS 油。L-HV 分为优等品和一等品,优等品有 10、15、22、32、46、68、100 七个牌号,一等品有 10、15、22、32、46、68、100、150 八个牌号;L-HS 液压油也分为优等品和一等品,各有 10、15、22、32、46 五个牌号。

④ L-HG 液压油(液压导轨油)。L-HG 液压油专门用于液压-导轨润滑系统合用的机械设备,也称液压导轨油。它是在 L-HM 抗磨液压油的基础上进一步改善其黏-滑性能。L-HG 液压油除具有 L-HM 抗磨液压油的各种性能外,还具有良好的黏-滑特性(防爬特性)。国外的典型规格有法国 NFE48-603 我参照国外有关先进标准,在国家标准 GB11118.1—1994 中制定了 L-HG 规格,分为 32、68 两个牌号。

**3. 液力传动油(自动变速器油 ATF)**

AT 自动变速箱如图 3-137 所示。

液力传动油的特性如下:

① 良好的热氧化安定性。由于液力传动油的工作温度可高达 140~175℃,油的流速快

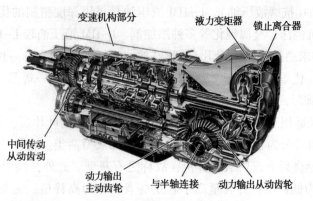

图 3-137 AT 自动变速箱

(可高达 20m/s),在工作中油又不断与空气及铝、铜等有色金属(油品氧化催化剂)接触,所以它比液压油更易氧化变质。液力传动油必须具有更好的热氧化安定性,才能防止在元件上生成漆膜和其他沉积物。

② 良好的高温性能。在高温高压下液力传动油要保持合适的黏度,保证液力传动系统具有更高的效率。

③ 良好的低温性能。在低温(如-25℃)下工作的液力传动油要有更好的低温流动性,即对低温黏度的要求比较严格。

④ 合适的摩擦特性。

⑤ 良好的润滑性(抗磨性)。因为液力传输系统内的轴承、齿轮摩擦副也要用液力传动油润滑,所以必须要有良好的润滑性(抗磨性)。

⑥ 良好的抗泡沫性和放气性。泡沫多会使液力传动油冷却效果下降,轴承及齿轮过热甚至烧坏。泡沫多还会产生气蚀,损坏机器,或使机器工作不正常,效率降低。

除上述外,液力传动油对防锈性、抗腐性,对合成橡胶的溶胀性等都有一定的要求。

**4. 液压油的选用**

各种液压油都有其特性,都有一定的适用范围。实践证明,必须正确、合理地选用液压油,这样才能提高液压设备运转的可靠性,防止故障的发生,延长液压设备元件的使用寿命。选用液压油主要是依据液压系统的工作环境、工况条件及液压油的特性,选择合适的液压油品种和黏度。

液压油品种的选择如下:

① 根据环境和工况条件选择液压油。根据液压系统的环境和工况条件选择液压油,见表 3-29。

② 根据油泵的类型选油。一般而言,齿轮泵对液压油的抗磨要求比叶片泵、柱塞泵低,因此齿轮泵可选用 HL 或 HM 油,而叶片泵、柱塞泵一般则选用 HM 油。

③ 根据液压油的特性及液压元件的材质选油。

(a) 含锌油在钢—钢摩擦体上性能很好,但由于含有硫(Zn-P-S 系),对铜、银敏感,因此在含有铜、银材质部件的系统不能用,水易侵入的系统也要尽量少用。

(b) 无灰抗磨油(S-P-N 泵)具有优良的水解安定性、破乳化性或可滤性,使用范围较广,因含有硫,对铜、银材质部件系统不适应。

(c) 仅含磷的抗银液压油是具有中负荷水平的抗磨液压油,其水解安定性、破乳化性、可滤性也不错。由于用不含硫的抗磨剂,所以对银系统无伤害。

(d) 液压系统中有铝元件,则不能选用 pH> 8.5 的碱性液压油。

表 3-29 根据环境和工况条件选择液压油

| 环境 \ 工况 | 压力:7.0MPa 以下 温度:50℃以下 | 压力:7.0~14.0MPa 温度:50℃以下 | 压力:7.0~14.0MPa 温度:50~80℃ | 压力:14.0MPa 以上 温度:80~100℃ |
|---|---|---|---|---|
| 室内,固定液压设备 | HL | HL 或 HM | HM | HM |
| 露天、寒冷和严寒区 | HV 或 HS | HV 或 HS | HV 或 HS | HV 或 HS |
| 地下,水上 | HL | HL 或 HM | HL 或 HM | HM |
| 高温热源或明火附近 | HFAE,HFAS | HFB,HFC | HFDR | HFDR |

④ 液压油黏度的选择。在液压油品种选择确定以后,还必须确定其使用黏度级。黏度选得太大,液压损失大,系统效率低,油泵吸油困难。黏度太小,油泵内渗漏量大,容积损失增加,同样会使系统效率降低。因此,必须针对系统、环境选择一个适宜的黏度,使系统在容积效率和机械效率之间求最佳平衡。

液压油的黏度选择主要取决于启动、系统的工作温度和所用泵的类型。一般中、低压室内固定液压系统的工作温度比环境温度高 30 ~ 40℃。在此温度下,液压油应具有 13 ~ 16$mm^2$/s 的黏度,黏度低于 10$mm^2$/s,就会加大磨损。

### 3.3.2 工业齿轮油的特点与选用

**1. 工业用齿轮油**

(1) 齿轮的种类 图 3-138 中给出了许多种类的齿轮。

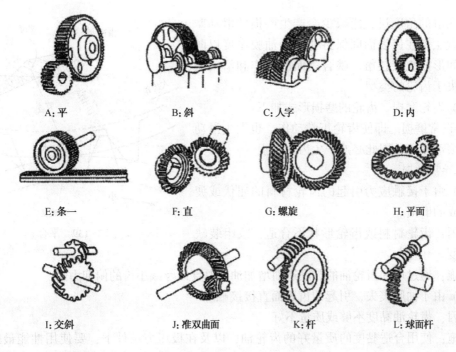

A:平　　B:斜　　C:人字　　D:内
E:条—　　F:直　　G:螺旋　　H:平面
I:交斜　　J:准双曲面　　K:杆　　L:球面杆

| 编号 | 名称 | | 相对两根轴的位置 | 接触形式 | 接触状态 | 金属材质 |
|---|---|---|---|---|---|---|
| A | 平齿轮 | | 平行 | 直线式 | 沿齿距线上做滚动接触 | 钢/钢 |
| B | 斜齿轮 | | | | | |
| C | 人字齿轮 | | | | | |
| D | 内齿轮 | | | | | |
| E | 齿条和小齿轮 | | | | | |
| F | 伞齿轮 | 直边伞齿轮 | 交叉 | | 按照其他方式做滑动接触与接触线垂直的方向 | |
| G | | 曲线边伞齿轮 | | | | |
| — | | 零边伞齿轮 | | | | |
| H | 侧齿轮 | | 两种情况：交叉/非交叉 | | | |
| I | 交错轴斜齿轮 | | 既不平行也不交叉 | 点式 | 在所有接触点上做滑动接触 | 钢/青铜 |
| J | 准双曲面齿轮 | | 正交但不交叉 | 点式和曲线式 | 在接个接触线上做高速滑动 | 硬化钢/硬化钢 |
| K | 蜗轮蜗杆 | | | | 在整个接触线上或整个接触区域上做高速滑动 | 调质钢/磷铜 |
| L | 球面蜗轮蜗杆 | | | | | |

图 3-138　齿轮的种类

（2）齿轮啮合和油膜的形成　滑动摩擦和滚动摩擦将同时发生在齿轮的啮合面。图 3-139 表示出对发生在最基本形式的平齿轮的啮合面的滑动摩擦和滚动摩擦状态的研究结果。

从润滑的角度讲，应减少会产生磨损的滑动摩擦。其做法是在齿表面间保持要求的油膜厚度以防金属之间形成直接接触。啮合表面的动作和滑动的形式取决于齿轮的类型。

（3）齿轮磨损。齿轮的磨损形式如下：

① 正常磨损。即使齿轮正常动作，也发生滑动摩擦和滚动摩擦，因此必然产生齿轮磨损。

② 异常磨损。

（a）由于接触应力引起的齿轮材料的屈伏或疲劳而造成的磨损。

原因：齿轮材料或齿轮形状不合适，或组装缺乏精确度。

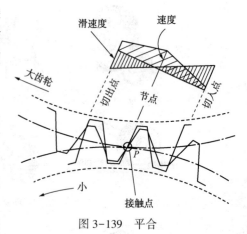

图 3-139　平合

措施：通过增加齿轮油的黏度进而增加油膜厚度以及减小齿的俯仰力矩。

（b）由于油膜丧失，引起的齿表面直接接触。

原因：齿轮油黏度不够或质量不好。

措施：使用合适黏度的质量好的齿轮油，以及在极压力条件下，要使用性能最好的齿轮油。

（c）化学腐蚀引起的磨损。

原因：齿轮油质量有问题

措施：选择合适的齿轮油。

(4) 齿轮油应具备的润滑性能　齿轮油的应用是在齿表面存在强接触压力和齿轮滚动摩擦和滑动摩擦的苛刻工作条件下保证齿轮的润滑。和其他润滑油相比，齿轮油最重要的是其在抵抗负载、极高压力和磨损方面的严格要求。使用齿轮油的主要目的如下：

① 减少由于摩擦引起的齿表面的磨损并防止发热引起的燃痕。

② 减少摩擦表面的发热并进行冷却。

③ 缓冲齿表面间的冲击并防止震动和噪音。

④ 保护齿轮的金属件以防锈蚀。

⑤ 防止外界杂质的渗入以及从摩擦表面排出摩擦颗粒和杂质。

⑥ 对系统中所有要求的区域进行均匀润滑（轴承等）。

**2. 齿轮油的性能要求**

据齿轮的工作情况和润滑特点，对齿轮油的性能提出如下要求：

(1) 适当的黏度　黏度是齿轮油的主要质量指标，黏度越大其承受载荷能力越大，但黏度过大也会给循环润滑带来困难，增加齿轮运动的搅拌阻力，以致发热而造成动力损失。同时还由于黏度大的润滑油流动性差，对一度被挤压的油膜及时自动补偿修复较慢而增加磨损。因而，黏度一定要合适，特别是加有极压抗磨剂的油，其耐载荷性能主要是靠极压抗磨剂，这类油更不能追求太高黏度。

(2) 良好的热氧化安定性　热氧化安定性也是齿轮油的主要性能。当齿轮油在工作时，被激烈搅动，与空气接触充分，加上水分、杂质及金属的作用，特别在较高的油温下（如重载荷车辆后轿齿轮箱，油温可高达 $150\sim160℃$），更易加快氧化速度，使油的性质变劣，使齿轮腐蚀、磨损。过去我国使用的渣油型齿轮油就是热氧化安定性差的特例，使用后油氧化较快，最后变成沥青质，要从齿轮上打下来，齿轮损坏严重。

(3) 良好的抗磨、耐载荷性能　上面提到齿轮的载荷一般都很高，为了使齿轮传递载荷时，齿面不会擦伤、磨损、胶合，必须要求齿轮油有耐载荷性能。在中等载荷以下，必须用含油性剂和中等极压剂的齿轮油；重载荷的齿轮传动，必须使用含强极压剂的重载荷齿轮油。齿轮油的极压添加剂都是一些活性很强的添加剂，在高温摩擦面上其活性元素与金属表面发生反应，形成化学膜。这种膜的抗磨、抗胶合能力很强。评价齿轮油耐载荷性不能简单地用理化指标分析来说明，而必须用实验台架和标准的方法来评定。

(4) 良好的抗泡沫性能　由于齿轮运转中的剧烈搅动，或油循环系统的油泵、轴承等的搅动以及向油箱回流的油面过低等原因，都会使得油品产生泡沫。如果齿轮油的泡沫不能很快消除，将影响齿轮啮合面油膜的形成。同时会因油面升高从呼吸孔漏油，结果使油量减少，冷却作用不够。这些现象都可能引起齿轮及轴承损伤。所以齿轮油应当泡沫生成得少，消泡性好。

(5) 良好的防锈、防腐性　由于齿轮油极压添加剂的化学活性强，在低温下容易和金属表面发生反应产生腐蚀；使用中发生分解或氧化变质反应所产生的酸类和胶质，特别是和水接触时容易产生腐蚀和锈蚀。因此，要求齿轮油要有好的防腐防锈能力。

(6) 良好的抗乳化性能　由于齿轮油（工业齿轮油）在齿轮运转中常不可避免地接触水分，如果油的抗乳化性不良，则造成齿轮油乳化和发生泡沫，致油膜强度变低或破裂。加有极压抗磨剂的齿轮油乳化后，添加剂水解反应或沉淀分离，失去添加剂作用，产生有害物质。使齿轮油迅速变质，失去使用性能。从而造成齿轮擦伤、磨损，甚至造成事故。因此，工业齿轮油的抗乳化性是主要的指标。

（7）良好的抗剪切安定性　齿轮油的黏度在使用期间，允许有一定的变化，但是在指定的温度下，不允许有大的变化。这种变化的发生是由于齿轮啮合运动所引起的剪切作用的结果，特别是中重载荷条件下，最容易受剪切影响的成分是聚合物，如黏度指数改进剂。齿轮油不允许加抗剪切性能差的黏度指数改进剂来提高黏度。

此外还有其他的性能要求，如良好的低温流动性、与密封材料的适应性、储存安定性，开式齿轮油还有黏附性等。

**3. 齿轮油的主要品种及应用**

（1）工业闭式齿轮油

① L-CKB 抗氧防锈工业齿轮油。采用深度精制的矿物油，加入抗氧、防锈、抗泡等多种添加剂调制而成，具有良好的氧化安定性、抗腐蚀性、抗乳化性、抗泡性等。适应于齿面应力在 500MPa 以下的一般闭式工业齿轮的润滑。目前按国家标准 GB 5903—1995 生产，有 100、150、220、320 四个牌号。

② L-CKC 中负荷工业齿轮油。采用深度精制的矿物油为基础油，加入性能优良的硫磷型极压抗磨剂，抗氧、抗腐、防锈等添加剂配制而成。具有良好的极压抗磨和热氧化安定性等性能，Timken 试验 OK 值不小于 200N，FZG 试验不小于 11 级，质量水平与美国 AGMA 250.03 和美钢 222 极压齿轮油相当。适用于冶金、矿山、机械制造、水泥、造纸、制糖等工业中具有中负荷（齿面应力为 500~1100MPa）的闭式齿轮的润滑。轻负荷齿轮传动，如带有高温和冲击负荷，也应使用中负荷工业齿轮油。国外很少有中负荷工业齿轮油这一档油的产品，大都用重负荷工业齿轮油代替。我国的 CKC 中负荷工业齿轮油分为一等品、合格品，有 68、100、150、220、320、460、680 七个等级（牌号），目前按国家标准 GB 5903—1995 生产。

③ L-CKD 重负荷工业齿轮油。基础油与添加剂的要求与中负荷油相似。一般性能要求与中负荷油相当，但比中负荷油具有更好的极压抗磨性、抗氧化性和抗乳化性，要求通过四球机试验，Timkea I 试验 OK 值不小于 267N，FZG 试验不少于 11 级，质量水平与美钢 224 相当。适用于重负荷（或中负荷）的闭式工业齿轮的润滑，如冶金、矿山、机械制造、水泥、化工等行业重（中）负荷齿轮传动装置。该产品目前按国家标准 GB 5903—1995 生产，有 100、150、220、320、460、680 六个等级（牌号）。

（2）L-CKE 蜗轮蜗杆油　采用深度精制的矿物，加入油性、抗磨、抗氧、防锈、抗泡等添加剂配制而成，具有良好的润滑性和承载能力，良好的防锈性、抗氧性。能有效地提高传动效率，延长蜗轮副的寿命，适用于蜗轮蜗杆传动装置的润滑。该产品的国家标准正在制订，目前执行 SH/T 0094—1991（1998 年确认）标准，牌号与闭式工业齿轮油相当。

（3）开式齿轮油　参照 AGMA 251.02R&O 和 AGMA 251.02Mild EP（极压型）标准，我国的开式齿轮油目前仍执行行业标准 SH 0363—1992（1998 年确认），共有 68、100、150、220、320 五个牌号。

（4）工业用齿轮油的选择

润滑油的黏度是决定诸如油膜厚度，润滑油加注性能和冷却能力的最重要的一个要求。对于齿轮及轴承使用的润滑油，则有下面的关系式：

$$f = K\left(\frac{Zv}{p}\right)$$

式中 $f$——摩擦系数；
　　$Z$——黏度；
　　$v$——滑动速度；
　　$K$——常数；
　　$p$——接触压力。

由此可以看出，在低黏度和高负载的情况下，即较薄油膜的情况下，摩擦力降低。如果不能在齿表面上保持油膜而破坏油膜，金属之间就会发生直接接触，因此引起所谓的边界润滑状态。伴随着磨损和烧痕，随之而来的是摩擦系数的陡然升高。为了避免这种情况，设备运行时，$\frac{Zv}{p}$ 数值应保持在一个低水平，这样就不会产生边界润滑状态。在 $\frac{Zv}{p}$ 数值保持恒定时，润滑油黏度的变化与负载成正比，与滑动速度成反比。所以，在低速负载大的工作条件下应选择黏度较高的润滑油。还有要说明的是，润滑油的黏度会随着温度的升高而降低。为此，在周边温度高时，应选择高黏度牌号的润滑油；在周边温度低时，为润滑油起更好的作用，可选择低黏度牌号的润滑油。同样，在由于有冲击负载，减速比大，齿表面强度低以及特殊供油方法的原因，润滑油冷却困难时，最好选用黏度较高的润滑油。

### 3.3.3 汽轮机油的特点与选用

汽轮机（图3-140）油又称透平油，它主要用于润滑汽轮发电机组和大、中型水轮发电机组转子的滑动轴承、减速齿轮和调速装置。汽轮机油的作用主要是润滑作用，冷却作用和调速作用。

汽轮机油除了主要用于电力工业以外，还广泛用于大型远洋船舶和大、中型军舰的汽轮机、工业燃气轮机以及汽轮压缩机、汽轮冷冻机、汽轮鼓风机、汽轮增压器和汽轮泵等。

图3-140　汽轮机

**1. 汽轮机油的作用及性能要求**

（1）汽轮机油的作用

① 润滑汽轮机、发电机及其励磁机的各个滑动轴承。如果汽轮机与发电机不同轴而是用齿轮连接，则还要润滑减速齿轮。

② 冷却各滑动轴承,迅速将热量从轴承上收集并带出机外。

③ 润滑汽轮机的调速系统,除润滑该系统外还起液压传动作用。

(2) 汽轮机油的性能

① 适当的黏度。汽轮机对润滑油黏度的要求,依汽轮机的结构不同而异。用压力循环的汽轮机需选用黏度较小的汽轮机油;对用油环给油润滑的小型汽轮机,因转轴传热,影响轴上油膜的黏着力,需使用黏度较大的油;具有减速装置的小型汽轮发电机组和船舶汽轮机,为保证齿轮得到良好的润滑,也需要使用黏度较大的油。

② 良好的抗氧化安定性。汽轮机油的工作温度虽然不高但用量较大,使用时间长,并且受空气、水分和金属的作用,仍会发生氧化反应并生成酸性物质和沉淀物。酸性物质的积累,会使金属零部件腐蚀;形成盐类及使油加速氧化和降低抗乳化性能,溶于油中的氧化物,会使油的黏度增大,降低润滑、冷却和传递动力的效果,沉淀析出的氧化物,会污染堵塞润滑系统,使冷却效率下降,供油不正常。因此,要求汽轮机油必须具有良好的氧化安定性,使用中老化的速度应十分缓慢,使用寿命不少于8~10年。

③ 优良的抗乳化性。汽轮机油在使用过程中往往不可避免地混入水分,所以抗乳化性能是汽轮机油的主要性能之一。如果抗乳化性不好,当油中混入水分后,不仅会因形成乳浊液而使油的润滑性能降低,而且还会使油加速氧化变质,对金属零部件产生锈蚀。压力循环给油润滑的汽轮发电机组,汽轮机油投入的循环油量很大,每分钟约1500L,始终处于湍流状态,遇水易产生乳化现象。要使汽轮机油具有良好的抗乳化性,则其基础油须经过深度精制,尽量减少油中的环烷酸、胶质和多环芳香烃。因深度精制除去了基础油中的天然抗氧剂,故必须加入抗氧防胶剂来提高油的氧化安定性。

④ 良好的防锈蚀性。汽轮机是以蒸汽为工作介质的,如果轴承的密封装置不严密,就会使蒸汽进入汽轮机轴承冷凝并混入汽轮机油中。当油中含有0.1%(质量分数)以上的水分时,就会对金属产生锈蚀作用。同时,在汽轮机的润滑系统中设有冷却器,在船用汽轮机中,油冷却器的冷却介质是海水,由于含盐分多,锈蚀作用很强烈,如果冷却器发生渗漏,就会使金属零部件产生严重锈蚀。因此,用于船舶的汽轮机油,更需具有良好的防锈蚀性能。油动机是汽轮机调节保安系统的执行机构(见图3-141)。

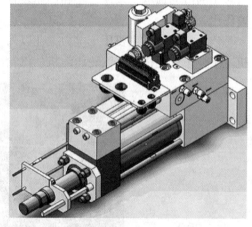

图3-141 汽轮机油动机

⑤ 良好的抗泡沫性。汽轮机油在循环润滑过程中会由于以下原因吸入空气:ⓐ油泵漏气。ⓑ油位过低,使油泵露出油面。ⓒ润滑系统通风不良。ⓓ润滑油箱的回油过多。ⓔ回油管路上的回油量过大。ⓕ压力调节阀放油速度太快。ⓖ油中有杂质。ⓗ油泵送油过量。

当汽轮机吸入的空气不能及时释放出去时,就会产生发泡现象,使油路发生气阻,供油量不足,润滑作用下降,冷却效率降低,严重时甚至使油泵抽空和调速系统控制失常。为了避免汽轮机油产生发泡现象,除了应按汽轮机规程操作和做好维护保养,尽可能使油少吸入空气外,还要求汽轮机油具有良好的抗泡沫性,能及时地将吸入的空气释放出去。

**2. 汽轮机油的品种及用途**

根据汽轮机的种类可分为蒸汽汽轮机油、水轮机油；根据用途可分为陆用汽轮机油和船用汽轮机油；根据润滑油的组成可分为不含添加剂的汽轮机油（馏分汽轮机油）和含有添加剂的汽轮机油；按照润滑油的特性可分为抗氧防锈汽轮机油、极压汽轮机油、抗燃汽轮机油、抗氨汽轮机油和高温汽轮机油等。

（1）抗氧防锈 L-TSA汽轮机油分优级品、一级品和合格品三种，每种均有32、46、68和100四个等级（牌号）。L-TSA汽轮机油适用于各种蒸汽汽轮机、燃气汽轮机以及水轮机的润滑。

（2）抗氨汽轮机油 抗氨汽轮机油系采用精制的矿物润滑油或低温合成烃润滑油为基础油，加入抗氧、防锈、抗泡等添加剂调制而成。按行业标准 SH/T 0362—1996，分为32、46、68三个等级（牌号），其中32和32D的差别在于后者低温性能优于前者。适用于大型化肥装置离心式合成氨压缩机、冷冻机及汽轮机组的润滑。

### 3.3.4 压缩机油的特点与选用

压缩机油是一种专用润滑油，主要用于润滑压缩机内部各摩擦机件，其在往复式压缩机内的作用是冷却和防止诸如气缸、活塞和轴承这样的滑动表面磨损，对活塞和气缸间的间隙进行密封并防止锈蚀。图3-142为气体压缩机。

图3-142 气体压缩机

**1. 压缩机油的性能要求**

（1）适当的黏度，良好的黏温特性。压缩机油的主要作用是在摩擦表面。如气缸壁和活塞表面上形成润滑油膜以减少摩擦功耗和磨损，同时冷却摩擦表面和密封气缸的工作室，提高活塞和填料箱的严密性。因此，压缩机油的黏度必须适当，如果黏度过高，则不易输送且耗功大，易于析炭；过低则起不到润滑密封作用。由于压缩机工作时温升大，故要求压缩机油有较好的黏温性能。

（2）良好的抗氧化安定性。这是保证润滑油在压缩机运转中少生成油泥和积炭的重要性能。由于气体压缩后温度升高较大，润滑油在高温（排气温度通常均在120~200℃，有的可达300℃以上）下易于氧化生成油泥和积炭，此过程随温度升高而剧增。因此，要求润滑油有足够的稳定性，使之不易分解成积炭和烃类气体。

（3）较低的残炭值 残炭是影响压缩机润滑油在使用中产生积炭多少和性质如何的重要指标。残炭值大的油品往往易在排气阀及排气管道生成大量的积炭和气体，积炭的生成对于压缩机的正常工作和安全生产造成极其严重的威胁。空气压缩机中的积炭严重时，可能引起润滑油蒸气和空气混合气的自燃，甚至引起气缸及排气管的爆炸。所以国际标准化组织规定L-DAB级压缩机油减压蒸馏出80%后残留物的康氏残炭（质量分数）不大于0.3%~0.6%。另外油的闪点应比压缩气体的最高工作温度高出30~40℃。

（4）较好的防腐蚀性 压缩机在间歇操作中，防腐蚀性特别重要。因为压缩机的压缩气体中含有硫化氢、三氧化二硫等酸性物质，冷凝水成酸性溶液会破坏油膜，产生腐蚀。所以要求压缩机油具有较好的防腐蚀性。

（5）较好的抗乳化性和抗泡性　压缩机油中存在表面活性物质，此类物质与润滑系统中的空气、冷凝水和油泥形成乳化液。乳化液会影响压缩机阀的功能，增加磨损和氧化作用。回转式空气压缩机油在循环使用过程中，循环速度快，油品处于剧烈搅拌状态，易产生泡沫。因此，压缩机油要有较好的抗乳化性和抗泡性。

**2. 压缩机油的分类**

我国现行压缩机油分类标准：GB/T 7631.9—1997 是根据国际标准 ISO 6743—3A：1987 和 ISO 6743—3B：1988 制定的。标准中分设了空气压缩机油和气体压缩机油的分类。

空气压缩机油，通常是指用于往复式和回转式压缩机的气缸（内部）或气缸与轴承等运动机构的润滑油。国际标准化组织（ISO）制定了压缩机油的分类和特性要求。我国已经等效采用了 ISO 的分类法，也把压缩机油按压缩机的类型和负荷的轻重分为六个质量等级，牌号也按 ISO 工业润滑剂黏度等级划分。目前，已颁布了 L-DAA、L-DAB 压缩机油的国家标准（GB/T 12691—1990），并取消了 SY1216—77 标准，HS-13、HS-19 产品已被淘汰。

**3. 压缩机油的主要品种及应用范围**

（1）L-DAA 压缩机油　L-DAA 压缩机油采用深度精制的优质中性基础油，再加入少量添加剂调制而成，具有良好抗氧性能。按现行国家标准分为 32、46、68、100、150 五个等级。L-DAA 压缩机油属低档压缩机油，适用于低压（排气压力小于 1.0MPa）往复式压缩机的润滑。实验证明，选用低黏度压缩机油能够使摩擦力减小，且能保证气缸的流体润滑。

（2）L-DAB 压缩机油　L-DAB 压缩机油采用深度精制的优质中性基础油，再加入几种相配伍的添加剂调制而成，具有良好的抗氧性、防锈蚀、抗乳化性等。按现行国家标准分为 32、46、68、100、150 五个等级（牌号）。L-DAB 压缩机油属中档压缩机油，适用中压、高压和多级往复空气压缩机的润滑。一般动力用的空气压缩机，单级、风冷式可选用 L-DAB100 或 L-DAB150 油，两级水冷式可选用 68 号或 100 号压缩机油。

（3）L-DAG 回转式压缩机油　L-DAG 回转式压缩机油采用深度精制的优质中性基础油，再加入抗氧、抗泡、防锈等多种添加剂调制而成，具有良好的抗氧、防锈、抗泡沫、黏温性及低温水分离性等。按国家标准 GB 5904—1986 分为 15、22、32、46、68、100 六个等级（牌号）。该产品适用于各种排气温度小于 100℃ 负荷较轻的喷油内冷（有效工作压力小于 800kPa）回转式空气压缩机的润滑。该产品标准的关键指标是氧化安定性不少于 1000h 现在产品经过改质，氧化安定性已超过 2500h。

（4）L-DAH 回转式（螺杆）空气压缩机油　该产品为新型优质螺杆式空压机油，由深度精制的加氢矿物油（Ⅲ类基础油）或合成油，加有多种添加剂调而成。分为 32、32A、46、46A 四个牌号，其中 L-DAH32A、46A 为抗磨型回转式（螺杆）空压机油。该产品具有优良的热氧化安定性和低的积炭倾向，适用于低、中负荷螺杆空压机的润滑。

### 3.3.5　冷冻机油的特点与选用

冷冻机系指压缩制冷方式所采用的压缩机，因其使用条件和压缩工作介质的不同，它又不同于一般的空气压缩机。根据冷冻机的工作特点和润滑油的具体要求而调配的润滑油类型，常用的制冷剂有：氟里昂、氨、溴化锂、氯甲烷等。图 3-143 为溴化锂冷冻机。

图 3-143　溴化锂冷冻机

**1. 制冷原理**

制冷机是通过传热的方式来产生低温的机械。最广泛使用的制冷机是蒸发压缩式制冷机。这种制冷机包括蒸发器、压缩机、冷凝器和膨胀阀，以及制冷剂。制冷剂的状态（液态、气态）通过蒸发、压缩、冷凝和膨胀四种工序逐渐进行变化来实现重复吸收和排放热量。该周期被称为制冷周期。见图 3-144 制冷循环关键功能是压缩机。用压缩机把制冷剂循环，同时具有润滑功能的制冷机油也循环。

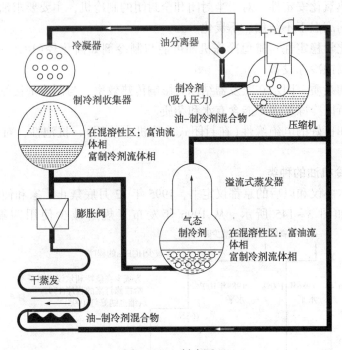

图 3-144　制冷原理

**2. 制冷机油的功能**

制冷机油的功能主要是润滑压缩机中的一些滑动点（表 3-30），还能吸收摩擦产生的热并以此起到冷却作用，起到密封作用以阻止制冷剂从气缸和活塞的间隙窜漏，以及阻止在装置中金属和密封材料的变质。

表 3-30　压缩机中主要润滑点

| 类　型 | 润　滑　点 |
|---|---|
| 往复式 | 液压缸、活塞、曲径锁、轴承等 |
| 旋转式 | 液压缸、转子、轮子、叶片、轴承等 |
| 螺旋式 | 螺旋转子、闸门转子、凸形/凹形转子、轴承等 |
| 滚动式 | 固定涡旋、活动涡旋、轴承等 |
| 离心式 | 主轴承、驱动轴承、调速齿轮轴承和齿轮等 |

**3. 润滑机油应具备的性能**

制冷机油和制冷剂在广泛的温度区间混合,即从压缩机出口部的高温到蒸发器的低温,有些机油跟着制冷剂一起循环的。由于和绝缘和密封材料的直接接触,它有其他一些性能,比如:

(1) 适宜的黏度和黏温性能　以保证冷冻机油的润滑、冷却和密封作用。

(2) 良好的低温流动性　凝点低(一般低于-40℃),含蜡量低,氟氯烷(R-12)浊点低。因冷冻机油有时会在很低的温度下作业,如果低温流动性达不到要求,会在蒸发器等低温处因失去流动能力或析出石蜡而沉积在蒸发器内,堵塞油路,因而影响制冷效率、制冷能力和润滑效果。

(3) 挥发性小,闪点高　挥发量越大,随制冷剂循环的油量也就越多,这就要求冷冻机油的馏分范围越窄越好,闪点亦应高于冷冻机排气温度30℃以上。

(4) 良好的热氧化安定性　对于半封闭和全封闭的制冷机,主要要求油品有良好的热安定性,在出口阀的高温下不结焦、不炭化。

(5) 良好的化学稳定性　避免冷冻机油可能与制冷剂如卤化烃(RC1、RF)类作用生成耐性腐蚀物质而腐蚀冷冻设备。

(6) 不含水和杂质　因水在蒸发器结冰会影响传热效率,与制冷剂接触会加速制冷剂分解并腐蚀设备,所以冷冻机油不能含有水和杂质。

(7) 其他　如良好的电绝缘性(在封闭式冷冻机中使用)、抗泡性,对橡胶、漆包线不溶解、不膨胀等。

**4. 先进性制冷机油的种类**

根椐蒙特利尔协议和以后的京都议定书,1995年12月底禁止厂家和使用者使用氟利昂制冷剂(CFC),如图3-145所示。从1996年发布了规定减少使用四氟一氯乙烷之类

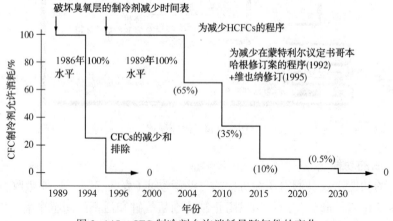

图 3-145　CFC 制冷剂允许消耗量随年份的变化

(HCFC)的制冷剂。空调和工业机械界从汽车空调和冰箱开始,更多的使用环保制冷剂(HFC)以取代了 HCFC。

(1) 使用 HCFC 制冷剂的制冷机油。使用 HCFC 制冷剂的制冷机油主要是煤油矿物油、环烷矿物油和烷基苯,以及这三种的混合物,HCFC 制冷剂的特点与组成见表 3-31。

表 3-31  HCFC 制冷剂的特点与组成

| | | | 烷基苯 LAB | 环烷矿物油 | 羟基矿物油 |
|---|---|---|---|---|---|
| 特性 | 低温流动性 | | ◎ | ○ | △ |
| | 可混性 | R-22 | ◎ | ○ | × |
| | 化学稳定性 | | ◎ | △ | ○ |
| | 热稳定性 | | ◎ | △ | ○ |
| | 润滑性 | | ○ | ○ | ○ |
| | 黏度指数 | | △ | × | ○ |
| 供应稳定性 | | | ◎ | × | ○ |
| 成本 | | | ◎ | × | ◎ |

(2) 使用 HFC 制冷剂的制冷机油  由于 HFC 和矿物油不可混合,合成油用于制冷机,使用烷基苯的制冷系统也用于除湿器、自动售货机和一些空调。HFC 制冷剂的特点与组成见表 3-32。

表 3-32  HFC 制冷剂的特点与组成

| | | 多羟基酯(POE) | 聚乙烯醚(PVE) | 烷基苯(AB) |
|---|---|---|---|---|
| 特性 | 低温流动性 | ◎ | ◎ | ○ |
| | HFC 可溶性 | ◎ | ◎ | × |
| | 化学稳定性 | ○ | △ | ◎ |
| | 热稳定性 | ○ | △ | ◎ |
| | 水解稳定性 | △ | ○ | ◎ |
| | 氧化稳定性 | ○ | × | ◎ |
| | 润滑性 | ○ | ○ | ◎ |
| | 电性能 | ○ | ○ | ◎ |
| | 吸湿性 | ○ | × | ◎ |
| 供应稳定性 | | ○ | × | ○ |
| 成本 | | ○ | × | ○ |

**5. 冷冻机油的选用**

冷冻机油的选用可从以下几个方面考虑:

(1) 按制冷剂类型选用合适类型的冷冻机油。

(2) 按封闭类型选用不同档次的冷冻机油,一般敞开式制冷压缩机较缓和,可以加油和换油,选用 DRA 级即可。而全封闭式的制冷机机子很紧凑,苛刻度高,与设备同寿命,一般运行 10~15 年不换油,应选用 DRB 以上的。

(3) 按工作状况选用，如蒸发器温度与油的倾点很有关，油的倾点应低于蒸发温度，若排气温度很高，应选用抗氧化性好的冷冻机油。

(4) 黏度的选择可参考表 3-33。

表 3-33 冷冻机油黏度选择

| 制冷压缩机类型 | | 制冷剂 | 蒸发温度/℃ | 适用黏度(40℃)/(mm²/s) |
|---|---|---|---|---|
| 活塞式 | 开式 | 氨 | -35 以上 | 46~68 |
| | | | -35 以下 | 22~46 |
| | | R12 | -40 以上 | 46 |
| | | R22 | -40 以下 | 32 |
| | 封闭式 | R12 | -40 以下 | 10~32 |
| | | R22 | -40 以下 | 22~68 |
| | 斜板式 | R12 | 冷气，空调 | 46~100 |
| 回转式 | 螺杆式 | 氨 | | 56 |
| | | R12 | -50 以下 | 100 |
| | | R22 | | 56 |
| | 转子 | R12 | 一般空调 | 32~68 |
| | | R22 | | 32~100 |
| 离心式 | | R11 | | 32(汽轮机油) |
| | | 其他氟里昂 | 一般空调 | 56 |
| | | 氯钾烷 | | 56 |

冷冻机油在储存、加油等过程中一定要清洁、干燥，不允许混杂、污染。对敞开式制冷压缩机的冷冻机油，可参照表 3-34 的指标换油。

表 3-34 冷冻机油的换油指标

| 项 目 | 指 标 | 变质原因 |
|---|---|---|
| 外观 | 浑浊 | 水分混入，变质 |
| 色度 | 大于 4~5 | 异物混入，高度氧化 |
| 水分/$10^{-6}$ | 大于 50~100 | 进水 |
| 运动黏度(40℃)变化/% | ±(15~20) | 氧化或进入其他油 |
| 正辛烷不溶物/% | 大于 0.1 | 变质 |
| 酸值/(mgKOH/g) | 大于 0.3 | 氧化 |

### 3.3.6 真空泵油的特点与选用

工业上及日常生活中，真空技术大有用武之地，如白炽灯泡、旧电子技术的电子管、电视机的荧光屏等，里面都要高度的真空。这种真空一方面使高温的灯丝在无氧环境中保持光亮而不烧毁，另一方面使分子状态的物质自由度大了，进入要求的状态。又如炼油工业的减压蒸馏，在减压状态下使石油馏分的沸点下降，使在烃类不结焦的较低温度下把较重的馏分分离出来。这类使某一定空间中达到真空状态的设备就是真空泵。

**1. 真空泵的分类和性能要求**

(1) 真空泵的分类　要达到不同的真空度，就要用不同的真空泵。不同的真空泵所用的润滑油也大有不同，表3-35是真空泵的分类。

表3-35　工业润滑剂和有关产品(L类)分类-第九部分. D组(压缩机)

| 应用范围 | 特殊应用 | 更具体应用 | 代号L | 典型应用 | 备注 |
|---|---|---|---|---|---|
| 真空泵 | 压缩室有油润滑的容积式真空泵 | 往复式，滴油和喷油回转式（滑片和螺杆） | DVA | 低真空，用于无腐蚀气体 | 粗真空 $10^{2} \sim 10^{-1}$ kPa |
| | | | DVB | 低真空，用于有腐蚀气体 | |
| | | 油封式真空泵(回转滑片和回转柱塞) | DVC | 中真空，用于无腐蚀气体 | 低真空 $<10^{-1} \sim 10^{-4}$ kPa |
| | | | DVD | 中真空，用于有腐蚀气体 | |
| | | | DVE | 高真空，用于无腐蚀气体 | 高真空 $<10^{-4} \sim 10^{-8}$ kPa |
| | | | DVF | 高真空，用于有腐蚀气体 | |

真空泵中应用最广泛的是机械真空泵，它可使达到粗真空和低真空(大于$10^{-4}$kPa)，又是其他高真空泵的前级真空泵。机械真空泵的类型较多，有往复式、旋片式、余摆式等，其工作原理与气体压缩机相反。压缩机是通过气体体积的变化把气体压缩成密度大的压缩气体，而真空泵也是通过气体体积的变化把空间内的气体抽成密度特小的真空状态，因而它们的设备也很相似，它们都要用润滑油，这些润滑油与压缩机油的性能也有相似之处。

(2) 真空泵对润滑油的要求　真空泵对润滑油主要有以下四个方面的性能要求：

① 是适当的黏度，一般40℃运动黏度为ISO 32~150。

② 是有低的饱和蒸气压，这是真空泵油的特有要求，这就要求真空泵油的馏分要窄，含的轻馏分要少。

③ 是有优良的热稳定性和抗氧性能，这与压缩机油相类似。

④ 是好的分水性和抗泡性，这与压缩机油相一致。

机械真空泵只能使特定空间达到粗真空或低真空。要达到高真空或超高真空，要用喷射式蒸气流真空泵(增压泵)或扩散式蒸气流真空泵(扩散泵)，它们可使空间达到$10^{-8}$kPa以下。其工作原理与机械真空泵完全不同，它是把工作液通过蒸发器气化并高速喷出进到被抽真空的空间，把空间中的气体携带到泵的出口，被前置真空泵(机械真空泵)抽去并排出，工作液蒸气在泵壁冷却再回到蒸发器气化，这工作液就是真空泵油，这里也叫扩散泵油。它不仅是润滑油，还是工作液，因而性能要求与用于机械真空泵的润滑油有很大的不同。

(3) 扩散泵油的性能要求　对扩散泵油的性能要求主要有以下四个方面：

① 是在冷凝器的温度下(约20℃)必须有低的饱和蒸气压(小于$10^{-7}$kPa)，以得到高的真空度。

② 是在蒸发器的温度下应有尽可能大的饱和蒸气压，使真空泵能在较高的出口压强下工作。

③ 是有优良的热安定性和氧化安定性，使有长的使用寿命。

④ 是有些用途还要求有好的化学安定性和抗辐射能力。

**2. 真空泵油的品种**

由于用于机械真空泵和扩散泵的油区别较大，下面按真空泵油和扩散泵油分别叙述之。真空泵油基本上用矿物油即可满足要求，我国的产品标准为矿物油型真空泵油(SH

0528—92），分为三个黏度级，ISO 46、68、100。其特有的项目为饱和蒸气压和极限分压，其他项目为一些润滑油的通用项目。矿物油型真空泵油一般是由窄馏分基础油加上防锈抗氧添加剂组成。特殊用途的真空泵，要求使用无腐蚀无污染的真空泵油，则需用合成油，如全氟醚类。

矿油型扩散泵油采用馏程很窄的深度精制基础油加入适量添加剂调制而成，有1号、2号、3号三个牌号。非矿油型扩散泵油采用双酯、聚α-烯烃、有机硅油、水银等，在国外已广泛应用。适用于环境温度较高，真空度要求很高，特别是超高真空度（$1.33×10^{-10}$ Pa 以上）扩散泵的润滑。

### 3.3.7 汽缸油的特点与选用

汽缸油用于蒸汽机汽缸（图3-146）的润滑油叫汽缸油，汽缸油除受压力和温度影响外，还受着冷凝水的冲洗。因为缸内蒸汽做功膨胀，压力下降，温度就必然随之降低，而部分蒸汽就会冷凝。这在隔热不好和管道过长的汽缸上特别显著，冷凝水能从摩擦表面上洗涮润滑油而引起干摩擦和磨损。过热蒸汽的温度可高达350~400℃，有时高达450℃。这时油在工作过程中常受到高温的分解作用。此外汽缸中还会渗漏进空气，汽缸油便与空气接触，会发生氧化作用。

汽缸油主要采用高黏度矿物基础油并加入抗磨、抗氧、抗乳化添加剂复合精制而成，其具有较好的抗极压、抗氧化及密封性能；现主要应用于冶金、化工、电力、船舶、水泥等高温、高负荷、低转速等重型机械的润滑。

**1. 汽缸油的性能要求**

（1）较高的黏度　汽缸油的黏度要足以在汽缸的高温下保持牢固的油膜，起密封和防咬作用。

（2）在高热的汽缸表面有良好的润滑性，有抵抗水汽冲洗的作用。

（3）挥发性低，闪点高　要保证油在高温时不致因挥发掉而影响润滑和密封作用。

（4）热氧化安定性好　在高温与氧接触情况下，油不易氧化变质、结胶或生成积炭。

（5）抗乳化性好　凝结水能从油中分离，不发生乳化。

图3-146　蒸汽机汽缸

## 2. 汽缸油的品种牌号及应用范围

汽缸油按使用蒸汽的温度和压力可分为饱和汽缸油和过热汽缸油两类，原标准有饱和汽缸油与过热汽缸油两种，其中过热汽缸油又可分为矿物油型汽缸油和合成汽缸油。我国过去制订了饱和汽缸油标准[GB 448—64(88)]、过热汽缸油标准[GB 447—77(88)]以及合成汽缸油标准(SH 0359—92)，1994年我国颁布了GB/T 447—94蒸汽汽缸油标准，其中680号矿物油型汽缸油用于蒸汽压1600kPa、蒸汽温度200℃以下的饱和蒸汽机、蒸汽泵、蒸汽锤和牵引机等设备，相当于GB448—64(88)的24号油。1000号矿物油型汽缸油用于蒸汽压力2940kPa以下、过热蒸汽温度低于300℃的蒸汽机械，相当于GB447—77(88)的38号油。1500号矿物油型汽缸油用于蒸汽压力3920kPa以下、过热蒸汽温度320~400℃的蒸汽机，合成型汽缸油则用于高温、高蒸汽压力的蒸汽汽缸的润滑与密封，亦可用于其他高温、高负荷、低转速机械及重型机械的润滑与密封。

目前由于生产、使用较少，蒸汽汽缸油标准(GB/T 447—94)和合成汽缸油标准(SH 0359—92)已经废止。长城润滑油蒸汽汽缸油按照40℃运动黏度分为680、1000、1500等牌号，其680号蒸汽汽缸油技术指标见表3-36。昆仑润滑油的船用汽缸油技术指标见表3-37。

表3-36 长城润滑油680号蒸汽汽缸油技术指标

| 项 目 | 蒸汽汽缸油 | 项 目 | 蒸汽汽缸油 |
|---|---|---|---|
| ISO 黏度等级 | 680 | 闪点(开口)/℃ | 298 |
| 运动黏度/(mm²/s) |  | 倾点/℃ | -10 |
| 40℃ | 642 | 残炭/% | 0.41% |
| 100℃ | 39.1 |  |  |

表3-36 昆仑船用汽缸油技术指标

| 项 目 | 船用汽缸油 | |
|---|---|---|
| 产品牌号 | 5040 | 5070 |
| SAE 黏度等级 | 50 | 50 |
| 运动黏度(100℃)/(mm²/s) | 19.24 | 20.30 |
| 黏度指数 | 97 | 94 |
| 闪点(开口)/℃ | 238 | 243 |
| 倾点/℃ | -9 | -9 |
| 总碱度/(mgKOH/g) | 41.6 | 71.8 |

合成过热汽缸油具有黏度大、黏度指数高、闪点高、蒸发性小等优点，特别是比矿物油汽缸油有更好的热氧化安定性，能在摩擦表面形成油膜，以保证润滑。能用于蒸汽压力4.0MPa、温度在420℃的过热蒸汽机上。合成过热汽缸油按行业标准分为33、65、72三个牌号。33号合成汽缸油适用于蒸汽温度在320℃以下的过热蒸汽机的润滑。65号合成汽缸油适用于蒸汽温度在380℃以下、功率为588~1324kW的过热蒸汽机的润滑。72号合成汽缸油适用于蒸汽温度在380~420℃、功率为1324~1839kW的大型蒸汽机的润滑。

### 3.3.8 轴承油的特点与选用

轴承油是适用于动压轴承的润滑油，比如用于钢铁工业中轧机的轴承。图 3-147~图 3-150 为各种轴承示例。

图 3-147 滚柱轴

图 3-148 高速轴承

图 3-149 平面轴承

图 3-150 风电轴承

**1. 轴承的润滑剂**

（1）滑动轴承供油 在支撑面和转动轴的摩擦面之间会形成一层油膜，这层油膜承载负载。此外，由于滑动在油膜上进行，转动轴在轴承内转动时就会防止摩擦和磨损的产生。图 3-151 用一种易于理解的方式展示了这个原理。

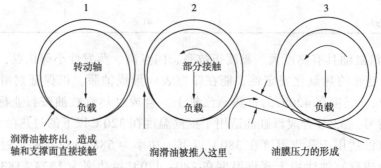

图 3-151 滑动轴承供油的原理

① 在静止状态，转动轴与支撑面的内底表面直接接触，将润滑油挤出，使轴与支撑面相互间直接接触。

② 当转动轴开始转动时，润滑油被推入间隙中。

③ 当转动加快时，就形成了油膜压力，转动轴被推升。因此能够防止摩擦、发热及烧结，以致减少磨损。

④ 滑动轴承的润滑油要有适度的黏度　滑动轴承的润滑油最重要的特性就是工作温度时的黏度。换句话说，在工作时，需要一个适度的黏度来有效支持负载。如果黏度不适度，就可能会产生动力损失、温度升高及烧结等问题。见表3-38和表3-39。

表3-38　滑动轴承适度的润滑油黏度（轻度负载至中度负载）

| 条件<br>转速/(r/min) | 轻度至中度负载（最大约为30kg/cm³）<br>工作温度（最大约为60℃），供油方法 | 黏度等级 |
|---|---|---|
| 最大50 | 循环系统、油浴、环注、滴注、手动加油 | 150 |
| 50~100 | 循环系统、油浴、环注、滴注、手动加油 | 100 |
| 100~500 | 循环系统、油浴、环注、滴注、手动加油 | 68 |
| 500~1000 | 循环系统、油浴、环注、滴注、手动加油 | 46 |
| 1000~3000 | 循环系统、油浴、环注、滴注、喷油 | 32 |
| 3000~5000 | 循环系统、油浴、环注、喷油 | 22 |
| 最小5000 | 循环系统、喷油 | 10 |

表3-39　滑动轴承适度的润滑油黏度（中度负载至重度负载）

| 条件<br>转速/(r/min) | 中度至重度负载（最大约为30~75kg/cm³）<br>工作温度（最大约为60℃），供油方法 | 黏度等级 |
|---|---|---|
| 最大50 | 循环系统、油浴、环注、滴注、手动加油 | 320 |
| 50~100 | 循环系统、油浴、环注、滴注、手动加油 | 220 |
| 100~500 | 循环系统、油浴、环注、滴注、手动加油 | 150 |
| 500~1000 | 循环系统、油浴、环注、滴注、手动加油 | 100 |

（2）滚动轴承润滑油的选择　滚动轴承需要润滑油的理由：

① 减少摩擦及磨损防止滚动部件及保持架之间的摩擦及磨损，防止轴承环表面上的弹性变形而产生的摩擦及磨损。

② 导出由于摩擦或外界因素产生的热量。

③ 轴承的防锈及防尘

在为滚动轴承选择润滑油时，保守地说它与为滑动轴承选择润滑油没有区别。也就是说，在选择时需要充分考虑负载、转速、工作温度及供油方法。

对于滚动轴承来说供油方法由 $dn$ 值（轴承内径与轴转速的乘积）的大小来决定，而且在严酷的条件下使用润滑油代替润滑脂能够提高轴承的使用寿命。

表3-40列出了标准的润滑油选择原则，该表考虑了工作温度、$dn$ 值及负载。

$$速度指数(dn值) = d \times n$$

式中　$d$——轴承内径，mm；

$n$——转速，r/min。

表 3-40 滚动轴承用润滑油

| 轴承工作温度(环境温度)/℃ | 速度指数($dn$ 值) | 黏度/(mm²/s) | |
|---|---|---|---|
| | | 中度负载 | 重度负载或震动负载 |
| -10~0 | 所有种类 | 32 | 46 |
| 0~60 | 最大 15000 | 68 | 100 |
| | 15000~80000 | 46 | 68 |
| | 80000~150000 | 32 | 32 |
| | 150000~500000 | 10 | 22 |
| 60~100 | 最大 15000 | 150 | 220 |
| | 15000~80000 | 100 | 150 |
| | 80000~150000 | 68 | 100 |
| | 500000 | 32 | 68 |
| 100~150 | 所有种类 | 220 | 320 |
| 0~60 | 调心滚动轴承 | 32 | 68 |
| 60~100 | | 100 | 150 |

**2. 轴承润滑油应具备的性能**

（1）适度的黏度　当润滑油在低温条件下使用时，黏度、黏度指数及倾点是很重要的。

（2）氧化稳定性　当长期连续使用或长期间歇使用时，或在高温或其他条件下使用使润滑油易于氧化和变质时，润滑油具有良好的氧化稳定性及/或热稳定性是非常重要的。

（3）防锈性　如果工作现场有蒸汽或潮气，机器会很容易受潮而生锈，这时需要润滑油具有良好的防锈性。

（4）防泡性　当润滑油被搅动或在油路系统中循环时，由于机械运动会自然形成一些泡沫。然而，如果泡沫过多，就可能导致对轴承的供油不足，并导致润滑油从油箱中溢出。此时，需要在润滑油中加入足够量的防泡剂。

（5）油水分离性（抗乳化）　如果大量的水分进入了润滑油，润滑油能够阻抗乳化并能容易地把水分分离是很重要的。一般来讲不含任何添加剂的矿物油也能够具有良好的油水分离性和抗乳化性能。

（6）极压性　在某些大负载低转速的情况下，单靠黏度来保持油膜足够的厚度并保证润滑油处于液体状态是困难的。这就使得轴承很容易烧结。这时就需要通过添加油性添加剂，保持供油性以及改进极压性。

（7）清洁性　内燃发动机及造纸机械的轴承温度会升到很高，润滑油很容易氧化并变质，导致其极易产生残渣。因此，为了保证残渣不附着在轴承或供油系统上，除了具有良好的氧化稳定性和热稳定性外，润滑油还必须具有良好的清洁性。

**3. 油膜轴承油**

大型钢厂生产线材、板材的轧机大多采用油膜轴承，它用流体动力学原理，由轴和轴承的相对运动形成的油楔作用把轴承托起，承载负荷。这类轴承所用的润滑油称为油膜轴承油。

(1) 油膜轴承油性能要求

① 抗乳化及抗水解性能好。由于轧制过程有大量冷却水会与油膜轴承油接触，因而油要有良好的抗乳化性能，不但新油抗乳化性能要好，而且在使用中油不断氧化变质后仍有好的分水性能，同时与水不断接触时油中的添加剂组分不要水解。

② 抗氧性能好。使用寿命要长，由于油箱的容量大，换一次油费用可观，因而要求油降解速度慢，使用寿命长。

③ 抗泡性好，要有一定的极压性能。从流体润滑的角度看，油膜轴承油并不需要极压性能，但机子在启动并未形成油楔把轴承托起时，有瞬间的金属—金属接触，再加上这类轧机的速度和负荷不断提高，新一代的油膜轴承油具有一定的极压性能。

④ 好的防锈性能。让轴承的金属接触水而不要产生锈蚀。

(2) 油膜轴承油的组成与分类　油膜轴承油的基础油一般为矿物油，矿物油的烃类中极性物越少，与水的分离性能越好，因而要采用精制深度很高的基础油。同样，添加剂也大多为极性物，也会使油的抗乳化性能变差，因而也要尽量少加，尽量加入对抗乳化性能影响小和抗水解性能好的添加剂，一般有抗氧防锈剂、抗磨剂及破乳剂等。

油膜轴承油没有通用的产品规格标准，行业在使用中分为Ⅰ、Ⅱ、Ⅲ三个类。

(3) 油膜轴承油的应用　油膜轴承油在应用中要注意以下三点：

① 对高速大型轧机和高速线材轧机、中速轧机组，承载负荷大，要用Ⅰ型高黏度油膜轴承油，黏度为320～680号，若负荷较低，可用220号；近水处的油膜轴承，就要用Ⅱ型的320～680号；对高速线材轧机的预精轧和精轧机组，转速较高，选用Ⅲ型的90～220号。

② 从油的储运、加油、换油到所用器具、容器，一定要干净、清洁、切忌污染、混杂。

③ 使用中不应让其他品种油品如齿轮油混入，也应加强密封避免水的混入。当水的进入不可避免时，应控制油中水含量，一般水含量达到3%就要切换到另一油箱，含水油箱要静置使分离脱水。

### 3.3.9　链条油的特点与选用

链条油是工业润滑油的一种，用于各种链条的润滑、防锈，减少摩擦、磨损，可以提高传动效率和延长链条寿命。汽车发动机正时链条如图3-152所示。

图3-152　汽车发动机正时链条

**1. 链条油的分类**

(1) 湿性链条油　湿性链条油黏度最高，防水性和抗压性能最强，但是也是最容易黏附灰尘。适用于重度越野骑行前后的链条保养。

（2）干性链条油　干性链条油大多以硅为基础油，少数例外，另通常会搭配抗挤压剂使用。因为硅的附着性佳，干性链条油化学性质稳定，但油膜抗压性较弱。同时它的防水性也最弱，但是最不容易粘灰，所以如果你喜欢链条常保洁净，并且经常在铺装路面骑行的话，干性链条油会是最好的选择。

（3）蜡性链条油　蜡性链条油加入了石蜡作为保护剂，在溶剂挥发之后留下一层石蜡与润滑油的混合涂层来保护链条。防水性和黏灰度都介于干性和湿性链条油之间。适用于轻度越野的骑行环境。

（4）其他类型的链条油　除了上述几种基本的链条油之外，许多厂商还会在链条油中加入特氟龙(Teflon，又译为"铁氟龙"）、陶瓷微粒等特殊添加物来改善其性能。

**2. 链条油的特点**

（1）润滑性　润滑油的作用之一就是润滑，但是链条在运行中因为受到不同的作用时，会对润滑油的润滑性能要求更高，特别是那些重负荷和冲击条件下的链条，对高温链条油极压和抗磨性的要求就更高，因此高温链条润滑油必须非常注意这方面的要求。

（2）热安定性　链条油广泛用于纺织、印染行业的热定型机与拉伸拉幅机，建材行业高温烘房链条传动系统，耐火材料厂的窑车轮轴承，喷涂线干燥箱等。高温链条油使用达到250℃以上。这时要求链条油优异的耐热性、抗氧化性，良好的高温润滑性，使设备运行始终处在良好状态下，不易结焦。

（3）渗透性　对高温链条来说，润滑滚子和链轮是比较容易的，但润滑链轴和轴套是比较困难的。因为链条轴和轴套的间隙非常小，且完全属于开放的环境条件。润滑油如果没有很好的渗透性，就不能渗透到轴和轴套的内部，就不能润滑轴和轴套。

（4）黏附性　链条在运行时，由于高速的作用，润滑油会被甩脱。低速时润滑油由于重力的作用会流滴。所有这些不仅会污染环境和产品，而且还会造成大量的浪费。因此要求润滑油要具有良好的黏附性，能够牢牢地黏附在摩擦表面，而不会因各种作用脱落。

（5）防锈、防腐和清洗性　起重设备、叉车、摩托车、油锯、传送带及各种工业设备上暴露在外的链条极易锈蚀。所以，链条油应具有防锈、防腐性。此外，高温链条油还应具有不结垢、不滴落、耐温持久，易清洗的特点。

通常生产装配后的链条产品都需要经过库存、长途运输乃至飘洋过海，所以要求装配前所用链条专用润滑防锈油具有中长期的封存防锈效果。

（6）氧化安定性　通常高温链条传动都是工作在暴露经历高低温的环境中，润滑油容易产生氧化，因此链条润滑油良好的高低温性及杰出的高温氧化安定性非常重要。

为使链专用润滑防锈油在长期循环浸涂使用过程中不易氧化变质，要求链条专用润滑防锈油具有良好的氧化安定性。

（7）良好的抵抗外界作用的能力（抗污染性能）　高温链条传动通常工作在严苛环境下，容易受到环境的污染，即链条油上容易沾染灰尘等。良好的高温链条油，即使表面黏附了少许灰尘，仍然能够对链条实施润滑。

（8）较小的积炭倾向　高温链条油的积炭特性和蒸发损失率是相对的，较低的蒸发损失率对应着较高的积炭特性。最重要的是如何平衡这两方面的特性，一年或两年定期清洗链条是必不可少的。

(9) 极小的蒸发损失率　高温链条油的蒸发损失率将决定客户使用此链条油时的消耗量，同时较低的蒸发损失率会使客户现场工作环境得到保护。

**3. 链条油的选用**

合成高温链条油在纺织印染行业中有很多应用，在我国纺织业发达地区，尤其是浙江、江苏一带，产业集中，形成纺纱、织造、印染一条龙生产体系，生产商之间的协作要求快速、保质、灵活，以减少时间成本，提高资金周转率。印染企业 24 h 不停生产，要求设备稳定可靠，维修保养周期长，需要选用合成高温链条油。

**4. 钢索润滑剂**

钢索润滑剂由高性能全合成型基础油和高效复合添加剂调配而成，不含二硫化钼，对钢丝绳内外表面提供最佳的防腐蚀性和润滑性。由于矿物油和二硫化钼或石墨等固体润滑剂的吸附性及渗透性非常差，故合成型产品在很多场合成酯型润滑剂成为诸多国际原始设备制造商的首选产品。图 3-153 为直径 185mm 的钢索。

钢丝绳润滑脂是由有机类稠化剂组和高黏度精制矿油，并加有抗氧化、防腐蚀、防锈蚀、抗极压等多种添加剂精制而成的钢丝绳专用润滑脂。钢缆专用润滑脂分为维护用油脂和工厂用油脂。钢丝绳润滑脂用于各种气候条件下工作的绳索及重载拉索的润滑与防护，对钢丝绳内外表面提供最佳的抗磨性、防腐蚀性和润滑性。

图 3-153　直径 185mm 的钢索

钢索润滑剂用于电梯、提升机以及海上码头等钢丝绳表面的润滑和防护；用于冶金、电力、矿山、油田、港口、海上、建筑、汽车制造等行业的绳索及重载拉索，典型的润滑部件如起重机、上料卷扬机、吊车、升降设备、挖泥船和拖捞船等设备的钢丝绳索。

### 3.3.10　导轨油的特点与选用

导轨油适合那些自身液压系统和其他机械组件混建在一起的设备，也适用于液压电梯和升降机等。图 3-154 为静压导轨，图 3-155 为弧形导轨。

图 3-154　静压导轨

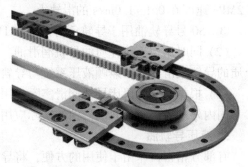

图 3-155　弧形导轨

**1. 导轨油的特性**

导轨油最主要的特性是有极强的黏附性和耐水冲洗性能，极强的杭极压性能。导轨的负荷一般在 10~100kPa，精密机床在 30kPa，中等负荷在 350kPa，最大的导轨负荷有 1MPa，导轨油的目的在于保护导轨及滑块，套环不被磨损，永保导轨的最佳精度。某些较为粗糙的机械，道轨较大，结构简单，导轨且有坑点，其设计为采用润滑脂润滑。多数采用手工用油脂枪挤压方式给油，要求所用的油脂为 EP 极压型，否则被挤出后，导轨上残留的油脂无法承受重负荷。

**2. 导轨油的性能特点**

导轨油是用来润滑机床导轨的专用润滑油，它的作用是使导轨尽量接近液体摩擦下工作，保持导轨的移动精度，防止滑动导轨在低速重载工况下发生爬行现象。它是由深度精制的中性基础油加入黏附、油性、抗氧和防锈等添加剂调制而成的。

（1）良好的防爬性能　防爬性能是导轨油重要的性能指标。为了达到防爬的目的，常在油中加防爬的油性剂，并通过黏-滑特性试验，要求静、动摩擦因数的差值不大于 0.08。

（2）良好的黏附性和油膜强度　导轨油应能吸附在摩擦面上，特别是垂直导轨上的导轨油，应能克服重力的影响而牢固地吸附住，且不易被切削液冲洗掉。导轨油应有良好的油性和油膜强度，以防止(或减少)导轨表面产生边界摩擦和过多的金属接触。

（3）良好的抗氧性和防锈性　导轨油黏附在导轨上，因经常接触空气和水蒸气，会腐蚀导轨表面，因此，导轨油必须加入抗氧剂和防锈剂，使导轨油具有良好的抗氧性和防锈性。

**3. 导轨油的牌号及应用范围**

导轨油现行标准 SH/T 0361—1998 等效采用 ISO/TR 10481：1993《润滑剂工业润滑油和有关产品-L 类-机床用 L-AN、L-FC、L-FD 和 L-G 品种的规格》中 L-G 品种即导轨油有关产品，适用于各种精密机床导轨的润滑，共分为 32、46、68、100、150、220、320 七个冲击振动(或负荷)润滑点的润滑。

**4. 导轨油的选用**

在选用导轨油是主要考虑以下因素：

（1）按导轨的滑动速度和平均压力来选择润滑黏度

① 32 号导轨油用于导轨负荷在 0.2MP 以下的滑动台速度大于 0.1m/s，或负荷大于 0.2MPa 速度大于 1m/s 的滑轨上，也可用于液压导轨油。

② 68 号导轨油用于导轨负荷在 0.1MPa 以下滑动台速度 0.1m/s，或是负荷大于 0.2MPa 速度在 0.1~1.0m/s 的滑轨上。

③ 150 号导轨油用于导轨负荷大于 0.1MPa 滑动速度小于 0.1m/s 的滑轨上。

（2）同时用作液压介质的导轨润滑油　根据不同类型的机床导轨的需要，同时用作液压介质的导轨润滑油，要兼顾液压系统与导轨的需要，通常使用 L-HG 液压导轨油。

（3）根据国内外机床导轨润滑实际应用参考选择润滑油　在选择机床导轨润滑油时，可参考国内外现有机床导轨润滑油的实际应用例子，选择相应的润滑剂。

**5. 液压导轨油**

有部分精密机床由于使用的方便，将导轨和液压系统共享一种油，就需要专用的液压导轨油。否则若只用液压油，会由于抗磨性不佳造成导轨磨损被水冲走，若只用导轨油又有可能造成液压系统油泥多，压力达不到。液压导轨油兼备两者之优点，两个部件皆可使用，但液压系统效果始终不及专用液压油,导轨上又不及专用的导轨油。但对于轻负荷的小型机床亦无大碍。

### 3.3.11 绝缘油和变压器油的特点与选用

绝缘油是人工合成的液体绝缘材料,简称合成油。由于矿物绝缘油是多种碳氢化合物的混合物,难以除净降低绝缘性能的组分,且制取工艺复杂,易燃烧,耐热性低,介电常数不高,因而人们研究、开发了多种性能优良的合成油。

变压器油又称绝缘油,是指从石油炼制的天然烃类混合物的矿物型绝缘油。它的主要成分是烷烃、环烷族饱和烃、芳香族不饱和烃等化合物。俗称方棚油。图3-156为变压器。

图3-156 变压器

**1. 变压器油的主要作用**

(1) 绝缘作用 变压器油具有比空气高得多的绝缘强度。绝缘材料浸在油中,不仅可提高绝缘强度,而且还可免受潮气的侵蚀。

(2) 散热作用 变压器油的比热大,常用作冷却剂。变压器运行时产生的热量使靠近铁芯和绕组的油受热膨胀上升,通过油的上下对流,热量通过散热器散出,保证变压器正常运行。

(3) 消弧作用 在油断路器和变压器的有载调压开关上,触头切换时会产生电弧。由于变压器油导热性能好,且在电弧的高温作用下能分解了大量气体,产生较大压力,从而提高了介质的灭弧性能,使电弧很快熄灭。

**2. 变压器油的组成**

变压器油是由天然石油经过预处理、蒸馏、精制等一系列复杂工艺过程炼制而成的。其主要组成元素是碳和氢,碳元素约占84%~85%,氢元素约占12%~14%,还有少量的硫、氧、氮(约占1%),以及很微量的金属元素:铁、镍、铜、铅、钒、镁等,此外,还有微量的非金属元素:磷、硅、氯等。由于碳、氢两元素互相结合的可能性千变万化,因此,石油产品是一种由多种碳氢化合物(即一般所说的"烃")组成的混合物,其中碳氢化合物约占95%。另外,石油产品中还有非烃类化合物,如含氧化合物、含硫化合物、含氮化合物、胶质、沥青等,这些物质的存在对石油产品的质量和运行都是不利的,在炼制时应尽可能除去。

**3. 变压器油的性质**

(1) 良好的抗氧化安定性 变压器油长期在温度、空气、电场及化学复分解条件影响下会氧化变质。近代大型变压器,一台就得装几十吨,甚至上百吨变压器油,不允许经常换油,要求变压器油耐用时间长(一般要求20~30年),在热、电场作用下变质慢。在变压器内,油与氧气接触逐渐被氧化生成各种氧化物和醇、醛、酮、醚及深度氧化的聚合物,使油品酸值增大并形成不溶性胶质、油泥沉淀析出。这些酸性物质对变压器内部部件如铁心和线圈产生腐蚀作用,破坏其绝缘性能。油泥沉淀对变压器和油开关的危害更大,它们吸附在线圈和铁心的周围,使其散热困难,发生局部过热。同时,加之油泥的吸湿作用,引起绝缘材料破坏,造成线圈短路烧毁。温度对变压器油的氧化影响很大,温度上升10℃,氧化速度增加1.5~2倍。

(2) 耐电压(耐击穿)性能　变压器油主要起绝缘作用，因而要求有较高的耐电压能力。一般要求新装入变压器时的耐电压不低于35kV，在使用中的变压器油耐电压不低于12kV，达不到以上要求，就说明油内含杂质和水分。变压器油的耐电压主要与水分和杂质有关，见表3-41。

表 3-41　电绝缘油含水量和耐电压关系

| 含水量/%(体积分数) | 0 | 0.005 | 0.01 | 0.02 | 0.03 | 0.05 | 0.1 |
|---|---|---|---|---|---|---|---|
| 破坏电压/kV | 75 | 31 | 22 | 16 | 14 | 12.5 | 10 |

① 击穿强度(耐电压)。一般认为绝缘油的击穿点是油内含有杂质最多处，这是因为油在电场作用下发生过热现象所形成的气体的桥梁作用所造成的。同时油中未被除净的不饱和烃在温度和电场作用下产生的氧化物、碳化物以及水溶性低分子酸和分子结合水，它们多数带有极性或极性较强的物质，造成油在较低电压下被击穿。试验证明，当良好的干燥的油吸入的水分达到0.01%时，油的击穿强度即降低1/8，如果同时含有水分杂质，其影响更为严重，所以要求在出厂的成品油中，水分应控制在0.0015%以内。

② 介质损失角(介质损耗角正切，以 $\tan\delta$ 来表示)　变压器油的另一个重要指标是介质损失角。纯烃系非极性化合物，在电场作用下不发生或很少发生转位。但杂质成分，如胶质和酸类是极性化合物，含有偶极子的非对称分子，在电场作用下，偶极子每半周期随电力线方向的变化而转位，这种转位就消耗了部分电能而转为热，造成电能损失，使变压器温度升高，不但减低了变压器的出力，而且造成变压器油加速老化和变质。由于这部分电能损失是通过介质引起的，故称为介质损失。

③ 良好的低温流动性　普通变压器安放在露天，要求电器用油要有较低的凝点，低于环境温度，不致在低温下失去流动。变压器油的牌号根据凝点的不同分为 10 号(-10℃)、25 号(-25℃)、45 号(-45℃)三种。10 号油用于平均气温不低于-10℃地区，25 号油用于平均气温低于-10℃地区，45 号油用于严寒、平均气温低于-20℃地区。试验证明，凝点为-25℃的变压器油可以在全国范围内使用。黏度也是影响低温流动性的重要因素，相同凝点的油，当温度降低时，总是黏度大的先变稠，其流动性也变坏。变压器油的黏度越小，流动性能越好，其散热快，冷却效果好。

④ 高温安全性　油品的安全性用闪点表示。闪点越低，挥发性越大，油品在运行中损耗也越大，越不安全。这与要求凝点低是矛盾的，但考虑这两种矛盾中闪点是主要的，要求变压器油闭口闪点不低于135℃。

⑤ 抗腐蚀性　抗腐蚀性是控制变压器油在使用中对金属材料特别是对铜、银等不发生腐蚀的指标。一般控制硫含量(质量分数)不超过 0.1%，而且不能含活性硫，对硫醇等则要严格控制达到"无"的要求。

**4. 变压器油的品种牌号及应用范围**

目前，我国生产的有 10 号、25 号、45 号三个牌号的变压器油(GB 2536—1990)，25 号、45 号油主要是用新疆克拉玛依和大港等环烷基原料油生产，10 号变压器油是用大庆原油的变压器馏分油，经深度精制、脱蜡生产的。现执行国家标准 GB 2536—1990 见表 3-66，新标准中 10 号、25 号变压器油采用倾点指标而不用凝点指标，其实质是一致的。用倾点表示，在数值上比凝点高 3℃。所以在标准里，10 号油的倾点为不高于-7℃，25 号油的倾点为不高于-22℃。10 号变压器油适用于在我国的长江流域及以南的地区使用。25 号变压器油适用于黄河流域及华中地区使用。45号变压器油适用于在西北、东北地区使用。实际上，25号、45号变压器油在全国范围内都可使用，但是我国能生产低凝点的变压器油的环烷基油有限，从节省资源的角度看，在长江以南最好不使用25号、45号变压器油。另有25号及45号两个牌号的超高压变压器油（SH 0040—1991），主要用于500kV变压器及有类似要求的电器设备中。此外，还有断路器油（SH 0351—1992）主要用于断路器中。

### 3.3.12 热传导油的特点与选用

当今节能和环保愈来愈受到世界各国的重视。导热油作为一种优良的热传导介质，具有高温低压的传热性能，且热效率高，传热均匀、温度控制准确，运行成本低，现已发展成为使用最广、用量较大的一种热载体。图3-157为使用热传导油的波纹板加工机。

图3-157 使用热传导油的波纹板加工机

**1. 热传导油的简介**

热传导油俗称导热油，适用于工业和民用热载体间接传热设备。由于其具有加热均匀，调控温度准确，能在低蒸汽压下产生高温，传热效果好，输送和操作方便等特点，近年来其用途和用量越来越多。

**2. 热传导油的分类**

热传导油根据初溜温度的最高控制要求，可分为280号、280号、290号、300号、320号、330号等，根据基础原料的不同，可分为矿物型热传导油、长效合成型热传导油。

**3. 热传导油传热系统的工作原理**

从广义上讲热传导包括热量的提供和导出，即高温加热和低温冷却或致冷操作。高温加热又有直接加热和间接加热之分。在加热器和用热器间用循环的热传导油传递热量的装置称作热传导油传热系统。热传导油传热有两种基本方式，一种是在初馏点或沸点温度以下的液相传热，另一种是在沸点温度以上的气相传热。液相传热蒸汽压低，安全性好，使用最为广泛。传热设备大多为液相传热。

液相加热系统（图3-158）由加热器、泵、膨胀槽、温度控制器、用热器、循环管线和其他辅助设备组成。加热器的热源可为燃料油、燃料气、电或煤，气相系统中的加热器实际上是一个蒸发器。加热器可以是单个加热单元或多个同温加热单元，也可以是多个不同温加热单元或加热-冷却双重操作单元。

液相系统采用泵强制循环方式加热，还需配置有效的膨胀槽，以容纳热传导油的受热膨胀量。膨胀槽有氮封和非氮封两种形式。

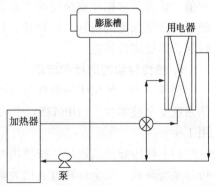

图3-158 液相加热系统示意图

**4. 热传导油的特点**

（1）无毒、无味、环境污染小。

（2）黏度适中，不易结焦，热效率高。

（3）闪点高、初馏点高、凝点低、使用安全。

（4）可在较低的运行压力下，获得较高的工作温度，有效降低管线和锅炉的工作压力。

（5）加热快、使用温度高、热稳定性能好，使用寿命长，低压运行、安全可靠、操作方便。

**5. 热油技术指标和性能**

（1）使用性能　导热油使用性能包括热稳定性、流动性和传热性（运动黏度、密度、导热系数、比热容和表面传热系数）。

① 导热油使用性能包括热稳定性和传热性(运动黏度、密度、导热系数、比热容和表面传热系数）。热稳定性是导热油区别于其他油品的重要使用性能，反应热载体发生劣化倾向。导热系数和比热容越大，传热性越好，流量密度越大，黏度越小，传热性越好。

② 导热油表征流动性指标有倾点、运动黏度。运动黏度反映液体的运动阻力，决定了在一定温度下液体的流动性和泵送性。导热油对运动黏度的要求，是在满足热稳定性、初馏点、闪点等重要指标的同时，具有较低的黏度，很好的高温和低温流动性。倾点和低温黏度决定了导热油的低温流动性。

（2）安全性和蒸发性　导热油安全性和蒸发性指标有初馏点、闪点、自燃点和水分。

① 对于在开式系统中使用的导热油来说，初馏点是一项重要指标。初馏点低的产品在开式系统中使用，挥发损耗相当大，使用户承担了不必要的经济损失，而且降低了传热系统的整体安全性和导热油的经济性。规定在开式设备中使用的热传导液的初馏点不低于其最高使用温度。

② 闪点和自燃点是反映导热油安全性能重要指标。闪点过低，对油品安全运行带来隐患。因此需要对闪点进行控制。

（3）毒性　氯含量与产品毒性相关。在国外，曾使用热稳定性非常好的氯代烃类化合物作为热载体或变压器油，但这些氯化物有很强的致畸性，对环境和人体健康带来危害。在过去标准中未制订相关标准，但在新标准中明确规定氯含量≤0.01%。

（4）基础油和添加剂的规范性　导热油基础油和添加剂的规范指标有外观、馏程、残炭、灰分、硫含量、铜片腐蚀、中和值等。

馏程是反映产品的沸点范围的指标，蒸馏切割越窄，重组分越少，热稳定性也越好。中和值、硫含量和铜片腐蚀反映产品的精制深度，与设备腐蚀情况相关。残炭和灰分同样是反映原料精制深度的指标。残炭和灰分较高的产品，稠环芳烃等重质成分含量较高，产品颜色较深，热稳定性较差。

**6. 热传导油的选择和应用**

热传导油在使用中采取部分添加、逐步更换的方式，使用寿命一般比较长。按照德国载热系统安全技术标准(DIN4754)中的规定，一个合格的热传导油至少应在最高使用温度下使用1年。

（1）热传导油的选择　按使用温度限值选择产品所谓热传导油的使用温度限值是指与热传导系统高效、安全运转有直接关系的温度上限和下限。

热传导油的蒸发性和安全性闪点开口符合标准指标要求，初馏点不低于其最高使用温度，馏程比较窄，自燃点高。

热传导油的精制深度外观为浅黄色透明液体，储存稳定性好，光照后不变色或不出现沉淀。残炭不大于0.1%，硫含量不大于0.2%。

热传导油的低温流动性根据用户所处地区和设备的环境温度情况，选择适宜的低温性能。

热传导油的传热性能具有较低的黏度、较大的密度、较高比热容和导热系数。

(2) 使用中的热传导油的质量监控　运行中定期检验的主要目的是了解热传导油内在质量的变化，并由此发现系统设计、操作、管理及传导油自身的问题，及时纠正以延长其使用寿命。

① 馏程的变化表明相对分子质量的变化，国外近年来多采用气相色谱法，经与新油的馏程比较，以高沸点物质和低沸点物的含量来表示热传导油发生裂解和聚合的程度。

② 黏度的变化可说明相对分子质量和分子结构的变化。裂解使黏度下降，而聚合和氧化使黏度上升。这些变化对高温范围的黏度影响很小，但对低温黏度可能影响较大，因此对寒冷地区和有冷却的操作工艺来说，低温黏度增长应受到重视。

③ 酸值的变化可判断油的老化程度，酸值上升通常是油被氧化所致，主要发生在不采用氮封的膨胀槽系统中。但当老化到一定程度时，可溶性有机酸可能进一步聚合生成高分子氧化物，这时酸值可能下降。因此要注意从酸值的变化趋势判断油的老化程度。

④ 残炭是运转中的热传导油经蒸发和热解后留下的残余物，在操作中，残炭柱随时间呈不断上升趋势，可说明高分子沉积物形成的倾向和老化的程度。

一般通过以上指标对油的变质情况来进行综合判断。

(3) 热传导系统的易发生事故和预防　热传导油为可燃性有机物，具有着火、爆炸的潜在危险，分析事故原因，主要有以下几种可能：

① 法兰连接处或泵密封处发生泄漏，如不及时维修，遇明火可能着火。

② 加热器管线因局部过热，管内结焦或超压使管线破裂，泄漏物进入明火区随时可能发生事故。

③ 热传导油泄漏进入被加热物料，遇氧化剂及活性催化剂等会剧烈燃烧。

④ 膨胀槽高温氧化导致自燃。

⑤ 泄漏的热传导油进入管线保温层，逐渐氧化产生低自燃点组分，可能导致自燃。

⑥ 气相系统中，泄漏的热传导油形成气雾，在空气中达到一定浓度时会燃烧或爆炸。

⑦ 气相系统中知有水混入，因剧烈膨胀而爆炸。

⑧ 热传导油变质过快，不溶性碳粒会损坏密封件而导致泄漏。

分析上述事故可能情况，保证安全运转的主要任务是防止泄漏。从系统配置上应选用优质油泵、阀门和密封垫。操作管理上要及时维修，避免机械故障和误操作。

### 3.3.13　气动工具油的特点与选用

**1. 气动工具油的简介**

从广义上讲，气动工具(图3-159)主要是利用压缩空气带动气动马达而对外输出动能工作的一种工具，根据其基本工作方式可分为：ⓐ旋转式(偏心可动叶片式)；ⓑ往复式(容积活塞式)。一般气动工具主要由动力输出部分、作业形式转化部分、进排气路部分、运作开启与停止控制部分、工具壳体等主体部分，当然气动工具运作还必须有能源供给部分、空气

图 3-159 气动工具

过滤与气压调节部分以及工具附件等。

工具油，是一款适合气动工具（或称风动工具）的极压低温润滑油，专为工业、农业及家用气动工具专门配制。产品包装小，在任何工具箱里都方便储存、携带。工具油包括：气动工具油、电动工具油、风动工具油等。气动润滑油主要是附着在汽缸内壁、活塞以及内部转动部件的表面上，其主要作用是防止气动元件内部的锈蚀，润滑和延缓密封圈老化。气动润滑油需要有较高的抗氧化和润滑性，气动润滑油一般比液压油要稀。

**2. 气动工具油的具体作用**

（1）润滑　气动工具叶片类的产品，每分钟几千上万甚至几万转速的都有，在持续高速状态下马达组会产生巨大的热量，各个部件在没有润滑剂的状态下磨损量是非常惊人的。

（2）清洁　某些作业场所环境比较差或者可以用恶劣来形容，即便是通过各种过滤设备，空气中的浮尘难免会被带入气动工具马达组内部，持续存在的气动油就可以在高气压的作用力下，把这些浮尘通过排气孔清理出来，达到清洁内部的目的。

（3）防锈　压缩空气，如果按标准布线，虽然在经过机房的干燥机、现场终端的空气调理组过滤以后，仍然会残存水气的可能。而大部件的气动工具马达由钢制或铁制部件构成，这些水气进入气动工具马达内部之后，如果没有气动油来保护这些部件，不将水气冲洗出机器外部，这些部件就极易生锈，从而给机器造成各种故障。

图 3-160 为气动设备模型。

图 3-160　气动设备模型

**3. 气动工具油性能优点**

（1）适应很广的温度范围。

（2）产生较少的摩擦磨损，具有优异的低摩擦性，可大大减少电动工具传动器摩擦造成的能量损失，提高传动器的机械效率。

（3）运用于气动设备上。

（4）防腐蚀物质。

（5）防止腐蚀和生锈，起泡较少，可作为轻质油使用，能吸收湿气。

（6）使磨损的用具焕然一新，能清除风动工具上结的冰和霜。

(7) 具有优良的黏附性，可以牢固地附着在金属表面，保护金属不致磨损及腐蚀。

(8) 具有优异的氧化安定性和机械安定性，使用寿命长。

(9) 极佳的负荷承受能力，极为适合具有重负荷和冲击负荷的电动工具的润滑；

(10) 与各种常规密封材料均具有良好的相容性，保证系统密封良好。

**4. 应用范围**

(1) 气动工具油对气动工具诸如风铲、机动扳手、风动发动机、砂轮机、扩孔器、钻孔机等不仅提供了特级润滑，而且能溶解和阻止在气动工具操作中经常发生胶质和积灰的形成。

(2) 用于压缩机驱动工具、冲击工具、扭力扳手、螺丝刀、搅拌器、扳手等汽保产品、保养设备、电动工具、手动工具、检测设备、检测工具、气动工具、液压设备、维修工具的润滑。

(3) 干燥或潮湿条件下工作的冲击式气动工具，包括混凝土岩钻、岩石风钻、手持式风钻、架式风动凿岩机及混凝土路面破碎机。

(4) 各种不同气候条件下工作的冲击型气动工具机械，如：凿岩机、风磨、风钻、吊机、风动铆机。

(5) 各种不同程度撞击及旋转式气动工具，用于气动打钉枪，气动磨砂机(打磨机)，气动起子(风批)等各种中高速气动运转工具。

(6) 用于地下和地表采矿、压力机及其他工业应用的所有气动石钻。

(7) 公路施工和建筑使用的风钻、风铲、风动发动机、气动马达。

(8) 采石场使用的石钻。

(9) 机加工行业用的钻床、扩孔器、钻孔机、磨床、磨砂机、砂轮机。

(10) 家用、店铺的各种工具：精密轴、门锁、小电机、螺母与螺栓、电动工具、折页、滑轮、金属窗、关门器、录像机部件、刻录机、打字机、计算机、打印、高精密齿轮。

(11) 几乎所有的气动工具、风动工具、电动工具。

图 3-161 为气动设备剖面图。

图 3-161 气动设备剖面图

**5. 气动工具油的选择**

(1) 根据设备工况条件选用

① 负荷大，则选黏度大、油性或极压性良好的油；负荷小，则选黏度低的油；冲击较大的场合，也应选黏度大、极压性好的油品。

② 运动速度高选低黏度油，低速部件可选黏度大一些的油，但对加有抗磨添加剂的油品，不必过分强调高黏度。

③ 温度分为环境温度和工作温度。环境温度低，选黏度和凝点(或倾点)较低的气动工具油，反之可以高一些；工作温度高，则选黏度较大、闪点较高、氧化安定性好的气动工具油，甚至可选用固体润滑剂；温度变化范围大的，要选用黏温特性好(黏度指数高)的气动工具油。

④ 环境湿度及与水接触潮湿环境及与水接触较多的工况条件，应选抗乳化性较强、油性和防锈性能较好的气动工具油。

(2) 参考设备说明书的推荐选择气动工具油　设备说明书推荐的油品可作为选油的主要参考，但应注意随着技术进步，劣质油品将被逐渐淘汰，合理选用高质油品在经济上是合算的。因此,即使是旧设备,也不应继续使用被淘汰的劣质油品;进口、先进设备所用润滑油应立足国产。

(3) 根据应用场合选用气动工具油品种及黏度等级 国产气动工具油是按应用场合、组成和特性,用编码符号进行命名的。因此选用时可先根据应用场合确定组别,再根据工况条件确定品种和黏度等级。

在润滑管理中,选好油品后一般应尽量避免代用或混用。但有时会碰上因供应或其他原因而不得不代用或混用油品,这时应掌握下列原则:

只有同类油品或性能相近、添加剂类型相似的油品才可以代用或混用。

代用油品的黏度以不超过原用油黏度的±25%为宜,一般可采用黏度稍大的代用油品,但液压油、主轴油则宜选黏度稍低的代用油品。

质量上只能以高代低,不能以低代高。对工作温度变化大的机械,则只能以黏温性好的代黏温性差的;低温环境选代用油,其凝点或倾点应低于工作温度10℃;高温工作应选闪点高、氧化安定性和热安定性好的代用油品。

由于不同厂家生产的同类型气动工具油,其所加的添加剂可能不同,最好不要混用。如果要混用,在旧油中混入不同厂家生产的新油以前,最好先做混用试验,即以1:1混合加温搅拌、观察,如无异味、沉淀等异常现象方可混合使用。

### 3.3.14 热处理油的特点与选用

**1. 热处理油**

热处理油是一种冷却性能强、氧化安定性好的处理油,分普通淬火油、光亮淬火油、快速淬火油、水性淬火液等几种。用于热处理设备(图3-162)。

**2. 特性介绍**

(1) 良好的冷却性能 冷却性能是淬火介质重要的性能,它的好坏直接影响到淬火零件的质量,良好的冷却性能可保证淬火后的零件具有一定的硬度和合格的金相组织,可以防止零件变形和开裂。通常采用的参数有特性温度、特性时间(特温秒),以及由800℃冷却至400℃(或300℃)所需的时间(s)。

使用的热处理油一旦出现老化或水、杂质的增加,催冷添加剂的消耗均会导致淬火油的冷却性能变化。油在使用中随着老化,会使特性温度升高,特温秒缩短,进一步老化会出现特性温度下降,特温秒增加。图3-163为热处理设备内部。

图 3-162 热处理设备

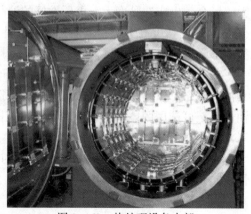

图 3-163 热处理设备内部

(2) 高闪点和燃点　淬火时，油的温度会瞬时升高，如果油的闪点和燃点较低，可能发生着火现象。因此淬火油应具有较高的闪点和燃点。

油馏分越低，蒸发性越大，闪点越低，故闪点是反映油品蒸发性的一项指标，也是油品着火危险性的指标，用作润滑油的闪点只要比使用温度高 20~30℃ 即可安全使用，但热处理油为了避免火灾的发生，减少油的蒸发量和油烟对大气的污染，用作淬火油的闪点应高于使用温度 70℃ 以上或至少高出 60~80℃，燃点高于使用温度 90℃ 以上。用作回火油的闪点应高于使用温度 50℃ 以上，燃点高于使用温度 70℃ 以上。

值得注意的是，同牌号产品的实际闪点会随基础油的成分、馏分等有变动。通常含烷烃多的油品闪点比黏度相同而含环烷烃和芳烃较多的油品高，窄馏分油的闪点高于宽馏分油的闪点。另外有极少量轻油混入到高沸点油品中，能引起闪点显著降低。因此从使用安全出发，尤其用作热油淬火时，必须保证选择的基础油在使用中有较高的实际闪点。

(3) 良好的热氧化安定性　热氧化稳定性也是热处理油的重要性能，淬火油长期在高温和连续作业的苛刻条件下使用，始终有热分解和氧化、聚合过程，出现老化变质，发生闪点下降、冷却性能变化、残炭油泥增加等现象。要求油品具有良好的抗氧化、抗热分解和抗老化等性能，以保证油品的冷却性能和使用寿命。

热氧化稳定性虽与加入的添加剂有关，更重要的是与基础油的稳定性有关（基础油的化学组成，分子结构式……）。另外应指出，油品中水溶性酸碱是导致油品氧化变质的不安定组分，油品中的水会加速油的氧化变质及生胶过程，在使用过程中应注意。总之油的热氧化稳定性越好，使用寿命就越长。

(4) 低黏度　油品的黏度与它的附着量、携带损失和冷却性能有一定的关系。在保证油品冷却性能和闪点的前提下，油品的黏度应尽可能小，这样既可以减少携带损失，又便于工件清洗。

(5) 水分含量低　油品中的过量水分会影响零件的热处理质量，造成零件软点、淬裂或变形，也可能造成油品飞溅，发生事故。因此一般规定淬火油中的含水量不超过 0.05%。油中的水有溶解水、悬浮水及游离水几种形式。

油中含有一定量的水会改变油的冷却性能，并会使工件出现软点、畸变量增大。另外水会加速油的氧化变质及生胶过程，并易产生泡沫，形成的水蒸气会使有些添加剂分解失效。水还能与杂质和油形成低温沉淀物（油泥）。一旦水与赤热的工件相遇，汽化使油容量急剧增大，甚至外溢引起火灾。在使用维护上切忌水进油槽。图3-164 为钢管热处理调质设备。

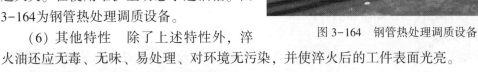

图 3-164　钢管热处理调质设备

(6) 其他特性　除了上述特性外，淬火油还应无毒、无味、易处理、对环境无污染，并使淬火后的工件表面光亮。

**3. 热处理油的性能特点和使用范围**

(1) 普通淬火油　冷却性能强、氧化安定性好，适用于盐浴炉或保护气氛的轴承钢、工具模具钢、合金钢和渗碳钢等工件的淬火。最佳使用温度 50~80℃。

（2）快速淬火油　冷却速度快、氧化安定性好、光亮性中等，适用于高冷速的调质、渗碳等零件和大型锻造件、大型齿轮及淬火压床的淬火。使用温度20~80℃。

（3）快速光亮淬火油　冷却速度快、氧化安定性好、光亮性好，适用于轴承钢、工模具钢及其他结构钢材在保护气氛下淬火。使用温度20~80℃。

（4）超速淬火油：冷却速度更快、氧化安定性好，适用于汽车、轴承、矿山机械、冶金机械及工模具行业大型零件的加热淬火、渗碳或碳氮共渗淬火，也适用于中碳钢及其它类型合金钢淬火。使用温度20~60℃。

（5）真空淬火油　饱和蒸汽压低、冷却性能好，光亮性好，适用于轴承钢、工模具钢、大中型航空结构钢等材料的真空淬火，初用时应在真空下将油中空气脱出。使用温度20~80℃。

（6）等温分级淬火油　冷却性能好、零件变形小，适用于轴承钢、渗碳钢制的轴承内外圆、精密零件、汽车齿轮、半轴等工件以及易变形零件的淬火。使用温度1号120℃，2号150℃。

（7）回火油　黏度大、闪点高、挥发小、热氧化安定性好，适用于淬火后工件回火，1号使用150℃温度，2号使用温度200℃。

**4. 淬火油使用要点**

（1）新油注入油槽前务必清理油槽及冷却系统，包括去除残存的水、油污、渣滓　油槽注满新油后要去除新油中溶入的气体和分散存在的气泡，通常提高油温，并保温循环。提高油温可降低黏度，有利于气泡的上浮排出。

（2）合适的淬火油量及使用温度　过高的油温会使油的氧化变质加快，并增加引起火灾的隐患。有报导，使用温度每升高10℃，淬火油的老化将提高1.5~4倍。在日常使用中应维持在一个合适的使用温度范围内，使用温度应比闪点、燃点低若干度。

推荐的淬火油用量可按每公斤工件(包括夹具)10L计算，文献提出一般情况按照1∶8的比例配置，如采用高效的冷却设备可按1∶7配置，在系统设计合理的前提下，甚至可以降至1∶6。为了保持一定油温，需配置一定的加热、冷却装置。

（3）淬火油的搅拌　良好的搅拌可避免局部油温过高，并提高工件的冷却速度及冷却均匀性。搅拌可采用泵或螺旋桨形式，并配置合理的液流导向装置，不推荐采用压缩空气搅拌。

铜及其合金会促进油品老化，淬火系统不应使用铜及其合金的部件。

（4）使用中防范污染　工件淬火时不可避免地会带入氧化皮、灰分等，应尽量避免进入其他的杂质、赃物、轻油，尤其是水。

一旦污物积累会使油色泽、黏度、闪点、残碳酸值等逐渐发生变化，并使油变质，影响冷却性能及工件的淬火质量。

（5）定期测试淬火油的有关性能指标　每季度或半年测试一次淬火油的有关性能指标，凡遇超标需及时调整(如添加添加剂等)。

**5. 水性淬火液**

水性淬火液对水有逆溶性。它克服了水冷却速度快，易使工件开裂，油品冷却速度慢，淬火效果差且易燃等缺点。

（1）水性淬火液的主要特点

① 通过调整水溶液的浓度，可在很大范围内调整其冷却能力，可以得到近于水，或介

于水油之间，以及相当于油或者更慢的冷却速度，以满足不同材料和工件的淬火要求。

② 无毒，无油烟，不燃烧，无火灾危险，使用安全，改善劳动环境，无环境污染。

③ 淬硬层深，淬火硬度均匀，无软点，大大减小淬火变形和开裂的倾向，尤其适用于低、中碳钢感应及大件淬火。

④ 对黑色金属及有色金属均无腐蚀，淬火工件光亮且有短期防锈作用，可不清洗直接回火。

⑤ 易老化，变质，使用寿命长。

⑥ 带出量少，使用成本低，综合经济性好。

（2）水性淬火液的适用范围　水性淬火剂可用于锻钢、铸钢、铸铁以及冲压件等的淬火。适用于开口式淬火槽、连续炉、淬火槽外设的多用炉及感应淬火炉等。

① 锻钢。小至1kg大至几吨的低淬透性锻钢或高淬硬性合金锻钢均可采用水性淬火剂淬火，所用浓度随合金成分而异，介于10%~30%不等。

② 铸钢。如同锻钢一样，单重悬殊，淬透性各异的铸钢和合金铸钢亦均可采用水性淬火剂淬火，所用浓度随合金成分及铸件形体而异，介于10%~30%不等。

③ 铸铁。球墨铸铁及可锻铸铁通常使用20%~30%浓度的水性淬火剂淬火。

④ 感应淬火。对齿轮、心轴、凸轮轴、轴承轴颈等经常采用火焰或感应淬火，水性淬火剂是淬火油的最理想的代用品，可完全消除油烟和火灾隐患。

以上只是水性淬火剂的适用范围，现场可根据所处理工件的钢种、形状复杂程度、尺寸大小、工件热处理要求及车间的冷却设备情况综合考虑，最后选定浓度最好通过试验确定。

（3）水性淬火液的使用方法

① 由水或油换成水性淬火剂，系统无需大的改动。如原有冷却循环装置（板式或管式换洗器，水塔，储水池）油温可控制在80℃以下的系统，换用水性淬火剂时只需彻底清洗干净系统即可。

② 系统清洗。首先排净系统中的水或油，用清洗剂及水循环清洗剂漂洗系统管道。确认系统及管道清洗干净后，排放干净。注入清水至正常液面的50%，倒入所需水性淬火剂原液，同时搅拌，循环，再加清水至正常液面。

③ 系统匹配。淬火槽壁如涂有酚树酯漆，需去除。水性淬火剂含有防锈剂，对淬火槽及工件有短期防锈作用。在使用过程中，硬水中的阴阳离子会消耗淬火剂中的防锈剂，一般补加新液就补充了防锈剂浓度。

④ 不推荐使用电镀槽，软木和皮革不能用于水溶性淬火系统的密封。与氨气氛接触的水性淬火系统中，不能使用铜制元件。

（4）水性淬火液的使用注意事项

① 浓度控制。随着淬火溶液中水性淬火剂原液浓度的增加，溶液的冷却能力明显下降。为了保证工件淬火后既达到要求的硬度又不出现淬火裂纹，就必须使淬火溶液中淬火剂原液的浓度稳定在一定范围内。在生产现场可以用折光仪监控淬火剂的浓度。新配制的淬火剂水溶液可用折光率读数乘以2.5，即为其浓度值。在淬火剂使用过程中，折光率读数会受到系统污染的影响。为保证对槽液浓度的良好控制，应酌情定期取样测定运动黏度等性能以校正现场浓度值。

② 温度控制。淬火溶液的温度和冷却性能有一定关系。推荐最佳溶液温度为30~40℃，应不高于55℃。为了保产品质量的稳定性，建议将淬火温度控制在尽量窄的范围内。槽液

淬火前后的温升也一般不要大于10℃。最好配备冷却循环散热成套装置,如冬天室温过低,淬火前应考虑加热槽液或适当提高浓度。

### 3.3.15 精密仪表油的特点与选用

仪器仪表的种类繁多,它的润滑问题具有许多独特的特点。一些精密仪器仪表的轴承、齿轮等活动部件的尺寸很小,精度要求较高,例如钟表机械类仪表中的轴承直径常小于0.2mm,多数仪表齿轮的模数小于1mm,滑动速度通常小于0.05mm/min,负荷不大,要求摩擦阻力尽可能小。由于仪器仪表一般不设润滑系统,往往是定期加油或清洗时加油,有的采用无油润滑或一次过加长寿命润滑油。

仪表齿轮的抗外界干扰能力差,因为它传递的力矩很小,振动、冲击、灰尘、磁力和油垢等都会影响正常工作。而且仪表的工作环境条件较为严酷,例如:在航空和航天工业中使用的自动仪表和设备,要求工作温度范围为-40~120℃,期望的使用寿命为连续使用6年以上。因此要求润滑油品的使用寿命与仪表一样或更长的润滑周期,同时在润滑周期内,润滑油不易变质、无腐蚀性、有的仪表要求润滑剂具有抗辐射、耐高真空及高温下不易挥发的性能,不发生任何损坏仪表性能及其准确度的质量问题。图3-165为微压精密真空表。

仪器仪表的轴承常使用一些特殊材料如宝石等,要求润滑剂不会在轴承表面流散。图3-166为润滑油流量计。

图3-165 微压精密真空表

图3-166 润滑油流量计

随着科学技术的发展,各种高精度陀螺、导航仪表、工业装置上使用的各类精密仪表和微型马达对仪表油要求越来越高,矿物油组分的仪表油已不能满足高温、低挥发、长寿命、宽温度等要求,故采用合成油代替。高、低温合成仪表油系列为4112、4113、4114、4115、4116和4116-1六个产品,均加有抗氧剂、防锈剂,其中4112-4115油的使用温度为60~120℃,短期可达150℃。4116、4116-1油的使用温度为-70~150℃。

下面列举一些目前我国生产的润滑油、脂。

**1. 10号仪表油(SH/T 0138—1994)**

由原油切割的馏分经深度加工而制得的仪表油。适用于控制测量仪表(包括低温下操作)的润滑。运动黏度在40℃时为9~11mm²/s,凝点为-52℃,使用温度范围为-50~80℃。

**2. 精密仪表油(SH/T 0454—1992)**

由乙基硅油加入不同比例的低凝优质矿油调和而成。适用于精密仪器仪表轴承和摩擦部件的润滑。使用温度范围为-60~120℃。共有5种牌号,特3号及特4号运动黏度在50℃时为11~14$mm^2/s$;特5号为18~23$mm^2/s$;特14号为22.5~28.5$mm^2/s$;特16号为19~25$mm^2/s$。

**3. 高低温仪表油4122号(SH/T 0465—1992)**

由高黏度甲基氯苯基硅油制成,适用于各种航空计时仪器、湿热环境下的微型电动机轴承和能在宽温度范围内有冲击振动载荷的各种仪表,蒸发损失小,氧化安定性好。运动黏度在100℃时为14$mm^2/s$,使用温度范围为-60~200℃。

### 3.3.16 橡胶油的特点与选用

现代生活离不开橡胶,无论是汽车、航空、航海等交通运输业,还是建筑、尖端科技、医药卫生、日常生活等,因此,橡胶对于促进国民经济的发展和提高人民生活水平起到了不可估量的作用。随着橡胶工业的高速发展,橡胶油用量也在逐年增大。

在SR胶液生产过程中加入的油称为橡胶填充油,如制造充油SBR和充油SBS(苯乙烯-丁二烯-苯乙烯嵌段共聚物)热塑性弹性体所采用的油;在橡胶制品生产过程中加入的油称为橡胶操作油或橡胶加工油。橡胶填充油与橡胶操作油统称为橡胶油。由于橡胶本身的硬度较高,若再加入其他填料或骨架材料,胶料的硬度会更高。在胶料中加入一定量的橡胶油,所生产的橡胶制品既柔软又具有良好的弹性,从这个意义上讲,橡胶油又称为橡胶软化剂。

橡胶填充油在充油橡胶中的质量分数一般为0.20~0.50,橡胶操作油在胶料中的质量分数一般为0.02~0.17,具体用量需根据对胶料物理性能和加工性能的要求以及填充剂的性质和用量而定。

**1. 橡胶油的分类**

为改善胶料的弹性、柔韧性及加工性能等,通常需要加入特定的橡胶油。由于橡胶油的用途和使用范围不同,对橡胶油的理化性能要求也不同,因此又派生出许多名称和牌号。

(1)由于矿物油的分子结构和组成不同,根据油品的特性因数$K$值,可将橡胶油分为石蜡基、环烷基和芳香基三大类。橡胶油生产厂和学术研究机构通常采用此种分类方法。

(2)按使用对象不同,橡胶油可分别称作橡胶填充油、橡胶操作油及橡胶软化剂。

(3)按分子结构类型分析法,可将橡胶油分为101、102、103和104四大类,如表3-41所示。

表3-42 ASTM D 2226-93推荐的橡胶油分类

| 油品类型 | 沥青质量分数 | 极性物质质量分数 | 饱和烃质量分数 |
| --- | --- | --- | --- |
| 101 | ≤0.0075 | ≤0.25 | ≤0.20 |
| 102 | ≤0.005 | ≤0.12 | 0.201~0.350 |
| 103 | ≤0.003 | ≤0.06 | 0.351~0.650 |
| 104 | ≤0.001 | ≤0.01 | ≥0.65 |

由于 ASTM D 2226—93 分类法分析复杂、粗略,且使用不方便,从分子结构类型中只能得到饱和烃的含量,不能确定芳香基和环烷基的所占比例,因而该方法对于橡胶油与各种橡胶的相容性无法作出更确切的描述。

(4)有公司依据黏重常数、比折光度以及苯胺点与油品分子碳原子结构类型之间的经验关系,对橡胶油进行了分类,如表 3-43 所示。

目前国内按照美国材料试验学会(ASTM)确定的标准试验方法 ASTM D 2140 1997 将橡胶油分为石蜡基、环烷基和芳香基三大类。

表 3-43 橡胶油的分类

| 编号 | 类型 | 黏重常数 | 碳原子所占比例/% | | |
|---|---|---|---|---|---|
| | | | $C_P$ | $C_N$ | $C_A$ |
| A | 石蜡基 | 0.790~0.819 | 35~75 | 20~35 | 0~10 |
| B | 类环烷基 | 0.820~0.849 | 50~65 | 25~40 | 0~15 |
| C | 环烷基 | 0.850~0.899 | 35~55 | 30~45 | 10~30 |
| D | 类芳香基 | 0.900~0.939 | 25~45 | 20~45 | 25~40 |
| E | 芳香基 | 0.940~0.999 | 20~35 | 20~40 | 35~50 |

注:$C_P$、$C_N$ 和 $C_A$ 分别表示橡胶油中石蜡烃、环烷烃和芳香烃的碳原子。

**2. 橡胶油的主要性质与使用要求**

由于橡胶油的应用范围广,质量要求差别较大,目前在国内外还没有能代表橡胶油最高质量水平的标准,但对橡胶油的要求基本是一致的。要做到正确选择橡胶油,必须明确橡胶油的主要性质与使用要求之间的关系。图 3-167 为合成橡胶粒。

(1)橡胶油的物理性质与使用要求

① 密度。橡胶油的密度表示单位体积橡胶油的质量,单位为 $kg/m^3$。通常,常温呈液态的石油密度都小于 $1.0kg/m^3$。根据橡胶油的密度大致可以判断该橡胶油的类型。

② 黏度。橡胶油的黏度对于胶料的混炼或密炼是一个重要参数,同时对胶料的加工性能、硫化胶的拉伸强度、回弹值及低温性能等都有重要影响。通常应根据橡胶制品的使用要求来选用不同黏度的橡胶油。

③ 倾点和凝点。倾点和凝点均能反映橡胶油的低温使用性能和储运条件,环烷油的倾点和凝点最低,低温性能最好。选用倾点和凝点较低的橡胶油,能提高胶料的耐寒性和低温物理性能。

图 3-167 合成橡胶粒

④ 闪点。闪点是保证橡胶油在储存和使用过程中安全性能的一项指标。在温度较高的橡胶加工和生产过程中,橡胶油闪点过低,会产生大量挥发性可燃气体,这不仅不利于工人身体健康,而且会产生不安全因素。同时由于橡胶油中一部分组分的挥发,造成实际充油量减少,胶料的各项性能也相应受到影响。

⑤ 苯胺点。苯胺点是指将等体积的苯胺与油混合后相互溶解为均一溶液的最低温度。

一种物质在另一种物质中溶解有两个最基本的特性,即相似相容和温度越高溶解越快。因此,用苯胺点可以描述橡胶油的结构特性。链烷类饱和烃的含量高,其苯胺点也高;芳香烃含量高,而其苯胺点低;环烷烃的苯胺点则介于二者之间。

⑥ 折光率。通常将某石油组分所测得的折射率称为该组分的折光率。链烷烃类橡胶油的折光率最小;芳香烃类橡胶油的折光率最大;而环烷烃类橡胶油则介于二者之间。橡胶油的折光率还与其相对分子质量有关,相对分子质量越大,折光率越大。因此对于不同类型的橡胶油,只有在它们的相对分子质量大致相近时相互比较才有意义。

⑦ 黏重常数。黏重常数是用来描述橡胶油结构特性的常用指标,其值与橡胶油的结构组成有关,是一个无因次常数。由不同原油精炼的橡胶油可通过黏重常数加以区别。一般来说,芳香烃含量与黏重常数成正比,橡胶油精炼程度与黏重常数成反比。

根据橡胶油的黏重常数可大致判断其类型,从而为用户正确选用橡胶油提供依据。黏重常数大小顺序依次为芳香基橡胶油、环烷基橡胶油、石蜡基橡胶油。

⑧ 碳型分析。碳型分析又称碳型结构,可定量地描述橡胶油中链烷烃碳数、环烷烃碳数和芳香烃碳数分占总碳数的比例。

1952年世界著名的橡胶加工油研究专家Kurtz等人发现了黏重常数、比折光度以及苯胺点与油品分子碳原子结构类型之间的经验关系,也就是著名的碳型分析法,并由此建立了一种全新的橡胶加工油分类法。该方法已成为全世界橡胶加工油生产公司最常采用的分类法,并被ASTM确定为标准试验方法ASTM D 2140 1997。ASTM D 2140—1997是一种简易、实用的方法,人们不需采用复杂的物理和化学分离手段来确定油品的成分,而只需测试几个常见的物理性能指标就能确定油品中碳原子的结构类型和油品的分类,并对油品与橡胶的相容性、加工性、挥发性、耐老化性、抗污染性及耐低温性等加以预测,从而为选择适合的橡胶加工油提供依据。

⑨ 蒸发损失。橡胶油的蒸发损失是指橡胶油的挥发性,也是橡胶油使用安全性的一项重要指标,通常采用GB/T 7325 87(ASTM D 972— 1997)测定。若橡胶油在使用过程中蒸发损失过大,在操作空间内油气密集度增大,则越不安全;同时由于轻的石油组分挥发使橡胶油的填充量减小,对橡胶制品的物理性能将产生一定的负面影响。

⑩ 260nm 紫外吸光度。

橡胶油对光线的敏感性通常以芳烃含量来衡量,而石油中芳烃含量直接与样品对260nm紫外光的吸收量有关,通常用260nm紫外光吸收值来衡量橡胶油的颜色稳定性。只要260nm紫外吸光度小于0.5,橡胶油的颜色稳定性就较好。如果在阳光曝晒下仍保持颜色稳定不变,通常260nm紫外吸光度不能大于0.2。橡胶油的260nm紫外吸光度通常采用SH/T 0415—92(ASTM D 2008—91)测定。图3-168为合成橡胶轮胎。

(2) 橡胶油的化学性质与使用要求

① 稠环芳烃含量。目前国际上有许多测定稠环芳烃含量的方法,如IP346、高压液相色谱法(HPLC)和气相色谱法(GC)。测定方法不同,所测结果也不同。广泛采用的IP346是测定溶解于二甲基亚砜(DMSO)中物质的含量。DMSO可溶解所有的稠环芳烃和部分单环芳烃以及环烷烃,尤其是六元环。在老鼠涂抹试验中发现IP346同皮肤癌有关联。根据欧

图3-168 合成橡胶轮胎

洲法律规定,当油品中稠环芳烃质量分数不小于0.03时就必须进行标识。对于环保、无污染型高档橡胶油产品,用IP346测定其稠环芳烃含量是非常必要的。

② 光稳定性。橡胶制品生产厂通常比较注重橡胶油的光稳定性。橡胶中所含有的双键对光、热、氧的作用较为敏感,尤其是在紫外光照射下会发生黄变、交联、硬化变质。橡胶油的光稳定性是中、高档橡胶在加工生产过程中必须考察的一项重要指标。国内研究所对橡胶油的光稳定性进行了技术攻关,基本上解决了橡胶油的光稳定性问题,可将橡胶油的颜色稳定在出厂时的较好水平,并制定了快速检测橡胶油光稳定性的试验方法。

③ 热稳定性。SR生产厂则比较注重橡胶油的热稳定性。温度升高会使氧化反应的速率增大,橡胶在高温加工时由于分子降解而使胶料的性能下降,橡胶油的热稳定性就成为橡胶加工生产过程中要考虑的一个重要因素。目前,中国石油生产的橡胶油产品,其热稳定性已得到了很大提高,在160℃×4h条件下橡胶油的颜色变化范围较小,热稳定性优于国外同类产品。

图3-169为环保塑胶跑道。

**3. 橡胶油的选用原则**

一种理想的橡胶油应具备以下条件:ⓐ与橡胶等原材料的相容性好;ⓑ对硫化胶或热塑性弹性体等产品的物理性能无不良影响;ⓒ充油和加工过程中挥发性小;ⓓ在用乳聚工艺合成的充油橡胶生产中应具有良好的乳化性能;ⓔ在生胶混炼过程中应使其具有良好的加工性、操作性及润滑性;ⓕ环保、无污染;ⓖ具有良好的光、热稳定性;ⓗ质量稳定,来源充足,价格适中。

图3-169 环保塑胶跑道

当然,十全十美的理想橡胶油是没有的。橡胶油生产厂通常按照用户的要求,有针对性地选择原料,重点解决用户所关心的主要性能指标,同时还提供系列产品供用户选择。

生胶、助剂、胶液凝聚、橡胶配合与加工共同组成了SR及其制品的生产过程。橡胶油作为橡胶的增塑体系,在橡胶的配合与加工过程中应用得越来越广泛,是橡胶行业中仅次于生胶和炭黑的第三大材料。

橡胶油的关键特性是它们各自所表现的与橡胶的相容性(加入量)和稳定性,相对而言,三大类橡胶油的优缺点如下:

(1) 石蜡基橡胶油的抗氧化性和光稳定性较好,但乳化性、相容性和低温性相对较差,因此在很多应用场合,石蜡基橡胶油与橡胶的相容性较差,无法提供良好的加工性能。

(2) 芳香基橡胶油与橡胶的相容性最好,所生产的橡胶产品强度高,可加入量大,价格低廉;但颜色深、污染大、毒性大,随着环保要求的日益提高,必将逐步受到限制。

(3) 环烷基橡胶油兼具石蜡基和芳香基的特性,其乳化性和相容性较好,且无污染、无毒,适应的橡胶胶种较多,应用广泛,是最理想的橡胶油。

通常,遵循物质相似相容原理,芳香基橡胶油主要用于SBR和BR充油橡胶的生产,还可用于SBR、BR、NR和CR等橡胶制品的生产;石蜡基橡胶油主要用于EPM、EPDM和IIR等充油橡胶的生产,还可用于EPM、EPDM、IIR和IR等橡胶制品的生产;环烷基橡胶油主要用于SBS、SBR和BR充油橡胶的生产,还可用于SBS、SBR、BR和NR等热塑性弹性体及橡胶制品的生产，广泛用于 IIR、IR、EPM 和 EPDM 等橡胶制品的生产。

若是加工与生活日用品有关的橡胶制品，则橡胶油的毒性是关键指标，因此需要推荐优质环保型橡胶油，而芳香基橡胶油是目前世界公认的致癌物，故不可使用。但是考虑到综合成本问题，芳香基橡胶油在对健康要求不高的场合仍然大量使用，如生产轮胎等橡胶制品，但在生产过程中要特别注意对工人的劳动保护。

选择橡胶油的种类和具体黏度等级主要根据用户所采用的原材料、生产工艺及生产成本等综合而定。

橡胶油与各种橡胶的适应性及性能分别见表 3-44 和表 3-45。

表 3-44 橡胶油对各种橡胶的适应性

| 项目 | 石蜡基橡胶油 | | 环烷基橡胶油 | | 芳香基橡胶油 | |
| --- | --- | --- | --- | --- | --- | --- |
| | 适应性 | 用量/份 | 适应性 | 用量/份 | 适应性 | 用量/份 |
| NR | 良好 | 5~10 | 良好 | 5~15 | 极好 | 5~15 |
| SBR | 良好 | 5~10 | 极好 | 5~15 | 极好 | 5~50 |
| 丙烯酸酯橡胶 | 良 | — | 良好 | | 极好 | — |
| NBR | 不良 | 不适 | 不良 | 不适 | 良好 | 5~30 |
| 聚硫橡胶 | 不良 | 不适 | 不良 | 不适 | 良好 | 5~25 |
| BR | 良好 | 10~25 | 良好 | 10~25 | 良好 | — |
| HR | 良好 | 10~25 | 良好 | 10~25 | 良好 | |
| IR | 良好 | 5~10 | 良好 | 5~15 | 良好 | 5~15 |
| EPM | 良好 | 10~50 | 极好 | 10~50 | 良好 | 10~50 |
| EPM | 良好 | 10~50 | 极好 | 10~50 | 良好 | 10~50 |
| CR | 不良 | 不适 | 极好 | 5~15 | 极好 | 10~50 |

注：橡胶油为中国石油昆仑牌系列产品。石蜡基橡胶油为 KP 系列；环烷基橡胶油为 K 和 KN 系列；芳香基橡胶油为 KA 系列。

表 3-45 橡胶油的性能

| 项目 | 石蜡基橡胶油 | 环烷基橡胶油 | 芳香基橡胶油 |
| --- | --- | --- | --- |
| 低温性 | 良好~极好 | 良好 | 良~不良 |
| 加工性 | 良~良好 | 良好 | 极好 |
| 不污染性 | 极好 | 极好~良好 | 不良 |
| 硫化速率 | 慢 | 中 | 快 |
| 回弹性 | 良好~极好 | 良好 | 良~良好 |
| 拉伸强度 | 良好 | 良好 | 良好 |
| 定伸应力 | 良好 | 良好 | 良好 |
| 硬度 | 良好 | 良好 | 良好 |
| 生热 | 低~中 | 中 | 高 |

从表 3-46 和表 3-47 可以看出，石蜡基橡胶油与橡胶的相容性最差，加工困难，但稳定性、弹性和拉伸强度较好；芳香基橡胶油与橡胶的相容性最好，加工容易，但稳定性最差，毒性最大；环烷基橡胶油则介于二者之间，是一种较为理想的橡胶油。

**4. 各种橡胶对橡胶油的匹配要求**

各种橡胶与选择的橡胶油应该相适应。

(1) SBS 由于 SBS 既具有塑料的特性，如加热后具有可塑性或流动性，又无需经过硫化而只需冷却后就具有橡胶的弹性，因此被称为热塑冷弹体。用其制造各种橡胶制品时还需加入用量较高的橡胶油，但并非所有的橡胶油都适用于 SBS。

根据物质相似相容原理，一定相对分子质量的芳香基和环烷基橡胶油与 SBS 的丁二烯-苯乙烯嵌段聚合物结构最相似，因此用此类橡胶油充入 SBS 中，填充量大，所得橡胶制品的物理性能最佳。

由于芳香烃是有害健康的物质，通常不宜用于制造与人体直接接触的产品。而环烷烃对人体健康无危害，且胶料具有较好的物理性能。因此，所有的 SBS 及其制品最好选用环烷基橡胶油系列。

(2) SBR 一般 SBR 硫化胶中含有约 30% 与硫化无关的低相对分子质量部分。以适宜黏度的橡胶油加入高相对分子质量的 SBR 中替代低相对分子质量部分，既可保持 SBR 硫化胶的物理性能，又改善了胶料的加工性能，同时还降低了胶料生产成本，增大了 SBR 的产量。

根据物质相似相容原理及用途和使用场合的不同来选用橡胶油，如轮胎要求良好的物理性能，且基本不与人体长期接触，因此可填充芳香基橡胶油；而生产与人民生活直接相关的橡胶制品，则应填充环烷基橡胶油。

(3) BR BR 作为制造汽车轮胎胶料的主要组分之一，还可用于生产胶带、胶管等。通常 BR 与 NR 并用，可使橡胶制品获得更好的物理性能。充油 BR 既兼有 BR 的特点，又改进了胶料的加工性能和物理性能，降低了成本。将充油 BR 用于制造轮胎，可以延长轮胎的使用寿命，提高轮胎的抗湿滑性能。BR 充油可使用环烷基和芳香基橡胶油，一般充油质量分数为 0.27~0.33，充油工艺与 SBR 相似。

(4) EPM(或 EPDM) 橡胶油对 EPM(或 EPDM)的影响因聚合物的黏度和第三单体的种类及用量而异。由于芳香基橡胶油中的芳香稠环会吸收自由基，因此对过氧化物硫化产生影响，不易在快速硫化中使用；石蜡基和高饱和度环烷基橡胶油的加工性能良好，可赋予硫化胶较高的拉伸强度。因此，EPM(或 EPDM)优先使用石蜡基或环烷基橡胶油。

(5) CR 普通黏度的 CR 填充橡胶油是为了改善胶料的加工性能。由于其用量较小，对橡胶油的品种无需过分选择，一般使用环烷基橡胶油。CR 常用来制作耐油或耐烃类溶剂的制品，因此，如果在混炼胶中填充与某油(或溶剂)于 CR 中达到膨润平衡时体积增大率相同的橡胶油，所得到的制品在与该油(或溶剂)接触时体积不会发生变化。

高黏度的 CR 能大量地添加填充剂和橡胶油，但硫化胶的拉伸强度和扯断伸长率将下降。由于橡胶油的填充量大，因此宜选择不易渗出且芳香烃碳原子所占比例大(黏重常数约为 0.95)的橡胶油。

(6) NR NR 充油后具有以下特点：柔软性好，易于混炼加工；抗湿滑性能好，可提高轮胎的耐磨性；但抗撕裂性能下降，扯断永久变形大，主要适用于制造雪地防滑轮胎。

含油量大的 NR 硫化胶的物理性能明显低于普通 NR 硫化胶；而炭黑补强充油 NR 硫化胶老化后的物理性能保持率较好。对于像 NR 这样的结晶性橡胶，如果填充稠环芳烃含量大的橡胶油，有可能破坏橡胶分子链的结晶性，使硫化胶的物理性能下降；而使用体积较大、稠环芳烃含量较小的橡胶油，对橡胶分子链的结晶性影响较小，橡胶油的添加量可以增大。因此填充 NR 的橡胶油主要采用芳香基或环烷基橡胶油。

(7) 胶黏剂　在胶黏剂中加入橡胶油主要是为了降低熔融黏度或溶液黏度,改善胶黏剂的流动性,增加压敏黏性和聚集黏性,改善低温屈挠性,降低成本,减小模量和硬度、增大弹性。加入适量橡胶油,可使胶黏剂的综合性能达到最佳状态。一般情况下,芳香基橡胶油趋向于与聚苯乙烯相缔合,而非芳香基橡胶油趋向于与聚丁二烯相缔合。在 SBS 胶黏剂的实际生产中,通常使用与聚丁二烯相相容而对聚苯乙烯相几乎没有影响的橡胶油,因此推荐使用环烷基橡胶油。

(8) 橡胶助剂　新型硫化剂 IS 系列不溶性硫磺中含有不同用量的填充油,主要是改善橡胶助剂的综合性能,防止混炼过程中的粉尘飞扬,降低助剂生产成本。充油不溶性硫黄不仅可以克服普通硫黄的一些缺点,而且有助于提高橡胶制品的质量,具体优点如下:

① 胶料在存放期内不喷霜,保持胶料组分和性能的均一;
② 克服因喷霜而造成胶料黏合性能差的缺陷;
③ 防止对橡胶制品和模具的污染;
④ 在相邻胶层间无迁移现象;
⑤ 可在混炼和存放过程中减少焦烧现象,缩短硫化时间,减小硫黄用量,有利于改善制品的耐老化性能。不溶性硫黄充油应使用环烷基橡胶油。

随着人们环保意识的不断增强,环保型防老剂的生产加工应运而生。生产中使用橡胶油主要是为了改善防老剂的综合性能,防止混炼过程中粉尘飞扬,降低助剂生产成本,建议使用环保型环烷基橡胶油。

### 3.3.17　防锈油的特点与选用

**1. 防锈油简介**

腐蚀是使紧固件破坏的主要形式之一,对汽车、摩托车以及各种车辆、机械会造成很大的损失。据统计,每年由于金属腐蚀所造成的直接经济损失约占国民经济总产值的 2%~4%。为避免锈蚀、减少损失,人们采用了各种各样的方法,用防锈油脂来保护,便是目前最常见的防护方法之一。防锈油是一款外观呈红褐色具有防锈功能的油溶剂。由油溶性缓蚀剂、基础油和辅助添加剂等组成。根据性能和用途,除锈油可分为指纹除去型防锈油、水稀释型防锈油、溶剂稀释型防锈油、防锈润滑两用油、封存防锈油、置换型防锈油、薄层油、防锈脂和气相防锈油等。防锈油中常用的缓蚀剂有脂肪酸或环烷酸的碱土金属盐、环烷酸铅、环烷酸锌、石油磺酸钠、石油磺酸钡、石油磺酸钙、三油酸牛脂二胺、松香胺等。

防锈油防锈耐盐雾能力强,能在铜、铁、不锈钢等金属表面形成一层致密的保护薄膜,膜层结合力强,有效地预防外界物质腐蚀金属,保护膜不易被划花,不影响导电烧焊,表面处理后[电镀镍、化学镍、铬、发黑、枪黑(黑镍)、锡等镀种]的工件经其加后耐盐雾能力能大大提高,中性盐雾测试能达 24~72h 以上不长锈,(因镀层厚度、电镀工艺、镀种不同耐盐雾能力会有所差别)普通电镀,如镍,不到 4h 就会长锈,处理后表面光泽度好。工件与工件之间不会粘连在一起,防指纹、防变色、防水和防氧化能力强,常温原液操作。使用十分方便,成本低。是一种十分理想的防锈抗盐雾封闭原料。

**2. 理化性质**

一般防锈油都应该放在阴凉处存放,保质期 2~3 年。包装有 25kg、50kg、200kg 不等。理化指标如下:

外观:本品为淡棕色液体;

相对密度：大于0.8；
气味：微有轻微气味；
pH值：大于7.0。

金属在储存、运输和使用过程中，由于受环境气氛中水汽、氧气、酸、碱、盐和碳化物等物质的影响，在一定的温度、湿度和时间延续的条件下，会发生物理、化学变化而发生锈蚀。金属的锈蚀，会造成金属的损失和金属零部件功能的衰退和丧失。金属锈蚀是由于金属跟潮湿的空气或电解质溶液接触，发生氧化反应造成的。

**3. 防锈油的分类**

(1) 薄层防锈油　薄层防锈油，经多数紧固件企业的各种不同工艺进行生产性应用，证明对紧固件产品具有良好的防锈性能，同时，易涂覆，色泽浅亮，溶剂挥发少，用量省，为厚层防锈油的1/3以下，故节约生产成本2/3以上，主要用途为紧固件常温发黑后的处理。薄层防锈油可用于室内工序间防锈，也可以用于包装封存防锈。

(2) 蜡膜防锈油　在溶剂稀释型防锈油或超薄层防锈油中加入某些油溶性蜡，可以获得含蜡的防锈保护膜，能明显的提高油膜的抗盐雾和耐大气性能。然而，常温下蜡是固态或半固态，在油品中极易析出，影响油品的外观和质量，甚至难以获得理想的防锈效果，因此，寻找油溶性较好，能明显改善防锈性的蜡是获得稳定性好、成膜均匀含蜡防锈油的关键。

蜡膜防锈油是由成膜剂、高效缓蚀剂和基础油组成的一种溶剂稀释型防锈油。与其他类型的防锈油相比，蜡膜油具有油膜薄、防锈性好、涂层美观等特点。

(3) 水溶性防锈油　我国的防锈油基本上都是以汽油、煤油或机械油作为溶剂的，都是由石油分馏出来的产物，因无法使含在石油里面的芳香烃脱出来，所以汽油、煤油和机械油都含有芳香烃，使用汽油、煤油做溶剂油，一是它的闪点低，易着火；二是污染环境，对人的身体健康有害。以水作为溶剂的水溶剂性防锈油不含芳香烃、铅等对人体有害的物质，生产中无三废排放，防锈效果也是较理想的，这种防锈油易涂、易除，用在封存紧固件的防锈上，可用自来水清洗，此产品经国家有关部门鉴定达到了环保要求。

(4) 挥发性防锈油　挥发性防锈油也就是快干防锈油，它是环保性溶剂油加防锈油添加剂调和而成，主要好处是大部分油膜被挥发，不油腻，不粘手，不会污染产品，是市场上比较好的产品，不足之处就是防锈时间不是很长，大约在六个月到一年。

(5) 置换型防锈油　置换型防锈油一般以具有强烈吸附性的磺酸盐为主要防锈剂，能置换金属表面沾附的水分和汗液，防止人汗造成锈蚀，同时本身吸附于金属表面并生成牢固的保护膜，防止外来腐蚀介质的侵入。因此，大量用于工序间防锈和长期防锈前的表面预处理。还有很多置换型防锈油可直接用于封存防锈。使用时可用石油溶剂如煤油或汽油来稀释，故有时此类防锈油脂中的某些种类也属于溶剂稀释型防锈油范围，使用时由于溶剂挥发，应注意防火通风等问题。

根据国内置换型防锈油标准此类油品分为1号、2号、3号、4号。其中1号、2号、3号油，主要用于各类金属产品及零部件的包装封存。1号油用于黑色金属，2号油用于黑色金属和铜，3号油用于黑色金属和有色金属。1号、2号、3号油用石油溶剂稀释后可作为工序间封存用油，4号油是汗液洗净油，用于工序间清洗防锈。

(6) 封存防锈油　封存防锈油(图3-170)具有常温涂覆、不用溶剂、油膜薄、可用于工序间防锈和长期封存、与润滑油有良好的混溶性、启封时不必清洗等特点。通常可分为浸泡型和涂覆型两种。

① 浸泡型。可将制品全部浸入盛满防锈油的塑料瓶内密封,油中加入质量分数为2%或更低的缓蚀剂即可,但需经常添加抗氧化剂,以使油料不至氧化变质。

② 涂覆型。可直接用于涂覆的薄层油品种。油中需加入较多的缓蚀剂,并需数种缓蚀剂复合使用,有时还需加入增黏剂,如聚异丁烯等,以提高油膜黏性。若配合外包装,可用于室内长期封存,防锈效果良好。

根据国家标准规定,该油品分为三类:第Ⅰ类适用于黑色金属;第Ⅱ类适用于黑色金属和铜合金;第Ⅲ类适用于黑色金属、铜合金、镁合金及铝合金。根据油品的黏度不同,各类中又可分为轻质、中质、重质三种,即在50℃时运动黏度分别小于$10mm^2/s$(低黏度)、$(20\pm10)mm^2/s$(中黏度)、$(50\pm20)mm^2/s$(高黏度)。轻质防锈油主要用于航空机械零件以及电子仪器、精密仪表、小型武器、航海罗盘等小型精密仪表设备,同时起防锈和润滑作用。这类防锈油一般是冬夏通用的,因此有较低的凝固点。中质防锈油主要用于中型以上的机械零件的封存,也兼有防锈、润滑双重作用。其使用温度一般为常温,也可在-20℃左右低温下使用。重质防锈油主要用于大型设备的润滑、防锈,一般只适用于常温。

图3-170 封存防锈油

(7) 电镀防锈油　电镀防锈油是一种浅黄色液体,常温密度0.68~0.85kg/L,防锈耐盐雾能力强,能在铜、铁、不锈钢等金属表面形成一层致密的保护薄膜,膜层结合力强,有效地预防外界物质腐蚀金属,保护膜不易被划花,不影响导电烧焊。工件与工件之间不会贴连在一起,防指纹、防变色、防水和防氧化能力强,常温原液操作,所需设备简单(离心机、胶盒、胶桶各一个,筛网一张)。使用十分方便,成本低。是一种十分理想的防锈耐盐雾封闭原料。适用工件:各类五金标准件、冲压件、螺丝、螺母、鸡眼、介子、弹簧、铆钉、电子配件各种五金制品等。适用范围:电镀厂、表面处理厂、五金厂;铜、铁、不锈钢等金属;镍、化学镍、铬、发黑、锡等镀种。操作流程:电镀工件水洗钝化烘干,浸泡电镀防锈剂风干包装。电能加工产品如图3-171所示。

图3-171 电镀加工产品

**4. 防锈油的选用**

（1）选用标准　防锈油的品种较繁杂，其选用原则有：

① 按金属品种。不同的防锈油对不同金属材质的防锈效果不同，有的对黑色金属防锈效果很好，但对铜则效果一般，这些往往在防锈油的产品说明资料中会作说明，应注意选择。

② 按金属产品的结构和大小。结构简单和表面积大的可选用溶剂稀释型或脂型，而结构复杂有孔或内腔的用油型较好，因为还要考虑启封时防锈膜可除性。

③ 按金属产品所处的环境和用途。分清是短期的工序防锈，还是同时带有短期润滑的长期防锈，是对潮湿环境的长期封存防锈，还是可能存放在沿海库房或甚至有一定时间的海上运输因而要好的抗盐雾性能。选用时要有这方面的针对性。

④ 按对金属产品外观的影响。比如说：金属产品短期防锈，不用清洗就包装时，就要考虑防锈油是否会影响产品的外观与卖相，可以选择挥发快、颜色淡的防锈油品种。

⑤ 金属产品的后续工序考虑，如：是室内储存（包装或不包装），还是室外贮存（包装或不包装）、厂内防锈、成品或半成品、还需何种加工（焊接、清洗）等各方面因素考虑。

（2）使用方法　对不同的防锈油脂，有如下涂抹方法：

① 浸涂，把金属制品浸入液态防锈油中，取出沥干，有的防锈油太稠时，需要加热到一定温度。

② 刷涂，用刷子把防锈油涂于金属制品表面，对大件制品及形状复杂的制品更宜用此法。

③ 喷涂，对大型金属制品用此法比较快捷、均匀。

④ 浸入，小型金属制品可用此法。

一般短期或工序防锈，采用上述涂抹防锈油后即完成防锈工作，但对长期封存防锈，还要进行包装，保护防锈膜在运输库存中不受破坏及减少腐蚀介质的入侵，一般选用耐油、密封性好、软膜性材料，如塑料薄膜、铝塑薄膜、蜡纸等都常用。关于防锈油的选用，和环境也有非常大的关系，加上防锈时间的长短，应选择不同型号的具备某些特殊功能需求的防锈油。见表3-46。

表3-46　不同防锈油产品的适用场合和使用方法

| 专业产品 | | 适用场合 | 使用方法 |
| --- | --- | --- | --- |
| 油性防锈剂 | 防锈油 | 碳钢、铸铁、合金钢、镀锌板、铜铝等多种金属的中长期防锈<br>磷化、发黑等表面处理后的专业防锈产品<br>低价位经济型产品 | 原液使用<br>刷涂、浸涂、辊涂、大孔径喷涂 |
| | 长期防锈油 | 碳钢、铸铁、合金钢、镀锌板、铜铝、低耐蚀不锈钢等多种金属的长期、超长期防锈<br>海洋运输、湿热等恶劣环境下的封存防锈<br>要求防锈油膜无色，且密封防锈期约2~3年的场合<br>要求耐盐雾检测时间约100~300h的场合 | 原液使用<br>刷涂、浸涂、辊涂、大孔径喷涂<br>盐雾环境、湿热环境或要求长期防锈的场合，建议密封包装存放 |
| | 脱水防锈油 | 各种金属零件、标准件在经水剂加工或水剂清洗后的工序间脱水、防锈工艺<br>要求脱水、防锈一步完成的工艺，且要求约3个月防锈期的场合 | 原液使用<br>浸涂、刷涂 |

续表

| 专业产品 | | 适用场合 | 使用方法 |
|---|---|---|---|
| 油性防锈剂 | 硬膜防锈油 | 黑色金属、合金钢、不锈钢、有色金属制品组件及材料的封存防锈及长期防锈<br>需要保持金属零件原有质感与光泽，保持或增加光亮度，且要求不油腻、不粘手、不粘灰的透明防锈硬膜<br>使用市场上传统硬膜防锈油，造成的深颜色、不透明的情况，可用本品取代，以达到透明无色防锈膜的效果 | 原液使用<br>大件：喷涂<br>小件：浸涂或擦涂<br>涂装后常温自干(自干时间20min~2h)<br>友情提示：雨天、高湿天气，严禁施工 |
| 水性防锈剂 | 水性环保防锈剂 | 要求水性防锈，不含亚硝酸钠等毒害性物质的场合<br>钢铁黑色金属、合金钢制品组件及材料的工序间防锈、短期防锈及密封封存防锈<br>使用防锈油太油腻，不易除油，或要求免于除油的场合，可用本品取代<br>要求防锈后，表面洁净、不挂灰，且后工序要求不经清洗就进行表调、磷化、发黑、电镀、化学镀、喷漆的场合 | 兑水使用<br>兑水倍率：工序间防锈：10~20倍<br>短期防锈：5~10倍<br>长期密封封存防锈：1~5倍<br>施工方式：浸泡、喷淋均可<br>友情提示：涂液后晾干、风干或低温烘干后，干燥条件下存放 |
| | 铸铁水性环保防锈剂 | 铸铁专用的水性防锈剂，工序间防锈、短期防锈及密封封存防锈的专业水性防锈产品<br>要求不含亚硝酸钠等毒害性物质的场合<br>铸铁磨削过程中，以水作为冷却液，磨削后极易生锈的场合，加入少量本品，就可有效防锈<br>要求防锈后，不挂灰、不残留或低残留、不油腻、不影响金属本色的场合 | 兑水使用；兑水倍率：工序间防锈：10~20倍<br>短期防锈：5~10倍<br>长期密封封存防锈：1~5倍<br>磨削水剂中添加量3%~6%<br>施工方式：浸泡、喷淋均可<br>提示：涂液后晾干、风干或低温烘干后，干燥条件下存放 |
| | 水性气相防锈剂 | 要求既要水性防锈、又要密封空间气相防锈的场合<br>要求水性防锈后，不经晾干就进行密封袋包装的场合<br>要求不含亚硝酸钠等毒害性物质的场合<br>同上面的环保型 | 兑水使用<br>兑水倍率：短期防锈：5~10倍<br>长期密封封存防锈：1~5倍<br>施工方式：浸泡、喷淋均可<br>友情提示：涂液后无需晾干就可密封包装 |
| | 通用型水性环保防锈剂 | 铸铁、碳钢、合金钢黑色金属及铜、铜合金多种金属的防锈，"铸铁-铜"组合件、"碳钢-铜"组合件的专业水性防锈剂、防变色剂<br>要求不含亚硝酸钠等毒害性物质的场合<br>同上面的环保型 | 兑水使用<br>兑水倍率：工序间防锈：10~20倍<br>短期防锈：5~10倍<br>长期密封封存防锈：1~5倍<br>施工方式：浸泡、喷淋均可<br>友情提示：涂液后晾干、风干或低温烘干后，干燥条件下存放 |
| | 水性透明防锈油 | 同剂<br>要求使用水溶性透明性防锈油，且兑水后的工作液透明清澈，防锈后的工件表面洁净<br>钢铁酸洗——水洗后的钝化、防锈，且要求无残留、无挂灰、较长时间防锈的场合 | 兑水使用<br>兑水倍率：工序间防锈：10~20倍<br>短期防锈：5~10倍<br>长期密封封存防锈：1~5倍<br>施工方式：浸泡、喷淋均可<br>友情提示：涂液后晾干、风干或低温烘干后，干燥条件下存放 |
| | 钢铁防锈粉 | 同剂、油<br>钢铁酸洗：水洗后的钝化，有效抑制酸洗后钢铁的迅速返锈现象，兼具较长期限的防锈效果<br>低成本、高兑水倍率、经济型的固体防锈产品，易于运输 | 兑水使用<br>兑水倍率：工序间防锈：40~60倍<br>短期防锈：10~30倍<br>长期密封封存防锈：5~10倍<br>施工方式：浸泡、喷淋均可<br>友情提示：涂液后晾干、风干或低温烘干后，干燥条件下存放 |

续表

| 专业产品 | | 适用场合 | 使用方法 |
|---|---|---|---|
| 水性防锈剂 | 高效乳化防锈油 | 铸铁、钢铁黑色金属、合金钢制品组件及材料的工序间防锈、中长期防锈及封存防锈<br>易清洗型防锈油，原液使用就可达到高档防锈油的效果，适用于要求长期防锈后，极易清洗或水洗即净的场合<br>适用于带水防锈，且要求防锈期长达数月的效果<br>水溶性防锈油，且要求极薄的防锈油膜的场合 | 兑水使用<br>兑水倍率：工序间防锈：10~20倍<br>短期防锈：5~10倍<br>长期封存防锈：原液使用<br>施工方式：浸泡、喷淋均可<br>友情提示：涂液后晾干、风干或低温烘干后，干燥条件下存放 |
| 特种功能防锈剂 | 带锈防锈剂 | 钢铁、铸铁、合金钢等黑色金属带锈条件下的防锈处理，且要求长期防锈的场合<br>要求除锈、化锈、转锈、防锈、高附着力底涂层一步完成的工艺，且要求有利于增加面漆附着力，达到数年防锈期限的场合<br>要求带锈、化锈后生成的防锈膜层为黑色或黑亮色的场合 | 用钢丝刷刷去金属表面堆积的很疏松的锈蚀或重锈蚀、泥灰物<br>可用刷涂、浸涂、空气喷涂等方法施工，优选刷涂的方法以提供更高的渗透性<br>数十分钟后，第一道涂层转黑色。对严重锈蚀的表面，建议再刷第二道，以提供最大限度的保护 |
| | 环保除锈防锈液 | 各种金属材质除锈、除油、防锈一步完成，且要求中性环保的处理液<br>（对于重锈、重油、长期防锈的工况，不推荐使用本品） | 兑水使用：水稀释2~10倍使用，加入本品越多，功能越多。对于较重锈蚀的工件，建议高浓度使用<br>使用温度：常温~50℃<br>后续工艺：严禁水洗，晾干或擦干即可 |
| | 切削液环保超强防锈剂 | 微乳液、半合成切削液、全合成切削液、水基切削液的专业配套防锈剂<br>要求不含亚硝酸钠等毒害性物质，且具有极长防锈期的场合 | 添加入切削液中使用<br>推荐加入量为5%~15% |

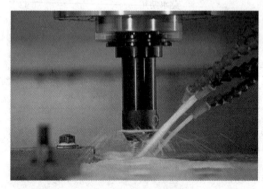

图3-172 金属切削

## 3.4 金属加工液的应用

### 3.4.1 切削液的特点与选用

金属切削（图3-172）加工润滑剂又称金属切削液。切削液是金属切削加工的重要配套材料。近年来，由于切削技术的不断提高，先进切削机床的不断涌现，刀具和工件材料的发展，推动了切削液品种的更新换代。金属切削液是在金属加工过程中，用于润滑和冷却加工工件和工具或模具的润滑冷却介质。

**1. 切削加工液的作用与分类**

（1）切削加工液的作用　使用金属切削液的目的就是为了降低切削力及刀具与工件之间的摩擦，及时带走切削区内产生的热量以降低切削温度，减少刀具磨损，提高刀具耐用度，从而提高生产效率，改善工件表面粗糙度，保证工件加工精度，达到最佳经济效果。

① 冷却作用。冷却作用是依靠切(磨)削液的对流换热和气化把切削热从固体(刀具、工件和切屑)带走,降低切削区的温度,减少工件变形,保持刀具硬度和尺寸。

② 润滑作用。在切削过程中,刀具-刀屑、刀具-工件表面之间产生摩擦,切削液就是减轻这种摩擦的润滑剂。切削液的润滑作用,一般油基切削液比水基切削液优越,含油性、极压添加剂的油基切削液效果更好。

③ 清洗作用。在金属切削过程中,切屑、磨屑、油污、铁粉、砂粒等常常黏附在工件、刀具或砂轮表面及缝隙中,同时玷污机床和工件,不易清洗,使刀具或砂轮切削刃口变钝,影响切削效果。所以要求切削液有良好的清洗作用。

④ 防锈作用。在切削加工过程中,工件如果与水和切削液分解或氧化变质所产生的腐蚀介质接触就会受到腐蚀,机床与切削液接触的部位也会产生腐蚀。在工件加工后或工序间以及存放期间,工件会受到空气中的水分及腐蚀介质的侵蚀而产生化学腐蚀和电化学腐蚀,造成工件生锈,因此要求切削液必须具有较好的防锈性能,这是切削液最基本的性能之一。

⑤ 其他作用。切削液除具有冷却、润滑、清洗和防锈四种主要功能外,还要求切削液具有如下性能:ⓐ 抗腐蚀性;ⓑ 不易腐败;ⓒ 水质适应性;ⓓ 油漆适应性;ⓔ 稳定性;ⓕ 消泡性;ⓖ 毒性和安全性;ⓗ 无刺激性气味;ⓘ 易排放处理;ⓙ 废液处理;

(2) 切削液分类　金属加工液分类常按金属加工方法分为切削液和成形液两大类,或按油品化学组成分为非水溶性(油基)液和水溶性(水基)液两大类。

① 油基切削液。油基切削液是工业应用最早的切削液品种。人们最初直接采用动、植物油来作为切削液,但单纯的动、植物油容易变质,使用寿命比较短。

油基切削液主要由基础油、油性添加剂、极压添加剂、防锈剂、抗氧剂、消泡剂和降凝剂等组成。

② 水基切削液。水基切削液是为了满足不断提高的金属切削技术要求而出现的,随着切削速度的变快导致切削温度的不断提高,油基切削液的冷却性能已不能完全满足要求,水基切削液的冷却性好的优点又开始被重视,水基切削液的应用也越来越广泛。

水基切削液把油的润滑性、防锈性与水的冷却性结合起来,同时具备适宜的润滑冷却性,因而对于有大量热生成的高速低负荷的金属切削加工效果显著。

**2. 切削液的选用**

(1) 切削液的选用原则　在一个加工工序中需要使用什么样的切削液,主要根据以下几方面来考虑。

① 改善材料切削加工性能;

② 改善操作性能;

③ 经济效益及费用的考虑;

④ 法规、法令方面的考虑;

⑤ 应满足设备润滑、防护管理的要求;

⑥ 应保证工件工序间的防锈作用,不锈蚀工件;应具有较长的使用寿命;

(2) 根据机床的要求选择切削液　在选用切削液时,必须考虑到机床的结构装置是否适应。

(3) 根据刀具材料选择切削液

① 工具钢刀具;

② 高速钢刀具；

③ 硬质合金刀具；

④ 陶瓷刀具；

⑤ 金刚石刀具。

（4）根据工件材料选择切削液　工件材料的性能对切削液的选择很重要，切削指数越小的材料越难加工。在选择切削液时，对于难加工的材料，应选择活性度高的含抗磨极压添加剂的切削液，对于易加工材料，可选用纯矿油或其他不含极压添加剂的切削液。

对于难于加工的材料应选择活性度高的含抗磨、极压添加剂的切削液，对于易加工材料，可选用纯矿物油或其他不含极压添加剂的切削液。

（5）根据切削加工类型选择切削液　对于不同切削加工类型，金属的切除特性是不一样的，较难的切削加工对切削要求也较高。下面针对一些常用的加工方法如何选择切削液作简单的叙述。

为了能顺利地进行切削加工，必须认真地选用切削油。在考虑被切削材料、机床种类和加工条件、经济性的同时，还应认真考虑作业特性、废水处理方式和环境保护等各种问题。

### 3.4.2　磨削液的特点与选用

磨削液属于切削液的一种。但与切削用的切削液相比，在许多场合下其性状、性能的要求差别很大。磨削液是在磨削加工过程中，砂轮和材料之间既发生切削又发生刻划和划擦，产生大量的磨削热，磨削区温度可达 400~1000℃ 左右，在这样的高温下，材料会发生变形和烧伤，砂轮也会严重磨损，磨削质量下降。在通常情况下磨削加工都会使用磨削液，将大量的磨削热带走，降低磨削区的温度。有效地使用磨削液可提高切削速度 30%，降低温度到 100~150℃，减少切削力 10%~30%，延长砂轮使用寿命 4~5 倍。图 3-173 为磨削加工。

图 3-173　磨削加工

**1. 磨削液的特点**

（1）磨削加工液的性能要求　使用磨削液时，要求能够提高磨削效率，需要具备的性能如下。

① 冷却性能。工件的温升随水基磨削液的流量不同而异，流量越大冷却能力越强，温度上升越小。冷却性能以促进磨粒恰当自锐为宜，磨粒大块缺损或脱落并无好处。冷却性与润滑性并用，相互补充，可以取得优越的磨削效果。

② 润滑性能。与切削液一样，磨削加工液也需要适当的润滑性能。

③ 渗透与清洗性能。渗透与清洗性能是指磨削液渗入到磨粒-工件、磨粒-切屑的界面间，助长这些界面上的润滑性能，特别是冲洗掉堆积在气孔中的磨屑和脱落的磨粒，防止砂轮被堵塞。

④ 沉降性能。磨削加工时，工件以及砂轮都会产生大量的磨屑和砂轮粉末等微细颗粒，磨削加工液能够将这些微粒很快沉降，从而保持磨削加工液澄清，方便过滤。如果这些微细颗粒沉降不好，悬浮在加工液中，过滤不完全，重新渗入到砂轮-工件的界面间，将极大影响磨削精度。因此，优良的磨削加工液应具有良好的沉降性。

⑤ 其他性能。根据磨削加工工艺的不同特点，磨削加工液还具有其他作用，比如与接触的密封材料、油箱油漆的相容性；具备良好的稳定性，在存储和使用中不应产生沉淀或分层等现象；对细菌和霉菌有一定抵抗能力，不易长霉、发臭、变质。

（2）磨削加工液的种类　与切削加工液一样，磨削加工液也分为油基切削和水基切削液。油基切削液用于低速、高精度的磨削加工，如螺纹磨削、槽沟磨削等复杂磨削加工；水基切削液综合了油的润滑性、防锈性与水的冷却性，加上磨削加工需要的高冷却性，除特别难加工的材料外，实际上可以用于一般的轻、中等负荷的磨削加工及高速磨削加工。水基磨削液可简单分为乳化型磨削液、全合成磨削液和半合成磨削液（微乳液）三类。水基磨削液的循环流量都比较大，要求水基磨削液的消泡性比较好，另外为了防止发臭、变质，也常常加入杀菌剂。

**2. 磨削加工液的选用**

（1）磨削加工液选用要点　一般磨削加工的工件表面粗糙度可达 $0.4\sim0.05\mu m$，超精磨加工的表面粗糙度可达 $0.025\sim0.008\mu m$。磨削加工切削液的使用量最大，大约占切削液比例甚至高达 80%，并且磨削加工液对切削液的性能要求也较复杂。因此，如何选择磨削加工的磨削液非常重要。

① 一般磨削加工可选用全合成型切削液或乳化液，稀释浓度为 2%～5%。

② 精磨削加工可选用精制全合成型精磨液或浓度为 5%～10% 的乳化液。

③ 超精磨削加工可选用低黏度或含极压添加剂磨削油，可取得良好的磨削效果。但是必须将磨削液进行精细过滤。近年来，用特殊配方的全合成型或半合成磨削液也能够满足要求，工件表面粗糙度可达到 $0.008\mu m$。

④ 磨齿、磨螺纹等均为精磨加工，有时往往是成形磨削，使工件与砂轮表面接触面大，造成大量热量，散热性差。这时，宜选用极压磨削油或合成型磨削液、半合成极压磨削液作为磨削液。选用极压磨削油时，为防止油雾散发出来的难闻气味，改善环境污染，保护操作工人的健康，也常在油里加入抗氧化安定性添加剂和少许香精。

⑤ 磨削加工难加工材料时，磨削液的正确选用是解决磨削难加工材料的重要途径。其磨削液必须具备：

（a）冷却性好，这不仅可以带走磨削区域的大量热量，降低磨削区域温度，防止工件烧伤和产生裂纹；

（b）润滑性好，能在工件与砂轮界面形成一层润滑膜，减少工件与砂轮接触面间的直接摩擦；

（c）清洗性好，将磨削加工时产生的大量磨屑和砂轮粉末及时冲洗掉，以减少砂轮的堵塞。

（d）沉降性好，磨削加工时产生的磨屑和砂轮粉末等微细颗粒，能够很快沉降，保持加工液澄清，方便过滤，不影响磨削精度。

磨削液同时要满足上述三方面的要求比较困难。但是，特制的高端的全合成型磨削液、半合成极压磨削液、极压磨削油等产品，磨削难加工材料时，是可以取得良好效果的，甚至能够达到镜面效果。

(2) 根据材料选用磨削液

① 磨削不锈钢用的磨削液；

② 磨削钛合金的磨削液的选择。磨削钛合金的磨削液除了具有冷却和冲洗作用外，更重要的是要有抑制钛和磨粒的粘附作用与化学作用。对于普通磨料砂轮磨削，宜选用含有各种极压添加剂的水溶性磨削液。其中的含氯极压添加剂磨削液效果最好，其润滑渗透力强，能抑制粘附及磨削裂纹的发生。必须指出，使用含氯成分的磨削液，磨削后应清洗零件，以防降低零件的抗疲劳强度。用立方氮化硼(CBN)砂轮磨削钛合金时，不宜使用水溶性磨削液，因 CBN 与水在 800℃ 左右会起化学反应，造成砂轮过快磨损。

(3) 根据磨削加工方法选用磨削液　磨削加工能获得很高尺寸精度和较低的表面粗糙度。磨削时，磨削速度高发热量大，磨削温度可高达 800~1000℃，甚至更高，容易引起工件表面烧伤和由于热应力的作用产生表面裂纹及工件变形，砂轮磨损钝化，磨粒脱落。磨屑和砂轮粉末易飞贱，落到零件表面会影响加工精度和表面粗糙度，而加工韧性和塑性材料时，磨屑嵌塞在砂轮工作面上的空隙处或磨屑与加工金属熔结在砂轮表面上，会使砂轮失去磨削能力。因此，为了降低磨削温度，冲洗磨削和砂轮末，提高磨削比和工件表面质量，必须采用冷却性能和清洗性能良好，并有一定润滑性能和防锈性能的切削液。

① 普通磨削。可采用防锈乳化液或合成切削液。对于精度要求高的精密磨削，推荐使用专门精磨液，可明显提高工件加工精度和磨削效率。

② 高速磨削。通常把砂轮线速度超高 50m/s 的磨削称为高速磨削。砂轮线速度提高后，单位时间内参加磨削的磨粒数增加，摩擦作用加剧，消耗能量也增大，使工件表层温度升高，增加表面发生烧伤和形成裂纹的可能性，这就需要用具有高效冷却性能的冷却液来解决。所以，在高速磨削时，不能使用普通的切削液，而要使用具有良好渗透、冷却性能的高速磨削液，才能满足线速度 50m/s 的高速磨削工艺要求。

③ 强力磨削。强力磨削是一种先进的高效磨削工艺，攻入式高速强力磨削时，线速度为 60m/s 的砂轮以 3.5~6mm/min 的进给速度径向攻入，切除率可高达 20~40$mm^3$/(mm·s)。这时砂轮磨粒与工件摩擦非常剧烈，即使在高压大流量的条件下，所测到摩擦区工件表层温度范围达 700~1000℃，如果冷却条件不好，磨削过程就不可能进行。采用性能优良的合成强力磨削液与乳化液相比，总磨量提高 35%，磨削比提高 30%~50%，延长正常磨削时间约 40%，降低功率损耗约 40%。所以，强力磨削时，冷却液的性能对磨削效果影响很大。

④ 金刚石砂轮磨削。这是适用于硬质合金、陶瓷、玻璃等硬度高的材料的磨削加工，可以进行粗磨、精磨，磨出表面一般不产生裂纹、缺口，可以得到较低的表面粗糙度。为了防止磨削时产生过多的热量和导致砂轮过早磨损，获得较低的表面粗糙度，就需要连续而充分的冷却。这种磨削由于工件硬度高，磨削液主要应具备冷却和清洗性能，保持砂轮锋锐，磨削液的摩擦因数不能过低，否则会造成磨削效率低，表面烧伤等不良效果，可以采用以无机盐为主的化学合成液作磨削液。精磨时可加入少量的聚乙醇作润滑剂，可以提高工件表面加工质量。对于加工精度高的零件，可采用润滑性能好的低黏度油基切削液。

⑤ 螺纹、齿轮和丝杠磨削。这类磨削特点是重视磨削加工后的加工面质量和尺寸精度，一般宜采用含极压添加剂的磨削油，这类油基磨削液由于其润滑性能好，可减少磨削热，而且其中的极压添加剂可与工件材料反应，生成低剪切强度的硫化铁膜和氯化铁膜，能减轻磨粒对切削刃尖端的磨损，使磨削顺利进行。为了获得较好的冷却性和清洗性，切削液要保证防火安全，应选用低黏度高闪点的磨削油为宜。

⑥ 珩磨。珩磨加工的工件精度高，表面粗糙度低，加工过程产生铁粉和油石粉颗粒度很小，容易悬浮在磨削液中，造成油石孔堵塞，影响加工效率和破坏工件表面的加工质量，所以要求冷却润滑液具备较好的渗透、清洗、沉降性能。水基冷却液对细小粉末的沉降性能差，一般不宜采用。黏度大的油基磨削液也不利粉末的沉降，所以一般采用黏度小（40℃，$2\sim3\,mm^2/s$）的矿物油加入一定量的非活性的硫化脂肪油作珩磨油。

### 3.4.3 电加工液的特点与选用

电火花加工属于金属切削加工工艺，但它又不同于一般机械切削。电火花加工属于 ISO 金属加工分类。我国国标 GB7631.5 也按此分类。电火花加工油用在电火花加工过程中，主要起到冷却、绝缘和排屑作用。

图 3-174 电火花加工液

随着电火花加工机床的增多，电火花加工液（也称工作液）（图 3-174）的用量也有大幅度增长，质量不断提高。电火花加工液的质量变化，大致经历了 3 个阶段：ⓐ20 世纪 60 年代以前为水基、油基两大系列并用时期，基本上使用水和一般矿物油，如煤油、变压器油等；ⓑ20 世纪 70~80 年代，开始生产电火花加工专用油，即在矿物油中加入适量的添加剂，油中含有较多芳烃；ⓒ20 世纪 80~90 年代，随着环保要求日益严格，电火花加工机床升级换代，开始出现合成型、高速型和混合型电火花加工液。

**1. 电火花加工工作液**

（1）电火花加工液的作用　电火花工作液作为放电介质，在加工过程中应起着冷却、排屑等作用。在电火花加工过程中，加工液主要有如下 4 个作用：

① 对电极的冷却作用。

② 对加工碎屑的冷却作用。

③ 对加工油的放电残余粒子的冷却作用。

④ 加工液的输送作用。

（2）电火花加工液的性能　电火花加工用油需具备如下性能：

① 黏度低，加工碎屑容易排出，冷却性好。

② 闪点和沸点要高。

③ 绝缘性好。

④ 臭味小，加工中分解的少量气体无毒，以保障操作者的健康，当然没有裂解气体最好。

⑤ 价格便宜。

⑥ 对加工物件不污染，没有腐蚀性。

⑦ 氧化安定性好，寿命长。

采用电火花加工工艺初期，曾较多地用水作工作液，优点是冷却性能好，不易着火。但它和矿物油相比，其绝缘性、防腐蚀性和加工精度较差，因此近年来普遍采用矿物或合成油作为工作液。

**2. 电火花加工液的种类**

（1）矿物油型电火花加工油　最初使用煤油、锭子油或机械油之类作为电火花加工液。随着时间的推移，电火花加工技术的进步，对用油提出了更高要求，市场上出现了电火花加工专用油，这些品种电火花加工油的黏度均比较低，一般为 $1.7 \sim 3.2 mm^2/s(40℃)$，具有良好的排屑性和排除积炭的作用；但闪点偏低，因而属于易燃物品。油黏度较高，闪点也较高，适用于较高蒸发温度加工的电火花加工机床。

（2）合成型电火花加工油　由于矿物油型电火花加工油对人体皮肤有一定刺激作用，影响操作者的身体健康，随着环保要求的日益严格，进入20世纪80年代，出现了合成型电火花加工油。所谓合成型油，主要指异构烷烃和正构烷烃。由于不添加酚类抗氧剂，因此油的颜色很浅。该油与矿物油型最大的区别在于芳烃含量极低，几乎没有，基本没有臭味，对人体皮肤的刺激性大为改善。

（3）高速合成型电火花加工油　合成型电火花加工油的优点是无臭味，对皮肤无刺激作用，使用寿命长；但加工速度稍低于矿物油型电火花加工油。高速合成型油则是保留其优点，只提高加工速度，这便是第三代电火花加工油。

**3. 电火花加工液的应用**

电火花加工技术正在不断发展与完善，相应配套的电火花加工液也要进行正确的选择和使用。国外已用到第三代加工液，而我国电火花加工液中，主要使用第一代、第二代加工液。高闪点、低黏度、芳烃含量低、氧化稳定性好的电火花加工液能疏通放电通道、快速排渣、沉淀金属颗粒和炭粉，且热稳定性更好、寿命长、使用价值高。

（1）质量要求　专用的电火花油必须是窄馏分，高闪点，低黏度，低硫、低芳烃。因为在电火花加工中，放电间隙一般在 $0.03 \sim 0.06mm$，低黏度的油渗透性好、导热性好，电极与工件之间不易产生金属或石墨颗粒对工件表面的二次放电，这样既能降低加工面的表面粗糙度值，又能相对防止电极积炭。

（2）线切割工作液使用寿命

① 一般一箱加工液（按45L计）它的正常使用寿命在 $80 \sim 100h$（即大约一个星期）。超过这个时间切割效率就可能会大幅度下降，即判断加工液寿命的判据就是加工效率，一般将加工效率降低20%以上，作为是否应换工作液的依据。性能良好的工作液因为冷却和排屑性能良好，切割速度快，比较容易变黑，但变黑的加工液并不一定就到了使用寿命了，因此单纯以工作液的颜色作为使用寿命的判据不太准确的。选用合成型水溶性线切割液可以到到长时间使用不更换的效果。

② 线切割工作液的配制。线切割工作液的配制也相当重要，太浓、太淡时，均会引起断丝，一般水液稀释比大致在1:10~20范围内。对加工表面粗糙度和精度要求比较高的工件，乳化油的质量分数可适当大些，约10%~20%，这可使加工表面洁白均匀加工后的料芯可轻松地从料块中取出，或靠自重落下；切割速度要求高或大厚度工件切割时，浓度适当低些，约5%~8%，这样加工比较稳定，且不易断丝。但工作液浓度也不能太低，否则将使工

作液绝缘性能降低，电阻率减小，冷却能力增强，从而降低了对工件的润滑作用，不利于排屑，也容易断丝。新配制的工作液，其性能并不是最好，一般使用大约2天以后其效果最佳，继续使用8~10天后就易断丝，此时必须更换工作液。

### 3.4.4 冲压拉伸润滑剂的特点与选用

冲压拉伸成形是指板材、薄壁管、薄型材等作为原材料进行塑性加工的成形方法。冲压拉伸涉及领域极其广泛，深入到机械制造行业的方方面面。冲压拉伸润滑剂是冲压拉伸加工工艺过程中使用的润滑冷却介质。

**1. 冲压拉伸加工分类**

冲压拉伸加工可分为25个工序，归结成分离和成形两大类，如图3-175所示。分离是使坯料中的一部分与另一部分分离的工序，工厂称为剪切和冲裁、修整。成形为改变金属形状而不破裂的工序，工厂称为弯曲、拉延和各种成形加工。冷冲压用板材的厚度一般在4mm以下，板厚超过8mm的才会采用热冲压工艺。

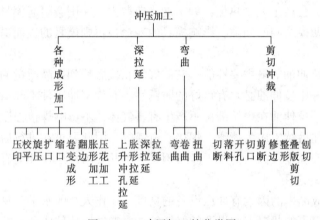

图3-175 冲压加工的分类图

**2. 冲压拉伸润滑剂的种类及其优、缺点**

（1）油性润滑剂　油性润滑剂的优点是可调节黏度，应用范围广，几乎可用于所有的冲压加工工序。可以根据需要加入适当添加剂，使之具有良好的极压性和防锈性，价格也较为低廉。缺点是要求高黏度油时，则脱脂性、加工性变差。由于温度变化引起黏度改变导致润滑性能改变；高速加工时，由于发热可使油品安定性变差。对环境也有一定污染。油型润滑剂的种类如下。

① 矿物油+油性剂。适于非铁金属(铝、铜)冲压；
② 矿物油+油性剂+极压剂。可用于钢、不锈钢冲压，部分铜合金、铝合金加工；
③ 防锈冲压油。适宜于长时间储存的钢板冲压，如汽车车体。

（2）水溶性油　水溶性油的优点是能够改变与水的稀释倍率，冷却性好，渗透性能好，对环境污染小，价格便宜，是冲压用润滑剂发展的方向。可以适应各种冲压加工工序，尤适用于高速加工。其缺点是防锈性差，废液处理难，残留液中有固体填充物。水溶性油可用于不锈钢深冲压(浴缸、化学容器等)，外观要求不高的钢板的冲压(汽车燃油箱、散热器水箱等)。水溶性油的种类有：乳化液(占大部分)、水溶性冲压油、化学溶液。

(3) 固体润滑剂

① 干性润滑膜。优点是润滑性好，具有良好的表面保护效果；防锈性好(二硫化钼例外)。其缺点是脱脂困难，焊接性差，容易黏附到模具上，价格高。干性润滑膜的种类有蜡、金属皂等；二硫化钼、石墨、丙烯聚合物、化学合成膜(磷酸盐)等。干性润滑膜适用于极难加工钢、不锈钢的冲压(汽车保险杠、底盘等)。

② 塑料膜。优点是润滑性和表面保护效果极好，多数在生产厂已涂好塑料膜，冲压时节省了涂膜工序。其缺点是涂膜剥离困难，后废物难处理，除去前不能焊接，价格高。塑料膜的类型有：聚氯乙烯、聚乙烯等。塑料膜用于要求加工后产品表面美观的钢板、不锈钢板的冲压加工(汽车保险杠、装饰品、浴缸等)。

③ 半固体润滑脂。润滑脂的类型有烃基脂、皂基脂、无机润滑脂、有机润滑脂等。润滑脂的用途与油性润滑剂大致相同，但较少使用。

**3. 冲压拉伸加工条件及对润滑剂的要求**

冲压是机械制造中的一类塑性变形加工工艺。工件在冲压形变的过程中，由于晶格的滑移以及剧烈的摩擦，会产生大量热量，如不能迅速散去，一则会引起模具热变形，影响冲出工件的精度，及凸凹模之间的间隙，影响模具的寿命；再则模具的表面退火会造成烧结、拉伤等事故。

润滑性是冲压拉伸油的最主要性能，它的好坏直接影响到产品质量的好坏。冲压工序零件周转期长，因此冲压拉伸油必须有良好的防锈性。有许多冲压件不经清洗后直接进入焊接工序，因此要求冲压拉伸油在焊接部位不产生有害气体，不影响焊接强度，对焊接部位不产生腐蚀。冲压件往往后续工序为喷漆、焊接、电镀等，因此要求在进行后续工序之前进行清洗，冲压拉伸油一般黏度较高，清洗干净很困难，因此要求冲压拉伸油有很好的脱脂性。

**4. 冲压拉伸油的选用**

影响冲压拉伸成品率的因素有冲压设备的精度，操作人员的水平，材料的性能，模具设计的合理性，冲压模具的状况，润滑油的好坏等。影响冲压拉伸成品率的因素很复杂，而冲压拉伸油也是影响成败的重要因素之一。冲压拉伸油的专用性很强，适用面比较窄。因此，在选用冲压拉伸油时，一定要仔细地调查清楚以下几个方面的问题。ⓐ冲压拉伸工艺：冲裁、拉深、拉深变薄、弯曲。ⓑ工件的材质：铝、铜、合金、硅钢片。ⓒ拉深系数，拉深次数。ⓓ冲压拉伸机的吨位、工作速度。ⓔ工件的形状。

(1) 根据不同冲压拉伸的材料来选用

① 硅钢板。属于较容易冲切的材料，大多数要求在冲切后，附着油膜要能快速干燥。同时，要防止冲切品的毛刺产生，延长模具寿命，因此选择的冲压油黏度尽可能高，干燥时间短，退火后不产生碳和防锈性好。

② 碳钢。主要根据加工的难易选择黏度合适的冲压油。

③ 镀锡钢板。不用含氯添加剂的冲压油，防止发生白锈。

④ 铝、铝合金。不能用含氯、硫添加剂的冲压油，最好是pH值为中性的冲压油。

⑤ 不锈钢板。容易产生加工硬化现象，要求使用油膜强度高、抗烧结性好的润滑油，此外，还要求润滑油的黏度要高，冷却性要好。

⑥ 铜、铜合金。不得含氯、硫的冲压油，应选择有油性剂、滑动性好的冲压油。

(2) 根据板材的厚度选用　板材厚度越大，所需冲压力越大，材料与模具之间的润滑油膜难以生成。因此板材厚度越大，要求冲压油黏度越高，极压性能越好。

(3) 根据不同的加工工艺选用

① 拉深。不锈钢在拉深中容易黏模，加工表面特别容易拉花、起皱，一般含氯化物的油对不锈钢的成形有好的效果。但如单独使用氯化石蜡，对模具和工件有腐蚀性，对操作者皮肤有刺激作用，且清洗困难。

铝合金拉深一般使用低黏度含油性剂的矿油、合成油或乳化液。对于拉深程度较大的工艺，也用黏度较高的油（含较多油性添加剂和极压添加剂），而对于成形速度较高的变薄拉深工艺，多使用可溶性油稀释成乳化液。拉深油除了具有良好的脱模效果外，还必须带走加工所产生的热，同时满足成形件的一些特殊要求。对于精密、高速的冲压拉深工艺，一般采用黏度较低，且润滑性和极压性较优异的润滑剂。

② 变薄拉深。在实际操作中，对于拉深过程润滑油的选择要考虑以下几个方面。

（a）润滑油的黏度。黏度直接影响到加工效果，黏度大，最大拉深力就会降低，并在法兰处产生均匀的微坑。黏度低，微坑小，光洁度高，可能产生润滑不足。

（b）附着量。附着量增加，润滑效果增加，但只有单面（凹模面）涂液有效。

（c）减少防皱压板间的摩擦系数，可以明显地减少最大拉深力。

（d）采用良好的极压剂，增大冲压速度，拉深力会明显降低。原因是减少了从凸缘周边流出的润滑油量，增加了残留密封空间的油量，但增加了润滑，这时还要考虑散热性。

(4) 根据加工材料的后续工序选用　影响冲压拉伸最终成品的表面质量因素很多，除了与冲压拉伸工艺这一步骤有关，还与加工材料的后续工序直接相关，而选用的冲压拉伸油也是影响加工材料的后续工序处理质量的重要因素之一。冲压拉伸油选用的针对性越强，对加工材料的后续工序越有帮助。

① 挥发性冲压油。现在越来越多的冲压拉伸厂家没有设立后续清洗工序了，因此，对冲压钢板、铝板或铜片等板材加工时，往往要求后续免清洗，这样就需要选用无残留物、挥发快的挥发性冲压油，冲压油的挥发性快慢直接影响其润滑性能和冲压效果，加入酯类添加剂可提高其润滑性。同时，挥发性冲压油的防锈和防腐蚀变色要求，值得引起注意，很多客户有这方面的要求。

② 后续需要清洗工序。冲压拉伸钢板时，后续需要碱洗脱脂，如果选用的冲压拉伸油黏度过高，或者选用了含大量氯系添加剂的冲压拉伸油，甚至选择氯化石蜡直接作为拉伸油使用，会造成脱脂效果不好。正确选用是：选低黏度冲压拉伸油或选用硫系冲压拉伸油，也可能是脱脂温度太低，提高脱脂温度即可解决。如果使用三氯乙烯脱脂性也不好的话，一是可能油品黏度过高；二是某些硫系冲压拉伸油也会影响三氯乙烯脱脂效果；还有一个原因是清洗用的三氯乙烯受污染以及使用水溶性冲压油引起的。因此应合理选用冲压拉伸油。

表 3-47 为钛及稀有金属拉拔时常用的润滑剂及相应的表面处理。

表 3-47　钛及稀有金属拉拔时常用的润滑剂及相应的表面处理

| 金属 | 拉拔制品 | 表面处理层 | 润滑剂 | 使用方法 |
| --- | --- | --- | --- | --- |
| 钛 TA$_1$ TA$_2$ TA$_3$ | 管 | 氟磷酸盐 | 二硫化钼水剂 | 在已晾干的涂层表面上涂以二硫化钼水剂，然后晾干或在 200℃ 以下烘干后进行拉拔 |
| | | 空气氧化物 | 氧化锌+肥皂或石墨乳 | 经空气氧化的表面上涂以氧化锌和肥皂的混合物或石墨乳，晾干或烘干后喇叭 |
| | 棒 | 铜皮 | 20~30 号机油或汽缸油 | 挤压后铜皮不去除，拉拔时按铜丝网润滑方法进行润滑 |

续表

| 金属 | 拉拔制品 | 表面处理层 | 润滑剂 | 使用方法 |
|---|---|---|---|---|
| 钽和铌<br>Ta、Nb<br>Ta-3Nb | 粗丝：<br>$\varphi 3.0\sim0.6$mm | 氧化处理 | 固体蜂蜡（70%蜂蜡+30%石蜡）；20%的肥皂水；5%的软肥皂水；25%石墨粉 | 拉拔前坯料表面进行氧化处理 |
| | 细丝：<br>$\varphi<0.6$mm | 氧化膜层 | 1%~3%肥皂+10%油脂+水 | 配制成乳液，带氧化膜拉拔 |
| | | | 硬脂酸 9g+乙醚 15mL+四氯化碳 16mL+扩散泵油 40mL | 按此比例配制，适用于无氧化膜拉拔 |
| 锆 Zr，<br>Zr-2 | 管 | 空气氧化或阳极氧化物层 | 长芯杆拉拔时：内表面用石蜡外表面用蜂蜡空拉时：锭子油、机油氧化石蜡润滑 | 在芯杆上涂石蜡，管材外表面和模孔中涂蜂蜡，并擦均匀空拉时，把液体润滑剂涂在管子上，或边拉边涂 |
| | 管 | 氟磷酸盐 | 二硫化钼水剂 | 同钛的氟磷酸盐润滑处理的使用方法 |
| | 棒 | 铜皮 | 20~30号机油或汽缸油 | 同钛的铜皮处理的使用方法 |
| 钼 Mo | 管 | 在热态下拉拔不加处理层 | 胶体石墨剂 | 加热前把胶体石墨水剂刷一层在管子上，然后在200~300℃下烘干使用，在拉拔几道后，趁热涂上石墨乳 |

当钛在高温下拉拔时，可不进行表面预处理，而使用石墨、硼砂、硫酸镉、细滑石粉、烷基苯磺酸钠和水等成的膏状混合物作为润滑剂。此外，当用盐石灰进行钛坯料的表面预处理时，配合使用由75%皂粉和25%硫黄粉组成的混合物作为润滑剂，容易使润滑剂黏附在坯料表面，润滑效果较好。

钨、钼拉拔前主要涂石墨乳做润滑剂，石墨涂层不仅起到润滑作用，而且在加热或热拉拔过程中还能起到保护丝料表面不被氧化的作用。这就要求石墨乳摩擦因数小，附着能力强，以便牢固而均匀的附着在被拉拔金属表面。所以在拉丝生产中，大多采用胶体石墨乳，并且随着成品直径的减小，石墨乳的密度也减小。此外，还有用玻璃粉、石墨树脂以及石墨和二硫化钼等作为润滑剂进行热拉拔的润滑方法。

**5. 管材拉拔润滑剂**

（1）钢管拉拔　钢管的拉拔，一般先将坯管进行酸洗以除去氧化皮，然后经"磷化—皂化"表面预处理，所形成的润滑膜可满足拉拔工艺的要求。不锈钢管材拉拔的润滑，与棒材、线材拉拔的润滑相类同。

（2）铝及铝合金管材拉拔　铝管拉拔一般使用100℃时黏度为27~32$mm^2$/s的高黏度油，有时根据制品的要求还要加入适量油性添加剂、极压添加剂和抗氧剂等，而铝管的光亮度与润滑油的黏度、拉拔速度和模具状况等因素有关。铝管拉拔也可使用石蜡润滑剂，把管坯浸入经溶剂稀释的石蜡溶液或乳化液，然后进行拉拔。

（3）铜和铜合金管材拉拔　铜和铜合金管材拉拔，最早是使用一般全损耗系统用油来润滑，后来为改善产品质量，逐渐采用植物油来代替部分全损耗系统用油。水基润滑剂在某些方面显示较多的优越性，以脂肪酸皂类为主要成分的水基润滑剂具有较好的综合性能，应用广泛。铜和铜合金的拉拔润滑剂的选择受拉拔速度、棒的直径及模具等诸多因素的影响。一般说来，在低速拉拔棒材时，使用皂-脂肪膏以及含动物油或合成脂肪的润滑剂；或采用加有脂肪衍生物和极压添加剂的高黏度油,但不能用含活性硫添加剂(因其易使铜表面变色)。

### 3.4.5 轧制润滑剂的特点与选用

金属材料的轧制加工是金属材料成形的主要方法之一,轧制成形用量最大的是钢材,冶炼钢的90%以上要经过轧制工艺才能成为可用的钢材。

轧制就是在一定的条件下,旋转的轧辊向轧件施加压力,使轧件产生塑性变形的工艺。通常,将高于再结晶温度以上进行的轧制称为热轧,而低于再结晶温度进行的轧制称为冷轧。轧制油是金属轧制过程中的润滑冷却介质。图3-176为轧制后的铝材成品。

**1. 金属轧制和润滑**

随着冶金和机械电气工业的进步以及计算机自动控制技术的应用,金属材料的轧制技术,尤其是轧钢技术,其工艺和设备也有着飞跃的发展。轧制的润滑理论由于与实际相结合更加紧密而得到迅速发展。

轧制中润滑剂主要起减少金属的变形抗力、摩擦力及冷却(控制温度)作用。减少金属的变形抗力、摩擦力可以保证轧制过程稳定,节省能耗、减少轧辊磨损,并能保证轧件的形状,防止金属粘在轧辊上,提高轧件的表面质量,在现有的设备能力条件下实现更大的压下,生产厚度更小的产品。冷却作用是带走轧制过程中产生的热量,防止轧辊因受热变形,以保证轧辊的正常工作状态。图3-177为金属轧制的原理图。

图3-176 轧制后的铝材成品

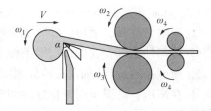

图3-177 金属轧制过程原理图

(1)金属轧制工艺的摩擦特点

① 咬入角与变形区。依靠轧辊与轧件之间的摩擦力将轧件拖入轧辊之间的现象称为咬入(图3-178)。变形区是轧件承受轧辊作用发生变形的部分,即从轧件入辊的垂直平面到轧件出辊的垂直平面所围成的区域。咬入角是轧件与轧辊相接处的圆弧所对应的圆心角$\alpha$。

② 前滑与后滑。轧件在轧制时,高度方向受到压缩,受压缩的金属一部分纵向流动,使轧件延伸;另一部分横向流动,使轧件宽展。纵向流动的金属还可以分成两部分:一部分向轧件出口方向流动,就使得轧件的出口速度大于轧辊在该处的线速度,这种现象叫做前滑;另一部分向轧件入口方向流动,使轧件的入口速度小于轧辊在该处的线速度,这种现象叫做后滑。如图3-179所示。变形区内的摩擦力方向相反是轧制加工的一个特点。

(2)轧制工艺对润滑剂的要求 对于轧钢生产工艺而言,由于接触压力特别大,材料的成形温度也特别高(尤其是热轧工艺),所以对所采用的润滑剂功能就提出了更高的要求,具体要求如下:

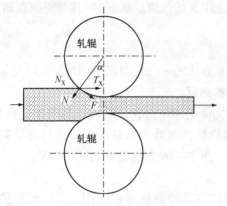
图 3-178　轧制原理示意

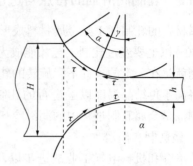
图 3-179　金属板料的轧制加工状态

① 有效地减少轧辊和轧件之间的摩擦力,并控制摩擦因数(无润滑剂时,$f$=0.4~0.673;有润滑剂时,$f$=0.2~0.35);

② 在轧制过程中减轻轧制负荷约为10%~20%,从而实现最大的压下率;

③ 保证轧制产品表面光泽并无污斑;

④ 冷却轧辊以保持轧辊的形状精度;

⑤ 降低摩擦,减少动力消耗(约省电8%);

⑥ 保证油膜的强度和润滑性能,减少轧辊的磨损(约30%);

⑦ 湿润轧制产品,提高轧制产品的表面质量和轧制效率;

⑧ 保证不黏辊,不焖辊;

⑨ 防锈性好且无腐蚀,防止工序间轧制件锈蚀。

(3) 轧制工艺润滑剂的性能　一般要求轧钢润滑剂性能为:

① 吸附活性强,能形成多分子吸附层,吸附性好;

② 冷却性能好,在保证润滑条件下尽量采用低黏度油;

③ 摩擦系数适当(如薄板冷轧制摩擦因数一般为0.03~0.08),轧制性能良好;

④ 在高压、高温下保持良好的润滑性能,使轧辊的磨损率减到最低,并使轧制产品有良好的表面光泽;

⑤ 有良好的扩散性,而且板的压出性好;抗氧化安全性好,使用寿命长;

⑥ 乳化油的稳定性好,轧制时乳化分离性好,要求有适宜的乳化稳定性指数(ESI);

⑦ 有良好的清洗性,使轧辊和轧制产品清洁,轧制后易于洗净,以免轧制产品退火时发生油污;

⑧ 防锈性能好而且无腐蚀,在轧制产品热处理(退火)时不发生油污;

⑨ 适于循环系统使用,水基乳化油应易溶解,并在循环系统中不致分离,且管理方便;

⑩ 无臭、无味,对人身无毒害作用;资源充足,价格便宜。一般乳化油的轧制耗油量为每平方米摩擦面消耗油小于1g最好。

**2. 金属轧制润滑剂的应用**

(1) 钢板热轧的润滑　钢板的热轧液有非水溶性热轧液和水溶性热轧液。水溶性热轧液在热轧工艺中使用时附着性和润滑性较差,在热轧工艺中很少应用。非水溶性热轧液有矿物油、植物油和动物脂肪及合成脂肪为基础的合成润滑剂。热轧油是钢板热轧工艺过程中使用的润滑冷却介质。

① 钢板热轧润滑剂的选用。目前热轧钢板工艺润滑剂可分为有机润滑剂和无机润滑剂两大类。高效无机润滑剂的出现，极大地扩充了应用润滑剂的范围。

在各类润滑剂中，最主要的是液体润滑剂。它有能满足轧制工艺的要求以及使用供给方便的优点。轧制时轧辊上附着的润滑油，与900℃的轧制材料接触，即使是接触时间只有0.01s以下的短时间，热分解问题也是严重的，因此要求使用耐热性好、分解温度高的轧制油。几种油（脂）的耐热温度见表3-48。

表3-48　几种轧制润滑油的耐热温度

| 润滑剂名称 | 开始蒸发分解温度/℃ | 完全蒸发分解消失温度/℃ |
| --- | --- | --- |
| 牛油 | 300 | 700 |
| 菜籽油 | 300 | 515 |
| 大豆油 | 315 | 470 |
| 季戊四醇二癸酸酯（PEDD） | 100 | 530 |
| 季戊四醇三癸酸酯（PETD） | 190 | 470 |
| 气缸油 | 150 | 350~400 |

② 热轧润滑剂的特点。综合各种热轧制润滑剂的特点为：

（a）含磷添加剂的效果最好；

（b）加蓖麻油时的高温、高速下稳定性好，而且蓖麻油的用量越多，效果越好；

（c）对于镍铬耐磨铸铁轧辊以牛脂为好，铸铁轧辊随油种类而不同；

（d）高黏度油或易于热叠合的油的黏附性好，但对动力消耗和轧件的清洗工作有所不利，在压下率30%时，用低黏度油比无润滑时节省轧制力10%；

（e）以季戊四醇酯和牛油的耐热性好，轧制性能好；

（f）热分解时生成脂肪酸的化合物，或容易形成金属皂的化合物的轧制润滑性能好。

③ 热轧油组成。热轧油的组成一般包括矿物油、植物油和酯类油等为基础油，加入脂肪酸、高级醇等油性剂组成。表3-49为热轧油的组成举例，供参考。

表3-49　热轧油的组成举例

| 编号 | 组分 | 含量/% | 编号 | 组分 | 含量/% |
| --- | --- | --- | --- | --- | --- |
| 1 | 合成酯衍生物 | 100 | 3 | 矿物油 | 94 |
|  |  |  |  | 黏度指数改进剂 | 15 |
|  |  |  |  | 聚二元酸二醇 | 5 |
| 2 | 合成酯衍生物 | 50 | 4 | 棉籽油 | 67 |
|  | 精制碳氢化合物 | 50 |  | 季戊四醇酯 | 30 |
|  |  |  |  | 油酸 | 3 |

（2）钢板冷轧的润滑　薄板带材厚度小到一定限度时，由于保温和恒温都很困难，很难实现热轧。随着钢板宽厚比增大，通过热轧保证良好的板型也很困难。采用冷轧方法可以很好地解决这些问题。在轧钢过程中，为了减小轧辊与轧材之间的摩擦力，降低轧制力和功率消耗，使轧材易于延伸，控制轧制温度，提高轧制产品质量，必须在轧辊和轧材接触面间加入润滑冷却液，这一过程就称为轧钢工艺润滑。冷轧乳化液就是冷轧工艺过程中使用的润滑冷却介质。

① 钢板冷轧对润滑剂的要求。在钢板的冷轧制工艺中使用润滑剂能降低轧制力(尤其是在轧制薄板时)，提高轧机生产效率、降低轧辊和轴承的磨损、并能提高板材的几何尺寸精度。坯料轧制后，卷材一般不经除油就直接进行光亮退火。为保证表面粗糙度和表面质量，应该减少冷轧后的条材上留存的润滑剂，即润滑剂的化学成分应保证在退火时能够最大限度地气化并在条材表面上不产生结焦的炭渣。

轧制工艺中的润滑、冷却有两种方法：直喷法和循环法。直喷法用动植物油(牛油等)和水的乳化油喷射，负荷较轻的前段轧制用低浓度(8%~10%)的再生油，而负荷较高的后段用高浓度(15%~20%)的新油。循环法比直喷法省油90%，而且一般只需浓度2%~3%的乳化油，容易处理而费用较低，但所需冷却油设备容量大。由于工艺要求润滑剂的冷却性能好、散热快，能均匀分布在轧制产品上，并保持轧辊的清洁。而循环冷却润滑液常被轧屑、铁末、锈渣、铁盐等杂质所污染，因而必须在循环系统中设离心分离机等，对润滑剂进行连续净化，用以除掉杂质。同时必须要求冷却液乳化油具有在离心机里净化时不会油水分离的性能。

冷轧制润滑油一般要添加极压剂，以满足轧制中实现边界润滑的要求。冷轧制钢板表面温度高达200℃，接触压力每平方毫米高达几千到几万牛顿，所以在润滑剂中必须添加极压剂。

② 冷轧中厚度钢板使用的润滑剂。各国轧制中厚度碳钢板大多使用通用的乳化液。针对不同的轧制材料、轧制速度、轧制产品的质量要求、轧制工艺以及轧机的性能等具体条件，加入各种不同的添加剂，对乳化液进行稳定化处理后，配制成专用的乳浊液，对轧制加工进行润滑和冷却。乳化液大多采用低黏度的矿物油作基础油，采用环烷酸皂、磺基环烷酸皂、脂肪酸皂或非离子表面活性剂复配而成；当调配稀释后使用的乳浊液的机械杂质含量等于或超过0.05%时则认为是不合格的。

③ 轧制薄钢带使用的润滑剂。为了降低轧制薄钢带的摩擦力，必须使用高效的、在表面处理前容易从所轧钢带表面上除掉的润滑剂。在实践生产中常使用低黏度植物油和动物脂或合成的润滑剂。通常使用油水机械混合物(浓度为10%~30%)，直接将其涂在条材上即可。有时也使用纯的介稳定和不稳定的乳浊液。

几种类型的冷轧制润滑油的成分及其使用性能见表3-50。具体选用时，以表内数据的10/范围内浮动为宜。

(3) 冷轧中润滑剂的选用

① 轧制中厚度碳钢板大多使用通用的乳化液。针对不同的轧制材料、轧制速度、轧制产品的质量要求、轧制工艺以及轧机的性能等具体条件，加入各种不同的添加剂，对乳化液进行稳定化处理后，配制成专用的乳浊液，对轧制加工进行润滑和冷却。

冷轧乳化液选择如下：

钢板冷轧是根据轧机形式和轧制条件选择不同的冷轧液。

(a) 用于多机架连轧机和单机架四辊可逆轧机时：

轧制0.5mm以上厚板，使用矿物油系水溶性冷轧液；

轧制0.3~0.5mm中厚板，使用混合系水溶性冷轧液；

轧制0.3mm以下的薄板，使用脂肪系水溶性冷轧液。

(b) 用于多辊轧机时：

低速轧制 300m/min 以下的薄板，使用矿物油系冷轧液；

高速轧制 300m/min 以上的薄板，使用混合系或脂肪系水溶性冷轧液。

② 轧制薄钢带润滑剂的选用。为了降低轧制薄钢带的摩擦力，必须使用高效的、在表面处理前容易从所轧钢带表面上除掉的润滑剂。在实践生产中常使用低黏度植物油和动物脂或合成的润滑剂。通常使用油水机械混合物（浓度为 10%～30%），直接将其涂在条材上即可。有时也使用纯的介稳定和不稳定的乳浊液。

表 3-50 冷轧润滑剂的成分和性能

| 项目 | | 棕榈油 | 洁净轧制油 | 牛油系轧制油 | 合成脂(酯)轧制油 |
|---|---|---|---|---|---|
| 成分/% | 矿物油 | — | 79 | — | — |
| | 牛油 | 100 | — | 80 | — |
| | 脂 | — | 8 | 10 | 82 |
| | 脂肪酸 | — | 3 | 6 | 3 |
| | 乳化剂 | — | 2 | 1 | 2.5 |
| | 极压剂 | — | — | 1 | — |
| | 防氧化剂 | — | 0.5 | 0.5 | — |
| | 防腐剂 | — | 2 | — | 2.5 |
| | 其他 | — | 5.5 | 1.5 | 10 |
| 一般性能 | 酸值/(mgKOH/g) | 9 | 11.3 | 17 | 10.9 |
| | 碱值/(mgKOH/g) | 200 | 25 | 188 | 128 |
| | pH 值 | — | 5.4 | — | 5.5 |
| | 黏度/(m²/s) | 28(50℃) | 89.4(30℃) | 34(50℃) | 45(30℃) |
| | 密度/(g/cm³) | — | 0.0901 | 0.0912 | 0.0863 |
| | 着火点/℃ | >200 | 178 | — | 176 |

### 3.4.6 锻造润滑剂的特点与选用

**1. 金属锻造润滑剂**

（1）锻造过程中的摩擦特点。金属材料的锻造工艺按金属材料锻造时的温度，可分为冷锻、温锻、热锻；按是否使用模具可分为自由锻、模锻，模锻又分为开式模锻和闭式模锻。

锻造是一种非稳态的、间歇工艺过程，润滑剂总是受到变化的接触压力和锻造速度的作用锻造加工工艺种类繁多，金属材料的锻造工艺通常分为镦粗、冲孔和拔长等。锻造加工中模具（图 3-180）的有效润滑，有利于金属在模具中流动和成形、可以保证锻件充满，降低锻造力，提高模具寿命。锻造润滑油剂是一种能起到降低锻造负荷，促进金属在模具中流动，防止模具卡死，减少模具磨损，并具有降热和脱模等作用的工艺介质。图 3-181 为锻造加工的汽车轮毂。

① 冷锻特点。坯料在冷锻时要产生变形和加工硬化，使锻模承受高的荷载，因此，需要使用高强度的锻模和采用防止磨损和黏结的硬质润滑膜处理方法。另外，为防止坯料裂纹，需要时进行中间退火以保证需要的变形能力。

图 3-180　锻造模具

图 3-181　锻造加工的汽车轮毂

对于冷锻，目前较成功的润滑方法是对坯料表面进行"磷化-皂化"处理。所谓"磷化"就是用化学方法在金属材料表面生成磷酸锌及磷酸铁多孔状的薄膜。所谓"皂化"就是用脂肪酸皂类作为润滑剂，使之与磷化层中的磷酸锌发生化学反应生成硬脂酸锌的润滑处理方法。

② 热锻特点。随着机械工业，特别是汽车工业的发展，模锻件需求量不断增加，促使热精密模锻工艺更迅速的发展。良好的模具润滑剂是保证精密锻件质量的重要配套材料。热锻热挤压工艺主要采用石墨型润滑剂，包括油基石墨和水基石墨，从减少烟雾、改善操作环境等考虑，水基石墨得到更为广泛的应用。

③ 温锻特点。温锻加工的特点是兼有冷锻压和热锻压的优点，其变形抗力要比冷锻压小得多，而坯料的温度又比热压低（相变温度以下），加工表面质量比热锻压要好得多。由于温锻时模具承受的负荷也比较高，又在高的温度下连续工作而导致模具的硬度下降，特别是模顶端范围的凸缘半径处，硬度明显下降，致使耐磨性能降低，所以加工时突出的问题是模具寿命短。温锻润滑的目的，首先是充分冷却模具，使模具保持适当的温度，这样可以防止模具温度过高，引起模具的硬度下降。其次是减少模具的摩擦与磨损，降低加工负荷，提高模具的使用寿命，保证产品质量。

（2）锻造加工分类　根据坯料的移动方式，锻造可进一步分为自由锻、镦粗、挤压、模锻、闭式模锻、闭式镦锻。闭式模锻和闭式镦锻由于没有飞边，材料的利用率高，用一道工序或几道工序就可以完成复杂锻件的精加工。锻造按坯料在加工时的温度可分为冷锻和热锻。冷锻一般是在室下加工，热锻是在高于坯料金属的再结晶温度以上加工。有时还将处于加热状态，但温度不超过钢的再结晶温度（460℃）时进行的锻造称为温锻。但普遍采用800℃作为划分线，高于800℃的是热锻；在300~800℃称为温锻或半热锻。

（3）锻造工艺润滑剂　如前所述，锻造分自由锻和模锻，锻造过程可以在冲击（锤锻）条件下进行，也可在慢速（压力机锻造）条件下进行，加工温度分为室温和高温锻造。不同的锻造工艺对润滑剂的要求也不同。

① 锻造用润滑剂的作用与特性。

（a）锻造时施加润滑剂的作用如下：

a. 降低锻造负荷；

b. 促进金属在模具中流动；

c. 防止模具卡死；

d. 减少模具磨损；

e. 作为工件和模具间的热障；

f. 便于工件脱模。

(b) 锻造用润滑剂应具备的特性

a. 能均匀地浸润金属的表面，以防局部无润滑。

b. 没有残渣。因为残渣可能在锻模深处产生积累不容易排除，从而影响锻件公差及工件表面质量。此外，残渣也不能沉积在设备上。

c. 润滑剂不能腐蚀模具，同时可以为模具提供保护涂层作用，具有优良的黏附性。

d. 对模具具有一定的冷却作用。

e. 适合于自动送进并自动喷涂在模具上。

f. 不污染环境，废液容易处理，不形成对人体有害的物质。

g. 储存稳定性好。

h. 浓缩型润滑剂可稀释成满足于不同润滑要求的锻造工艺用润滑剂。

i. 来源广、价格便宜。

② 锻造工艺对润滑剂的要求。锻造加工过程中的润滑剂有液体的，也有固体形态的。锻造加工的特点，模具表面一般不易形成较厚的润滑膜。综合起来考虑，一般要求润滑剂具有以下性能：

(a) 能够均匀地润湿金属表面，防止局部无润滑剂现象出现；

(b) 没有残渣，对于模具无腐蚀性；

(c) 黏附性好；

(d) 具有一定的冷却性能；

(e) 适合于自动给料和喷涂给料；

(f) 储存稳定性好；

(g) 不污染环境，废液容易处理，不形成对人体有害的物质。

(4) 锻造润滑剂的分类　锻造过程所用的润滑剂有液态的，也有固态的。由于锻造加工接触面上具有高接触压力的特点，模具表面一般不会形成厚的润滑膜，除非在高速镦锻操作中或者接触面的几何形状有利于存储润滑剂，润滑剂黏度高和相对滑动速度快才有可能形成厚的润滑膜。

锻造润滑剂的分类标准有多种，常用的分类方法如下。

① 传统分类法。若按传统的分类方法则可分为石墨系与非石墨系两大类，每一类都有水溶性和油溶性两种。目前石墨类润滑剂广泛应用于锻造加工。它的润滑性好、价廉易得。但是，由于石墨色黑、粒小、易扩散，会污染环境，且对工人的身体健康有害，因此，在环保要求日益严格的情况下，人们正在寻找非石墨系(或白色、无色)的锻造润滑剂。

② 按原材料分类法。若以原材料分类则可分为以下几类。

(a) 固体润滑剂。主要包括石墨(本文另作详细介绍)和二硫化钼、氮化硼、云母、滑石粉等，它们均与石墨相似的片状结构，润滑性、耐热性极佳。既可单独作锻造润滑剂，也可以制备成乳状液使用。

(b) 高分子润滑剂。主要包括聚四氟乙烯、合成蜡和三聚氰胺树脂等。它们在较低温度条件下具有优良润滑性；但在 300~400℃ 条件下开始分解，因此高温锻造时应防止发生火灾。

（c）金属盐类润滑剂。主要指钙、钾、钠、铝和锌等金属的脂肪酸盐，它们常混合使用。其中以羧酸钾和羧酸钠等的水溶性白色润滑剂使用最为广泛。

（d）矿物油型润滑剂。一般使用含有极压剂等添加剂的高黏度润滑油。由于在高温下容易着火，常做成乳化液，以增加使用的安全性和减少对环境的污染。

③ 按锻造温度分类　按照锻造工艺的锻造温度，可以分为冷锻用润滑剂、温锻用润滑剂和热锻用润滑剂。

**2. 金属锻造润滑剂的应用**

（1）石墨锻造润滑剂　水基石墨润滑剂是热模锻常用的有效润滑剂，石墨颗粒在 $1\mu m$ 左右的超微石墨润滑剂具有更好的润滑和脱模效果，并可延长模具寿命。

① 石墨的种类。石墨大体可分为天然石墨和人造石墨两大类。人造石墨是将石油焦或沥青焦等在800℃温度下灼烧，然后送入石墨炉在3000℃高温下处理而成。一锻造润滑剂主要使用薄片状石墨。一般加工成零点几微米至几十微米的细粉。通常人造石墨的性质优于天然石墨。

② 石墨的性质。石墨是六角形的片状晶体结构，如图3-182所示。不同层面上的碳原子的键合力非常弱，在同层的碳原子之间的键合力又非常强。石墨受压摩擦容易形成极薄的膜，可防止模具与被加工金属直接接触而造成烧结。因此具有良好的抗压耐磨性。石墨的一般性质见表3-51。

表3-51　石墨的一般性质

| 相对分子质量 | 12.011 | 莫氏硬度 | 1~2 |
|---|---|---|---|
| 外观 | 黑色粉 | 比热容/[kJ/(kg·℃)] | 8.5 |
| 晶型 | 六方晶系 | 电阻率/Ω·cm | $10^{-3}$ |
| 相对密度 | 2.23~2.67 | 热膨胀系数/($10^{-3}$/℃) | 10~25 |
| 熔点/℃ | >3500 | 弹性率/(kg/cm²) | $0.1\times 10^6$ |

③ 石墨润滑剂的特性

（a）润滑性好，粒度越小摩擦系数越小。

（b）是热和电的良导体，具有和金属类似的导电性和导热性。

（c）耐高温。在101.33kPa的惰性气体中，4000℃才升华，而在10MPa，达到3700℃才熔融。

（d）热膨胀系数小，小于塑料和铁、铜等。

（e）化学稳定性好，抗强酸和强碱。

（f）密度小，小于铅的密度。

（g）对金属的黏附力强。

（h）价格便宜。

④ 石墨润滑剂的选用。

（a）锻造石墨乳。图3-183所示是几种固体润滑剂润滑性能的比较。这几种固体润滑剂是在基础油中分别加入5%的不同固体润滑剂，在1100℃温度下测得的圆环压缩摩擦因数，其中石墨最小。

锻造石墨乳具有理想的高温润滑性和附着性，脱模容易，化学性质稳定、无腐蚀、无毒害、可以提高成形质量、明显延长模具使用寿命。是黑色金属、有色金属热加工中理想的高温脱模润滑剂，在锻造、金属加工等行业中应用广泛。固体润滑剂的摩擦因数质量指标和应用场合见表3-52。

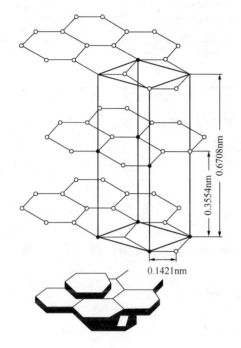

图 3-182 石墨的晶体结构

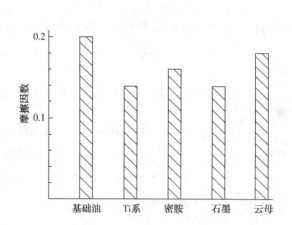

图 3-183 固体润滑剂的摩擦因数

表 3-52 锻造石墨乳质量指标和应用场合

| 品种 | 质量指标 | | | 应用实例 |
|---|---|---|---|---|
| | 固化物/% | 石墨/% | 稀释20倍3h沉降度/% | |
| MD-2 | ≥28 | ≥20 | 35 | 模锻，齿轮粗精锻，辊锻钢水浇铸水口滑板润滑 |
| MD-3 | ≥30 | ≥25 | 不稀释 | 纯硅冶炼用 |
| MD-4 | ≥35 | ≥25 | 不稀释 | 轻合金挤压加工 |
| MD-7 | ≥40 | ≥25 | 40 | 重型压力机模 |
| MD-8 | ≥30 | ≥23 | 35 | 弹头、弹壳热挤压加工 |
| MD-10 | ≥35 | ≥26 | 不稀释 | 锤锻 |
| MD-15 | ≥30 | ≥23 | 35 | |

(b) 水基石墨润滑剂。是以天然磷片石墨微粉为主要成分，在分散剂的作用下，均匀地分散于水介质中制成的胶体乳浊液。用于金属高温锻压成形和金属中温精密锻造。

(2) 锻造用白色润滑剂

① 白色润滑剂的性能与摩擦机理。白色（合成）润滑剂是为减少环境污染而发展起来的，目前其性能已达到石墨润滑剂的某些润滑性能。白色（合成）润滑剂和石墨润滑剂的性能比较见表3-53。

表 3-53 两类润滑剂性能比较

| 项 目 | 石墨类 | 合成类 | 项 目 | 石墨类 | 合成类 |
|---|---|---|---|---|---|
| 离型性 | △ | ○ | 气体逸出 | △ | ○ |
| 润滑性 | ○ | △ | 低沉积 | △ | × |
| 流动性控制 | ○ | △ | 对操作设备的适应性 | □ | □ |
| 绝热性 | △ | ○ | 卫生性 | × | △ |
| 冷却性 | □ | □ | 经济性 | ○ | ○ |
| 模具的浸润性 | □ | □ | | | |

注：□—相同；○—好；△—较好；×—差。

从以上可看出合成润滑剂的润滑机理与石墨润滑剂不同，其润滑过程为：

（a）在模具表面形成的氧化膜上覆盖着高分子聚合物；

（b）伴随着工件的压入产生压力，温度上升，高分子聚合物一部分溶解成为液体润滑剂；

（c）部分液体润滑剂在高温下分解，逸出气体，在工件和模具之间形成气垫，增大了脱模力。

② 白色润滑剂的分类与特性。白色水溶性锻造润滑剂，主要有水溶性高分子、水玻璃和羧酸盐三大类，其中以水溶性高分子发展最快。

（a）典型的水溶性高分子化合物通常特有官能团中的一个或几个。

羟基：—OH；

羧基：—COOH；

氨基：—$NH_2$；

磺酸基：—$SO_3H$。

代表性的水溶性高分子化合物名称及特性见表 3-54。

表 3-54 代表性的水溶性高分子化合物名称及特性

| 名 称 | 相对分子质量 | 特性 |
|---|---|---|
| 聚亚烷基二醇 PAG | 20000 | 易分解，皮膜保持性差 |
| 聚乙烯醇 PVA | 30000 | 易盐析，高温会产生不溶物 |
| 羧甲基纤维素钠盐 CMC-Na | 30000 | 少量增加即可显著增加黏度，皮膜黏附性稍差 |
| 聚丙烯酸钠盐 PA-Na | 30000 | 易分解、致密性好 |
| 烷基马来酸钠盐聚合物 PAM-Na | 60000 | 化学稳定性好，皮膜黏附性好 |
| 聚乙烯亚胺 PEI | | 易发泡，高温下易产生臭氧 |
| 聚乙烯磺酸钠盐 PSS-Na | | 浸润性差，安定性差 |

（b）水溶性高分子润滑剂的性质见表 3-55。

表 3-55 水溶性高分子润滑剂的性质

| 项 目 | PAG | PVA | CMC-Na | PA-Na | PAM-Na | PEI |
|---|---|---|---|---|---|---|
| 溶解性 | ○ | ○ | △ | ○ | ○ | △ |
| 抗泡性 | ○ | △ | ○ | ○ | ○ | △ |
| 表面浸润性 | △ | △ | ○ | ○ | ○ | ○ |

续表

| 项目 | PAG | PVA | CMC-Na | PA-Na | PAM-Na | PEI |
|---|---|---|---|---|---|---|
| 冷却性 | ○ | △ | △ | △ | △ | ○ |
| 皮膜成长性 | △ | ○ | △ | ○ | ○ | △ |
| 皮膜黏附性 | × | ○ | × | ○ | ○ | △ |
| 摩擦因数 | × | △ | ○ | △ | △ | △ |

注：○—好；△—较好；×—差。

由于高分子的聚合度和官能团的种类不同，性质会有所差别。但就高分子在30℃的浓度和黏度而言，超过了某个浓度，黏度便会急剧上升，只有聚亚烷基二醇是个例外，浓度升高，黏度变化很小；而纤维素浓度少量增加，黏度便迅速上升。

（c）典型的白色锻造润滑剂。生产的两种锻造润滑剂的组成和性质见表3-56，它们的使用情况则列于表3-57。由两表可看出，在温锻和小件高温锻造加工过程中，白色锻造润滑剂已基本达到了石墨系润滑剂的润滑性能，而用于高温大件锻造时，则仍需进一步提高其性能。

表3-56 两种锻造润滑剂的组成和性质

| | 项目 | 2500MK-2热锻润滑剂 | 300TK热锻润滑剂 |
|---|---|---|---|
| 组成 | 固体润滑剂 | ○ | — |
| | 高分子化合物A | ○ | — |
| | 高分子化合物B | — | ○ |
| | 黏附剂 | ○ | ○ |
| | 防腐剂 | ○ | ○ |
| | 其他 | ○ | ○ |
| 性质 | 不挥发组分/% | 35 | 40 |
| | 30%稀释液黏度（30℃）/(mm²/s) | 21 | 9 |
| | pH（原液） | 10 | 9.5 |
| | 摩擦因数 $f$ | 0.100（未干燥状态） | 0.107（未干燥状态） |

表3-57 两种锻造润滑剂的使用情况

| 项目 | | 温锻 | | 热锻 | |
|---|---|---|---|---|---|
| 代表零件 | | 接头 | 小齿轮 | 吊架 | 连杆 |
| 加工温度/℃ | | 650~950 | 1000~1250 | 1000~1250 | 1000~1250 |
| 模具寿命（与石墨相比） | | 相近 | 相近 | 90% | 90% |
| 在30℃时润滑剂的黏度/(mm²/s) | | 20.5（润滑剂A） | | 8.5（润滑剂B） | |
| 摩擦因数 | 湿 | 0.11 | | 0.10 | |
| | 干 | 0.04 | | 0.05 | |
| 冷却性（200~500℃）/s | | 24 | | 8 | |
| 黏附量/(g/m²) | | 9.3 | | 8.3 | |

（3）锻造用其他润滑剂　玻璃防护润滑剂是一种涂覆于金属热变形材料表面的涂料，可用于金属材料压力热成形工艺中。它随坯料入炉加热，温度升高后逐渐熔化成熔融致密薄

膜，能阻止氧气、氢气等气体的侵入，起到防氧化、防脱碳及防脱氮的作用。可以减少许多加工工序，降低生产成本，保证加工工艺的高质量。产品特性见表3-58。

表3-58 锻造用玻璃防护润滑剂牌号和特性

| 金属种类 | 适用工艺 | 使用温度/℃ |
|---|---|---|
| 钛合金 | 精锻及大型工件模锻 | 850~1000 |
| | 挤杆、等温锻 | 850~1000 |
| | 无余量粗锻 | 900~970 |
| | 叶片精锻 | 900~970 |
| | 精锻、等温锻 | 850~980 |
| | 精锻 | 580~950 |
| 不锈钢 | 高速锤、模锻 | 900~1180 |
| | 无余量精锻 | 1000~1070 |
| 高温合金 | 模锻、平锻、冲压、精锻 | 960~1160 |
| | 精锻 | 960~1060 |

(4) 按锻造工艺选用润滑剂 不同的锻造工艺，对润滑剂的极压性和黏着性等性能有不同要求。根据锻造工艺时温度不同，锻造润滑剂的组分也多种多样，按锻造工艺来选用，锻造润滑剂又分为冷锻润滑剂、温锻润滑剂和热锻润滑剂。

① 冷锻。在冷锻加工过程中，坯料在室温下变形，坯料和模具间存在很高的接触压力，其大致过程如图3-184所示。

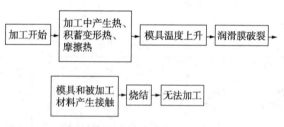

图3-184 冷锻中烧结产生过程

冷锻润滑剂的主要作用是降低摩擦磨损，防止金属表面出现凹点或烧结。

由于冷锻有以上的特点，因此多采用油基润滑剂。在金属变形率较小时，如在冷镦、压锻的情况下，可用高黏度流体；在冲击速度很高时，如高压高速锻造，则采用低黏度的润滑剂。针对冷锻加工时的高接触压力的特点，经常采能生成化学反应膜的润滑剂。

由于冷锻加工温度相对较低，因此，通常采用在常规润滑剂(例如矿物油)中加入皂类以及动植物油和脂肪等，有时在基油中加入胶体石墨，也可以用胶体$MoS_2$代替石墨，还可以添加云母粉、滑石粉、白垩粉、碳酸钙等作填充剂，最多含量可达40%左右。

在一些较为苛刻的冷锻操作条件下，例如金属塑性变形程度较大或加工一些硬质金属或合金钢时，必须采用具有极压特性的润滑剂或采用磷酸盐覆盖成膜的润滑工艺。在冷锻黑色金属时，可以对其表面先进行化学处理，如经过磷酸盐处理使其表面形成金属皂。这种金属皂有较好的摩擦特性，且在高负荷下也能有效地防止两金属相互接触。但是随着温度的升高，金属皂的润滑性能开始变差。

② 温锻。温锻所加工的坯料温度一般在相变点以下。温锻加工兼有冷锻和热锻的特点，

温锻加工时坯料的变形抗力要比冷锻小得多,而坯料的温度又比热锻低;在较大地降低模具压力的情况下仍能得到令人满意的零件表面光洁度和较高的精确度,其加工表面质量要比热锻好得多,是一种有其自身优点的加工方式。

传统的温锻加工用润滑剂大多采用石墨悬浮在水或矿物油中,近年来发展了含脂肪及矿物油组分的润滑剂,具有在高温条件下黏附力强、无烟、产品表面光洁程度好等优点。

③ 热锻。热锻加工过程中,操作温度和模具温度均很高,因而润滑膜要具有耐高温性能。模具温度的大幅度变化所引起的冷热疲劳可导致模具损坏,因此润滑剂应具备降低模具的温度,保持模具在锻造时不发生大的温度变化,提高模具使用寿命的特性。在这种高温下,常规的液体润滑剂很容易挥发,因此,所采用的润滑剂通常含有固体粒子,即在油基或水基润滑剂中再添加固体润滑剂,如石墨、二硫化钼和其他固体润滑剂。在锻造镍基合金、高熔点合金和钛合金锻件时,常采用玻璃涂层,既能起到润滑作用,又能阻止工件表面的氧化。

近年来,油基润滑剂有被水基润滑剂取代的趋势。水基润滑剂的作用可用图 3-185 表示。热锻时可以采用石墨油剂或石墨水剂,将润滑液喷涂于模具上。这时水有一定的冷却作用。如石墨含量为 12% 的水剂润滑剂,密度为 $1.12 \text{g/cm}^3$,适用于简单和中等复杂程度的锻模润滑。石墨的粒度以 $2\sim3\mu m$ 到 $15\sim20\mu m$ 最适宜。

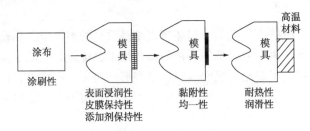

图 3-185 水基润滑剂的作用

固体层状润滑剂(石墨或 $MoS_2$)和聚合物一起用于模具表面,在锻造过程中的使用方法主要是喷涂或用刷子刷涂。用润滑剂处理表面,能在模具表面生成均匀涂层,这是锻造润滑的核心。在很多情况下,能使模具与坯料之间形成均匀润滑膜的润滑方式比选择润滑剂的种类,显得更为重要。目前出现的自动喷涂设备,为有效应用润滑剂提供了很大方便。

## 3.4.7 挤压加工润滑剂的特点与选用

**1. 金属挤压加工润滑剂**

挤压是一种少无切屑的金属塑性加工工艺。它是将金属坯,料放在模腔内,在大的压力作用下,将金属坯料从模腔中挤出,从而获得具有一定形状、尺寸以及具有一定力学性能的挤压件(图 3-186)。挤压加工润滑剂,可以减少挤压材料与挤压缸以及模孔间的摩擦力,减轻金属流动的不均匀性,从而防止裂纹产生,降低温升和挤压力。

(1) 润滑剂在挤压工艺中的作用 挤压时,由于挤压筒和模孔之间摩擦力的阻滞作用,使挤压件外表层流动的慢,内层流动的快。但金属又是一个整体,在金属内部应力的作用下使金属的延伸趋向于"拉齐"。于是在挤压材料的外层产生纵向附加拉应力。当附加拉应力和挤压工作应力叠加后达到金属材料的实际断裂强度时,就会在表面上发生向内扩展的裂纹。若采用合理的润滑工艺,减少挤压坯料与挤压筒及模孔间的摩擦力,减少金属流动的不均匀性,从而可以防止或减少这种裂纹的产生。图 3-187 为挤压加工的润滑。

图 3-186　挤压加工设备　　　　　　　图 3-187　挤压加工的润滑

挤压的工艺润滑作用还有：降低摩擦系数和挤压力；扩大挤压坯料的长度；改善挤压过程中金属流动的性质，减少不均匀性；防止金属与模具的黏着；减小制品中的挤压应力等。同时，它还起到对挤压坯料的保温或绝热的作用，以改善工模具的工作条件，提高挤压速度，减小模具的磨损，延长模具使用寿命，降低力能消耗，提高挤压制品的成品率和表面质量等。

（2）挤压加工特点及对润滑剂的要求

① 冷挤压。

（a）冷挤压特点。冷挤压是在不引起坯料再结晶软化的温度下，靠挤压力进行塑性变形的一种加工工艺。冷挤坯料在室温条件下进行挤压加工，优点是制品表面粗糙度低，且因其变形的强化作用，也提高了制品的强度。缺点是变形抗力大，造成设备消耗的能量大，对设备的负荷容量要求高，加上模具和坯料之间的压力高、摩擦力大、模具磨损严重。冷挤特点如下。

a. 用冷挤压加工可以降低原材料消耗；

b. 用冷挤压加工可以提高生产率；

c. 采用冷挤压加工可以提高零件的力学性能；

d. 冷挤压工件表面质量好；

e. 挤压使坯料变形抗力较大，并且处于较好的压应力状态下变形，因而对塑性较差的一些金属材料也能生产。

（b）冷挤压加工润滑剂的性能要求　冷挤压的金属变形要比冷锻大得多，冷挤压时变形抗力的大小主要受模具强度的约束。现在所用的冷挤压模具材料强度最高者达 250～300MPa。如超过此值，模具将很快损坏。所以，当计算的单位挤压力超过模具材料的许可值时，就要增加变形次数，减少每次的变形程度，从而降低单位挤压力。在成形过程中，连续的挤压使金属与模具剧烈摩擦，瞬时温度可达 200～300℃，甚至高达 500℃。可见冷挤压时模具的工作条件严酷。所以，除了提高模具的质量外，还必须采取有效的润滑措施。

从塑性加工的特征来看，冷挤压润滑剂应满足下列条件：

a. 耐压能力要达到 200MPa 以上；

b. 润滑剂要充分覆盖于挤压新生面上；

c. 保持低的摩擦因数。

② 热挤压。

（a）热挤压的特点。热挤压时，金属坯料加热至再结晶温度以上的某个温度，这就使坯料的变形抗力大为降低。同时坯料加热时会产生氧化、脱碳等缺陷,使产品的尺寸精度和表面质量降低。

(b) 热挤压加工润滑剂的性能要求

a. 在高温高压下性能要稳定,自身不发生氧化变质,不腐蚀模具和工件;

b. 有良好的高温浸润性(浸润温度为400~550℃);

c. 具有良好的润滑、脱模性能;

d. 有良好的冷却及隔热性能,可以防止坯料的温度急剧下降,又可防止模具呈现过热现象。

③ 温挤压。

(a) 温挤压的特点 温挤压的特点是:坯料的变形抗力比冷挤压小,成形比较容易。并且温挤压坯料的加热温度比较低,氧化、脱碳的可能性比热挤压要小。

(b) 温挤压加工润滑剂的性能要求、温挤压润滑的目的,也是防止处于边界润滑的金属与金属的直接接触,减少摩擦及降低磨损,提高模具寿命和改善制品质量等。温挤润滑剂应满足下述要求:

a. 对金属表面的黏附性好;

b. 热稳定性好,能有效地保护原始表面和变形中产生的新生面;

c. 有足够的耐压能力,以防止黏模,产生金属转移;

d. 具有良好的隔热性和冷却性能;

e. 无毒、无腐蚀性;

f. 工件上残留的润滑剂不影响下一工序的加工效果。

(c) 挤压加工润滑剂的分类。挤压加工润滑剂通常按照加工时的温度来进行分类,主要分为冷挤压用的润滑剂、热挤压用的润滑剂和温挤压用的润滑剂

热挤压用的润滑剂包括:铁和软钢用石墨或石墨+酯类作为润滑剂;低中碳钢用石墨+酯类混合物或玻璃润滑剂及其他固体润滑剂;不锈钢和耐热钢用石墨+酯类混合物或玻璃润滑剂及其他固体润滑剂;铝和镁合金用石墨(30%~40%)+机油+松香润滑剂;铜及铜合金用豆油+滑石粉+38号汽缸油+石墨粉,或石墨+酯类或油类混合物,或石墨和玻璃润滑剂,或机油(95%)+石墨(5%);钛合金用石墨和玻璃润滑剂;钼合金用玻璃润滑剂。

国外普遍使用含石墨、二硫化钼等固体润滑材料作为温挤润滑剂。在生产中应用表明,进一步改善了操作环境,提高了制品的质量。另外还有低温玻璃润滑剂,在800℃左右使用性能较好,实际使用时在凹凸模上涂覆上水基石墨,效果更好。

**2. 金属挤压加工润滑剂的应用**

(1) 冷挤压润滑剂的应用 冷挤压与热挤压相比,挤压温度较低,即使在连续工作条件下,由变形热效应与摩擦热效应导致的模具温度通常也不超过200~300℃。但要在这个温度下,使处于凹模内的金属产生变形时必要的塑性流动所需要的挤压力要比热挤压大得多,单位压力一般可达2000~2500MPa,甚至更大,而且这种高压持续时间也较长。由于冷挤压时的变形量很大,新增加的表面积很多,新生金属与模具表面在没有润滑的条件下很容易发生黏着,使润滑条件更为恶化,影响坯料的成形、制品的质量和模具寿命。所以,要求冷挤压用润滑剂具有显著降低摩擦力,在一定的温度和高压下仍能保证良好的润滑性能,有很好的延展性和使用时操作方便、无毒、无怪味,并且价格便宜等特点。

20世纪80年代以来,国外对冷挤压加工使用的润滑剂进行了大量研究工作。各种新型

挤压润滑材料相继问世。我国在冷挤压加工润滑剂方面也开展了不少研究工作。20世纪80年代末期，国内研制的压力冷成形新一代润滑剂，取代磷化皂化处理工艺，为黑色金属挤压成形加工开拓了一条新路。两种新形冷挤压润滑剂质量指标如表3-59所示。

表3-59 两种新型挤压润滑剂质量指标

| 多工位冷挤压润滑剂 | | 金属压力冷成形新型润滑剂 | |
| --- | --- | --- | --- |
| 外观 | 深褐色液体 | 外观 | 黑色黏稠液体 |
| 运动黏度/(mm²/s) | 50~60 | 黏度(涂-4号杯)/(mm²/s) | 23~28 |
| 闪点(开口)/℃ | 170 | 附着力(划圈法) | 1级 |
| 压力/MPa | 13.73 | 摩擦因数 | <0.1 |
| 摩擦因数 | <0.1 | | |

（2）温挤压润滑剂的应用 温挤压是在冷挤压基础上发展起来的，其挤压温度在挤压金属的再结晶温度以下，挤压金属材料在变形后将产生冷作硬化。与冷挤压相比，温挤压具变形抗力较小、变形较容易、模具寿命较长的优点；与热挤压相比，氧化和脱碳的可能性较小，产品的尺寸精度和表面状态好，力学性能比退火材料要高。由于温挤压的这些特点，它除要求润滑剂具有一般挤压润滑剂的共同特点外，还要求润滑剂在大约800℃以下的温度范围内性能基本保持不变。

常用的温挤压润滑剂有：石墨、二硫化钼、二硫化钨、氟化石墨、氮化硼、聚四氟乙烯、氧化铅、金属粉(铅、锡、锌、铝和铜等)和无机化合物(滑石、云母、玻璃粉和瓷釉等)。

表3-60给出了常用的温挤压润滑剂的组成及适用范围。

表3-60 温挤压钢件时常用润滑剂的组成及适用范围

| 编号 | 润滑剂组成 | 组分比例 | 适用范围 |
| --- | --- | --- | --- |
| 1 | 石墨油剂或水剂 | 石墨：油(水)=1:2(体积比) | 不宜用于不锈钢 |
| 2 | 石墨+二硫化钼+油酸 | 石墨：二硫化钼：油酸=26:17:57 (质量比) | 不宜用于不锈钢 |
| 3 | 氧化铅油剂 | 氧化铅：油=1:2(体积比) | 用于不锈钢效果较好，但氧化铅有毒 |
| 4 | 氧化铅+三氧化铬油剂 | (氧化铅+5%三氧化铬)：油=1:2 | 适用于碳素、低合金钢，氧化铅有毒 |
| 5 | 氧化硼+石墨或氧化硼+二硫化钼混合粉末 | 氧化硼+25%石墨或氧化硼+33%二硫化钼(质量分数) | 适用于碳钢、低合金钢及不锈钢 |
| 6 | 硼砂+氧化铋粉末 | 硼砂+10%氧化铋(质量分数) | 包括不锈钢在内的各种钢，特别适用于较高温度 |
| 7 | 玻璃润滑剂 | 根据使用温度选择成分 | |

根据生产实践，建议根据以下几点选择温挤压润滑剂。

① 在室温以上，450℃以下温挤碳钢或合金钢结构钢时，用表3-59中1号和2号润滑剂，但挤压前坯料应进行磷酸盐处理。

② 在400~800℃范围内温挤碳钢和合金钢结构钢、模具钢、高速工具钢等时，采用汽缸油调和的1号石墨油剂，但在600℃以下进行冷挤压时，挤压前坯料应用磷酸盐处理。

③ 在350℃以下温挤不锈钢时，与冷挤时一样，用草酸盐表面处理后用氯化石蜡加二硫化钼(85:15，质量比)做润滑剂；也可采用镀铜和镉，但金属镀层需后处理。

④ 在400~800℃温挤不锈钢时，若是小批量生产则用3号润滑剂，若是大批量生产则可用5号或6号润滑剂；在400~600℃温挤不锈钢时，有时需将坯料用草酸盐处理或者镀铜。在温挤有色金属时，可以采用石墨或者铝合金属粉作润滑剂。

(3) 热挤压润滑剂的应用　对金属在再结晶温度以上的某个合适温度范围内进行的挤压加工称为热挤压。热挤压时变形抗力要低一些，但由于变形温度相对较高，给工艺润滑带来了一定的困难。它要求润滑剂具有更高的耐热性能，对润滑剂的热稳定性能和保温绝热性能提出了更高的要求。目前，热挤压工艺通常采用如下几种润滑方式。

① 无润滑挤压。无润滑挤压也称自润滑挤压，即在挤压过程中不采用任何工艺润滑措施。这种挤压方法主要应用于某些在高温下氧化物比基体金属软的金属。金属本身的氧化层就可作为一种良好的自然润滑剂。无润滑挤压也可用于变形抗力较低的软合金。金、镁等金属也都属于这一类可以自润滑的金属。特别应该提出的是，用分流组合模具挤制管材时，必须采用这种自润滑挤压。图3-188为SN-F1自润滑轴承。

图3-188　SN-F1自润滑轴承

无润滑挤压挤出的制品表面较为光亮，与平模结合使用可以在一定程度上避免由于坯料夹带氧化皮和润滑剂而在制品表面形成的缺陷。但是，它也容易划伤制品表面；在挤制黏附性较强的金属和合金(如铝和铝青铜等)时，易形成黏模，从而使模具寿命下降；它与润滑挤压相比，延伸率较低，制品的组织性能均匀性较差，力能消耗较大。

② 油基挤压润滑剂。油基润滑剂主要是以某种润滑油脂为基础，加入适量的石墨、二硫化钼、盐类等固体润滑剂和其他添加剂配制而成的具有良好高温性能的混合物。需要注意的是，应根据各种金属的挤压工艺和润滑部位的不同，配制不同性能的润滑剂，将配好的油脂润滑剂直接涂在需要润滑的部位后，进行润滑挤压。表3-61给出了目前挤压钢、铜、铝和稀有金属时，部分常用的油基润滑剂的配方和使用范围。

表3-61　常用的部分油基润滑剂配方及使用范围

| 编号 | 热挤压材料 | 润滑剂材料及其配方比(质量分数) | 润滑部位 | 使用说明 |
|---|---|---|---|---|
| 1 | 碳钢 | ① 50%银色鳞片状石墨+50%汽缸油；<br>② 33%石墨+33%食盐+余量矿物油<br>③ 43%石墨+43%脱水汽缸油+7%干燥木屑+7%食盐 | 挤压模具<br>穿孔针<br>挤压筒壁 | 900~1200℃挤压，这三种润滑剂的配比为体积分数 |
| 2 | 铜及铜合金 | ① 10%石墨+20%~25%铅丹+余量机油<br>② 80%~85%机油(黄油等)+15%~20%鳞片状石墨粉<br>③ 沥青<br>④ 62%沥青+33%鳞片状石墨粉+5%煤油<br>⑤ 70%~80%轧钢机油+20%~30%鳞片状石墨 | 挤压模具<br>穿孔针<br>挤压筒壁 | 第四种润滑剂常用于黏附的铝青铜一类合金 |

续表

| 编号 | 热挤压材料 | 润滑剂材料及其配方比(质量分数) | 润滑部位 | 使用说明 |
|---|---|---|---|---|
| 3 | 铝及铝合金 | ① 30%~40%硅油+60%~70%土状石墨<br>② 80%汽缸油+20%石墨<br>③ 65%汽缸油+15%硬脂酸铅+10%滑石粉+10%石墨<br>④ 60%汽缸油+15%硬脂酸铅+10%石墨+15%二硫化钼 | 穿孔针 | |
| | | ① 30%~40%粉状石墨+60%~70%国产1号汽缸油<br>② 10%石墨+10%滑石粉+10%铅丹+70%汽缸油<br>③ 10%~20%片状石墨+70%~80%汽缸油+10%~20%铅丹<br>④ 8%~20%铅丹+10%石墨+10%滑石粉+余量汽缸油<br>⑤ 15%氧化铅+7%滑石粉+7%石墨+余量光亮油<br>⑥ 5%~7%油酸锡+15%~25%石墨+余量汽缸油 | 挤压模具<br>挤压筒壁 | |
| | | ① 80%片状石墨+20%氯化锂和氯化钠的共晶化合物<br>② 80%二硫化钼+20%黄蜡<br>③ 20%颗粒尺寸为1μm左右的细铝粉+80%黄蜡 | 挤压模具<br>穿孔针<br>挤压筒壁 | |
| 4 | 钛和稀有金属及其合金 | ① 混合耐热润滑油脂：汽缸油+石墨+二硫化钼或二硫化钼粉<br>② 沥青或40%石墨+10%二硫化钼+余量汽缸油<br>③ 混合耐热油脂+5%玻璃粉 | 挤压模具 | 应用较普遍，效果好，但在光坯或1000℃以上挤压时效果较差，用于钛、锆包铜套挤压，800℃以上的极压 |
| | | ① 混合耐热油脂+5%玻璃粉<br>② 混合油、菜籽油+5%~10%石墨+5%~10%二硫化钼 | 穿孔针 | 800℃以上挤压<br>包铜套挤压时，针的冷却和润滑 |

油基润滑剂的使用效果较好，制备较容易，便于调节性能，使用方便，应用较广。但是，在使用中会产生燃烧或烟雾，某些物质(如铅等)在燃烧时会分解出大量有毒气体，应设有良好的通风设备。

③ 玻璃润滑剂挤压。玻璃润滑工艺的主要原理是利用玻璃受热时，有从固态逐渐变成熔融状态的特性，故能较好地润滑并黏附在热金属的表面上，与变形金属一起流动，在变形金属表面形成完整的液体润滑膜。这种玻璃膜既起到润滑作用，又可在加热及热挤压过程中避免金属的氧化或减轻其他有害气体的污染，同时还具有热防护剂的作用。为了达到良好的润滑目的，要求玻璃润滑剂具有良好的扩散性、胶结性、绝热性、热稳定性、易清除等特点。同时特别要求其应有适当的软化点，以及熔体黏度随温度变化小等特性。这类润滑剂广泛地应用于挤压温度在350~1600℃的钢、铜、钛和稀有金属的热挤工艺中。例如：在350~650℃挤压铜合金时，使用软化点为350~400℃的碱性磷酸钠玻璃；在800~1000℃挤压铜合金时，使用双组分或多组分的硼玻璃；在700~900℃挤压纯钛和纯锆、在900~1200℃挤压钢和不锈钢、在1100~1200℃挤压镍和钴、在1200~1600℃挤压难熔金属钨和钼等时，均可使用玻璃润滑剂，而且目前在以上加工温度范围内，最常用的工艺润滑剂就是玻璃润滑剂。

④ 软金属包覆润滑挤压。对于铌、钛、钽、锆、铪及其合金材料进行挤压加工时，由

于这些金属在加热时极易被氧化和受气体污染，所以常用紫铜、软钢和不锈钢等软而韧的材料包覆在坯料表面，然后采用包套材料对应的润滑剂直接润滑后进行挤压。

这种润滑挤压方法在稀有金属的挤压中应用较广。但是，挤压之后需用酸液除去包套材料，且回收包套材料的费用也很大。因此，一般仅用于小型挤压机挤钛或是锆及其合金制品，除此之外，目前一般均采用玻璃润滑挤压稀有金属。

油基型润滑剂在使用时有较大的烟雾，且易着火；玻璃润滑剂又存在使用后清除困难的问题。因此，目前正在发展使用具有更优良的润滑性、冷却性、高温润湿性以及防锈性能的水基石墨型润滑剂。在这类润滑剂中，除石墨外，还有一部分液体润滑材料，通常还添加磷酸盐、硼酸盐、胶黏剂、表面活性剂、防锈剂及水的增稠剂，调节其相应的性能。此外，还有研究采用无机盐、玄武岩、聚合物等熔体作挤压用的润滑材料。

### 3.4.8 拉丝拉拔润滑剂的特点与选用

**1. 金属拉拔润滑剂**

拉拔是指金属坯料在夹具施加的拉力作用下通过具有一定形状的模孔而获得小截面产品的塑性成形方法。在碳钢、不锈钢、合金钢、铜、铝及其合金等金属材料的塑性加工中有着广泛的应用。它可以生产各种型材以及直径在数十毫米到几微米不等的棒材、管材等数千种不同规格、用途的产品。

由于拉拔时变形区内的金属处于径向和周向为压应力、纵向为拉应力的"两压一拉"的应力状态，当制品在模孔出品断面上的拉伸应力数值超过材料的强度极限时，材料就会被拉断。因此，在拉拔生产过程中，采用有效的工艺润滑剂和润滑方法对于强化拉拔生产工艺，提高生产效率和产品质量具有重要的意义。另外，在拉拔过程中，由于变形金属相对于模具的滑动速度较大，变形热效应和摩擦热效应使模具的温度显著升高，从而影响产品质量、加速模具磨损。所以，拉拔用润滑剂要求除了具有良好的润滑性能外还要具有良好的冷却性能。

拉拔工艺过程中的润滑效果，要受到模具材质形状、拉拔速度、被拉拔材料和润滑剂质量等多方面因素的影响。但是，最主要的还是润滑剂的性能。润滑剂可降低拉拔应力和能耗，减少模具拉裂和保持较低的工作温度。

（1）拉拔加工分类

① 根据拉拔润滑材料的分类。

(a) 干式拉拔。润滑剂呈粉末状，主要用于拉拔对外观要求不高、截面较大的线材。常用于单头拉拔机。特点是润滑性较好，但冷却性差、拉拔速度较低。

(b) 湿式拉拔。润滑剂呈乳化液状，用于拉拔表面要求较高的不锈钢细丝。常用于水箱拉拔机。特点是冷却效果好、拉拔速度快。

(c) 油式拉拔。润滑剂呈油状，主要用于拉拔表面质量要求较高的光亮丝。特点是润滑性较好，具有一定的冷却效果。

② 根据拉拔速度分类。

(a) 中低速拉拔　中低速拉拔一般是指拉拔速度在 200~800m/min 范围的拉拔工艺。

(b) 高速拉拔　高速低拔一般是指拉拔速度在 800~1400m/min 范围的拉拔工艺。

③ 根据拉拔材料分类。拉拔的材料按外形不同,有丝材、线材还有管材;按照材质不同,又有低碳钢、中碳钢、高碳钢、不锈钢以及铜、铝等材料的拉拔。

(2) 拉拔工艺的润滑

① 拉拔工艺润滑的目的。为减小拉拔过程中的摩擦,采用合理有效的润滑剂和润滑方式具有十分重要的意义。拉拔中润滑的作用主要表现为如下几方面。

(a) 减小摩擦。在拉拔过程中,有效地润滑(良好的润滑剂和润滑方式)能降低拉拔模具与变形金属接触表面间的摩擦因数,降低表面摩擦能耗,减小拉拔力,降低拉拔动力消耗。

(b) 减小磨损、提高生产效率。有效地润滑能减少拉拔时模具的磨损。这样,不但能降低生产成本,同时还减少了更换、修理模具所用的时间,提高了生产率。并且还能减少劳动强度,保证产品的尺寸精度。

(c) 降低拉拔产品的表面粗糙度。拉拔时润滑不良会出现拔制产品表面出现发毛、竹节状,甚至出现裂纹等缺陷。为此,有效地润滑才能确保拉拔过程的稳定和产品的表面质量。

(d) 降低拉拔产品表面温度。当线(丝)材在模孔中进行塑性变形时,为了克服变形抗力及与模壁的摩擦力,外力需消耗很大能量,同时也产生很大热量。在有效润滑的条件下,摩擦发热会大大地减小,尤其是湿法拉拔,润滑液能将产生的热很快传递出去,从而控制模具温度不会过高,同时会避免因温度过高而导致的润滑剂失效。

(e) 减小拉拔产品内应力分布不均。润滑的好坏能影响产品内应力的分布。拉拔变形区应力的骤然改变会引起拉拔产品力学性能的严重下降。在应力分布不均的情况下,局部内应力过高会导致制品的断裂。

(f) 防止产品锈蚀。在拉拔生产中,润滑剂还有防止锈蚀的作用,因为常用的润滑涂层如磷化、皂化膜等,都具有良好的化学稳定性。可以抵抗或减缓大气腐蚀的进行,从而提高了拉拔产品的抗腐蚀性,延长了使用寿命,便于生产中的保管与周转。

② 拉拔润滑剂的性能要求。拉拔棒材、线材及管材时,坯料和拉拔模之间存在的摩擦力以及接触面上产生的温度上升都会引起模具的磨损,因此润滑剂要起到减小摩擦、防止磨损及冷却模具的作用,以便提高拉拔速度和断面收缩率,提高生产效率和产品质量。

所以,拉拔用润滑剂的性能需满足下列要求。

(a) 减小坯料与模具间的摩擦力,要求拉拔润滑油的黏度适当。一般根据拉拔具体条件,选用40℃时黏度为 $9\sim74.8\,\mathrm{mm^2/s}$ 的极压润滑剂,能提高坯料的断面收缩率;

(b) 为满足高速拉拔的要求,润滑剂的性能应在高温下保持不变,对坯料和模具起到有效的冷却和润滑作用,防止金属黏着、熔黏;

(c) 使变形抗力大的坯料易于拉拔,并防止金属过热;

(d) 保证功率传达作用和液压作用,并在拉拔模和拉拔制品之间起液压介质作用;

(e) 降低拉拔产品的表面粗糙度和提高尺寸精度;

(f) 减小拉拔工具和拉拔模的磨损并防止表面擦伤;

(g) 在拉拔时有良好的附着性能,拉拔后制品表面的润滑膜又能容易地被去除。并对产品热处理和退火质量无不良影响;

(h) 长期储存或使用变质慢,对工作人员无毒无害。

（3）拉拔用润滑剂的种类　一般拉拔软钢、铜、铝及其合金时，直接用拉拔油润滑。但拉拔硬质合金钢、不锈钢、钛、锆等材料时则必须先进行造膜，造膜处理的方法有：ⓐ发锈法；ⓑ石灰法；ⓒ钠硼法；ⓓ软金属法；ⓔ草酸法；ⓕ磷酸盐法，如磷酸锌钙皮膜[$Zn_2Ca(PO_4)_2H_2O$]在413℃脱水成膜，[Ca]/[Zn]=0.2~0.5的最好，0.5时对延长拉拔模寿命有利；ⓖ高岭土、滑石粉、碳酸盐等进行简单造膜。

拉拔润滑剂主要分为以下几种：

① 液体润滑剂，包括水溶性油、非水溶性油、植物油、矿物油、合成油、合成树脂等；

② 半固体润滑剂，包括金属皂类、牛油、蜡膏、软沥青等；

③ 固体润滑剂，包括胶体石墨、石灰乳、滑石粉、胶体二硫化钼、硼砂、碳酸钙等。

液体润滑剂中一般要加入极压剂如硫化油脂、二苄基硫酸酯等硫化物、氯化蜡、氯化萘、氯化二苯醚等氯化物或芳基磷酸酯、三丁基磷酸酯等磷化物。根据使用要求还可以加入脂肪酸、金属皂、高级醇衍生物等油性添加剂。

水溶性润滑剂由于使用乳化物，所以事先要进行硫化处理，以防氧化变质。固化润滑剂主要用于不锈钢等不易拉拔的材料上，其润滑性较好，但存在向管内涂抹不方便及拉拔后不易清除等缺点。

**2. 金属拉拔润滑剂的应用**

（1）拉拔润滑剂　拉拔用润滑剂必须要保证具有高的耐磨性，能降低摩擦能耗，减小拉拔力，并能使产品的表面质量符合要求。润滑剂主要是借助在拉拔模入口锥处产生的流体动力学效应进入变形区的。

① 棒材和丝材拉拔润滑剂。

(a) 钢丝干拉用润滑剂。在丝材拉拔生产中，应用最为广泛的是皂粉末或皂屑，这种皂是$C_{10}$~$C_{20}$馏分的天然脂肪酸钠盐混合物。随着拉拔速度增大皂粉颗粒尺寸要减小。由细筛分和粗筛分组成的混合物比由一种筛分的颗粒组成的润滑剂要好。为了提高润滑效果，最好采用易熔皂与难熔皂的混合物。

在拉拔条件比较恶劣时，特别是在拉拔高力学性能钢、高合金钢时，有时采用电化学沉积的锌、铜、镉作底层，也采用在铅浴中浸铅，但随后需进行皂化或者喷洒天然油或植物油。有时在干性油膜上涂以石墨，采用含有淀粉和糊精的胶基润滑剂，或者采用含有增稠剂（凝胶）的润滑剂。

(b) 钢丝湿拉拔用润滑剂。低、中碳钢丝拉拔，采用干拉法，润滑剂用石灰、硼砂和脂肪酸皂等，也可以使用一般拉拔油。对于重负荷，要求低成本时，可选用石灰或硼砂。硼砂在高湿度情况下会恢复结晶状态，但在中等湿度时，具有良好防腐性能。如果拉丝以后不需清除，最好用硬脂酸钙作润滑剂。硬脂酸钙也与硬脂酸钠、石灰一起用于软钢和中碳钢的拉拔。在退火前将残渣清除，否则在热处理时，残渣转变成炭化沉积物，部分沉积物在金属表面上，影响拉制品质量。为了减少拉拔车间的空间粉尘，应不定期地加入一成膜组成，可以帮助石灰均匀黏附在坯料金属表面，从而抑制工艺过程粉尘的飞扬。

对于高速、中等变形程度的拉拔工艺常用乳化液，其典型的成分是：硬脂酸钾35%、动物油25%、矿油8%、硬脂酸2%和水30%。

不锈钢在冷塑变形加工中属难加工之类的金属。由于奥氏体不锈钢经冷加工后淬硬性很大，因此在拉拔工艺中应安排相应的退火工序，并选用抗压性高、润滑性好的拉拔润滑油(剂)。不锈钢的导热性差，拉拔过程产生的高温不易散发，同时不锈钢表面非活性氧化膜的影响，使润滑油膜的形成更加困难，因此，良好的拉拔润滑剂是保证产品质量和拉拔工序正常进行的关键所在。

不锈钢拉拔润滑油(剂)(图 3-189)应具备的特点：为克服不锈钢高强度及冷加工的淬硬性，要求润滑油(剂)有良好的润滑性和更高的极压性；为克服拉拔过程中产生的高温，要求润滑油(剂)在高温状态下具有很好的热稳定性，对乳剂型的润滑剂则要求具备很高的乳化稳定性；对不锈钢表面氧化膜的特征，要求润滑油(剂)对线材及模具有较强的黏附性，黏度大，铺展性要好；具有防锈、防腐蚀能力。

图 3-189　不锈钢拉拔油

(c) 钢棒拉拔润滑剂。在拉拔碳钢棒时，常用的润滑剂配方见表 3-62。

表 3-62　拉拔碳钢棒时常用润滑剂配方

| 序号 | 配方 |
|---|---|
| 配方 1 | 矿物油(工业油 68、汽缸油 680) |
| 配方 2 | 植物油(棉籽油、菜子油) |
| 配方 3 | 硫化切削油 |
| 配方 4 | 润滑脂(钙基润滑脂、羊毛脂、黄油、动物脂、环烷酸皂、沥青) |
| 配方 5 | 固体烃[地蜡、纯地蜡、石蜡(建议在石蜡上加入 5%~10%植物油或动物脂)] |
| 配方 6 | 加有填充剂的润滑剂(菜子油或硫化切削油与熟石灰的混合物，其配比为 1:3) |
| 配方 7 | 矿物油与石灰和石墨的混合物(1:1:1) |
| 配方 8 | 白垩、普通肥皂和水(1:1:1) |
| 配方 9 | 20%乳化液、15%硫化切削油、10%皂、2%滑石粉和 35%水的混合物 |
| 配方 10 | 60%工业凡士林、10%~20%皂和 20%~30%的石墨 |
| 配方 11 | 62%索里多尔润滑脂、30%滑石粉、4%硫和 4%石墨的混合物 |

对于合金钢棒材，采用钙基润滑脂与 25%石墨的混合物。有时在润滑剂中加入添加剂作为活性剂。表面经过氧化处理的不锈钢在拉拔时使用皂粉，在拉拔高合金钢及合金钢时，可在皂中加入 1%以下的硫磺。另外，其他一些适合于钢材拉拔用的润滑剂及其使用情况见表 3-63。

表 3-63　其他一些适合于钢材拉拔用的润滑剂及其使用情况

| 编号 | 润滑剂类型 | 润滑剂名称 | 成分组成及配比 | 使用说明 |
|---|---|---|---|---|
| 1 | 固体润滑剂 | | 石墨(或 ZnO)+3%~5%肥皂液涂肥皂(干涂)<br>牛油石灰(即高温钙或钠基脂):[Ca(OH)$_2$] = 1:(9~10) | 均匀涂于钢材表面，并烘干 |

续表

| 编号 | 润滑剂类型 | 润滑剂名称 | 成分组成及配比 | 使用说明 |
|---|---|---|---|---|
| 2 | 粉末润滑剂 | 拔丝粉 | 44%$C_{10}$~$C_{20}$合成脂肪酸+24%冰醋酸+2%水+28%氢氧化钙+2%磷酸三钠 | 润滑性能与粘附性能优良，适用于一般碳钢及合金钢丝的拉拔 |
| | | 拔丝粉 | 63.9%$C_{10}$~$C_{20}$合成脂肪酸+12.9%冰醋酸+20.1%氢氧化钠+0.15%亚硝酸钠+2.5%磷酸三钠+余量水 | |
| | | 混合拔丝粉 | 3%石墨+2%二硫化铝+2%硬脂酸锌+93%肥皂 | 润滑、耐压、耐热性能优良、配置方便 |
| 3 | 黏稠润滑剂 | | 50%鳞片状石墨+50%机器油 | 均匀涂于钢材表面 |
| | | | 40%鳞片状石墨+45%乳化剂+15%食盐细粉 | 均匀涂于钢材表面 |
| | | | 40%~45%蓖麻油(棉籽油)+55%~60%滑石粉 | 均匀涂于钢材表面 |
| | | | 45%蓖麻油(棉籽油)+35%滑石粉+20%$NH_4Cl$ | 均匀涂于钢材表面 |
| | | | 32%氧化锌(纯度>99%)+16%肥皂(脂肪酸>60%)+52%水 | 均匀涂于钢材表面 |
| 4 | 液体润滑剂 | | 35%硬脂酸钾+25%动物油+8%矿物油+2%硬脂酸+30%水 | 有较好的冷却性能，适用于细丝的连续拉拔 |

(d) 有色金属棒丝材拉拔润滑剂。有色金属在冷拉拔之前，丝材和棒材要进行酸洗、洗涤、中和处理(光泽处理)和钝化处理(重要零件的坯料要除掉耐蚀层)，在石灰-盐槽中处理或进行磷酸盐、镀金属处理(镀铜或镀锌)。铜及其合金在中和处理时放入 70~80℃、1%的普通肥皂液中进行皂化处理。对于钛合金，采用镀铜和磷酸盐处理，建议在干拉拔之前进行氟化物-磷酸盐处理。镍在进行石灰水处理前没必要预先除掉氧化物，镍锰合金和镍铬合金则要在酸洗之后进行石灰水处理。在许多情况下尤其在拉拔半成品时，不需要涂润滑油底层。

对于易黏附的金属，建议在拉拔模上用盐类电解液镀一层厚度在 0.1mm 以下的锌、锡、铜或镉的底层或者用熔融锌盐涂一层锌，并且随后进行磷酸盐处理。

在无滑动的拉拔机上拉拔大直径的丝材及棒材时使用干润滑剂或润滑脂，有时使用不同黏度的油的混合物以及皂粉和矿物油与石墨和硫黄的混合物。在拉拔具有高黏附倾向的半成品时，使用添加植物油或动物脂及脂肪酸的重油、重质矿物油。

a. 铝和铝合金拉拔。铝和不锈钢相似，表面有一层易碎的氧化膜。但比不锈钢易拉得多。铝和铝合金带材及棒材的拉拔，常用钙基润滑脂和10%~20%动物油及皂的润滑剂。近年来也较多使用合成酯油代替动植物油。

b. 铜和铜合金的拉拔。在铜丝拉拔工艺中，少数厂家为降低生产成本，采用肥皂水代替润滑剂，它可以起到一定的润滑、散热作用。但是，皂类水解后的脂肪酸能与氧化铜发生反应生成铜皂，而这些铜皂黏性很强，它将拉拔过程中摩擦下的铜粉粘接成胶状物堆积在模孔入口处，导致制品表面不同程度地出现划伤、凹痕。由于拉拔作业受阻，使得拉拔力不均，导致制品的截面公差超标，严重时还会导致断线事故。铜皂加速了拉丝液的氧化，使液体很快酸败、发臭，无法使用。由于酸败的液体又加速铜线的氧化，使得铜线的表面发黑，影响产品的外观质量，见图3-190。

对于铜拉拔用各种乳化液，要求具有以下性能：

a) 边界润滑性能优良，可显著降低模具的损耗；

图 3-190 液压铜排拉拔机

b）产品尺寸稳定，外观平滑、光亮，不变色，退火无污斑；
c）不与铜发生反应生成不溶性金属盐；
d）pH 值的缓冲性能好；
e）乳液分散性好，乳液稳定，泡沫低；
f）乳液中的铜粉自行沉淀，易分离，不阻塞模孔和乳液循环系统；
g）乳液不酸败、不发臭，对皮肤无刺激；
h）使用寿命长。

必须指出，含硫的极压添加剂会使铜腐蚀形成锈斑，在拉拔铜及其合金时应避免使用。此外，在细线拉拔时，多余的游离脂或碱还可能导致模孔堵塞，使制品划伤或出现断线。

另外，在使用润滑油循环系统拉拔铝材时，由于黏附铝脱落进入润滑剂内成为铝屑，会导致润滑油"黑化"。所以，应采用黏度较小的润滑剂，以减少分离铝屑的困难。

(e) 钛及稀有金属冷拔用润滑剂。在冷拔钛和稀有金属时，需要先进行氧化处理，氟磷酸盐处理和镀软金属等表面预处理。然后用二硫化铝、石墨、皂粉、蓖麻油、天然蜡等润滑剂进行润滑处理，表 3-64 为钛及一些稀有金属拉拔时常用的润滑剂及相应的表面处理。当钛在高温下拉拔时，可不进行表面预处理，而使用 25%～36% 石墨、11%～13% 硼砂、10%～15% 硫酸镉、5%～6% 细滑石粉、1%～2% 烷基苯磺酸钠的磺烷油、37%～43% 水组成的膏状混合物作为润滑剂。此外，当用盐石灰进行钛坯料的表面预处理时，配合使用由 75% 皂粉和 25% 硫磺粉组成的混合物作为润滑剂，容易使润滑剂黏附在坯料表面，润滑效果较好。

钨、钼拉拔前主要涂石墨乳做润滑剂，石墨涂层不仅起到润滑作用，而且在加热或热拉拔过程中还能起到保护丝料表面不被氧化的作用。这就要求石墨乳摩擦因数小，附着能力强，以便牢固而均匀的附着在被拉拔金属表面。所以在拉丝生产中，大多采用胶体石墨乳，并且随着成品直径的减小，石墨乳的密度也减小。此外，还有用玻璃粉、石墨树脂以及石墨和二硫化钼等作为润滑剂进行热拉拔的润滑方法。

表 3-64 钛及稀有金属拉拔时常用的润滑剂及相应的表面处理

| 金属 | 拉拔制品 | 表面处理层 | 润滑剂 | 使用方法 |
| --- | --- | --- | --- | --- |
| 钛 TA$_1$ TA$_2$ TA$_3$ | 管 | 氟磷酸盐 | 二硫化钼水剂 | 在已晾干的涂层表面上涂以二硫化钼水剂，然后晾干或在 200℃ 以下烘干后进行拉拔 |
| | | 空气氧化物 | 氧化锌+肥皂或石墨乳 | 经空气氧化的表面上涂以氧化锌和肥皂的混合物或石墨乳，晾干或烘干后拉拔 |
| | 棒 | 铜皮 | 20～30 号机油或汽缸油 | 挤压后铜皮不去除，拉拔时按铜丝网润滑方法进行润滑 |

续表

| 金属 | 拉拔制品 | 表面处理层 | 润滑剂 | 使用方法 |
|---|---|---|---|---|
| 钽和铌 Ta、Nb Ta-3Nb | 粗丝：φ3.0~0.6mm | 氧化处理 | 固体蜂蜡（70%蜂蜡+30%石蜡）；20%的肥皂水；5%的软肥皂水；25%石墨粉 | 拉拔前坯料表面进行氧化处理 |
| | 细丝：φ<0.6mm | 氧化膜层 | 1%~3%肥皂+10%油脂+水 | 配制成乳液，带氧化膜拉拔 |
| | | | 硬脂酸9g+乙醚15mL+四氯化碳16mL+扩散泵油40mL | 按此比例配制，适用于无氧化膜拉拔 |
| | 管 | 空气氧化或阳极氧化物层 | 长芯杆拉拔时：内表面用石蜡外表面用蜂蜡空拉时：锭子油、机油氧化石蜡润滑 | 在芯杆上涂石蜡，管材外表面和模孔中涂蜂蜡，并擦均匀空拉时，把液体润滑剂涂在管子上，或边拉边涂 |
| 锆 Zr Zr-2 | 管 | 氟磷酸盐 | 二硫化钼水剂 | 同钛的氟磷酸盐润滑处理的使用方法 |
| | 棒 | 铜皮 | 20~30号机油或汽缸油 | 同钛的铜皮处理的使用方法 |
| 钼 Mo | 管 | 在热态下拉拔不加处理层 | 胶体石墨剂 | 加热前把胶体石墨水剂刷一层在管子上，然后在200~300℃下烘干使用，在拉拔几道后，在热状态下涂上石墨乳 |

**2. 管材拉拔润滑剂**

（1）钢管拉拔  钢管的拉拔，一般先将坯管进行酸洗以除去氧化皮，然后经"磷化—皂化"表面预处理，所形成的润滑膜可满足拉拔工艺的要求。不锈钢管材拉拔的润滑，与棒材、线材拉拔的润滑相类同。

（2）铝及铝合金管材拉拔  铝管拉拔一般使用100℃时黏度为27~32$mm^2/s$的高黏度油，有时根据制品的要求还要加入适量油性添加剂、极压添加剂和抗氧剂等，而铝管的光亮度与润滑油的黏度、拉拔速度和模具状况等因素有关。铝管拉拔也可使用石蜡润滑剂，把管坯浸入经溶剂稀释的石蜡溶液或乳化液，然后进行拉拔。

（3）铜和铜合金管材拉拔  铜和铜合金管材拉拔，最早是使用一般全损耗系统用油来润滑，后来为改善产品质量，逐渐采用植物油来代替部分全损耗系统用油。水基润滑剂在某些方面显示较多的优越性，以脂肪酸皂类为主要成分的水基润滑剂具有较好的综合性能，应用广泛。铜和铜合金的拉拔润滑剂的选择，受拉拔速度、棒的直径及模具等诸多因素的影响。一般说来，在低速拉拔棒材时，使用皂-脂肪膏以及含动物油或合成脂肪的润滑剂；或采用加有脂肪衍生物和极压添加剂的高黏度油，但不能用含活性硫添加剂（因其易使铜表面变色），图3-191为铜管拉拔。

图3-191  铜管拉拔

## 3.4.9 脱模剂（油）的特点与选用

脱模剂（Mold releasing agent）是一种介于模具和成品之间的功能性物质。按脱模剂的化学成分可分为无机物、有机物和高聚物三类。脱模剂有耐化学性，在与不同树脂的化学成份

(特别是苯乙烯和胺类)接触时不被溶解。脱模剂还具有耐热及应力性能,不易分解或磨损;脱模剂粘合到模具上而不转移到被加工的制件上,不妨碍喷漆或其他二次加工操作。脱模剂的作用是使已固化的复合材料制品只能顺利地从模具上分离开来,从而得到光滑平整的制品,并保证模具多次使用的物质。由于注塑、挤出、压延、模压、层压等工艺的迅速发展,脱模剂的用量也大幅度地提高。

**1. 脱模剂的特点**

① 脱模性优良,对于喷雾脱模剂表面张力在 17~23N/m。
② 具有耐热性,受热不发生炭化分解。
③ 化学性能稳定,不与成型产品发生化学反应。
④ 不影响塑料的二次加工性能。
⑤ 不腐蚀模具,不污染制品,气味和毒性小。
⑥ 外观光滑美观;
⑦ 易涂布,生产效率高;

**2. 脱模机理**

混凝土结构构件的脱模,是克服模板和混凝土之间的粘结力或内聚力的结果。使用不同的脱模剂,粘结力或内聚力的破坏部位也不尽相同,大抵可分为以下四种情况:

(1) 拆模时混凝土表层内产生的内聚力破坏　如含有脂肪酸等化学活性脱模剂涂敷后,与混凝土中的碱(游离石灰)发生化学反应,生成非水溶性皂,这种皂化作用阻碍或延缓与模板接触的混凝土凝固,拆模时混凝土和脱模剂之间的粘结力,往往大于表层混凝土的内聚力,在拆模外力的作用下,内聚力遭受破坏,模板就此脱下。鉴于上述原因,使用这类脱模剂时,应限制单位面积上的用量,不可涂刷过厚,以免表层混凝土皂化过深,质地疏松,拆模后在混凝土表面和模板表面留下过多的粉尘和碎屑,增加清理工作量。

(2) 拆模时沿混凝土和脱模剂的接触面上产生粘结力破坏　某些脱模剂如乳化油和耐碱、耐磨的油漆,涂刷后容易干燥结成硬膜,表面光滑,同混凝土的粘结力较小,因而拆模时在外力作用下粘结力遭受破坏,模板就此脱下。这是最理想的脱模方式,不污染混凝土表面,模板的清理工作量也小。

(3) 拆模时沿脱模剂层内产生内聚力破坏　采用石油类润滑油作脱模材料时,大多产生这种情况。油质脱模剂不易干燥,其内聚力显然比较低。在拆模外力作用下,内聚力遭受破坏,模板就此脱下。这类非干性油类脱模材料容易污染同它接触的混凝土,为此其涂刷量应严格限制,以均匀涂刷表面见微薄油迹为宜。

(4) 拆模时沿模板和脱模剂的接触面产生破坏　某些亲水性的低级脱模剂大多是这种情况。严格的讲,这类产品不合格,虽起脱模作用,但严重粘污混凝土表面,拆模时大量脱模层粘在混凝土上,增加了清理工作量,因此除了用干混凝土基础等隐蔽工程部位之外不推荐用于工程暴露部位。

**3. 脱模剂的性能要求**

脱模剂的作用就是将固化成型的制品顺利地从模具上分离开来,从而得到光滑平整的制品,并保证模具多次使用,具体性能要求如下:脱模性(润滑性)。形成均匀薄膜且形状复杂的成形物时,尺寸精确无误;脱模持续性好;成形物外观表面光滑美观,不因涂刷发黏的脱模剂而招致灰尘的黏着;二次加工性优越。当脱模剂转移到成形物时,对电镀、热压模、印刷、涂饰、黏合等加工物均无不良影响;易涂布性;耐热性;耐污染性;成形好,生产效率高；稳定性好。与配合剂及材料并用时，其物理、化学性能稳定；不燃性，低气味，低毒性。

**4. 脱模剂的种类**

脱模剂品种繁多，根据主要原材料将其划分为八类。

（1）纯油类　包括各种植物油、动物油和矿物油均可配制脱模剂。但目前大多采用矿物油，即石油工业生产的各种轻质润滑油．如机械油等。根据国外经验，纯油类脱模剂最好掺入2%的表面活性剂（乳化剂、湿润剂），使混凝土表面不出现气孔，并减少颜色的差异，为了降低成本，不少单位使用工业的废机油．不过废机油中杂质较多，更易污染混凝土表面。某些废机油中还可能含有硫酸、聚氯联苯（PCB）等有害于混凝土和模板的物质，慎重选用。纯油类脱模剂可用于钢、木模板，对混凝土表面质量有一定影响。

（2）乳化油类　乳化油大多用石油润滑油、乳化剂、稳定剂配制而成，有时还加入防锈添加剂。用乳化油代替纯石油润滑油，不但可以节约大量油料，而且可以提高脱模质量，降低脱模成本。这类脱模剂可以分为油包水（W/O）型和水包油（O/W）型，一般用于钢模，也可用于木模上。涂刷后容易干燥，有的干燥后结成薄膜可以反复应用多次，既省工、又省料，大大降低脱模成本。美国广泛使用油包水型脱模剂，但我国许多单位使用水包油型脱模剂效果也很好，脱模后的混凝土表面光洁．颜色均匀一致。因此，认为水包油型脱模剂，只要含油量适当．保证乳化稳定，是完全可以保证使用质量的。

配制优质的乳化脱模剂，关键在于选用乳化剂，常用的乳化剂有阴离子型和非离子型。阳离子型很少使用。经验证明，使用阴离子和非离子复合乳化剂配制脱模剂，乳化效果最为理想。乳化油脱模剂虽有许多优点，但其成份中含有大量水分，冬季容易冻结，选用时应注意。

（3）石蜡类　石蜡具有很好的脱模性能，将其加热熔化后，掺入适量溶剂搅匀即可使用。石蜡类脱模剂可用于钢、木模板和混凝土台座上，石蜡含量较高时往往在混凝土表面留下石蜡残留物，有碍于混凝土表面的粘结，因而其应用范围受到一定限制。

（4）脂肪酸类　这类脱模剂一般含有溶剂、例如汽油、煤油、苯、松节油等。在美国这类脱模剂有：硬脂酸和苯溶液（1∶1）；硬脂酸铝和煤油溶液；凡士林和煤油溶液（配制时先将凡士林用煤油稀释，再加10%的油酸铝（按重量）；脂肪酸和酒精溶液；脂肪酸和胺（或碱）的化合物。

（5）油漆类　这类脱模剂价格较高，但可以反复使用多次，经济上还是适宜的。国内有的单位使用醇酸清漆作脱模剂．也可反复使用多次。作为脱模剂的油漆要求耐碱、耐水和涂膜坚硬，经得住摩擦。

（6）合成材料溶液类　广泛使用有机硅等合成材料配制脱模剂。一种用有机硅、脂肪酸、乳化剂等配制的乳化液。

（7）废料类　利用工农业产品废料配制脱模剂是降低脱模成本的一项很好措施。在一定条件下使用这类材料可以取得较好的效果。国内有利用造纸厂碱法制浆的废液，掺入适量的机油使用。这些均为现配现用的脱模材料，还不能作为正式产品大量生产推广。

**5. 脱模剂的选择**

（1）根据模板的材质选用脱模剂　木模板吸水性好，用油类脱模剂隔离效果最佳，用化学活性类脱模剂也能收到较理想的效果。木模板首次使用时，最好充分涂刷油类脱模剂使之渗入木模板一定的深度，这样可以减少下次涂刷的厚度和数量，并可延长模板的使用寿命。

如有条件，涂刷树脂或塑料基合成涂料则是最理想的。

胶合模板一般是在工厂制作的定型模板，大都在工厂内涂油。钢模板的脱模剂须满足防锈要求，否则钢模生锈会影响混凝土外观。玻璃钢模板是用玻璃钢纤维加筋的塑料模板，适用于这类模板的脱模剂有油类、蜡类和化学活性类等。

（2）根据使用要求选择脱模剂 当构件处于地下或隐蔽处，或表面美感要求不高的混凝土工程，可选用价格便宜的脱模剂，如果需要饰面如涂油漆、刷浆或抹灰，就不能选用蜡类或纯油类及影响混凝土表面粘结、污染或变色的脱模剂。

冬季施工时，选用冰点低于气温的脱模剂；雨季施工时，选用耐雨水冲刷的脱模剂；当构件采用蒸气养护时，选用热稳定性合格的脱模剂。

有些脱模剂涂刷后即可浇注混凝土，但有的要等干燥后才能浇注，由于干燥时间不一，有的半小时，有的20余小时，因此选用时应考虑干燥时间能否满足施工工艺的要求，脱模效果与拆模时间，最好通过试验确定。

应选择费用较低的脱模剂，有些脱模剂虽然每吨价格较高，但其单位用量少，或可以多次使用；有的脱模剂每吨价格低，但其单位用量大，通常只能使用一次。还要考虑脱模剂的运输费用问题，对固体、膏体或浓缩的脱模剂是运到现场后兑水稀释使用的。可以节约运费，要综合分析来选择。

选择脱模剂时也要考虑储存条件，对含有挥发性溶剂的脱模剂要密封储存以防浓度改变。一般脱模剂不应在使用时临时加水稀释，某些油类脱模剂有一定的临界乳化剂含量，稀释时会使乳液不稳定，影响脱模效果。

# 3.5 润滑脂的应用

## 3.5.1 润滑脂概述

润滑脂是将稠化剂分散于液体润滑剂中所形成的一种稳定的半固体产品，这种产品往往还需要加入改善其某些性能的添加剂。由于各种机械设备名目繁多，它们的运转条件和工作环境又错综复杂，对润滑脂的性能要求各不相同，图3-192为高温齿轮润滑脂。

**1. 润滑脂稠度**

稠度是一个重要的性能指标，它与润滑脂在所润滑部位上的保持能力和密封性能，以及与润滑脂的泵送性和加注方式都有关。某些润滑点之所以要使用润滑脂，就是因为其有一定的稠度，从而具有一定的抵抗流失的能力。不同稠度的润滑脂，所适用的机械转速、负荷和环境温度等工作条件不同。

（1）润滑脂锥入度概念 稠度是润滑脂的软硬程度，用工作锥入度来衡量其大小。润滑脂锥入度是在规定时间、温度条件下，规定质量的标准锥体穿入润滑脂试样的深度，单位用0.1mm表示。锥入度值越大，稠度越小，外观状态较软；反之则稠度大，外观状态较硬。润滑脂锥入度通常包括工作锥

图3-192 高温齿轮润滑脂

入度、非工作锥入度、延长工作锥入度、块锥入度、微锥入度等五种。

(2) 润滑脂稠度等级　根据工作锥入度范围,将润滑脂分为不同的稠度等级,列于表3-65。这个稠度等级是美国润滑脂协会(NLCI)首先提出的,也称 NLGI 稠度分类。该分类已被国际标准化组织(ISO)认可,为国际通用标准。

表 3-65　按锥入度划分润滑脂的等级

| NLGI 级号 | 工作锥入度范围/0.1mm | NLGI 级号 | 工作锥入度范围/0.1mm |
|---|---|---|---|
| 000 | 445~475 | 3 | 220~250 |
| 00 | 400~430 | 4 | 175~205 |
| 0 | 355~385 | 5 | 130~160 |
| 1 | 310~340 | | |
| 2 | 265~295 | | |

上述划分润滑脂锥入度的方法,按工作锥入度分为九个等级,每个等级间锥入度差值为15个单位。尽管有些润滑脂的稠度也不完全限定于规定的范围内,但是,这个稠度系列反映了大多数润滑脂的稠度牌号。

**2. 润滑脂分类方法**

润滑脂分类工作十分重要。润滑脂的种类和牌号繁多,分类方法(表3-66)也有许多种。最早是按稠化剂进行分类,因不能适应润滑脂发展及使用的要求,各国以及相关国际组织又分别制定了不同的润滑脂分类方法。有的按基础油组成分类,如分为石油基润滑脂和合成油润滑脂;有的按用途分类,如分为减摩润滑脂、防护脂和密封脂;有的按润滑脂的某一特性分类,如高温脂、耐寒脂和极压润滑脂等。

表 3-66　润滑脂的分类

| 润滑脂 | 稠化剂 | 实例 |
|---|---|---|
| 皂基润滑脂 | 单皂基脂(脂肪酸金属)<br>混合皂基脂(不同脂肪酸金属皂混合)<br>复合皂基脂(脂肪酸与其他有机酸或无机酸皂的复合物) | 锂基脂、钙基脂等<br>锂-钙基脂、钙-钠基脂等<br>复合锂基脂、复合铝基脂、复合钙基脂等 |
| 非皂基润滑脂 | 烃基润滑脂(石蜡和地蜡)<br>有机稠化剂润滑脂(有机化合物)<br>无机稠化剂润滑脂(无机化合物) | 工业凡士林、表面脂等<br>聚脲基脂、酞菁酮脂等<br>膨润土脂、硅胶脂等 |

(1) 国际标准化组织(ISO)分类　ISO 6743/9(X 组)为润滑脂国际标准分类方法。这个分类标准适用于润滑各种设备、机械部件、车辆等所有种类的润滑脂,但不适用于特殊用途的润滑脂,例如接触食品、辐射、高真空等场合。即是对只起润滑作用的润滑脂适用,对起密封、防护等作用的润滑脂均不适用。这个分类标准是按照润滑脂应用时的操作条件,如温度、负荷和水污染等进行分类。

(2) 按使用条件分类　如按使用的温度不同分为低温脂、普通脂和高温脂等;按应用范围不同分为多效脂、专用脂和通用脂;按承载性能不同分为极压脂和普通脂。

(3) 按用途分类　按被润滑的机械元件不同分为轴承、齿轮脂、链条脂等。按用脂的工业部门不同分为汽车脂、铁道脂、钢铁用脂等。

(4) 按基础油分类　按基础油不同,分为矿物润滑脂和合成润滑脂。合成油经稠化而成的润滑脂统称合成润滑脂,均系特殊性能的润滑脂。

**3. 润滑脂组成**

在润滑脂中,稠化剂含量约为2%~30%,基础油含量约为70%~98%,添加剂的含量小于5%。不同的基础油、稠化剂和添加剂的组成,决定了润滑脂具有的性能。稠化剂能在液体基础油中分散并形成空间网状结构,对液体润滑材料起有效吸附和固定作用。它决定润滑脂的机械安定性、耐高温性、胶体安定性、抗水性等。基础油是润滑脂中稠化剂的分散介质,润滑脂的润滑性质主要取决于基础油。它决定润滑脂的润滑性,以及蒸发性、低温性、与密封材料的相容性等。根据所需润滑脂的性能,可加入结构改善剂、抗氧剂、金属钝化剂、防锈剂、极压剂、油性剂、抗磨剂、黏附剂等。

(1) 基础油

① 矿物基础油。习惯上把从天然石油中提炼出的基础油称为矿物基础油。基础油的质量取决于原料中理想组分的含量与性质。在提炼过程中,矿物油因无法将所含的杂质清除干净,因此流动点较高,不适合寒带作业使用。因此,矿物油类基础油受到一定限制。矿物油是应用最广泛的润滑脂基础油,包括石蜡基油、中间基油和环烷基油。环烷基油是普通皂基脂最好的基础油,稠化剂用量少。也可以使用石蜡基油和芳香基油作普通皂基脂的基础油。

加氢基础油是通过加氢工艺(加氢处理、加氢裂化、加氢异构化、加氢精制、催化脱蜡),改变了基础油的化学组成。这样带来很多优点,如基础油的颜色、安定性和气味得到改善,黏温性能得到提高,对抗氧剂的感受性显著提高,挥发性低,毒性低,热稳定性和氧化安定性好。

② 合成基础油。与矿物油相比,合成油的价格比较高。因此,只有用矿物基础油不能满足使用要求时,才使用合成基础油。合成油主要用于高温、低温及真空等特殊条件下使用的润滑脂。用作润滑脂基础油的合成油主要有聚α烯烃(PAO)、酯类油、硅油、聚苯醚以及全氟聚醚(PFPE)等。各类合成基础油的特性见表3-67。与矿物油相比,合成油的佳能根据其类型和化学结构的不同而各异,因而可利用合成油生产出各种具有特殊性能的润滑睹;通常合成油基润滑脂比矿物油基润滑脂具有更好的耐热和耐氧化性能、更好的黏温性能、更宽的使用温度范围和更好的低温特性。但是,有些合成油也存在某些缺点,使用时应予以注意。

表3-67 合成基础油的特性

| 合成油 | 温度范围/℃ | 主要特征和典型应用 |
|---|---|---|
| 聚α-烯烃(PAO) | -60~125 | 性能稳定的润滑性液体,与大多数塑料和合成橡胶相兼容。是石油的直接代用品,在众多行业中广泛应用 |
| 酯类油 | -65~150 | 具有优异的耐磨性、稳定性和金属亲合力,可承受重载。非常适宜各种承载轴承 |
| 聚二醇 | -40~125 | 具有良好的负载能力,与大多数合成橡胶相容性好,不会碳化。常用于电弧开关中 |
| 硅油 | -70~200 | 性能稳定的液体,具有良好的润滑性。常用于塑料轴承、控制电缆和密封装置 |
| 全氟聚醚(PFPE) | -90~250 | 性能极其稳定,不易燃烧,化学活动性弱,蒸弋压力低。用于极端恶劣的环境,可消除塑料和合成橡胶的相容性问题 |
| 聚苯醚 | 10~250 | 耐辐射、扰化学腐蚀及耐酸的液体。通常用于贵重金属连接器和高温机械组件 |

（2）稠化剂　稠化剂是以胶体状态分散于基础油中，并使之成为固体、半固体或半流体状态的物质。按定义，稠化剂是被相对均匀地分散而形成润滑脂结构的固体颗粒，在润滑脂中液体被表面张力或其他物理力所固定。润滑脂的机械-动力特征主要决定于稠化剂的类型和用量。尤其是高速轴承，润滑脂在使用过程中的抗机械剪切能力是非常重要的。此外，稠化剂对脂的胶体稳定性、使用温度上限、抗液体和蒸气的穿透能力等都有影响。稠化剂有皂基稠化剂和非皂基稠化剂两种类型。

① 皂基稠化剂。皂基稠化剂是脂肪或脂肪酸与碱类通过化学反应所形成的盐。用于制皂的皂基原料有牛油、猪油、棉籽油、菜籽油、蓖麻油等天然脂肪，以及硬脂酸、十二羟基硬脂酸、软脂酸、油酸等经加工后的单组分脂肪酸，而碱类主要是氢氧化锂、氢氧化钙、氢氧化铝、氢氧化钡。

由于氢氧化铝属于两性氢氧化物，不能直接写脂肪酸反应，故采用异丙醇铝或三异丙氧基三氧基铝替代。在皂基稠化剂的范畴内还包括复合皂。美国润滑脂协会(NLGI)把复合皂定义为：复合皂是由两种或两种以上成分共结晶，构成的皂结晶或皂纤维所形成的皂。如高级脂肪酸与低级脂肪酸、高级脂肪酸与二元酸所制成的金属盐就是复合皂。

② 非皂基稠化剂。(a)无机稠化剂。常用的无机稠化剂包括有机膨润土、硅胶和炭黑等。

(b)有机稠化剂。习惯上把金属皂和固体烃以外的有稠化作用的有机物称为有机稠化剂。这类稠化剂主要有聚脲、$N$-十八烷基对苯二酸酰胺盐、含氟聚合物(如聚四氟乙烯、四氟乙烯和六氟丙烯共聚物)、阴丹士林、酞菁铜等。

（3）添加剂

① 抗氧剂。具有提高润滑脂抗氧化性能的添加剂有：2,6-二叔丁基对甲酚、苯基萘胺、二苯胺、二烷基二硫代磷酸锌、二烷基硒等。

② 防锈剂。在润滑脂中，起防止金属生锈的添加剂有：石油磺酸钡、环烷酸锌、亚硝酸钠等。

③ 极压抗磨剂。能提高润滑脂润滑性的添加剂有：硫化烯烃、磷酸三甲酚酯、环烷酸铅、二烷基二硫代氨基甲酸锑、二烷基二硫代氨基甲酸氧化钼等。

④ 结构稳定剂。稳定剂的作用是使稠化剂和基础油稳定地结合而不产生析油现象。对润滑脂中的皂结构具有稳定作用的添加剂有：甘油、高级醇、脂肪酸、磺酸盐等。钙基润滑脂中的水也是一种结构稳定剂。不同润滑脂使用的稳定剂也不同，如钙基脂用微量水(1%~2%)作稳定剂，一旦钙基脂失去水分，脂的结构就完全被破坏，从而造成严重的油皂分离。

⑤ 黏附剂。可增强润滑脂黏附性的添加剂有：聚异丁烯、乙烯丙烯共聚物、聚甲基丙烯酸酯等。

⑥ 固体填充剂。固体润滑剂是指用以分隔摩擦副对偶表面的一层低剪切阻力的固体材料。对于这类材料，除了要求具有低剪切阻力外，与基底表面之间还应具备较强的键联力。这也就是说，载荷由基底承受，而相对运动发生在固体润滑剂内。

常用的固体润滑剂有：层状固体材料(如石墨、二硫化钼、氮化硼等)，某些无机化合物(如氟化锂、氟化钙、氧化铅、硫化铅等)，软金属(如铅、铟、锡、金、银、镉等)，高分子聚合物(如尼龙、聚四氟乙烯、聚酰亚胺等)。

⑦ 染色剂。油溶黄、汉沙黄、孔雀蓝、颜料绿、油溶黑等。

### 3.5.2 润滑脂的性能特点

随着社会的发展，润滑脂的用途不断更加，且对其要求也不断升高。因此，润滑脂具有品种多、专用性强的特点。

**1. 润滑脂的极压与抗磨性**

对于负荷较大设备的润滑，在润滑脂中都加入一定的极压或抗磨添加剂，以提高脂的极压性能。润滑脂通过保持在运动部件表面间的油膜，防止金属对金属相接触而磨损的能力称抗磨性。涂在相互接触的金属表面间的润滑脂所形成的脂膜，能承受来自轴向与径向的负脂膜具有的承受负荷的特性就称做润滑脂的极压性。此类具有极压抗磨功能的润滑脂，被称为极压减磨润滑脂。对于重负荷和冲击负荷的部位，必须使用抗磨性和极压性好的润滑脂。

（1）抗磨润滑脂 抗磨润滑脂也称减磨润滑脂。这种产品具有降低摩擦系数、降低磨损等作用，可使车辆设备在运行中延长其使用寿命，同时节省能耗，有利于环境保护。在润滑脂中，加入不同类摩擦改进剂，可以显著改进润滑脂减磨效果。

（2）极压润滑脂 随着现代化工业的发展，特别是钢铁工业和重型机械工业处于边界润滑状态的那些工作部位，对润滑脂性能要求较高。加入了极压抗磨剂，润滑脂在摩擦表面之间的承载能力得到大幅提高。极压润滑脂用于冶金机械、矿山机械、重型起重机械以及汽车等重负荷齿轮和轴承，以及用于有冲击负荷的重载部位，可以有效地防止机械部件的卡咬和烧结。

**2. 润滑脂的防护性**

作为防护润滑脂，着重考虑其对金属、非金属等接触介质的防护性质与安定性。防护脂可在物品表面构成一层均匀、致密的防护层，以阻止外界雨水、酸碱物质、氧化物、腐蚀气体、粉尘等的侵蚀，同时具有稳定的理化性能，并具有良好的抗水性、抗氧化性、抗腐蚀性、润滑性、黏附性。

以钢丝绳润滑脂为例，钢丝绳润滑脂是由烃类稠化剂稠化高黏度精制矿物油，并加入抗氧化、防腐蚀、防锈蚀抗极压等多种添加剂精制而成的润滑脂，主要用于各种条件下工作的钢丝绳的润滑与防护。丝绳脂应具有优异的黏附性、渗透性、防腐和防锈性能，使用后，油脂能渗透到钢丝束里和附在钢丝绳表面，形成保护。

**3. 润滑脂的密封性**

密封用润滑脂是由液体和固体物料组成的膏状体，在一定条件下满足结合物件（工件）连接或须密封处的密封要求。作为密封用润滑脂，必须考虑所接触的密封件材质与介质的性质，根据润滑脂与材质（特别是橡胶）的相容性来选择适宜的润滑脂。真空密封脂还要考虑到真空度的要求。按工作介质不同，密封润滑脂可分为防水密封脂、耐油密封脂、抗化学密封脂、真空密封脂等。

（1）防水密封脂 防水密封脂适用于水环境（潮湿环境）中运动部件间的密封与润滑，常用于各种水龙头、水表、阀门（陶瓷水阀和旋塞阀）、卫浴器材及潜水用品的润滑与密封。防水密封脂性能要求如下：

防水密封脂要求具有优良的防水密封性，使用寿命长。在水环境中使用时润滑脂不固化、不溶解、不分散，不会融化及流出。耐压性和耐水冲刷性强。材料适应性强，对接触的金属及非金属材料无腐蚀或损害作用。另外，还要求产品黏附性和润滑性良好，对金属件表面可形成阻垢及防腐，在金属与橡胶、金属与高分子材料滑动件间有良好的润滑效果。同时还要具有优异的高低温性，稠度随湿度变化小，机械安定性、氧化安定性、胶体安定性良好，挥发损失低。此外，与饮用水接触时，应满足食品安全的化学稳定性，无毒、无味。

(2) 耐油密封脂　耐油密封脂要求具有良好的耐汽油、煤油、润滑油、水、乙醇和石油液化气等介质的能力，适用于与汽油、煤油、润滑油、液化气、水和乙醇等介质相接触的机械设备、管路接头、阀门等静密封和低速滑动、转动密封面的密封和润滑。

耐油密封脂性能要求如下：

对于那些与汽油、煤油、润滑油、水、乙醇、石油液化气和天然气等介质接触的机械设备、机车、管路接头、阀门等静密封面或在低速下滑动、转动密封面，如油气田闸板阀、燃气阀、燃气管、输油输气管道联接部位以及油箱端盖和油窗等，需要使用耐油密封脂进行密封和润滑。这些场合使用的润滑脂，要求产品具有良好的耐矿油等介质的性能。在介质条件下不溶解、币分散、不固化、耐高压、抗震动、密封性好、黏附性和高温稳定性高，并能有效减少摩擦部位的磨损，延长部件寿命。

(3) 抗化学密封脂

抗化学密封脂是一类耐化学介质的润滑脂，要求具有优良的密封性、润滑性和防护性。可用于输送酸、碱、盐、腐蚀气体、强氧化剂等介质的各种高温高压阀门、连接部位的润滑与密封。

抗化学密封脂性能如下：

① 密封性。对于各种与酸碱盐、强腐蚀剂、强氧化剂等介质接触的机械设备、管路接头、阀门、轴承等工矿条件，抗化学密封脂要具有优良的密封性，能有效防止介质的泄漏。

② 润滑性。可减少金属密封接触面的摩擦阻力，减少阀门开启、关闭的阻力，且黏附性、化学安定性、高温性和抗氧化稳定性优良，使用寿命长。

③ 防护性。使用的润滑脂，要求与塑料、橡胶等非金属和金属材料均有良好的相容性。

(4) 真空密封脂　真空密封脂广泛适用于各种气动、真空设备的密封件的润滑和密封，包括作为真空系统的密封剂，以及真空设备中轴承、阀门、密封、O型密封圈、链条、压缩机、齿轮箱等的润滑剂。要求产品具有低的挥发损失、密封性好、化学稳定性好、材料适应性强，即同时具有密封与润滑两种功效。

真空密封脂性能如下：

① 挥发性。一般低真空时，其室温下的饱和蒸气压力应小于 $1.3\times10^{-1} \sim 13\times10^{-2}$Pa，高真空时，应小于 $1.3\times10^{-3} \sim 1.3\times10^{-5}$Pa。在此条件下使用的润滑脂，必须具有低挥发性，以获得高真空度。真空密封脂的挥发性主要取决于基础油。在所有润滑基础油中，全氟聚醚的饱和蒸气压是最低的。

② 物理、化学及热稳定性。在密封部位，其不因合理的温升而发生软化、化学反应或挥发，甚至被大气冲破。要具有优良的热稳定性、化学安定性、密封性和黏附性。

③ 清洗性及其他。某些密封材料应能溶于某些溶剂中，以便更换时易于清洗掉。此外，在某些情况下真空密封脂还必须考虑其电学性能、绝缘性能、光学性能、磁性能和导热性能等。

### 3.5.3　车用润滑脂的应用

汽车的基本结构包括发动机、底盘、车身、电气设备等四部分。根据不同类别、部位合理选用润滑脂对车辆保养、使用非常重要。汽车上使用润滑脂的部位主要有轮毂轴承、底盘、操纵系统、发动机、电器系统及车身附件等。依据汽车使用润滑脂部位的不同，汽车行业用润滑脂大约可分轮毂轴承用润滑脂、底盘和操纵系统用润滑脂、发动机及电器系统用润滑脂、车身附件用润滑脂等。汽车与各类工程机械所使用的润滑脂，具有许多相似之处。因此，在汽车和工程机械上的许多部位都使用润滑脂作为润滑材料。图3-193为汽车内部构造。

**1. 汽车轮毂轴承润滑脂**

汽车轮毂轴承的作用主要是承受汽车的重量及为轮毂的传动提供清确的向导。轮毂轴承既承受径向载荷又承受轴向载荷，是汽车上使用润滑脂的主要部位。如果轮毂轴承出现润滑故障，可能会引起噪音、轴承发热等现象，特别是前轮更为明显，容易导致方向失控等危险现象。在工作过程中，它既承受轴向载荷又受径向载荷。这样对润滑脂就提出了更高的要求。图3-194为轴承。

图3-193 汽车内部构造

图3-194 轴承

（1）耐热性 润滑脂分别填充到轴承和轮毂内，行驶时受到剪切或制动器发热等影响，引起温度升高，由此产生润滑脂软化、基础油分离、轮毂内的润滑脂泄漏或水、粉尘的混入等各种问题。汽车在一般的车速和路况下，轮毂轴承的负荷和温度都不高，但在山区下坡道或车速过快刹车时制动鼓的摩擦热会传到轴承，温度能达130~150℃，因此需要润滑脂具有优良的耐热性。

（2）抗微动磨损性 微动磨损普遍存在于汽车、航空及机械工业中。两接触表面间没有宏观相对运动，但在外界变动负荷影响下，有小振幅的相对振动（一般小于100μm），接触表面间产生大量的微小氧化物磨损粉末，因此造成的磨损称为微动磨损。

微动磨损是一种典型的复合式磨损，同时涉及黏着、磨粒、腐蚀及疲劳磨损。摩擦副材料配对是影响微动磨损的重要因素。一般来说，抗黏着磨损性能好的材料也具有良好的抗微动磨损性能。提高硬度可以降低微动磨损。控制过盈配合的预应力和过盈量，采用适当表面热处理如表面硫氮肥处理以及某些专用涂层可以减轻微动磨损；适当的润滑可以有效地改善抗微动磨损能力，因为润滑膜保护表面防止氧化。采用极压添加剂或涂抹固体润滑膜可显著减少微动磨损。

（3）剪切安定性 汽车发动机技术的进步和路面条件的改善，使汽车速度的提高成为可能。汽车轮毂轴承用润滑脂在车轮的高速运转中遭受强烈的机械剪切，要求润滑脂长时间使用不软化流失，具有良好的触变性。

（4）抗水性和防锈性 在实际应用中，轮毂轴承的损坏大多是由于外界的污物、水等的进入导致润滑不畅所引起，其中水汽的进入是润滑失败的一个主要原因。另一方面，由于密封不严，润滑剂的泄漏使刹车系统失灵引起的事故也有发生。为避免润滑脂与水接触时出现软化，耐水性也很重要。汽车户外行驶受天气情况、路况影响，润滑脂不可避免雨水、尘土接触，破坏润滑脂的胶体结构，同时造成轴承腐蚀，所以要求润滑脂具有良好的抗水性和胶体安定性和优良的防锈性。

（5）低温性　汽车在严寒区行驶时，要求润滑脂具有理想的低温转矩，以满足低温润滑的需要。

（6）极压抗磨性　车轮轴承的微动磨损在汽车的出厂运输过程中发现，有时非常严重，造成轴承损坏。汽车在行驶尤其是运输过程中受车速、路况和承载影响易产生摩擦、磨损，要求润滑脂具有一定的抗磨性。

（7）使用寿命　长寿命是由于汽车速度不断提高和ABS刹车盘应用，轮毂轴承温度不断升高。普通锂基润滑脂在150℃时流失非常严重，润滑脂的泄漏不但会降低润滑剂本身的寿命，而且会对环境和安全形成不利影响。汽车行驶或刹车时产生的摩擦热使润滑脂较长时间处在一个较高的温度，加速润滑脂的氧化、酸败、变质，影响润滑脂和轴承的使用寿命，所以要求润滑脂抗氧化、长寿命。

（8）黏附性　汽车轮毂轴承润滑脂为适应车辆运行高速化需要，提高了脂的基础油黏度，并添加增黏剂以改善脂的黏附性。

（9）橡胶适应性　为防止轮毂轴承进入污物、水等，造成润滑失败，采用橡胶圈密封，对润滑脂与橡胶圈匹配性提出了更高的要求。

**2. 汽车底盘润滑脂**

汽车底盘（图3-195）结构紧凑、复杂，润滑部位较多。在载重汽车、拖车、公共汽车、工程机械设备、起重机、铲车、联合收割机及一些叉式升降装卸机等的底盘的不同部位，大约分布有20~40个需经常润滑的摩擦点。润滑脂在常温下可附着于垂直表面不流失，并能在敞开或密封不良的摩擦部位点，具有其他润滑剂所不可替代的特点。汽车底盘的润滑对于保证车辆正常工作十分重要，如果润滑不良，将会造成机件损坏，影响车辆的技术状况。

图3-195　汽车底盘

（1）汽车底盘润滑部位及润滑特点　汽车底盘系统由离合器、变速器、传动轴、后桥、悬挂装置、动力转向系、制动系等构成。用脂因机械部位的结构、特点以及对脂的要求等工况条件不同而异。不同车型的润滑部位和润滑点数都不同。表3-68是几种车型润滑部位及润滑点数。

表 3-68　几种车型润滑部位及润滑点数

| 润滑部位 | 液制动的中型以上载货车及公共汽车 | 气制动的中型以上载货车及公共汽车 | 单轴后桥的挂车 | 双轴后桥的挂车 |
|---|---|---|---|---|
| 横拉杆 | 2 | 2 | 2 | 2 |
| 转向节主销 | 4 | 4 | 4 | 4 |
| 转向纵拉杆 | 2 | 2 | 2 | 2 |
| 铜板弹簧销 | 2 | 2 | 2 | 2 |
| 变速器操纵杆支座 | 2 | 2 | 2 | 2 |
| 钢板弹簧吊耳销 | 4 | 4 | 4 | 4 |
| 制动调节臂 |  | 4 | 4 | 6 |
| 制动凸轮轴 |  | 4 | 4 | 6 |
| 牵引鞍座 |  |  | 2 | 2 |
| 牵引座板 |  |  | 2 | 2 |
| 总润滑点数 | 16 | 24 | 28 | 32 |

①离合器（图 3-196）。离合器踏板、离合器分离叉、制动踏板轴承都需要润滑脂润滑。离合器轴承周期性运动，易受外界水、尘埃等的污染，需良好的极压性、抗水性，高温部位的离合器还需具有良好的耐高温性。离合器的结构比较特殊，装车后再给分离轴承注润滑脂较为困难。离合器分离轴承烧坏主要是由于润滑不良造成的。

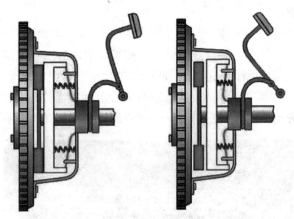

图 3-196　离合器

②变速器（图 3-197）。变速器是汽车传动系的主要传动机构，在变速器中齿轮、轴承及各种部件均采用飞溅式润滑的方式。变速器外操纵机构各连接铰链需要耐温、长寿命润滑脂润滑。

③传动轴（图 3-198）。货车传动轴主要由万向节、中间传动轴和中间支撑装置组成，易受水的污染，负荷较大，需要具有良好的抗水性、极压抗磨、黏附性、高温性的润滑脂。润滑不良，会造成零件磨损而早期损坏，出现故障，严重时还会危及行车安全。传动轴在使用中的主要故障是由于缺少润滑脂磨损造成的，如花键轴端部的防尘套在车辆运行中损坏，如果经常越野行驶，油污、杂质和水进入，会造成轴承、花键及花键槽因锈蚀而出现严重磨损。

④悬挂装置。汽车有前后悬挂装置，前悬挂有桶式减震器，后悬挂装有主体钢板弹簧，

图 3-197 变速器

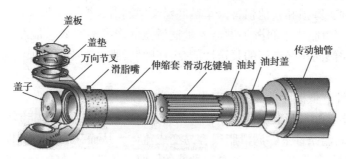

图 3-198 传动轴

钢板弹簧片与片之间需要润滑防护。汽车钢板弹簧是由许多具有弹性、宽厚一致,而长短不一的钢片所组成的。其作用是把车架与车桥用悬挂的形式连接在一起,裸露在车架与车桥之间,承受车轮对车架的载荷冲击,消减车身的剧烈震动。此部位易与水、泥土接触,要求润滑脂具有良好的抗水和抗磨性能。图 3-199 为汽车避震器。

图 3-199 汽车避震器

⑤动力转向系。汽车转向系由转向器、转向操纵机构、转向传动机构组成。在转向过程中,各部件之间存在滚动摩擦,要求加注抗磨润滑脂。如果在使用和维护中润滑不良,容易造成转向节、主销衬套、主销、转向节轴承早期损坏。转向节主销及衬套、轴承主要由润滑脂润滑。车辆涉水行驶后,水容易进入配合副造成润滑脂减少及质量劣化,同时由于泥沙和杂质的进入会加快磨损。

⑥制动系。汽车制动系由鼓式制动器、制动踏板、手制动操作阀、空压机、储气筒、感载阀等组成。需要耐温好、有一定极压性的润滑脂。制动装置的润滑,是指制动凸轮轴的

润滑和前制动蹄固定销及套的润滑。由于车辆越野行驶需要经常清洗，制动装置会产生锈蚀，严重的甚至会造成制动蹄不能同位，影响行车安全。在这种情况下再采取制动，极易造成前制动蹄断裂。因此，加注性能良好的润滑脂以防止锈蚀是十分重要的。

（2）车辆底盘集中润滑系统润滑脂　车辆底盘集中润滑系统是一种集中为车辆底盘各润滑点提供润滑脂的重要装置。随着车辆底盘集中润滑系统的不断发展，该项技术逐渐被用户认可和接受。与人工加脂相比，该系统具有能够自动定时定量进行润滑、加脂量准确、润滑可靠等诸多优点。因此该系统已经在公交车、客车、军用车辆以及一些非公路用车上得到了广泛的应用。底盘润滑的复杂性在于这些要润滑的机械零件随汽车不断地从一种环境转移到另一种环境，冷热、雨雪、泥土、沙尘等路况千变万化。底盘润滑脂的主要功能是减少摩擦磨损，同时还起密封剂的作用，防止外界物质如灰尘、化学品、水、盐等进入造成球节等润滑表面生锈、腐蚀、磨损和其他损害。车辆底盘集中润滑系统润滑脂有如下性能要求：

① 泵送性。润滑脂集中润滑是供给大量润滑点润滑的最有效、最经济的方法。润滑脂的低分油性、老化倾向小和良好的泵送性能是判断润滑脂是否能够用于底盘集中润滑系统的重要依据。

② 低温流动性。低温流动性能对于集中润滑系统很重要，要确保在汽车可能遇到的温度范围内都能供脂。润滑脂低温性能差，将无法保障低温环境下底盘能够得到良好的润滑。

③ 高温性。高温条件下，润滑脂很容易变成流体，从而失去润滑性能。专用脂必须具有较高的滴点，使得其在具有良好的泵送性能的同时，还拥有良好的高温性能。

④ 防锈抗腐蚀性。水不但引起润滑脂的变质，还会引起金属生锈。润滑脂要在潮湿多水的环境里保护润滑表面不生锈，防止盐、融雪剂和其他化学品的腐蚀。专用脂应该具有良好的抗腐蚀性能。

⑤ 极压抗磨性。球节既受推力又有轴向力，球形支撑面必须耐磨和适当润滑；尤其是钢板弹簧在汽车载重下颠簸，钢板弹簧销轴的润滑条件苛刻，所以专用脂必须要有特别好的极压抗磨性能。

⑥ 氧化安定性。氧化会破坏润滑脂的使用性能，好的氧化安定性能对于延长脂的使用寿命很重要。

**3. 汽车等速节润滑脂**

在现代汽车上，等速万向节传动装置是由等速万向节、传动轴和支承组成。等速万向节是把两轴连接起来，并使两轴以相同的角速度传递运动的机构。随着前轮驱动和四轮驱动车辆的日益普及，等速万向节（CVJ）的用量不断增加，技术要求日益苛刻，用于CVJ的润滑脂开始得到各国润滑及机械技术人员的普遍重视。近年来，汽车正朝着低燃耗、小型和轻量化的方向发展。FF（前轮驱动）车已从轻型轿车扩大到高排气量的车型。随着FF车的普及和4WD（四轮驱动）车的迅速增长，促使等速节（CVJ）的产量急剧上升。据最近统计，CVJ润滑脂目前已占汽车用脂总量的60%。图3-200为等速节。

（1）汽车等速节润滑脂性能　前轮驱动是小轿车常采用的驱动方式，它动力传输直接，不需将引擎动力传输到后轴，也不像四轮驱动车一般需增加中央差速器，因此最省油。汽车万向节用脂要比其他部位用脂严格得多，由于前轮驱动汽车高排气量、高力矩、高速化等使用条件苛刻，一般使用添加$MoS_2$极压剂的锂基脂，或者使用耐热性能更好的复合锂基脂和聚脲基脂。良好的抗微动磨损性能和终身寿命要求是CVJ用润滑脂追求的主要目标。

① 耐振动和抗磨性。车辆行驶时易产生轴向力，同时引起振动和噪声。车体产生横摇，

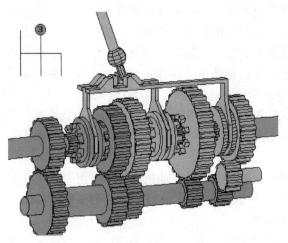

图 3-200 等速节

对滚子球面与轨道的摩擦影响大。因此要求润滑脂的摩擦系数小，具有良好的耐微振磨损性。减小轴向力，防止由此引起的振动是滑动型 CVJ 需要解决的问题之一。滑动型 CVJ 的滚珠或滚锥与外轮环之间，保持架与外轮之间的摩擦都是产生轴向力的主要因素。车辆在行驶过程中，当循环产生的轴向力与发动机产生的振动形成共振时，就会产生噪声和振动。因此，要使轴向力减小到最低限度，就必须要求润滑脂能有效降低摩擦力，提高润滑性能。

② 橡胶相容性。CVJ 采用橡胶套，CVJ 对橡胶选择性很强，相容性差的润滑脂会造成橡胶套的膨胀、歪斜、挠曲甚至破损，要求润滑脂财不同的橡胶套通过橡胶相容性试验。

③ 使用寿命。CVJ 润滑脂要求具有与配件一致的寿命。有人做过轴承寿命试验，聚脲润滑脂是锂基脂的 9 倍以上。在 150℃下轴承寿命，聚脲基脂比复合锂基脂的寿命还长。

④ 高低温性。由于前轮驱动轿车(FF 车)和四轮驱动轿车(4W 车)的高力矩、CVJ 的小型轻量化，运转中的 CVJ 内部摩擦产生热量不能及时散发，另外受外界气温影响，在寒冷地区要求极低的启动性，保证低温时操纵灵活，所以 CVJ 对润滑脂高、低温性要求很高。一般使用温度-40~150℃轴承范围，并且要求低噪声等。润滑脂还要求具有优良的机械安定性、抗水性、防锈性以及低噪音等。

**4. 汽车电器装置润滑脂**

汽车装有许多电器件，主要有交流发电机、启动器、冷气装置、空转轮风扇、水泵电机等，这些电器的轴承都用润滑脂(图 3-201)。目前在这些部位轴承用脂，一般用量小，但性能要求苛刻。使用的润滑脂，主要采用耐高温的复合锂基脂或聚脲基脂。

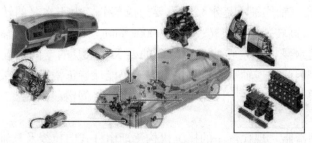

图 3-201 汽车电子电器系统润滑油脂使用分布

（1）汽车电装置轴承润滑脂　汽车电装置有交流发电机、起动器、汽车空调压缩机的电磁离合器、空转轮和风扇电机等。这些电装置的轴承都用润滑脂润滑。由于小型轻量化的要求，电装置体积缩小，而且附属电装置不断增加，使电装置处于高温、高速、高负荷等极其苛刻的条件下。目前部分电装置轴承温度已高达150~180℃，而且以10000~20000r/min的高速运转。这些电装置用润滑脂都要求具有优异的耐高温性能和高温下的长寿命。此外，由于多组V型皮带驱动使负荷和振动增大等，运转条件变得苛刻，出现轴承早期剥落的问题。

（2）汽车水泵轴承润滑脂　汽车发动机广泛采用离心式水泵。其基本结构由水泵壳体、连接盘或皮带轮、水泵轴及轴承或轴连轴承、水泵叶轮和水封装置等零件构成。见图3-202。支撑水泵轴的轴承用润滑脂润滑。由于作为汽车核心的发动机正朝大功率、高效率的方向发展，因此，要求水泵轴承具有较高的抗热性能、更大的承载能力以及良好的密封性能等。水泵轴连轴承就是为了适应上述需要而开发的一种新型结构轴承，轴连轴承实质上是一个结构简化了的双支承轴系。

汽车水泵轴承作为特殊的轴承单元，其应用环境为高温、高湿和高含尘污染，对润滑脂有特殊的性能要求。

① 耐热性。汽车水泵的轮叶与风扇同装载一个轴的两端，此轴承受发动机的热辐射和循环冷却液发热及本身散热困难等因素影响，水泵轴承运行过程中的温升一般都超过100℃，有时可达140℃左右，因此反映水泵轴承润滑脂性能的一个关键指标是脂的耐热性。

② 耐水性。水泵轴承单元固然装有高效密封圈，但是冷却水仍时有侵入。即使冷却水侵入轴承之中，润滑脂也不易变软流淌，而应能够长时间保持良好的润滑性能。

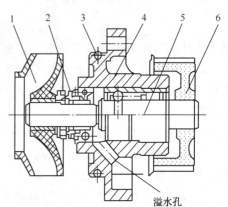

图3-202　汽车水泵总成结构
1—叶轮；2—机械密封；3—形圈；
4—壳体；5—轴连轴承；6—齿带轮

③ 防锈性。水和乙二醇接触易造成轴承内圈腐蚀。润滑脂即使水或者冷却液侵入轴承内部，也不会发生锈蚀。

④ 与相关材料的相容性。水泵轴承转速较高，散热条件差，对漏脂、防水性能有较高要求，水泵轴连轴承采用径向接触式橡胶密封结构。一般情况下采用丁腈橡胶密封圈，当使用要求较高时也可选用氟橡胶密封圈，但相应价格要高出许多。水泵轴承的密封盖的作用是防止污染物，像灰尘或者冷却的水蒸气，同时防止润滑剂的溢出。另外，汽车水泵轴承中保持架材料多系尼龙或尼龙增强材料构成，润滑脂对尼龙材料在高温下的相容性也十分重要。

⑤ 润滑脂的寿命。轴连轴承是水泵的重要组成部分。由于水泵的转速较高，一般的水泵转速达6000r/min，高转速的水泵转速高达9000r/min，因此要求轴连轴承具有较高的承载能力，这样才能满足水泵在一定转速下对寿命的要求。水泵的空间位置受限制，散热面积小，工作条件恶劣，因此轴连轴承应能满足高温下仍能保持正常运转的要求，同时不降低轴承的承载能力。水泵轴连轴承采用一次性润滑脂"终身"润滑。因此，应使用耐热、抗水、长寿命的润滑脂。

（3）汽车软轴润滑脂　现代汽车的操纵机构逐渐由杆式向拉线及软轴式过渡，拉线及软轴式操纵以其结构简单，除传统意义上的油门拉线、刹车拉线外，它还被广泛用于电动座椅、电动车床、天窗等部位。各种拉线及软轴均由软管塑料外套、钢丝绳及相应压合接头、固定夹、调整杆等组成。在钢丝绳未装入外套前，必须在其全长范围内涂以专用润滑脂，但在仪表接头处不允许有润滑脂。

软轴是一个柔性体，并在滑动摩擦状态下工作。在车辆高速行驶过程中，车速里程表软轴高速旋转，由于软轴钢丝应力极限的限制，常常造成钢丝软轴的疲劳断裂，从而使车速里程表失效。为了更加及时可靠地为驾驶员提供动态驾驶信息，保证车辆行驶安全，克服车速里程表软轴的疲劳失效，对软轴润滑脂提出了更高的性能要求。

① 高低温性。汽车有可能在-40℃的环境温度下启动，而发动机舱温度有时会达到120℃，软轴润滑剂要满足在-40~120℃温度范围内正常使用的要求。

② 黏附性。保持足够厚的油膜，防止润滑脂在使用中流失，有效保护软轴，防止软轴与护套直接接触出现磨损。

③ 润滑性。软轴运转时主要为滚动摩擦，摩擦副分别为钢丝绳轴芯与扁钢软管、钢丝绳轴芯与塑料护套、塑料护套与扁钢软管，因此润滑脂必须满足此几个摩擦副的润滑要求。

④ 与塑料及橡胶的相容性。由于汽车软轴的护套及接头大都是尼龙、橡胶、塑料等非金属材料，软轴润滑脂应具有良好的橡胶相容性与塑料相容性，避免在使用过程中导致塑料护套膨胀、老化、破损甚至失效，以便其能够保持良好的密封作用，防止润滑脂流失或杂质进入，延长软轴的使用寿命，从而保证车速里程表的精度。

⑤ 氧化安定性。确保软轴较长的使用寿命，达到与整车同寿命的目标。此外，软轴润滑脂还应具有良好的抗水性及防锈性。

**5. 车身附件润滑脂**

汽车车身既是驾驶员的工作场所，也是容纳乘客和货物的场所。随着汽车工业的发展，尤其是国外汽车车身附件等部位的用脂要求越来越严格。车身附件有门锁、门铰链、玻璃升降器、各种密封件、风窗刮水器、风窗洗涤器、遮阳板、后视镜、拉手、点烟器、烟灰盒等。车身附件用脂部位有车窗升降调节器、车门绞链、加速器连杆等。车身附件润滑脂主要用于汽车车身的附件、门窗、锁具、塑料件及汽车操纵机构、座椅、后视镜等的润滑和降噪。

（1）汽车车门限位器润滑脂  汽车车门限位器即汽车车门开度限位器，主要用于限制车门的最大开度，防止车门外板与车体相碰，且能使车门停留在最大开度，起到防止车门自动关闭的作用。车门限位器润滑脂要具有优良的低温性能、防锈性能、耐磨性能和良好的橡胶相容性能，使用温度范围为40~120℃。这种产品用于汽车车门限位系统中丁苯橡胶和钢接触部位的润滑。

汽车车门限位器润滑脂的性能要求有：

① 耐热性。汽车车门限位器润滑脂的使用温度为-30~120℃，且在使用过程中不能补脂，属于终身润滑。能满足-30℃低温转矩试验启动转矩不大于0.2N·m、运转转矩不大于0.1N·m的要求。具有良好的耐高温性，最高使用温度120℃。

② 橡胶相容性。由于汽车车门限位器上终止橡胶块使用丁苯橡胶，塑料为尼龙PA66，刚性辊子和限位杆等均为钢性材质，考虑到摩擦副和橡胶对润滑脂的特殊要求，要求润滑脂具有优良的橡胶相容性，即与丁苯橡胶和尼龙PA66具有良好的相容性。

③ 耐磨性。汽车车门限位器（图3-203）中的刚性辊子和限位杆等均为钢性材质，该部位要求润滑脂具有优良的耐磨性能。在润滑脂中加入固体填料可以进一步增强润滑脂的耐磨性能，降低摩擦界面的摩擦，减少磨损。

④ 黏附性。具有合适的稠度和黏附性能，可保证汽车车门限位器正常工作。

⑤ 防锈性。由于汽车在户外行驶，易受积水、潮湿空气等污染，水分不仅会导致润滑脂变质，还会引起金属锈蚀。在润滑脂中加入防锈剂，能够在金属表面形成牢固的防护膜，隔绝水分和空气，防止腐蚀发生。

（2）汽车玻璃升降器润滑脂　汽车玻璃升降器(图3-204)是指按一定的驱动方式将汽车车窗玻璃沿玻璃导向槽升起或下降，并能按要求停留在任意位置的装置。升降器弹簧圈间、制动鼓内及各摩擦部分均应涂以润滑脂。

玻璃升降器润滑脂性能要求有：

从玻璃升降器的工作状况来说，随时或定期进行润滑比较难以实现，这种产品一般采用出厂前进行一次性润滑。这样润滑脂由于时间长而出现干涸或流失的问题，从而降低或失去润滑的作用，也就是说润滑效果受到了升降器的实际使用条件的限制。

图 3-203　车门限位器

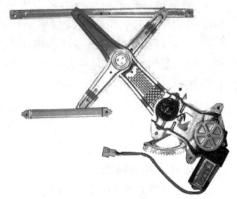

图 3-204　汽车玻璃升降器

① 耐温性。优异的耐高、低温性能，低温启动和运转力矩极小。
② 润滑性。摩擦系数低、润滑性和黏附性好，能长效降低运行噪声。
③ 防护性。杰出的抗水性和防腐蚀保护，与多数塑胶和弹胶体良好相容。
④ 耐老化性。优异的氧化安定性、胶体安定性和抗老化能力，极长的使用寿命。

### 3.5.4　工程机械润滑脂的应用

工程机械是为城乡建设、铁路、公路、港口码头、农田水利、电力、冶金、矿山、海空基地等各项基本建设工程施工服务的机械。工程机械使用的润滑脂的品种，有相当一部分与汽车是一致的，如锂基脂、极压锂基脂、石墨钙基脂以及含有二硫化钼的润滑脂，此外还使用一些专用润滑脂。

工程机械类型以及对润滑脂性能要求有：

工程机械是一种户外工作机械，长期暴露在户外大气(包括海洋大气、工业大气、城市大气和乡村大气)和不同水质(海水、河水)等恶劣环境中，每时每刻都在承受不同地域和环境的不同程度的影响。常见的工程机械有液压挖掘机、履带推土机、轮式装载机、压路机、平地机、摊铺机、叉车及汽车起重机等。尽管工程机械的种类较多，但其结构大体相似，一般由发动机、变速装置、终减机装置、行走装置和作业机等五部分构成。图3-205为工程车辆。

**1. 推土机**

推土机(图3-206)是建设工程中最常用的关键机械，由于使用条件苛刻而且变化大，对润滑脂要求严格而特殊。可用防锈抗氧化极压锂基或复合钙基脂。

图 3-205 工程车辆

图 3-206 推土机

## 2. 挖掘机

挖掘机(图 3-207)又称挖掘机械,是用铲斗挖掘高于或低于承机面的物料,并装入运输车辆或卸至堆料场的土方机械。挖掘的物料主要是土壤、煤、泥沙以及经过预松后的土壤和岩百。挖掘机是工程建设中最主要的工程机械机型之一。这种机械的工作环境差,经常在风吹雨淋和尘土飞扬的条件下工作,因而必需加强润滑部位的防尘、防雨等防护措施,以免尘埃雨雪等落人,增加机械磨损和促使润滑脂变质。挖掘时的负荷极大而且有振动和冲击,铲运时变换方向多,而且一般都是行走在高低不平的颠簸地面上。因此,挖掘机要求润滑脂具有良好的极压抗磨性、抗水性、防锈性、机械安定性等性能。

图 3-207 挖掘机

(1) 极压抗磨性　挖掘机自重从几吨到几百吨不等,一般 20~40 多吨的中型液压挖掘机使用得较为普遍。因而它属于一种大型重负荷设备,主要在低速、重负荷条件下工作,特别回转支承部位,是主要承重部件,承受较大的负荷和冲击力。因此挖掘机用润滑脂要具有良好的润滑性,保证足够的油膜厚度,防止正常运行过程中的磨损,特别要满足优良的极压抗磨性要求,保证设备处于混合或边界润滑条件时润滑脂能够形成物理化学吸附膜,从而防止金属表面擦伤、磨损。负荷变化大,甚至是冲击负荷,因而对所有润滑脂的油膜强度要求大,一般要含有油性及极压剂的精制高质量脂。

(2) 抗水性和防锈性　挖掘机常在泥泞、多粉尘等条件下工作,而且底盘润滑点易与泥水接触,要求润滑脂要有优良的防锈性和抗水性,保证轴承不锈蚀。

(3) 机械安定性　挖掘机的自重和工作时的载荷都很大,润滑脂要保证在重负荷工作中具有良好的抗剪切性能,不过分软化和流失,避免润滑部位因脂流失造成的润滑不良。

(4) 耐温性　挖掘机工作的地域广阔,润滑脂要满足挖掘机在南北极热和极寒地区工作的条件要求,保证在高、低温条件下,能正常进行工作,尤其是寒区冬季要求的优良的低温流动性。

(5) 密封性　由于野外露天作业,挖掘机润滑脂要保证在有水、多粉尘、杂质等恶劣的环境下具有良好的密封性能。因此润滑脂要选择适宜的稠度,防止杂质的进入。

### 3. 平地机

平地机(图3-208)是道路工程、建筑工程和农田建设中平整土地必需的机械，是节省劳动力和减轻劳动量的关键机具，因而得到广泛采用。平地机的负荷和运转方向经常变化，而且是满负荷空负荷交替使用的，尤其是负荷量都偏依在一个方向，而摩擦部分经常被磨偏变形而不利润滑，因而要求润滑脂的润滑性能好，且黏附性强。由于在尘土飞扬的条件下工作，还要有良好的密封性。

### 4. 带式输送机

带式输送机(图3-209)是建设工程中常用的高效率运输机械之一，用于大批散装物料短距离运输，设备简单，操作方便。但由于其工作条件受尘埃或风雪等侵袭，而要求对设备润滑维护尤需注意。要搞好润滑部位的密闭防尘设施，并要求所用润滑脂有利于密封和防尘，并具有耐水性防锈等性能。

图 3-208　平地机

图 3-209　带式输送机

### 5. 汽车起重机

汽车起重机(汽车吊)(图3-210)是工程建设中使用最广的起重设备，一般有机械悬臂式和液压悬臂式两种，起吊重量和提升高度有多种不同的规格。卸料机(卸载机)是建设工程中卸大批砂石、煤炭、沥青等散装物料常用的搬运设备。一般多系间断性或突击性的运转，而且载荷也是变动大的，甚至也有冲击性和振动性。大都是在露天风尘雨雪的不利条件下运转的，因而要求所用润滑脂具有良好的抗氧化性、润滑性、黏附性、抗乳化性和耐水淋性。

### 6. 破碎机

破碎机(图3-211)是道路建设或水利工程中必需的设备，常用的有回转破碎机、液压锥型破碎机(细碎专用)和颚式破碎机等。由于工作负荷的冲击性和振动性较大，并大都在露天风尘雨雪侵袭的条件下运转，因而要求所用润滑脂的耐冲击、抗磨润滑性和耐水、抗乳化及密封性良好。

图 3-210　汽车起重机

图 3-211　移动破碎机

（1）混凝土泵车 随着建筑业的高速发展，机械化施工水平越来越高，施工对建筑机械设备的依赖程度也越来越大。建筑机械常见的主要有升降机、塔式起重机、配料机、混凝土搅拌机、卷扬机、翻斗车等，其中混凝土泵车即是高度机、电、液一体化的机械产品。混凝土泵车的工作环境相对恶劣，容易造成泵车的早期磨损，因此，实现整机的润滑保养十分重要。混凝土泵车润滑脂主要用来润滑换向阀和搅拌轴承座等运动部件。润滑脂的作用在于减少运动件运行时的阻力和摩擦，延长机械使用寿命，防止水泥浆的渗入而磨损运动部件造成漏浆。

（2）混凝土泵工作原理 混凝土输送泵是利用压力将混凝土沿管道连续输送的机械，由泵体和输送管组成。泵体装在汽车底盘上，再装备可伸缩或屈折的布料杆，就组成泵车。目前，国内外普遍采用液压活塞式混凝土泵。液压传动式混凝土泵由料斗、液压缸和活塞、分配阀、S形管、冲洗设备、液压系统和动力系统等组成。液压系统通过压力推动活塞往复运动。活塞后移时吸料，前推时经过S形管将混凝土压入输送管。泵送混凝土结束后，用高压水或压缩空气清洗泵体和输送管。活塞式混凝土泵的排量，取决于混凝土泵的数量和直径、活塞往复运动速度和混凝土泵吸入的容积效率等。

（3）混凝土泵车润滑条件

① 搅拌轴承。混凝土在搅拌叶的搅动下会冲击料斗的四壁，在密封圈处形成对轴承座内的正压，砂浆沿着密封圈的间隙进入润滑系统。橡胶密封圈在砂粒的磨损和碱性砂浆的腐蚀下加速老化，致使大量较小硬颗粒进入轴承的间隙，游离于两摩擦表面之间，在摩擦表面上产生极高的接触应力，构成三体磨粒磨损，类似于研磨作用，使轴承和轴径表面磨损。

② 臂架。臂架是泵车重要的支撑结构，其展开方式有回折形、Z形、S形、RZ结合形；在臂架上各润滑点的位置见图2-212。

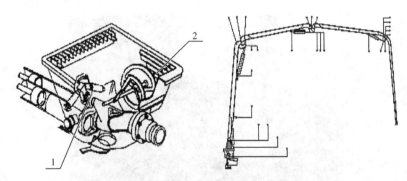

图3-212 臂架上各润滑点

在每节臂架的销轴处都存在摩擦。当臂架全部展开时，重力都要靠臂架上的销轴支撑。同时，在轴瓦摩擦过程中产生的铜、铁等磨损微粒会起到催化作用，加剧脂的氧化，最终导致润滑脂失效。此外，由于半同体润滑处密封条件不好，导致润滑脂中混入尘土、杂质和水分而使润滑脂质量变差，影响轴瓦润滑，严重时会造成轴瓦内的油线堵塞。臂架的润滑效果决定着泵送时布料杆运转的灵活、准确及抖动量的大小。

③ 混凝土泵车润滑脂性能。混凝土输送泵的活塞、换向阀和搅拌轴承座等运动部件因其负荷大、运动频率高，是重点润滑部位，对润滑脂的要求也比较高，并且须使用润滑脂泵按照一定的频率强制加压润滑。要求所用润滑脂应具有如下性能。

（a）耐温性。混凝土泵车在室外工作，季节、气候、区域不同，温差变化较大，要求润滑脂具有良好的高低温性能，适应-30~50℃气温变化范围内使用。

（b）抗极压耐磨性。由于混凝土泵车工作负荷变化大，运动方向变化多，有振动和冲击，且停启频繁，要求润滑脂具有良好的抗极压耐磨性。

（c）耐水性。由于混凝土泵车在露天作业，尤其夏季易受雨水或湿气的侵袭。要求润滑脂具有良好的抗水性，防止遇水乳化或引起变质。

（d）密封性。混凝土泵车在施工现场，为防止砂石、粉尘等杂质的侵袭，防止漏油，要求润滑脂具有良好的密封性，脂的稠度也应适当大些。

（e）防锈防腐蚀性。由于工程建设机械是在露天风吹、日晒雨淋的条件下工作。要求润滑脂具有良好的防锈和防腐蚀性能，以保护机械免受腐蚀或生锈。

### 3.5.5 铁路机车润滑脂的应用

随着我国国民经济的飞速发展，我国铁路运输发展迅速。铁路运输是现代运输业的主要运输方式之一。铁路运输过程中采用润滑脂为润滑材料，主要涉及机车车辆特别是轴承的润滑，以及制动装置、牵引装置、轮缘与轮轨、电力机车导线等的润滑。按润滑部位不同划分，主要包括铁路机车用润滑脂、铁路车辆用润滑脂、轮缘与轮轨润滑脂等几种主要类型。

**1. 铁路机车润滑脂**

铁路机车运用润滑脂进行润滑的中点部位，包括铁路机车车辆车轴、牵引电动机和牵引齿轮箱等。牵引电动机是用来驱动机车运行的主电机，它需要悬挂在机车的转向架上通过齿轮等传动装置来驱动机车轮对。随着轴承正在向提高速度、减轻重量及结构紧凑化方向发展，这对所使用的润滑脂就提出了越来越高的要求。铁路机车用润滑脂的品种包括铁路机车轮对滚动轴承润滑脂、牵引电机轴承脂和铁路牵引齿轮润滑脂等。图3-213为和谐号动车。

图3-213 和谐号动车

（1）铁路机车轮对滚动轴承润滑脂　铁路机车轮对由一根车轴和两个车轮压装成一体，在车辆运行过程中，车轮和车轴之间不容许有相对位移。轮对承受着车辆的全部重量，且在轨道上高速运行时还承受着从车体、钢轨两方面传来的其他各种作用力。轮对的质量直接影响列车运行安全。机车车轮通过轴箱、弹簧与转向架构架与机车车体相连，轴箱轴承直接承受机车的弹簧上重力和钢轨对车轮的径向、轴向冲击，此外还要传递牵引力以及因之而产生的某些附加载荷。因此，轴箱轴承要有较大的承载能力，能够耐冲击振动，必须有较高的寿命、安全性和可靠性、较小的尺寸和质量。机车轴承往往采用非标准系列的轴承和专用轴承技术条件，常用的滚动轴承有圆柱滚子轴承、调心滚子轴承和圆锥滚子轴承三类。

① 铁路机车轮对滚动轴承润滑脂性能特点。机车露天情况下运行，容易受到雨水的侵蚀，造成脂的润滑性能下降。轴承要有长的寿命，所以在使用中各个零件不应有锈蚀发生，这就要求有好的防护性能，且脂中含有的添加剂不应对金属产生腐蚀。

轮对轴承是机车走行部分的重要部件，它的润滑质量关系到行车安全、轴承寿命、检修期与检修费用以及能源节约与运输效益的发挥。随着我国铁路运输围绕着高速、重载、安全节能的目标向前发展，轮对轴承的运用条件更加苛刻，检修周期更长。因此，对轮对轴承润滑脂的质量提出了更高的要求。近几年铁路运输提速和重载的快速发展，对机车性能的要求更加苛刻，对机车轮对轴承润滑用脂性能的要求也不断提高。

机车轮对滚动轴承脂应具有优良的机械安定性、胶体安定性、氧化安定性、抗水性、防锈性、极压抗磨性，以及长寿命等特点，满足各型铁路机车速度不大于160km/h，轴重不大于25t轮对滚动轴承(包括抱轴承)的用脂要求。

(2) 铁路牵引齿轮润滑脂

① 铁路牵引齿轮润滑特点。为适应铁路运输提速、重载发展的需要，近年来一批功率大、速度高、结构改进的新型内燃、电力机车等相继投入运用，对其走行、传动各部件的润滑提出了更高的要求。其中机车牵引电动机齿轮润滑就是关键问题之一。牵引齿轮是电力机车和电传动内燃机车牵引传动装置中的重要部件。它传递牵引电机所产生的扭矩，并承受来自线路的冲击和自身轴承的振动所产生的动载荷。随着机车运行速度的提高，动载荷增大，齿轮的服役条件更为苛刻。牵引齿轮的承载能力和使用寿命是最重要的使用性能，它取决于齿轮几何参数的设计，齿轮材料及强化工艺，加工精度。各类型内、电机车牵引齿轮润滑系统为封闭油浴式润滑，主要有以下特点：

(a) 滚滑结合的复杂运动。内燃、电力机车牵引齿轮为直齿或斜齿渐开线齿轮，主动与从动齿轮的两轴平行，啮合运动为滚动与滑动相结合。滚动速度在整个啮合线上较稳定滑动速度从啮合开始的最大值逐渐减小，到节点处为零，过节点后再次开始滑动并改变方向，一直增加到啮合终点为止。机车牵引齿轮这种复杂的滚滑运动，致使难以形成充分的流体润滑或弹性流体润滑状态，尤其是低速运转条件下，往往为半干摩擦的边界润滑状态。

(b) 速度变化大。速度变化范围为60~160km/h，对形成油膜不利。机车运用中启停频繁，各种速度随机变化大。这种随机多变的速度加之频繁的减速与启动，使承担功率传递的牵引齿轮亦经常处于极不利的边界润滑的状态，不容易形成油膜。

(c) 载荷交变剧烈。载荷变化大，空、重载列车交替变化，线路不平顺，弯道以及钢轨接头引起的冲击负荷都使牵引齿轮受力变化频繁。机车运用过程中，由于受空重车载荷交替变化、线路坡度与2942kW轨缝隙诸多因素影响，致使牵引齿轮负荷变化剧烈。研究试验表明，功率为2942kW的内燃、电力机车牵引齿轮，其受力都在1568MPa以上，而随机受到的冲击负荷难以估算。

(d) 全天候运用。全天候户外作业，风沙、雨雪、南北冬夏气温差别甚大的自然环境给齿轮润滑系统带来不利的影响。风沙、雨雪、冬夏气温差别甚大的自然环境，给机车牵引齿轮润滑带来许多不利的使用条件。

② 铁路牵引齿轮润滑脂性能。目前，我国机车牵引齿轮润滑有油润滑和脂润滑两种方式。油润滑存在密封、漏油的问题。脂润滑存在加脂或换脂困难，混入的水分、灰尘、磨屑难以分离，不能对润滑机械表面起到良好的散热和冲洗作用，同时搅拌阻力及启动力矩大而带来发热量大，冷却效果差等问题，因此不太适用大功率、高转速工况。铁路机车的动力来

源于机车的牵引力,要求牵引齿轮润滑脂要适应其工作特性。

(a) 优良的极压抗磨性。极压抗磨性能是牵引齿轮脂一项最基本的要求,由于机车输出功率大,机车齿轮负荷重,齿轮脂必须具有优良的极压抗磨性能才能保证齿轮正常运转,减少磨损,保证行车安全。

(b) 良好的黏附性。要求铁道机车牵引齿轮润滑脂具有良好的黏附性,保证机车牵引齿轮在运转过程中,齿面能形成较厚的油膜,保护齿面,降低磨损。

(c) 良好的低温性能。要求齿轮脂达到冬夏通用的目的,防止低温下润滑脂形成沟槽,失去流动性而造成润滑不良现象,要求润滑脂具有良好的低温性能。另外,还要求机车牵引齿轮润滑脂具有良好的抗氧化安定性、抗水性、剪切安定性和防护性能。

③ 铁路牵引齿轮润滑脂产品标准。采用脂肪酸锂皂稠化优质高黏度矿物油,并添加极压抗磨剂、高温抗氧剂、腐蚀抑制剂、金属钝化剂、结构稳定剂、黏附剂等功能添加剂而制成铁路牵引齿轮润滑脂。产品具有油膜强度高、极压抗磨性好的特点,能有效阻止重负荷齿轮磨损和刮伤;低温流动性良好,在冷启动状态下能保证齿面的有效润滑;氧化安定性优良,能延长润滑脂在苛刻条件下的使用寿命;附着力强,能减少齿轮箱泄漏。

### 3.5.6 钢铁行业润滑脂的应用

**1. 钢铁生产润滑特点**

生产特点是连续化、高温、高湿、重载和多灰尘。钢铁生产设备多数都属于低速、重载运行,设备大而重,其主要工况特点就是自动化程度高、负荷重、温度高、速率范围宽(极低和高速)、设备尺寸大、环境条件恶劣、水气中、污染程度高等,因而设备的故障率高、维修频繁、机件失效快、消耗大。图3-214为轧钢加热炉。

图3-214 轧钢加热炉

(1) 高温 钢铁工业设备所处的环境温度极高,如加热炉或均热炉温度在1100~1200℃,轧板温度通常在650~750℃,因此,某些机械设备如钢水输送辊道等长期处于800℃高温热辐射条件下。对于这些润滑部位,往往是通过集中供脂系统将润滑脂送到辊道轴承上。钢铁工业设备所处的环境温度极高,各运转部件长期在高温热辐射条件下,轴承外壳实际温度有的可达200℃以上,加热炉周围的轴承或连铸设备轧辊轴承温度在120~180℃。润滑脂需具有良好的高温性能,使用时要求润滑脂不干枯,不流淌,在高温下分油率小。

(2) 冷却水 在轧制厚板过程中,热轧辊的工作温度很高,为了避免轧辊过度膨胀和发生内应力,工作时需用大量冷却水作散热介质。轧辊线上的轧辊轴承、工作辊道剪切机的滑块和压板,由于受炉温影响,均需要通水冷却或直接向轴承座喷冷却水。除去钢坯表面氧化铁的方法,是用高压水冲射到钢坯表面,使氧化铁皮随水蒸气而剥离。因而操作环境有大量的水及湿气,润滑系统必然要受到水的污染,金属也容易生锈。

(3) 尘埃 钢铁设备受尘埃等污染是其操作环境的重要特点之一。炼铁、炼钢等,大都直接使用焦炭或重油作燃料,由于废气中含有大量的水蒸气,带出大量灰尘,产生大量烟气。同时,在高温冶炼过程中,由于强烈的氧化作用产生铁渣、钢渣及氧化铁皮等。这些尘埃污染最大,如果轴承密封不良,在热轧时,粉尘及水就可能进入轴承而污染润滑脂,必须防止尘埃等杂质侵入。由于其工作特点,使空气中有大量的煤、焦炭、矿粉、烟气、铁渣、钢渣、氧化铁皮等尘埃。虽然现在各大冶金企业对环保越来越重视,条件有很大改善,但由于其固有的特点,尘埃大仍是其一个显著的特点。要求润滑脂密封性好,抗腐蚀性能好。

(4)重负荷和冲击负荷 钢厂初轧机、板坯轧机以及轧辊轴承受重负荷和冲击负荷的润滑部位很多,尤其轧制线上的设备,冲击负荷最为明显。如轧制600mm高度的钢梁,用2000t剪切能力的热剪切机;轧制1500mm的轧机具有1600t的剪切能力。这些设备用的润滑脂,要能承受较大的压力。许多冶金设备属高速重载或低速重载设备,并伴有冲击负荷。这对轴承或齿轮的润滑提出了极为苛刻的要求,要有优良的极压抗磨性能。由于冶金设备多为高温工作和连续工作,所以其主要设备一般都配有集中供脂润滑系统,达到多点、远程自动供脂。润滑脂要有优良的泵送性,高温下不硬化,耐水性好,不易乳化,不易冲洗掉,稠度变化小。图3-215为热轧润滑。

**2. 球磨机润滑脂**

球磨机(图3-216)用于干式或湿式粉磨各种矿石和其他可磨性物料,是继破碎设备之后对矿物再进行粉碎的关键设备。它的传动系统全部采用齿轮传动装置,其特点是齿轮直径大,不易更换和检修。球磨机齿轮的润滑剂多选用润滑脂,做好球磨机传动齿轮副的润滑,对于延长其使用寿命,提高球磨机设备的利用率,降低维修费用,具有特别重要的意义。

图3-215 热轧润滑

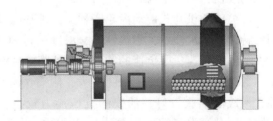
图3-216 球磨机

(1)球磨机开式传动齿轮润滑特点 球磨机由给料部、出料部、回转部、传动部(减速机、小传动齿轮、电机、电控)及齿轮罩等主要部分组成。中空轴系采用铸钢件,内装可拆换的螺旋筒;回转大齿轮采用铸钢滚齿加工筒体内镶有高锰钢衬板,具有良好的耐磨性。球磨机开式齿轮传动的特点是传动载荷大,有频繁的冲击载荷、转速低,结构尺寸大、不易密封等。这些特点要求润滑剂在齿面上形成的润滑膜极压耐磨强度要高,润滑剂在齿面上的黏附性能要强,不易被两齿啮合挤压力和旋转离心力的作用而流失,另外还应有一定的抗腐蚀能力。

球磨机主要是大小齿轮的润滑条件苛刻,使用寿命短。这是由球磨机的转向要求与齿轮润滑方式而决定的。球磨机传动系统如图3-217所示。该齿轮副传动表现为重载荷、低速度、周期性冲击、振动性强等特点。

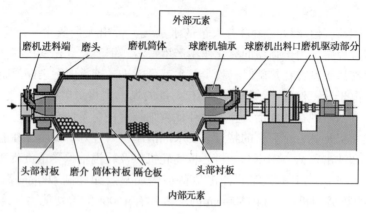

图 3-217 球磨机传动润滑部分

球磨机齿轮润滑方式多采用手工添加方式或自动喷油润滑装置。球磨机齿轮采用自动喷油润滑装置，直接将润滑脂喷向齿轮的进入啮合处。但长期喷入的润滑脂无法回收，在齿罩内聚积，需要定期清理齿罩。改进方法只需将自动喷管头移到齿轮啮合前点，固定在齿罩上，并做好油管连接。这样有效地延长了齿轮的运行寿命，并节约了润滑脂。这种方法多用在一些重负荷球磨机中，诸如大型的矿浆磨、水泥磨等。润滑脂在齿轮进入啮合前定时喷入，及时被带入齿间，粘在齿面上形成润滑油膜，改善了齿轮的润滑条件，且可防止油脂飞溅。这样有效地延长了齿轮的运行寿命，并节约了润滑脂。

无论以何种方式添加的润滑脂随齿轮旋转，大部分润滑脂在离心力的作用下被甩向齿轮罩，并在齿罩振动中滴落至齿轮，又被甩向齿罩，最后落到齿罩的底部，齿轮的润滑条件差，齿面局部啮合点会出现干摩擦或边界摩擦。球磨机多为开式传动，齿罩的密封性差，在润滑脂内常夹杂有矿浆、粉末颗粒，会形成磨粒磨损，致使齿轮润滑条件更加恶劣，加剧了齿轮的磨损，缩短了齿轮的运行寿命，且润滑脂浪费严重。

（2）球磨机开式传动齿轮脂种类 钙基润滑脂是球磨机制造厂推荐选用的大齿圈的润滑剂。特征是耐水性好，耐热性差，温度超过80℃油和皂基就可能分离。因此，它适用于一般设备的低转速、中负荷的轴承及其他摩擦件的润滑。图 3-218 为石墨钙基润滑脂。

含 $MoS_2$ 的沥青润滑脂稠度大，附着力很强，形成的油膜较好，油膜的抗压能力较大，克服了钙基润滑脂的不足之处。但是，$MoS_2$ 沥青润滑脂是一种高黏度润滑剂，增加了球磨机的运转功耗。同时，沥青具有冷脆性，在啮合时齿面的滑动和滚动，将 $MoS_2$ 沥青润滑脂挤出齿面或挤碎脱落，造成齿面的润滑不良。

半流体极压锂基脂适用于球磨机的工作条件，能获得较好的润滑效果。减小了球磨机的振动，降低了噪声，同时减少了齿面的磨损。高性能球磨机专用润滑脂为复合皂稠化高黏度

图 3-218 石墨钙基润滑脂

基础油，加入极压剂、抗磨剂、固体添加剂、防锈剂制成的半流体润滑脂，具有优良的极压抗磨性、黏附性和较好的高低温性。

**3. 混料机润滑脂**

原料混合是冶金企业烧结厂烧结前的一道工序，混料机是主要设备。混料机属重负荷低转速设备，它通过大齿圈和小齿轮啮合传输动力。铁厂的大型混料机要用特大型齿轮（圈），齿轮直径达数米，传递负荷高达数百吨，所以对齿轮的要求十分严格。混料机润滑脂适用于冶金行业混料机开式齿轮及托辊等低速、重负荷条件下的润滑。

（1）混料机工作特点　圆筒混料机是烧结、球团系统中重要设备之一，可用于原料混合、制粒、滚煤等多种用途，满足烧结机对原料的要求。工作时通过运输机械（一般为皮带输送机）将由各种原料组成的混合料导入混合机内。混合机筒体成倾斜安装。筒体同转时物料在摩擦力的作用下，随筒体回转方向向上运行，到一定高度，由于自重物料又落下来，并沿筒体轴向倾斜方向移动。物料的颗粒在上升抛物的每一个循环过程中，具有不同的运动轨迹。物料经过多次提升和抛落，在向排料端螺旋状前进的运动中，使物料中各种成分及水分逐渐分散均匀。圆筒混料机结构是由筒体滚圈、支撑装置（包括托辊及轴承）、止推挡辊、传动装置、喂料与喷水装置和底座组成。圆筒混料机大型齿轮传动装置见图3-219。

图3-219　圆筒混料机

混料机属重负荷低转速设备，其负荷依据烧结面积不同，从80t到300t不等。它通过大齿圈和小齿轮啮合传输动力，两边有托辊支撑，转速约6~10r/min。烧结现场粉尘大，一般为露天使用，受气候条件影响较大，应用条件比较苛刻。

（2）混料机润滑脂性能　混料机专用润滑脂，应具有优良的极压抗磨性、抗水性和防护性，足够的成膜性以及优良的泵送性、流动性和良好的高低温适应性。

① 流动性。混料机润滑脂为集中喷雾润滑或涂刷润滑，所以要求润滑脂有好的流动性、可喷性和低温适应性，润滑脂稠度即锥入度范围对其的影响较大，为了满足在不同环境条件、气候条件下对润滑脂的这种要求，混料机润滑脂应具有不同的稠度等级，以满足不同地区和不同季节的使用。

② 极压性。由于润滑部位主要为开式齿轮和托辊，由于烧结面积不同，混料机负荷不同，对混料机的极压性能要求也不尽相同，一切应以合理润滑为出发点，润滑脂应满足应用要求。为满足设备的高负荷要求，该类产品应具较高的梯姆肯 $OK$ 值、$P_B$ 值、$P_D$ 值，以满足开式齿轮的极压性能要求的指标。

③ 防锈性及其他。设备多在露天使用，受气候条件影响较大，所以对润滑剂的防腐蚀

性有较高的要求。要有优良的黏附性和足够的成膜性,以满足现场高粉尘污染的要求。

(3) 混料机润滑剂分类

① 溶剂沥青性产品。一般为含有氯挥发性溶剂的沥青产品。当润滑剂喷到工作面时,溶剂挥发,留下一层坚硬的沥青膜,可以满足对润滑剂的泵送性和成膜性的双重要求。存在问题是氯溶剂对环境的影响较大,且清洗困难。

② 矿油型半流体润滑脂。由金属皂稠化矿物油,并加入硫-磷型极压抗磨剂以及固体添加剂、黏度指数改进剂、防锈剂等制成。通过利用半流体润滑脂的流变学特性,使产品有优良的黏附性,同时在环保方面达到规定要求。

③ 合成型半流体润滑脂。这种润滑脂是由金属皂稠化合成油或半合成油,加入极压抗磨剂、黏度指数改进剂、防锈剂等制成,改善了低温性能,可以满足不同地区气候条件的使用要求。

(4) 混料机润滑脂产品标准 采用新型稠化剂稠化特种合成油并加进口高档的极压抗磨剂以及其他多种添加剂经特种工艺加工制成。具有优良的极压抗磨性,可承受高负荷,负荷承载能力高达 20000kg/cm$^2$ 以上。黏附性优良,可以牢固地附着在金属表面,保护金属不致磨损和腐蚀。对各种类型的钢材的摩擦副都适应,可以很好地保护摩擦副。具有良好的抗氧化性、防腐性,同时由于使用新型极压抗磨剂,在使用过程中,添加剂的消耗量少,因而使用寿命长。还具有良好的低温泵送性能。将该产品某企业标准列于表 3-69,供参考。

表 3-69 混料机润滑脂企业标准

| 项 目 | | 质量指标 | | | 试验方法 |
|---|---|---|---|---|---|
| | | 0 号 | 00 号 | 000 号 | |
| 滴点/℃ | 不低于 | 150 | | | GB/T4929 |
| 腐蚀($T_2$ 铜,100℃,24h) | | 合格 | | | GB/T7326 乙法 |
| 蒸发度(120℃)/% | 不大于 | 2 | | | SH/T0337 |
| 水淋流失量(38℃、1h)/% | | 3 | | | SH/T0109 |
| 滚筒安定性(25℃、2h)变化值/0.1mm | | 20 | | | SH/T0122 |
| 四球试验 | | | | | |
| $P_B$/N | 不小于 | 100×9.8 | | | SH/T0202 |
| $P_D$/N | 不小于 | 800×9.8 | | | |
| 基础油黏度(40℃)/(mm$^2$/s) | | 1500 | | | GB/T265 |

该产品适用于冶金企业中的各种大型开式齿轮的润滑,如烧结厂混料机的大小齿轮及轮挡辊等设备。0 号、00 号可用于喷射式供脂润滑,000 号可用于齿轮箱润滑。

(5) 混料机脂品种 中国石化润滑油公司生产系列混料机脂,主要产品有长城混料机专用润滑剂、长城混料机专用润滑脂 H、长城 Tac-C 大齿圈润滑脂等。其性能特点和使用范围见表 3-70。

表 3-70 长城混料机脂性能特点和使用范围

| 产品名称 | 牌号 | 性能 | 用途 |
|---|---|---|---|
| 长城混料机专用润滑剂 | GN55<br>GN46 | 采用皂基稠化高黏度基础油,并加入多种添加剂而制成。具有优良的黏耐性和抗水性 | 适合于混料机托辊、开式齿圈的润滑,也适合于其他开式齿轮或要求高黏附性的场合应用。使用温度范围:GN55 为 0~80℃,GN46 为-20~80℃ |

续表

| 产品名称 | 牌号 | 性能 | 用途 |
|---|---|---|---|
| 长城混料机专用润滑脂 H | H-1<br>H-2 | 采用皂基稠化高黏度基础油,并加入多种添加剂而制成。具有良好的极压性和润滑性能 | 适用于冶金行业混料机开式齿轮及托辊的低速、重负荷条件下的润滑。使用温度范围:-20~100℃ |
| 长城 Tac-C 大齿圈润滑脂 | 00 号 | 采用脂肪酸锂皂稠化高黏度基础油,并加入石墨、极压抗磨剂、防锈剂等多种添加剂制成。具有良好的极压性和润滑性能 | 适用于冶金行业混料机开式齿轮及托辊的低速、重负荷条件下的润滑。使用温度范围:-20~100℃ |

**4. 烧结机润滑脂**

烧结机是烧结厂的核心设备。它是将许多连接起来的带式烧结小车,循环移动,小车的原料经点火使其烧结成块,小车移动到下方时,将烧结的矿排出。漏风是烧结机存在的普遍问题。烧结机润滑脂适用于密封烟气道、连续注料、烧结机弹性滑道的集中润滑系统。烧结机滑道使用润滑脂密封和润滑是改善漏风率的有效手段之一。图 3-220 为烧结流程。

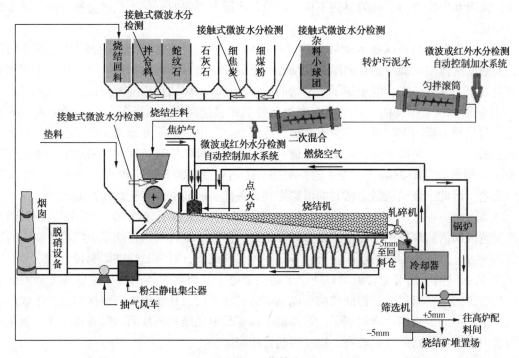

图 3-220 烧结流程

(1) 烧结机润滑脂性能 烧结机的滑座和密封秆之间的润滑与密封,对产品的质量和节能及成本的影响是非常密切的。这一部分采用集中供脂润滑,即每 5~30min 供脂一次。因此,烧结机耗脂量很大,每条生产线年用脂都在数十吨。

① 耐热性。烧结机滑道和台车滑板间为钢/钢的面接触滑动摩擦方式,台车金属机体在红热的烧结矿石产生的大量的热的传导和辐射作用下,导致滑道温度高达 150~200℃,引起滑道和台车滑板发生热变形,并伴有大量烧结矿石粉尘的污染,使得烧结机滑道的工况条件非常恶劣。烧结机滑道温度很高,自机头倒机尾温度可以从 120℃上升到 200℃。润滑脂必须能适应高达 200℃的高温,这就要求润滑脂具备高的滴点、较小的高温蒸发损失和窿好的高温氧化安定性。

在高温和酸性气体介质下，极压锂基脂和复合铝基脂易被催化氧化，析出基础油，润滑脂变稀，不能形成良好的油膜，只有缩短补加润滑脂的时间间隔来达到润滑和密封的效果，避免烧结机的弹性滑板磨损大。同时，复合铝基脂不能对低温段风箱蝶阀轴承提供良好的保护，低温段风箱蝶阀轴承座腐蚀严重，而且在高温段，也因为润滑脂的流失，造成高温段蝶阀轴承润滑不良。使用脲基润滑脂代替复合铝基脂，克服了以上的问题，能够满足滑道和轴承的润滑要求。

② 密封性。烧结机主体润滑系统的关键润滑部位为烧结机滑道，该部位是整个系统漏风的主要原因。漏风率过高造成烧结机能耗过大和烧结作业效率低。烧结机的烧结作业通过高负压作业来实现，抽吸负压达到-267kPa，而且与大气的压差日益增大。另一方面，烧结机的空气密封片具有自重和弹力，在压力作用下压在滑道上，由于滑动产生磨损、热变形等，在滑道和空气密封片的接触间上产生间隙，导致漏气，由此造成生产成本等方面的不利影响。烧结机的滑道与空气密封片之间的漏气除与机械结构有关外，还与烧结矿在烧结过程中的温度(密封部件的温度为150~200℃)及原料、烧结矿粉尘等因数有关。高温下润滑脂软化，流出和供脂故障引起的供脂不良，以及灰尘混入引起的密封不良等会加速密封部分的异常磨损。

因此润滑脂必须在高温下能够保持其不变稀、不流失，对黑色金属保持良好的黏附能力，起到密封作用。润滑脂在高温下变稀并严重分油，会导致润滑脂迅速流失而达不到润滑和密封效果，这样一来，既增加了润滑脂的用量，又降低烧结滑道的密封性。

③ 润滑和抗磨损性能。润滑脂在高温条件下极易结焦、蒸发、氧化、变稀流失，导致弹性密封板与滑板间无润滑，产生干摩擦，造成磨损。滑道磨损变形又加剧了漏风，从而形成恶性循环。如果润滑不良，烧结机滑道一年的磨损就可以使其厚度由原来20mm降低到只有8mm，最薄处仅剩3mm，不得不进行更换。烧结机滑道为低速高温滑动摩擦，且伴随有大量粉尘。因此，烧结机滑道密封润滑脂必须具备优良的润滑性和抗磨损性能。

④ 泵送性。大型烧结机的润滑脂泵送管线很长，尤其在北方冬季，润滑脂温度低时，极容易造成润滑脂泵送困难，造成设备润滑不良。因此，低温泵送性能是烧结机滑道密封脂必备的特点。二硫化钼润滑脂因含有较多的固体二硫化铜，对泵送性的影响较大。

⑤ 结焦倾向。润滑脂管道出口处位于高温滑道上，长期的高温容易使皂基类型的润滑脂产生结焦，堵塞出口，使得润滑脂不能继续达到润滑面，从而使滑道磨损加剧，造成严重漏风。皂基类润滑脂因含金属离子，在高温下都容易形成结焦，从而堵塞管线。含二硫化钼润滑脂中由于固体物质含量较高，也易引起管线堵塞。

**5. 连铸机润滑脂**

连铸作为钢铁行业的一个重要流程，上承炼钢，下接轧钢，是钢铁企业生产的一个关键过程。连铸设备的功能主要是将钢水通过冷却形成固体的钢坯，其中连铸机是一种以结晶器为核心部件，把钢水直接浇铸成钢坯，再由切割系统切成所需定尺的连续铸钢设备。成套连铸设备由钢包回转台、浇钢车、中间包、结晶器、二次冷却装置、引锭及其卷扬装置、拉坯矫直装置、出坯(滚道)装置、切割装置、翻转冷床等主要设备构成。连铸机润滑脂是一种用于钢铁厂连铸生产线轴承的一种专用润滑脂，正确合理地选用润滑脂对于保证连铸设备正常运行有重要作用。

(1) 连铸机(图3-221)结构　连铸是炼钢和轧钢之间的一道工序，生产出来的钢坯是热轧厂生产各种产品的原料：连铸先将钢水从钢水包浇入中间包，然后再浇入结晶器中。钢液

图 3-221 连铸机

通过激冷后由拉坯机按一定速度拉出结晶器,经过二次冷却及强迫冷却,待全部冷却后,切割成一定尺寸的矩形坯、方坯、板坯等连铸坯,最后送往轧钢车间。连铸机主要有钢包支承装置、盛钢桶(钢包)、中间罐、中间罐车、结晶器(一次冷却装置)、结晶器振动装置、铸坯导向和二次冷却装置、引锭杆、拉坯矫直装置(拉矫机)、切割设备和铸坯运出装置(见辊道和横向移送设备)等。

连铸机是目前钢铁企业应用最为广泛的铸造设备之一。它分为圆坯连铸机、方坯连铸机和板坯连铸机等。板坯连铸机的机型经历了立式、立弯式、弧型、弧型多点矫直,形成了目前多种机型并存的局面。国内各钢厂新上马的板坯连铸机以直弧型和全弧型板坯连铸机居多。就直弧型和全弧型板坯连铸机相比较而言,全弧型板坯连铸机对供应钢水的纯净度要求较为严格,直弧型板坯连铸机使铸坯质量有很大的提高。

(2) 连铸机脂的工作条件和性能要求

① 连铸机脂的工作条件。在连铸设备中,采用脂润滑的有钢包回转台、结晶器、引锭杆、二冷区夹辊及侧导辊、拉矫机、传送辊道及切割机等部位。这些部位共使用内径为 50~150mm 的自动调心滚动轴承 300~400 个。炼钢厂连铸设备的功能主要是将钢水通过冷却形成固体的钢坯,其整个过程设备处于恶劣的环境中,其生产工况有高温、多尘、水淋、低速重载等特点。

(a) 高温。连铸设备处于恶劣的环境中,其生产工况有高温、多尘、水淋、低速重载等特点。连铸开浇时的钢水温度在 1550℃ 以上,经过结晶器第一冷却出来的板坯温度大约在 1200~1300℃。通过弧形夹送二次冷却拉坯矫直逐渐成固体的板坯,而板坯表面的温度仍在 800℃ 以上。扇形段的轴承外部温度一般在 170~260℃。对某厂小方坯连铸拉矫机轴承座进行温度测试,结果见表 3-71。

表 3-71 小方坯连铸拉矫机轴承座温度

| 测试位置 | 温度/℃ | 测试位置 | 温度/℃ |
| --- | --- | --- | --- |
| 一流一号下辊轴承座 | 181 | 二流二号上辊轴承座 | 195 |
| 一流一号上辊轴承座 | 188 | 三流三号下辊轴承座 | 176 |
| 二流一号上辊轴承座 | 190 | | |

(b) 多水。在连铸过程当中,从扇形段开始,就有大量冷却水为钢坯和轴承降温,热轧时也有大量高压水冲向钢板和轴承,还伴有大量的水蒸气。连铸坯在进入连铸机第二次冷却区域时,钢坯和设备同时受到 950m³/h 水量的冷却冲刷,产生大量水蒸气侵入设备。加上有些轴承加工精密程度不够,密封不好,使水及水蒸气进入轴承。

(c) 多尘。轴承受铸坯的辐射热及传导热、冷却水以及大量的氧化鳞皮及尘埃侵入的影响,润滑条件非常恶劣。连铸生产过程中会产生大量的粉尘,容易造成设备磨损。如现有小方坯连铸拉矫机基本均存在底座开孔太小,氧化铁皮无法自然排除,多班连拉后积聚过多时,容易渗入轴承座。

(d) 低速重负荷。连铸机生产过程是在低速重载状态下进行的,铸坯拉速最低为03m/min,最高为2m/min,转速范围为5.28~6.8r/min。同时,导辊部位由于钢的自重及矫直过程还需承受相当的负荷。如板坯进入扇形段区域时,受到的矫直力矩约为441×104N·m。

(e) 连续作业。连铸与模铸显著的不同点是:模铸过程中一个钢锭模失效,对整个生产过程干扰较小;连铸过程中,如果连铸机发生故障或操作失误,整个生产就要停顿下来,所以连铸设备必须具有较高的可靠性,及较高的设备可开动率和较低的设备故障停机率。为此,对润滑脂的综合性能要求较高。

② 连铸机脂性能

(a) 耐高温性。拉矫机滚动轴承在低速重载工况条件下处于边界润滑状态,其吸附膜的吸附强度随湿度升高而下降,达一定温度后,将换向、散乱,以至吸脱,丧失润滑性能。这就要求润滑脂要有较高的边界润滑临界温度。拉矫机流动轴承在额定工况下工作温度为140~160℃,因此润滑脂的边界润滑温度达到180℃以上。要求润滑脂在高温条件下,不结焦,不硬化,能防止堵塞润滑脂输送管道和轴承卡死。

(b) 抗水性及防锈性。抗水淋性差的润滑脂在使用过程中容易乳化而流失。在连铸设备中,设备需大量的冷却水,水分极易进入轴承,所以要求润滑脂必须具有较强的抗水性能。要求润滑脂抗水淋效果好,同时能有效保护轴承不发生锈蚀。

(c) 润滑性。滚动轴承的润滑主要是解决轴承中存在的滑动摩擦问题,包括滚动体与保持架之间的滑动摩擦和非承载滚动体与座圈之间的滑动摩擦。一般意义来说滚动轴承对润滑脂的要求不高,只要润滑油膜具有足够的强度,滚动轴承就能处于良好的润滑状态。对于连铸机拉矫机这种在低速高载工况下工作的设备,由于转速低,根本无法形成足够厚度的流体膜,轴承摩擦副局部表面的轮廓峰穿透润滑膜而直接接触,主要靠润滑剂的有机极性化合物吸附在金属表面或与金属表面反应生成固体润滑膜来达到润滑效果。这种润滑状态称为边界润滑,因此,要求润滑脂必须具有优秀的边界润滑性能。

连铸机的生产过程是在低速重载状况下进行的,对润滑脂的极压性有一定要求。但是,一般极压添加剂,在高温下分解成S、N、P等元素的气体,失去原有的极压性能,不但污染环境,而且造成设备腐蚀;而无机物添加剂,如硼酸盐和轻钙等填料,虽然高温性能很好,但有灰分高、高温分解造成管线堵塞等致命的缺点。

(d) 泵送性。连铸机集中润滑管线长、直径小,而且不可避免地暴露在高温辐射条件下。因此,润滑脂必须具有较好的氧化安定性,高温下不结块、不硬化、不变质,防止阻塞输送管道。

(3) 连铸机脂类型和性能对比　连铸机润滑脂包括极压复合锂型连铸机润滑脂、聚脲型连铸机润滑脂、复合铝型高温连铸机润滑脂和复合磺酸钙型连铸机润滑脂等品种。近年来,连铸设备用脂已基本完成了由极压锂基脂、通用锂基脂向复合皂基脂的转化过程,且高档次的复合铝基脂和聚脲脂已获得了广泛应用。但同时指出,复合铝基脂的高温炭化和聚脲脂的硬化问题必须引起注意。

复合铝基润滑脂,虽然这种润滑脂具有较好的抗水性,但其受剪后稠度很快降低,辊子运转时润滑脂被甩出,造成润滑不良,轴承很快磨损失效。另外,该润滑脂的使用温度为160℃以下,根据轴承温度和润滑脂寿命的关系可知,轴承温度每上升10~15℃,润滑脂的寿命约降低112。出坯辊道轴承座一旦冷却不良,润滑脂将很快失效。所以,使用复合铝基脂不仅需频繁地加脂,而且耗用大量的净化冷却水,影响生产。

脲基脂具有良好的耐高温性、抗水性、润滑性、泵送性、抗酸性气体介质和极长的轴承寿命，适用于-20~150℃范围的高温潮湿工况下的中、重负荷轴承的润滑，是现代钢铁厂连铸设备集中润滑的新一代润滑脂。

复合磺酸钙基润滑脂催化作用低，即使在高温下也不易氧化变质，有更长的换油周期。复合磺酸钙基脂中含有防腐剂，对延长轴承使用寿命有极大的帮助。盐雾试验表明，复合磺酸钙基脂的防腐性能至少比复合铝基润滑脂提高 20 倍以上。复合磺酸钙基润滑脂滴点高，高温稠度变化小，特别适合于工业高温及低温系统。复合磺酸钙基脂不吸水或不水解，水淋流失量极小，对海水、盐水也有很强的抵抗力，适用于潮湿多水的环境。

**6. 轧辊轴承润滑脂**

轧钢是将炼钢厂生产的钢锭或连铸钢坯轧制成钢材的生产过程，用轧制方法生产的钢材，根据其断面形状，可大致分为型材、线材、板带、钢管、特殊钢材类。轧钢工作是在旋转的轧辊间进行，使金属产生塑性变形。轧辊轴承润滑脂是一种用于各类粗、中、精轧机的轧辊轴承的专用润滑脂，包括初轧机、高速线材轧机、热连轧机、冷连轧机、轨梁轧机、中小型热连轧机、中板轧机、钢管轧机等轧钢设备的润滑。一般线速度在 25m/s 以下的轧机轴承都可采用脂润滑。目前我国大部分轧机轴承采用这种方法。

（1）轧钢工艺流程　按轧制温度的不同可分为热轧与冷轧。按轧制时轧件与轧辊的相对运动关系不同可分为纵轧，横轧和斜轧；按轧制产品的成型特点还可分为一般轧制和特殊轧制。采用连轧方式能达到高速、优质、低耗、占空间小等效果。

① 热轧工艺流程　热轧就是在再结晶温度以上进行的轧制。带钢热轧机由粗轧机和精轧机组成。连铸连轧全称连续铸造连续轧制，是把液态钢倒入连铸机中轧制出钢坯（称为连铸坯），然后不经冷却，在均热炉中保温一定时间后直接进入热连轧机组中轧制成型的钢铁轧制工艺。连铸连轧是把连铸和连轧两种工艺衔接在一起的钢铁轧制工艺。

② 冷轧工艺流程　工艺流程选择冷轧宽带钢（板）按产品用途一般可分为汽车钢板、一般冷轧钢板和镀层（镀锌和镀锡）原板三大类。图 3-222 为其生产工艺流程图。汽车钢板和一般冷轧钢板的基本工序是：酸洗（除去氧化铁皮）、轧制（轧成成品厚度）、热处理（主要是再结晶退火）、平整（主要是调整力学性能和表面要求）、精整（包括横切、纵切、重卷）和包装。表面质量要求高的汽车钢板，有的在退火前要进行脱脂清洗处理。热镀锌原板在酸洗、轧制后以轧翻状态送镀锌车间。电镀锌原板则要求轧制后经脱脂清洗、退火和平整，然后送镀锌车间。

（2）轧机类型　轧钢机的形式是多种多样的，轧机可按轧辊的排列和数目分类，可按机架的排列方式分类，也可按生产的产品分类。连轧机是使轧件在多个机架下同时轧制的机械。

（3）轧辊轴承润滑性能

① 抗极压性。轧机轴承要承受很大的轧制力及冲击负荷。轧机轴承承受的轧制力可分解为轴向力和径向力，轴向力主要由窜辊引起，径向力主要由轧制力及弯辊力组成。在此条件下，很难形成良好的油膜。润滑不良会直接造成轴承擦伤甚至烧损事故。

② 密封性。对于干油润滑来讲，润滑脂除了一小部分起润滑作用外，大部分是起密封作用的。润滑脂在长期使用后或在高温烘烤下会发生老化现象，润滑性能逐渐下降，轴承的磨损也随之增大。密封圈如果润滑不良也容易磨损，而且还会圆润滑脂老化和运转过程中的消耗降低密封效果，造成冷却水或乳化液侵入轴承座。

轧辊轴承装拆频繁。在轴承座安装新密封的前期，轴承存在或多或少的进水量，在密封

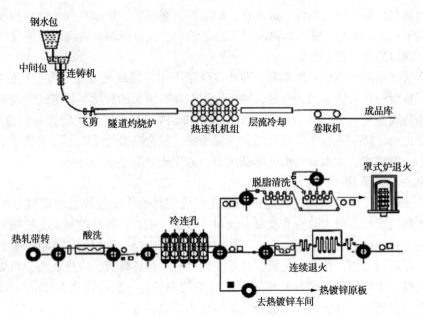

图 3-222　热轧带钢工艺流程

使用期的后段，进水的情形更明显。轴承进水往往带来一系列的恶果。在高速旋转时，轴承的内压及 2.3MPa。轧辊冷却水的冲刷，会使轴承润滑脂流失，同时轧辊冷却水会将氧化铁鳞等机械杂质带入轴承承，轴承的滚子和滚道因此产生压痕，最终造成点蚀，乃至疲劳剥落，处理不及时，会造成轴承事故。

当然，轴承座的密封装置的选用也是非常重要的。因此正确的润滑方式和良好的密封是延长轴承寿命的最有效的方法之一，同时还要选择合适的润滑剂来满足轴承及工作条件如负荷、转速、温度等方面的要求。

③ 抗水性。冷热轧机的轴承座会受到冷却水或其他介质的影响，如乳化液的侵入从而使轴承的工作面产生锈蚀，这对轴承是相当有害的，也是造成轴承磨损的主要原因。对于冷轧机来说，由于采用乳化液作为工艺轧制液，轴承座的密封尤为重要，要防止乳化液侵入轴承座，同时又要避免乳化液被杂油污染。

润滑脂还会从密封处被挤出掉落到钢板表面，冷轧板会因此而出现黑斑，影响钢板的表面质量；同时冷却水或乳化液会被掉落的润滑脂污染，增加了水处理难度，乳化液也会受到严重影响。乳化液如被杂油污染，会造成下列不良影响：乳化液中的皂化脂含量降低，影响润滑效果。由于皂化脂在乳化液中的浓度是一定的，如果乳化液中的杂油多了，等于使皂化脂的浓度降低。杂油会破乳。在乳化液中，油和水是混合在一起的，破乳后，油和水会分离，影响润滑效果。杂油会使带钢表面有缺陷如划痕、黑斑，缩短乳化液的使用周期，并影响下道工序。

④ 耐热性。钢的热轧温度一般在 800~1250℃，在变形区轧辊表面的温度可高达 450~550℃，因此需要用大量的水冷却轧辊。在轧制过程中，其辐射热及传导热可使下作辊轴承座温度达到 100℃ 以上。

⑤ 剪切安定性。热轧、冷轧设备轧制速度很高，如钢坯在精轧区轧制速度很高，F6 机架的钢坯线速度可达 13m/s。要求轧辊轴承润滑脂有好的剪切安定性。

(4) 轧辊轴承润滑脂类型和产品标准

① 极压锂-钙基型轧辊轴承润滑脂　极压锂基润滑脂具有良好的极压性及泵送性,一直为冶金轧钢系统重要用脂。但是,随着钢铁生产连续化程度的提高以及负荷的增强,普通极压锂基脂已不适应发展的需要。特别是硫-铅型极压添加剂使得锂基脂抗水性变差,在大量冷却水冲刷下润滑脂很难在润滑点停留,因此在润滑部位形成干摩擦,进而烧损轴承。其承载能力也不能达到设备负荷要求,在高极压状态下油膜发生破损,进而烧损轴承。解决极压锂基脂的问题,根本途径在于同时提高其承载能力及抗水性。

极压锂-钙基润滑脂具有良好的耐水性,可以满足冶金轧钢系统苛刻的润滑条件要求。产品在保持了优良的低温泵送性的同时,显著地提高了抗水性及耐压性。将某企业生产的极压锂-钙基型轧辊轴承润滑脂的企业标准列于表3-72,供参考。

表3-72　极压锂-钙基型轧辊轴承润滑脂企业标准

| 项目 | | 质量指标 | | 试验方法 |
| --- | --- | --- | --- | --- |
| | | 1号 | 2号 | |
| 工作锥入度/0.1mm | | 310~340 | 265~295 | GB/T269 |
| 滴点/℃ | 不低于 | 180 | 185 | GB/T4929 |
| 加水10%,10万次与60次锥入度差/0.1mm | 不大于 | 40 | 35 | GB/T269 |
| 相似黏度(10℃,10s$^{-1}$)/(Pa·s) | 不大于 | 200 | 250 | SH/T0048 |
| 腐蚀(T2铜,100℃,24h) | | 铜片无绿色或黑色变化 | | GB/T7326(1) |
| 防腐蚀性(52℃,48h)/级 | 不大于 | 1 | 1 | GB/T5018 |
| 梯姆肯OK值/N | 不大于 | 178 | 178 | SH/T0203 |
| 蒸发量(99℃,22h)/% | 不大于 | 1 | 1 | GB/T7325 |
| 铜网分油(100℃,24h)/% | 不大于 | 10 | 8 | SH/T0324 |
| 水淋流量(38℃,1h)/% | 不大于 | 5 | 5 | SH/T0109 |
| 显微镜法/(个/cm$^3$)　25μm以上　75μm以上　125μm以上 | | 1000　500　0 | | SH/T0336 |

### 3.5.7　石油管专用润滑脂的应用

石油专用管螺纹润滑脂是石油钢管连接上扣前涂覆于螺纹表面的一种润滑脂,美国石油学会(API)将其分为螺纹密封脂和储存脂两大类。按APIRP5A3《套管、油管和管线管用螺纹脂推荐作法》给出的定义纹密封脂是在上扣前涂抹到钢管连接螺纹上的一种润滑脂,在上扣时起润滑作用,在使用时可以对抗高内外压力而起到辅助密封作用。螺纹密封脂可进一步划分为钻杆螺纹密封脂、套管螺纹密封脂和油管螺纹密封脂。储存脂是用于油田石油钢管螺纹管道连接的一种润滑脂,可以在钢管储存和运输期间防止螺纹腐蚀。

石油管螺纹密封脂性能有:

① 密封性。API螺纹脂中的基础脂主要是用来作为同体填料的分散介质,而使固体填料均匀地分散其中。而它的密封作用主要依靠添加的固体填料石墨粉、铅、锌、铜软金属等。在螺纹上扣时,螺纹脂进入螺纹面及螺纹间隙,其中的固体填料被螺纹面碾碎,发生一

定的塑性变形，黏封在螺纹表面，并形成同体颗粒的聚结，在螺纹啮合面形成密封层。碾碎的金属微粒和石墨脂最大能够承受 55~68MPa 的接触压力，所以在常温下，API 螺纹脂具有一定的密封作用。

在常温下能够堵塞住螺纹存在的间隙而起到一定的密封作用，但是温度升高或长期使用时，API 螺纹脂的密封局限性表现的更为明显，尤其是气密封性能受温度影响较大。这是因为螺纹脂中的润滑脂会由半固体状态向液态转化，析出金属皂和基础油，使产品的流动性大大增加，并还存在挥发的可能性。这样一来，原来黏附在螺纹表面螺纹脂的组成会发生变化，环成间隙使有效密封作用受到破坏，并且螺纹面的接触压力受到影响，降低了螺纹脂的密封性能。所以，使用 API 螺纹脂，在温度升高或在长期服役条件下，螺纹密封性能将会下降。尤其对气井、蒸汽热采井、地热蒸汽井应特别重视。

因此，螺纹脂在温度高达 167℃时，不得变质以及根本性的体积变化，也不得变得过于液化，以防泄漏。同时，还不得由于蒸发或氧化而变得干硬，从而改变其特性。

螺纹脂并不是深井、高压油气井油套管螺纹密封的理想材料。这是由于螺纹脂是可流动的，在上扣过程中，一部分螺纹脂在极压和高温条件下会被挤出螺纹。下井后，由于 API 螺纹脂长期在较高的温度条件下，油脂会液化分离、析出并挥发，这样，螺纹脂就发生体积收缩，在螺纹的配合面产生间隙，形成泄漏通道，螺纹脂失去了原有的密封作用。

② 抗粘扣性。根据 ISO 13679 标准的最新定义，粘扣是一种发生在相互接触金属表面间的冷焊。如果金属之间发生进一步的相对滑动或旋转，将会引起冷焊部位的撕裂。油套管螺纹在旋合过程中产生的粘扣现象从金属学划分属黏着磨损。油套管螺纹粘扣主要是在高接触压力、高温和高速加载的作用下，金属表面发生弹性变形、塑性变形、挤压剥落、犁沟和嵌入金属的损伤过程。粘扣特别严重者（如外螺纹），局部还将发生组织转变，甚至形成马氏体。

粘扣过程中的金属变形机理可以从接触应力、上扣扭矩以及过盈量几何约束三方面进行分析。接触应力直接增大界面摩擦阻力，增大粘扣倾向，是引起粘扣的核心要素；上扣扭矩既可起到增大齿面接触应力的作用，又增加螺纹啮合部位的有效应力应变分布，降低材质在外力作用下的形变抗力，从而引发螺纹粘扣，是引起粘扣的主要外力因素；过盈量几何约束则是通过改变螺纹啮合起始扣位置的应力集中及主应力分布来影响粘扣倾向。因此，粘扣是由于螺纹在上扣过程中齿面局部接触应力过大造成的，这种接触应力是上扣扭矩与几何约束过盈共同造成的。粘扣过程中组织转变机理为：在快速、过扭矩上扣的情况下局部螺纹会产生很高的温度，冷却时组织会发生马氏体转变，那些未达到奥氏体化温度的近表层金属，以及其他局部尚未达到奥氏体温度的表层金属，随着高温的扩展，也会发生回火转变。但并不是所有的粘扣都会发生组织转变。使用螺纹脂可以提高油套管螺纹的抗粘扣性能。螺纹脂摩擦因数较小，可以减小上扣扭矩，继而减小粘扣倾向。

③ 润滑性。螺纹脂的润滑性是在螺纹上紧过程中，能减少螺纹表面的摩擦力。螺纹脂对上扣所需的扭矩及卸扣时所需的扭矩值产生影响。扭矩与螺纹表面的摩擦力密切相关，而摩擦力又受螺纹脂摩擦特性的影响。螺纹脂摩擦系数小，可减小上扣扭矩。

④ 环保性。螺纹脂中含有铅、锌等重金属，在螺纹上扣过程中及上扣后，螺纹脂可能随油脂流出，对周围的环境和水资源造成污染。国外发达国家如日本、美国、加拿大等，为解决环境污染问题开发出一种绿色产品。该产品是不含铅、锌的油基脂螺纹脂，解决了油田现场污染问题。但是，由于螺纹脂载体仍然是油脂，而填充物采用聚四氟乙烯（PTFE），残留物的清理和处理仍存在污染问题。荷兰国家环保组织已明确提出，含有聚四氟乙烯（PTFE）的螺纹脂是一种非生物降解工程物质，禁止在北海钻井开发中使用。我国环保组织对海洋钻井过程中的环境污染问题也提出了要求。

### 3.5.8 食品机械用润滑脂的应用

食品加工机械包括各类食品加工如罐头加工机械、啤酒与饮料加工机械、制糖机械、乳品制造机械等。在食品加工机械中，凡是可能接触饮食制品的机械摩擦部位使用的润滑脂，原料必须满足有关药典、药物学中所规定的安全要求。

**1. 食品加工机械润滑特点以及性能要求**

食品在生产加工过程中，不可避免地偶然接触食品机械所用的油品。这些油品如属普通润滑油或润滑脂，由于精制深度不够，油中含有较多的致癌物质——稠环芳烃，尤其是3,4-苯并芘的存在，对人体健康危害更大。据上海粮油公司中心试验室测定，一般润滑油中3,4-苯并芘的含量高达$1650 \sim 2520 \mu g/kg$，而国家卫生部门规定食品中3,4-苯并芘的含量仅$1 \sim 5 \mu g/kg$。美国食品和药物管理局（FDA）对食品加工机械用油作了严格规定，主要控制油中3,4-苯并芘的含量，其紫外吸光度（$260 \sim 350nm$）为$0.8 \sim 4.0$。

在啤酒、饮料机械设备中，最关键的是灌装机。它的酒缸、分配器、充装阀和压盖头等部位均要和啤酒、饮料接触，因此这些部位所使用的密封橡胶必须是食用橡胶。在食品行业中被普遍使用的是EPDM橡胶材料，因为它对人体无害。它的主要优点有：可抵抗紫外线老化，氧化反应迟钝，适应温度范围宽（$-30 \sim 80℃$），抗酸碱侵蚀。机械强度差且不耐磨是EPDM橡胶的不利之处，因此必须使用润滑剂对它进行润滑保护，防止过早磨损老化而失效。

国内部分啤酒、饮料工厂仍把动物油、医用凡士林用于EPDM橡胶上。动物油对EPDM有腐蚀作用，一般都有异味，极易混入啤酒而影响啤酒的味道，同时动物油本身的保质期不长，容易产生细菌污染啤酒，从而使啤酒的保质期变短。凡士林在一定温度和压力环境下，100h即可能产生细菌，同时有酸化趋势；200h以上开始变酸，不仅影响口感而且长期使用会腐蚀设备。这些产品均会直接降低啤酒液的表面张力，影响啤酒泡沫的形成和持久。如果是每周润滑一次，则EPDM橡胶在大部分时间里处于干摩擦状态，经长时间摩擦后所产生的橡胶粉末会被带入啤酒或饮料中。这两种产品的润滑性能及润滑持久性都很差，会大大缩短EPDM密封橡胶的使用寿命，从而增加生产成本。同时频繁的再润滑次数又加长了停机时间，影响生产的持续进行。因此，使用优质的食品级润滑脂是必然趋势。

对于可能接触饮食制品的机械摩擦部位，润滑剂有可能与食品发生接触或造成食品污染，引起食用者中毒或其他不良影响。因此，必须使用符合相关规定的食品级润滑油或食品级润滑脂。

**2. 食品机械润滑剂分类**

美国农业部（USDA）把食品级润滑剂分成三类：H1、H2、H3，如表3-73所示。H1类润滑剂使用在可能会偶然与食品接触的地方；H2润滑剂是指非食品级润滑剂，使用在不可能与食品有接触的地方；H3润滑剂是食品级润滑剂，典型的如可食用油。其中H2类要求润滑剂采用的所有组分是无毒的，H1类则更为严格，不仅要求润滑剂的所有组分是无毒的，而且要求所有组分和食品偶尔接触时也不会污染食品。

表3-73　美国食品机械润滑剂分类

| USDA 分类 | H1 | H2 | H3 |
|---|---|---|---|
| 级别 | 食品级 | 非食品级 | 食品级 |
| FDA 规范 | CFR178·3570 | | CFR178·3570 |
| 基础油 | 食品级白油 | | 食用油 |
| 应用范围 | 加工设备润滑 | 辅助设备润滑 | 工具器具防锈 |
| | 可偶然接触 | 不接触 | 可偶然接触 |
| | 食品饮料 | 食品饮料 | 食品饮料 |

**3. 食品级润滑脂产品标准**

我国于1994年颁布了食品机械润滑脂国家强制标准，其技术条件见表3-74。该产品是由脂肪酸钙皂稠化食品级白油，并加入添加剂而制成的无臭、无味的白色润滑脂。具有良好的抗水性、防锈性、润滑性。适用于与食品接触的加工、包装、输送设备的润滑。最高使用温度为100℃。

表3-74　食品机械润滑脂技术条件（GB 15179—1994）

| 项　目 | | 质量指标 | 试验方法 |
|---|---|---|---|
| 外观 | | 白色光滑油膏，无异味 | 感官检验 |
| 滴点/℃ | 不低于 | 135 | GB/T 4929 |
| 工作锥入度/0.1mm | | 265~295 | GB/T 269 |
| 钢网分油(100℃，24h)/% | 不大于 | 5.0 | SH/T 0324 |
| 蒸发量(99℃，22h)/% | 不大于 | 3.0 | GB/T 7325 |
| 腐蚀($T_2$铜片，100℃，24h) | | 铜片无绿色或黑色变化 | GB/T 7326 乙法 |
| 水淋流失量(38℃，1h)/% | 不大于 | 10 | SH/T 0109 |
| 抗磨性能(75℃，1200r/min，392N，60min) | | | SH/T 0204 |
| 磨痕直径 $d$/mm | 不大于 | 0.7 | GB/T 5018 |
| 防腐蚀性(52℃，48h)/级 | 不大于 | 1 | GB/T 269 及注 |
| 延长工作锥入度，0.1mm 变化率/% | | | |
| 100000 次 | 不大于 | 25 | |
| 100000 次，加 10%盐水 | 不大于 | 25 | |
| 基础油紫外吸光度(260~420nm)/cm | 不大于 | 0.1 | GB/T 11081 |

**4. 食品机械润滑脂品种**

中国石化润滑油公司生产系列食品机械润滑脂，品种主要有：长城食品机械润滑脂、长城PL高温食品润滑脂、长城水管接头润滑脂等。将其性能特点和使用范围列于表3-75。

表 3-75 长城食品机械润滑脂品种

| 产品名称 | 牌号 | 性能 | 用途 |
|---|---|---|---|
| 长城食品机械润滑脂 | 2号 | 采用高级脂肪酸皂稠化高度精制的食品机械专用油精制而成。具有无毒、无异味的特点。经天津市卫生防疫站白鼠毒性试验证明，属无毒、无害产品。产品外观细腻、洁白透明。抗水性优良，润滑性良好 | 适用于一般食品机械及饮料生产设备的轴承润滑。使用温度范围为-20~60℃ |
| 长城高温食品润滑脂 | 2号 | 采用复合皂稠化食品级合成油，经特殊工艺加工制成。具有良好的润滑性、橡胶相容性、高低温适应性、抗水性和密封性 | 适用于食品、饮料、肉制品、蔬菜加工、巧克力、制药、玩具及饲料等行业中加工、包装、输送等机械设备摩擦部位的润滑。适用温度范围为-40~180℃ |
| 长城PL高温食品润滑脂 | 2号 | 采用无机稠化剂稠化食品级合成油，经特殊工艺炼制而成。具有优良的高低温适用性。橡胶相容性优良。对橡胶具有良好的润滑性。取得饮用水行业WRAS认证。所有原料都是经FDA认可，不含重金属及亚硝酸盐等危害人体健康的物质 | 适用于生活饮用水输配管道及阀门的润滑与密封。使用温度：-50~200℃ |
| 长城水管接头润滑脂 | | 采用脂肪酸皂稠化食品级基础油制成，具有良好的润滑性、乳化性，无毒副作用，是一种食品级润滑脂 | 适用于自来水管接头部位的润滑。使用温度范围为-20~50℃ |

### 3.5.9 纺织机械润滑脂的应用

各种纺织机械的润滑包括纺纱、绕线、拉丝、拼条和编织等机械的减摩、润滑，以及纤维的减摩、软化和控制静电等。如在纺织设备中，高速精梳机、并条机、粗纱机、条并卷机、气流纺纱机、细纱机等纺织机械牵伸机构都使用胶辊轴承。如果这些轴承润滑不当，均会造成轴承的轴向和径向间隙因磨损超标，引起纺纱条干的恶化。除通用锂基脂、白色特种润滑脂、极压锂基脂等产品外，纺织机械所使用的专用润滑脂主要包括织机综框专用润滑脂、纺织皮辊轴承专用润滑脂、热定型机润滑脂等。

**1. 纺织机械润滑脂性能要求**

纺织机械类型很多，如清棉机、梳棉机、并条机、粗纺机、精纺机、络轻机、整轻机、浆纱机、织布机、验布机、码布机、打包机等。在纺织机械运转过程中，如轴与轴套表面相互接触，并作相对运动，因而摩擦、产生磨损。为减缓零件的磨损，降低动力消耗，延长机件寿命，必须使用油脂类进行润滑。润滑脂可在机件和轴承表面形成保护油膜，起到防锈、密封和减振作用，达到设备的安全平稳运行。

根据纺织机械的使用条件，对润滑脂有严格要求：一是能够经受高温不流失；二是保证时间运转不分油。如果发生溢油现象将直接造成轴承缺油、干涸，那么轴承与芯轴急剧摩擦、温度上升，滚针轴承表面发黄出现麻点、掉针、发蓝、滚针磨损变细，还会导致对织物的污染。所以，纺织工艺用润滑脂，除要求有很好的耐磨性、抗氧化安定性、热稳定性、机械安定性外，某些产品还要具有良好的易清洗性，以免影响织物的染色和美观。

## 2. 纺织机械润滑脂种类和特点

（1）**细纱机胶辊轴承润滑脂** 胶辊是纺织行业中纺纱牵伸机构的关键工艺部件之一，其性能的好坏及运转状况，直接影响成纱质量。纺织行业的胶辊轴承通常使用白色锂基脂。在使用过程中，均存在不同程度的胶辊溶胀现象。溶胀起鼓较正常部位大 0.2~0.3mm，造成了胶辊硬度和光洁度的下降，从而影响了成纱质量。辊轴承中的润滑脂由于受到工作条件的影响，从轴承内渗出，流到胶辊上而产生了溶胀。由此可见，胶辊轴承所用的润滑脂既要保证良好的润滑性能，还应耐高温，并具有优良的抗水性和机械安定性，从而在工作条件下，不流失、不乳化、不渗油，以保持胶辊的质量。

采用复合皂稠化高黏度基础油制成的润滑脂制成的胶辊轴承专用润滑脂，具有黏附性强，抗水性、机械安定性、热安定性和胶体安定性优异等特点，可有效消除溶胀起鼓现象，延长胶辊的使用周期。

（2）**热定型机润滑脂** 热风拉幅定型机是印染厂的必需装备，高温及长时间连续运行的要求导致热风拉幅定型机对润滑的要求相当苛刻。织物在经过染色漂洗后，后整理工序中须经过高温定型区定型，这道工序是在拉幅定型机中完成的，靠链条带着布匹进入高温烘房，逐步定型。烘房的温度根据加工布匹的不同，一般在 160~220℃。主要设备为德国布鲁克纳、台湾力根、乘福等设备商制造。其两侧链条采用自动加油装置定期、定量润滑。由于链条长期处于高温环境，因此对链条的保养提出了极高的要求。现用的部分产品，在高温下，不能保持适宜的黏度，表现为蒸发量大、积炭严重，冷凝的油积聚在烘房顶部，容易滴落，直接影响产品质量；严重的积炭堵塞住链销，链条油无法深入其中，从而形成恶性循环，逐渐出现噪声、抖动，直至链条报废。

采用脲类化合物稠化高苯基硅油，并加多种添加剂制成的热定型机润滑脂，具有良好的高低温性能，尤其是高温性能特别优异，在高温下具有长的轴承寿命。使用温度范围-60~250℃，短期可达 280℃。产品可用于织物的热定型机、长环烘燥机、蒸呢机、防漏机和高温高压染缸等机器的轴承。

含氟润滑剂具有优异的热稳定性、氧化稳定性、化学惰性和润滑性，因而使用温度范围宽、换油周期长。全氟聚醚作基础油、以聚四氟乙烯作稠化剂制成的热定型机润滑脂，具有不燃烧、无积炭、抗酸碱、耐水、耐氧的特点，化学性能极其稳定。在高温（340℃）、化学腐蚀（强酸强碱）、辐射等要求极特殊的工矿环境下，获得了广泛的应用。

## 3. 纺织机械用润滑脂品种

中国石化润滑油公司生产的长城纺织机械用润滑脂的品种主要有：长城纺织机综框专用润滑脂、长城纺织皮辊轴承专用润滑脂等。将其性能特点和使用范围列于表 3-76。

表 3-76 长城纺织机械用润滑脂性能特点和使用范围

| 产品名称 | 牌号 | 性能 | 用途 |
|---|---|---|---|
| 长城纺织机综框专用润滑脂 | 1号 | 采用混合皂稠化深度精制的矿物基础油，并加入抗氧、防锈等添加剂制成。基础油黏度适中，性能优良，能够满足纺织机综框高频震动润滑。稠化剂的皂纤维结构合理，分布均匀，在剪切力的作用下能保持较好的润情脂结构特征。洁净度高，能够有效地降低综框间的摩擦，能够防止纺织机、喷水织机综框工作过程中的锈蚀 | 适用于纺织机、喷水织机综框的轴承润滑。使用温度范围为-20~120℃ |

续表

| 产品名称 | 牌号 | 性能 | 用途 |
|---|---|---|---|
| 长城纺织皮辊轴承专用润滑脂 | 3号 | 具有良好的润滑性、抗水性、氧化安定性和机械安定性,适用于纺织行业的皮辊轴承润滑,能防止细纱胶辊的溶胀、甩油 | 使用温度范围为−20~150℃,短时间可使用到180h |

### 3.5.10 电气相关润滑脂的应用

**1. 电触点润滑脂**

电触点脂俗名开关灭弧脂、开关脂、灭弧脂。电触点脂是针对弱电开关触点的防电弧、防氧化及抗磨损而设计的电触点保护剂,通过降低接触电阻、温升,改善触点性能以延长产品使用寿命。适用于各种电器开关、电刷、转换器、继电器、插孔插头、可变电阻器、电子拔插件的润滑、灭弧和提高接触导电性能。电触点开关如图3-223所示。

（1）电触点分类　传送电流的两导体(一般是固体)的连接点称为电触点。工业、交通和家电行业中的各种设备和仪器的许多功能都要靠电触点控制。如汽车上的点火器开关、转向器开关、灯具开关都是常用的电触点。依照电触点的功能不同,电触点可分为弱电流电触点和强电流电触点；按运动方式不同,电触点可分为点接触、线接触和面接触电磁点；按设计特点不同,电触点可分为平面滑动和转动电触点等。

（2）电触点润滑脂作用　电触点是各种开关、继电器、断路器等的关键部件。为提高电

图3-223　电触点开关

触点接触安定性、抑制磨损和延长使用寿命,需要使用润滑脂。电触点润滑脂大多数用于滑动触点。电触点润滑脂的主要作用是抑制磨损和延长使用寿命,防止电弧。使用电触点润滑脂可减少电弧的发生,减小电蚀磨损,避免触点失效。稳定接触电触点表面涂上电触点润滑脂后,微观上原本互不接触的郡些表面变成接触表面,使接触电阻降低并保持稳定,这也有利于消除或降低噪声。图3-224为部分国产中继器。

（3）电触点润滑脂性能

① 电性能。电触点大致可分为较大电流的,并且以铜材料为主的触点,以及微小电流触点,并且以银材料为主的触点。用于以上两种触点的润滑脂虽然有共同点,但也存在某些差异。首先,这两种触点脂都必须具有绝缘性,但又要求这两种触点脂在触点闭合状态下必须具有通电性。其通电机理是部分金属接触和电流通过极薄油膜通电。触点脂的润滑是从混合润滑到边界润滑。当油膜变厚时,从弹性流体润滑变为流体润滑,金属接触消失,油膜不通电。相反,油膜太薄时,变为边界润滑,磨损增大,触点寿命缩短。因此,好的触点脂应维持适当厚度的油膜。复合锂与其他稠化剂相比,绝缘劣化寿命长。这是由于复合锂沟槽形成性非常强,触点表面不易存在脂的缘故。但是,其抑制磨损的性能较差。滑动触点在低温下有时会出现不通电的现象,这种现象被称为间歇电震或低温跳跃现象(触点在闭合状态下无电流通过的现象),是低温下润滑脂要解决的问题。间歇电震产生的频率随基础油运动的

黏度增高而增加，基础油的运动黏度增高时，间歇电震更容易产生，通电性降低。低温环境下通电性变差可认为是由于油的黏度增高，油膜增厚，金属接触部位消失及电流难以通过油膜。图 2-225 为电触点润滑脂。

图 3-224　部分国产中继器

图 3-225　电触点润滑脂

电阻率是电触点脂的关键指标。电阻率太大，影响电触点导电效果电阻率太小，易产生电弧，影响电触点的使用寿命。若要增加电触点脂的电阻率，可以调配电阻率较大的基础油，或是提高基础油的精制深度；若要增加电触点脂的导电性，可以加入有机导电剂，从而达到调整电阻率的目的。

② 耐树脂性。不腐蚀触点材料和不损害树脂材料，即耐树脂性，这是最近特别强调的一种性能。这点由于触点的绝缘材料及其周围的部件很多都使用树脂材料。润滑脂的耐树脂性很大程度取决于基础油。合成烃的耐树脂性良好，目前许多触点润滑脂都选用合成烃为基础油。

③ 耐电弧性。大电流触点润滑脂还必须具有耐电弧性。汽车的触点由于电流较大，所以主要采用铜材料，在其开闭时往往会产生电弧。润滑脂暴露在电弧下，会使其特性劣化。电弧产生的劣化有 2 类，一类是绝缘劣化，电弧可使润滑脂炭化，使其绝缘性降低，即使在触点脱离时也会有电流通过。另一类是电压降低，电弧使触点表面氧化，碳化物黏附于触点表面，使触点能通电特性变差。全氟聚醚电触点润滑脂的绝缘寿命最长，其次是聚乙二醇酯。全氟聚醚绝缘寿命长的原因是由于其耐热性优异，不炭化。聚乙二醇非常容易蒸发，在炭化之前已蒸发，所以也不会出现炭化。硅油制备的润滑脂不会产生绝缘劣化，但会产生电压降低。这是由于硅油在电弧下产生的二氧化硅是绝缘物质，所以不产生绝缘劣化，但由于其堆积于触点之间，使电压降低。润滑脂的耐电弧性试验结果显示，添加了氧化锌等金属氧化物的脂可延长触点的绝缘劣化寿命。

微小电流触点以前大多用于家电产品，但是近 10 年来，用于汽车的滑动触点也逐渐由大电流触点向微小电流触点转化，目前已在汽车中大量使用。微小电流触点不同于大电流触点，对润滑脂性能的要求也有所不同，由于不产生电弧，所以不需要耐电弧性，最重要的是确保通电性。抗腐蚀性、抗磨损性、低温特性等均关系到通电性能。

在电弧作用下，硅化合物容易生成绝缘性物质，使电压降低，所以大电流触点一般不使用硅脂。相反，微小电流触点却大量使用硅脂。这是由于微小电流触点不产生电弧，而且硅油黏度随温度的变化小，构成适当油膜厚度的温度范围宽，不易产生低温下的间歇电震。另外，硅脂润滑性较差，使触点表面因磨损而变得粗糙，可防止向流体润滑转移，减少间歇电震。

④ 抗磨损性。由于银用作触点材料成本较高,所以大多采用镀银材料。因此,为保持良好的触点性能,镀银底层金属不可暴露,即要求润滑脂具有良好的抗磨损性。

⑤ 防硫化性。根据通电性的要求,微小电流触点大多采用金属材料中电阻最低的银。银的缺点是容易硫化腐蚀,即使大气中存在的微量含硫气体也会对其造成侵害。硫化膜的形成是造成触点接触不良的原因,因此,要求微小电流触点润滑脂必须具有保护银表面不受含硫气体侵害性能,即具有防硫化性能。由于银触点容易硫化,所以必须使用不含硫的润滑脂。

**2. 联轴器润滑脂**

联轴器是一种连接功率传入轴和功率传输轴,在一定程度上又允许两轴的轴心在轴向或径向存在偏差的元件。由于其结构紧凑、传递功率大、功率损失小而在冶金工业生产中被广泛采用,是一种用于轧机轧辊、卷绕机驱动部分的重要装置。为了克服联轴器运转时的离心力,齿轮联轴器使用的润滑脂一般是添加了固体润滑剂的高黏度基础油润滑脂。

联轴器结构和润滑特点如下:

联轴器在轧机传动中的应用很多,如轧机主传动系统,一般是:电动机-联轴器-减速机-联轴器-齿轮座-联轴器-轧机轧辊组成。

联轴器可分为两类,一类是固定式联轴器,另一类是挠性联轴器。靠背轮(对轮)是最常见的固定式联轴器式,它是通过橡胶或尼龙等弹性元件消除轴心偏移对功率传递的影响。这种联轴器一般传递功率比较小,只允许很小的轴心偏差,也不需要特别的润滑;挠性联轴器根据结构可分为齿轮联轴器、弹簧管联轴器、链式联轴器等多种形式。这类联轴器,由于传输功率比较大,允许功率传入轴和功率输出轴的中心线呈一定的角度,在工业生产中被广泛应用。但是,这些联轴器都需要适当的润滑。

由带有内齿、凸缘的外套筒和带有外齿的内套筒组成的齿轮联轴器。工作时,内齿与外齿作啮合运动。内、外齿多采用压力角为20°的渐开线齿形,齿侧间隙较一般齿轮副大。外齿顶圆母线制成球面,球面中心在齿轮轴线上,因此具有补偿两轴轴线的相对径向、轴向、角度位移的特性。

十字滑块联轴器由两个端面开有径向凹槽的半联轴器和两端各具有凸榫的中间滑块组成。中间滑块两端的凸榫相互垂直,分别嵌装在两个半联轴器的凹槽中,构成移动副。如果量轴线不同心或偏斜,运动时滑块将在凹槽中滑动,当转速较高时,由于滑块的偏心将会产生很大的离心力磨损,并给轴和轴带来附加载荷。因此只适用于低速、传递载荷大的场合。十字滑块式万向联轴器其结构形状见图3-226。

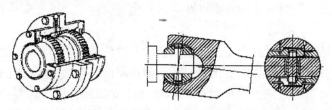

图3-226 十字滑块式万向联轴器的结构形状

### 3.5.11 电动工具润滑脂的应用

电动工具(图3-227)产品是一种由电磁旋转式或往复式小容量电动机,通过传动机构带动作业装置(工作头)进行工作的手提式或移动式的生产工具。根据使用领域的不同,电动工具可分为专业用(企业生产用,如生产线上用的装配电动工具)和 DIY(自己动手做)两大类。电动工具润滑脂广泛用于电钻、电锤、角磨机、往复曲线锯、切割机、磨光机等各类电动工具,如电锤的齿轮及汽缸,冲击钻的齿轮,以及相关的齿轮、螺纹等部位的润滑。

**1. 电动工具润滑脂性能**

随着我国电动工具行业的兴起,用于其齿轮箱配套润滑的润滑脂需求逐渐增加。虽然电动工具体积较小,但是由于其齿轮处于高速、高冲击负荷,终身寿命的要求,而且,电动工具品种繁多,润滑条件差异很大,对润滑脂的要求十分苛刻。要求高负荷及冲击负荷条件下,可牢固地附着在金属表面,保护金属不致磨损及腐蚀,同时与密封件有相容性,减振降噪效果好,温度适应范围广。图 3-228 为电动工具润滑脂。

图 3-227 电动工具

图 3-228 电动工具润滑脂

(1) 流变性和触变性  由于电动工具高振动、高温升、高冲击的工作特性,电动工具要保证较长的使用寿命,润滑脂在常温和静止状态时能够保持一定的形状而不流动,可以黏附在齿轮表面不滑落。当在高速高剪切的运转条件下,又能够像液体一样流动,具有良好的润滑、保护和密封作用。同时,润滑脂良好的触变性能可以使其皂纤维结构得到及时恢复。

(2) 高低温适应性  由于电动工具的齿轮转速高、齿轮箱散热及密封条件较差等因素,润滑脂必须满足高温条件下结构变化小、不易流失泄漏。要求在高温下能保持较合适的软硬度或塑性,不易流失。同时由于润滑脂可在室内外全天候运用,还要求具有较好的低温启动性能。

(3) 极压抗磨性  电动工具主要靠连续啮合的齿轮传递运动和动力,齿面间同时有滚动和滑动,且滑动的方向和速度急剧变化。与滑动轴承相比,齿轮的齿廓曲率半径小,形成油楔的条件差,其润滑是断续的,每次啮合都需重新建立油膜,属于边界润滑和混合润滑状态;电动工具高振动、高冲击负荷的工作特点使得设备的摩擦部位很容易磨损,如果润滑脂没有良好的极压、抗磨性能,极易造成齿面间的过早磨损甚至失效。

(4) 抗氧和防腐性  对于 DIY 类工具,经常遇到露天使用的工作环境,因而必须保证其在潮湿、粉尘等环境下的防锈性能及对接触部件材质的防腐蚀性能。由于电动工具一般使用中不补脂,因此,要求润滑脂具有良好的氧化安定性能,确保其使用寿命。

**2. 电动工具润滑脂类型**

按稠化剂不同,电动工具润滑脂有锂基脂、复合锂基脂、脲基脂等类型。在电动工具润滑脂中含摩擦改进剂,可降低温升与摩损,延长使用寿命。

### 3.5.12 光学仪器润滑脂的应用

根据光电行业的发展和光学润滑脂在光学仪器中的特殊作用,开发针对性强的专用脂十分重要,尤其一些精密的光学仪器,如生物显微镜、照相(摄相机)镜头、军用光学仪器等。光学润滑脂指的是专门润滑光学仪器运动的摩擦部位,或防止光学仪器空腔内表面落灰和起吸尘作用的特种润滑脂。它在光学仪器中起到润滑、阻尼、防护、填空、密封等作用,适用于光学仪器的滚动、滑动部位的润滑与密封。

**1. 光学仪器润滑脂种类**

按照阻尼程度不同,光学仪器润滑脂有高阻尼光学脂、中阻尼光学润滑脂和低阻尼的光学润滑脂等三类。可以根据仪器转动部位结构和间隙的大小,来选配与之相匹配的润滑脂,从而使仪器表现出理想的使用效果。光学润滑脂主要针对较精密的光学仪器、设备,比如摄相(照相机)机镜头、枪瞄、分析测试仪器等。图3-229为显微镜

(1) 高阻尼光学脂。高阻尼光学脂不同于一般工业润滑脂,由于增黏剂在配方中的含量较高,若稠化剂采用脂肪酸皂或其他无机稠化剂,后处理研磨工艺较为困难。根据高阻尼光学脂的特点,采用烃类稠化剂是非常理想的选择,因为这类稠化剂制成的脂不需要研磨,从反应釜中冷却罐装即为成品。增黏剂采用一定相对分子质量的聚合物,比如黏均相对分子质量为40000~70000的乙丙共聚物,以及丁苯共聚物或者聚异丁烯。这主要是因为这些聚合物本身具有一定的稠化能力,而且具有一定内聚力和黏附性,能使光学脂具有很好的阻尼性能。

图3-229 显微镜

高阻尼光学阻尼脂能满足光学行业配合间隙较大的调焦旋扭、中轴、中调、铰链的阻尼与润滑。比如天体望远镜、大倍率望远镜、各种档次的双目望远镜、测绘仪器和其他行业有相似阻尼要求的仪器设备。

(2) 中阻尼光学润滑脂。对于一些中等阻尼的光学润滑脂,采用气相法二氧化硅稠化硅油,并加入中低相对分质量增黏剂和结构改善剂,在一定温度下真空膨化,研磨精制而成的光学润滑脂。具有较好低温性能,用于一些较精密的光学仪器,可得到理想的使用效果。采用脂肪酸皂作稠化剂,能得到好的效果。

(3) 低阻尼的光学润滑脂。在光学仪器中,较小间隙的摩擦部位,所需光学润滑脂的阻尼较小,有时微弱的阻尼都会给光学仪器带来很大的影响。若配方设计不当,给光学仪器的正常使用带来严重影响。如各类摄像机、照像机、军用光学仪器等精密镜头。此类的稠化剂可以是皂类,也可以是无机稠化剂或复合稠化剂。低阻尼光学润滑脂能满足光学行业配合间

隙较小的调焦旋扭、光学拉伸活动部位的阻尼与润滑。

**2. 光学仪器润滑脂性能**

光学仪器相互接触的金属表面相对运动时,如果不使用润滑脂,将会因摩擦阻力过大无法使用,或是很快被磨损而使光学仪器的精度降低,甚至损坏。光学润滑脂在精密光学仪器中的用途,除了能够对接触表面起润滑、阻尼作用而减少摩擦和磨损之外,还能起密封、防锈和防尘的作用。由于各种光学仪器有不同的使用要求和特点,因此对光学润滑脂性能的要求也不同。

(1) 黏附性和阻尼性　光学润滑脂不同于其他工业润滑脂,它要求靠自身的黏附性同定在润滑部位,而不会为摩擦部位的转动和拉伸将润滑脂挤出作用范围之外。阻尼作用在光学仪器中的作用更加重要,它不仅能维系光学仪器在使用中的工作状态,而且能给使用者带来非常舒服的手感。黏附性和阻尼性在光学脂配方设计中相辅相成,调节好两者的关系能给光学仪器带来非常理想的使用效果。对气密性有特殊要求而间隙较大的润滑部位,润滑脂必须具有适宜的拉丝性能。

(2) 抗离散性　所谓抗离散性是指润滑脂对基础油的吸附能力,抗离散性好的光学润滑脂才能保证基础油不会由于毛细作用而扩散至非润滑部位(即所谓的爬油现象),污染其他光学系统以影响光学仪器的正常使用。抗流散性好,就不易因流散造成"爬油"现象而污染光学玻璃零件,引起雾和霉的生长。

(3) 挥发性　挥发量小,可避免产生油雾。光学脂较低的挥发量才能保证仪器在使用过程中不受油雾的污染。

(4) 防霉性　良好的防霉性主要是防止霉菌在光学仪器内滋长。润滑脂组分中不应包含微生物生长的养料,不长霉。

(5) 耐高低温性　在规定的较高使用温度条件下不流失,低温下不冻结,保持润滑机构转动灵活；光学润滑脂原则上要求能满足 $-40 \sim 80$℃的使用要求,但对于一些一般的民用光学仪器,低温可根据其实际工作环境需要,来做适当的调整。对于中低阻尼的光学润滑脂,低温性能在采用低凝矿物油或一些低凝合成油后,基本上能满足 $-40$℃以下的要求。对于一些高阻尼的光学润滑脂来说,由于配方中的增黏剂含量太高,对光学脂的低温转矩影响很大,在配方设计中,阻尼和低温性能往往难于做到同时兼顾,比如应用于光学望远镜中调、铰链等部位的光学润滑(阻尼)脂。

(6) 其他　对于光学脂来讲,其使用寿命、防腐性以及某些部位用脂的极压性等要求也应该得到充分的满足。有足够的润滑性和抗磨性能,黏附性较好,能保护光学仪器零件不被腐蚀。同时,还应具有一定的抗水性,化学稳定性好,不容易被氧化分解变质,胶体安定性好,不宜分油,无机械杂质。

### 3.5.13　阻尼润滑脂的应用

阻尼润滑脂是在两个摩擦面之间起阻尼和润滑双重作用的一类润滑脂。电子元件中的电位器、电阻器、电感器,以及收录机慢开门机构和某些仪器、光学仪表等,都要用到阻尼润滑脂。阻尼脂用于接合部件,可允许有较大间隙及公差,在其中起到缓冲作用,让部件畅顺准确活动。

**1. 阻尼润滑脂类型**

按组成不同分类：

（1）聚丁烯型阻尼润滑脂　人们发现用钙基、锂基等普通皂基脂手感太差，于是用聚合物作基础油制成了最初的阻尼润滑脂。常用的聚合物是聚丁烯，常用的稠化剂有二氧化硅、膨润土或脂肪酸金属皂。这类脂最大的缺点是黏温性差，高温时聚丁烯分解使脂变硬，低温时脂会凝固。如图3-230所示。

（2）聚硅氧烷型阻尼润滑脂　这类阻尼润滑脂的优点是黏温性好，但黏着力小，润滑性很差。

（3）聚丁烯+聚硅氧烷型阻尼润滑脂　这类阻尼润滑脂综合了前两类脂润滑性好、黏着力好、黏温性好的优点。

（4）乙烯、α-烯烃聚合物型阻尼润滑脂　这类阻尼润滑脂的润滑性与聚丁烯型阻尼润滑脂相当，黏温性介于聚丁烯型和聚硅氧烷型阻尼润滑脂之间。

**2. 阻尼脂作用**

阻尼脂用在大部分机械和电子机械仪器上来控制自由活动，减低噪声。在光学仪器的焦聚调整上，阻尼脂可控制滑动，确保平顺、无声的操

图3-230　低温阻尼润滑脂

作；在电子的控制上，可使电位器用手来做精确设定。另外，在齿轮系统、家电控制、电子开关机构、户外娱乐设备、激光控制、电视机调音、测量仪器等方面，通过手动来控制活动和减低噪音。由于本身具有的黏稠性，阻尼脂也能防止仪器受湿气、灰尘和其他的污染物，避免移动件间的完全密合而使得减低磨耗和延长产品寿命。

**3. 阻尼润滑脂性能**

（1）阻尼性　要有较高的黏度，能达到规定的转动或滑动力矩要求。在不同温度条件下阻尼力矩稳定，转动平稳，手感舒服。同时具有优良的黏着性、润滑性和机械安定性。

（2）黏温性　能在较宽的温度范围（高温能达70℃，低温要求-10～-45℃）内使用，能适应酷热和严寒的天气，不致夏天或在热带地区使用时阻尼太小，也不致冬天或在寒带地区使用时阻尼太大，甚至凝固而无法转动。

（3）与材料适应性　电器绝缘性好，不腐蚀使用部位的金属，与相关塑料、橡胶件的相容性好。

（4）使用寿命　蒸发小，使用寿命长，满足终生润滑要求。使用过程中不会分油，造成相关零件的污染。此外，还应有良好的降噪、减震、缓冲、密封、防水等效能。

## 3.5.14　塑料润滑脂的应用

塑料用润滑脂是可用于塑料（POM、PS、PA、PC、PP等）与塑料，或塑料与金属之间的齿轮、轴承、导轨及其他精密运动部件的特殊润滑脂。这种润滑脂被广泛应用于汽车车身附件和电装部件，录音机、录像机、CD机、照相机、电脑等家用电器，复印机、打印机、扫描仪等办公设备，以及手机、剃须刀、电动牙刷等个人用品和玩具等。

**1. 塑料润滑脂性能**

（1）相容性　要求对大多数塑料品无不良影响，不会引起塑料制品溶涨、收缩、发泡、断裂、腐蚀、表面晶型变化等现象。表3-77列出润滑剂基础油与不同种类塑料之间的相容

性。聚α烯烃基础油作为矿物油的替代品是目前流行的选择，非常适合于多种塑料。全氟聚醚是一种化学惰性润滑剂，不会腐蚀塑料，可用于多类塑料，但由于价格偏高，其使用受到一定的限制。

表 3-77 润滑剂基础油与不同种类塑料之间的相容性

| 项目 | 矿油 | 含成烃 | 聚醚 | 酯类油 | 硅油 | 全氟聚醚 |
|---|---|---|---|---|---|---|
| ABS | 好 | 好 | 差 | 差 | 好 | 好 |
| CA | 好 | 好 | 差 | 差 | 好 | 好 |
| EPS | 好 | 好 | 好 | 差 | 好 | 好 |
| PA | 好 | 好 | 好 | 好 | 好 | 好 |
| PC | 差 | 一般 | 差 | 差 | 好 | 好 |
| PE | 好 | 好 | 好 | 好 | 好 | 好 |
| POM | 好 | 好 | 一般 | 一般 | 一般 | 好 |
| PP | 好 | 好 | 一般 | 一般 | 好 | 好 |
| PS | 好 | 好 | 差 | 差 | 好 | 好 |
| PTFE | 好 | 好 | 好 | 好 | 好 | 好 |
| PVC | 好 | 好 | 差 | 差 | 好 | 好 |
| TPE | 差 | 差 | 差 | 差 | 一般 | 好 |

(2) 润滑性 从轻载到重载，在塑料/塑料、塑料/金属、金属/金属等不同组合的接触面上都有良好的润滑性。要求塑胶润滑脂可明显降低塑料摩擦副之间的摩擦，减小磨损，延长零部件的使用寿命，消除或减小噪音，并最好能适用于塑料/塑料、塑料/金属、金属/金属等各种材质组合从轻负荷到重负荷的工况条件。

(3) 耐久性 能够在塑料表面有良好的保持力，使其能得到长期的润滑效果，从而提高产品的性能。许多塑胶润滑脂在装配时加注完毕后，在使用过程中一般不再补加或更换，要求与零部件等寿命，属终身润滑，如一些玩具、仪器仪表、家电、汽车零部件等所用塑胶润滑脂均属于此种情况。因此，要求塑胶润滑脂具有良好的氧化安定性和化学安定性，且使用性能也不会随时间延长而出现明显变化。

(4) 扩散性 如汽车组合开关、手机键盘等，总不希望油脂任意扩散，影响到其他电子元件并污染其他地方，因此要求扩散性小。要求塑胶润滑脂能很好地保持在摩擦面上，不易流失，除了可以保证良好的润滑性能外，还可避免由于塑胶润滑脂扩散而污染周围零部件，影响其外观和使用。

(5) 安全性 诸如玩具、剃须刀和食物搅拌机等生活用品，人体经常接触，要求润滑材料达到安全卫生要求。用于玩具、家电、仪器仪表、办公用品、汽车等场合的塑胶润滑脂必须保证在正常使用条件下对人体无害，如应满足欧盟的ROHS和PAHs认证要求等。

(6) 对金属材料无腐蚀 有相当一部分塑胶润滑脂用于塑料与金属之间，或金属与金属之间的润滑，因此，要求所采用的塑胶润滑脂必须对接触的金属材料无腐蚀作用，并对金属材料有一定的防护作用。

(7) 较宽的使用温度范围 由于使用塑胶润滑脂的很多塑胶零部件长期在户外使用，低温可在-40℃以下，高温可达100℃甚至150℃以上。因此，塑胶润滑脂必须保证在低温下具有较低的启动力矩和运转力矩，在高温下具有良好的安定性。

**2. 塑料润滑脂产品标准**

（1）塑胶齿轮润滑脂　采用合成油为基础油，锂皂为稠化剂，并加入抗氧化、防锈、防腐蚀等多种添加剂精制而成的塑胶齿轮润滑脂，具有无毒、无味、无刺激，与多种塑料及塑胶相容性好的特点。抗氧化性能好，润滑性能持久，可保障产品寿命；润滑性优良，减低摩擦系数，能有效降低噪音；符合美国玩具安全条例和欧洲环保标准。塑胶齿轮润滑脂适用于CD机、照相机、录音机、录像机等家用电器、打印机、复印机等办公设备的润滑，也用于汽车操纵机构、座椅、后铙等，特别适用于纤维增强塑料。使用温度：-30~130℃。

（2）高黏性塑胶齿轮润滑脂　采用复合皂稠化高黏度矿油，并加入抗磨极压、防腐蚀、抗氧化、低分子聚合物等多种添加剂，经过特殊加工工艺精制而成，是一种长效、超高温、长寿命的润滑脂。具有优异的耐高低温性、耐磨损性、耐水性、抗氧化性、机械安定性和黏附性。低温扭矩小，高温不扩散，附着力好，减噪音持久。符合欧盟环保ROHS标准。该产品适用于各种低速、中重负荷的齿轮、链轮和联轴机等设备，也用于微型零件、高速和低速转动的机械部件及各类精密齿轮的消音润滑，如齿轮箱、滚轴、运输链条、机械轴心等。使用温度：-30~180℃。

（3）合成抗磨塑胶齿轮脂　采用锂皂稠化多种合成油，并加入抗磨极压、防腐蚀、抗氧化等多种添加剂及填充剂而制成。具有优良的极压性和抗磨性，可承受高冲压力；对金属或塑胶表面有极强的附着力，降低噪音。油脂中含有大量的固体润滑剂，摩擦系数低，承载能力强。符合美国ASTMF963及欧盟环保ROHS标准。合成抗磨塑胶齿轮脂适用于电子行业、玩具行业的塑胶齿轮零件润滑，如影印机、传真机、碎纸机等润滑，也用于纺织机械、食品机械、化妆品和制药机械等的润滑。使用温度：-40~150℃。

# 3.6　其他类型润滑剂的应用

## 3.6.1　合成润滑剂的应用

**1. 硅基润滑材料**

硅油通常是指在室温下保持液体状态的线型聚硅氧烷产品。一般分为甲基硅油和改性硅油两类。硅油有许多特殊性能，如温黏系数小、耐高低温、抗氧化、闪点高、挥发性小、绝缘性好、表面张力小、对金属无腐蚀、无毒等。由于这些特性，硅油以应用在许多方面而具有卓越的效果。在各种硅油中，以甲基硅油应用得最广泛，是硅油中最重要的品种，其次是甲基苯基硅油。各种功能性硅油及改性硅油主要用于特殊目的。硅油有各种不同的黏度。有较高的耐热性、耐水性、电绝缘性和较小的表面张力。常用作高级润滑油、防震油、绝缘油、消泡剂、脱模剂、擦光剂、隔离剂和真空扩散泵油等。

（1）硅基润滑脂　硅基润滑脂是由高、低温性能优异的改性硅油为基础油，特殊锂皂为稠化剂并加有白色固体润滑剂、抗氧化、防腐蚀等多种添加剂精制而成的白色有机硅脂。长寿命低温硅脂加有大量PTFE固体润滑剂，设计用于在低温或高温环境下低扭矩运行的塑胶与塑胶、塑胶(或橡胶)与金属部件及滑动轴承的终身润滑，具有出色的抗磨损、抗氧化和耐腐蚀性。可用于：

① 低温或宽温度下的塑胶/塑胶、塑胶/金属、金属/橡胶件之间及滑动轴承的长效润

滑，适合用于气动阀门、气缸活塞的阀体与密封件的动态润滑及密封。

② 宽温环境下的汽车变速器排档、怠数步进电机、控制线缆（油门、刹车）、速度表的封闭型永久润滑，打印机、复印机的定影组件上定影膜的润滑。

③ 在低温起动时需要有效降低起动力矩的工作场合，如电子钟、照相机、光学仪器、传送器、冰箱风扇轴承、移动冷冻设备以及伺服机构齿轮的长效润滑。

(2) 硅基润滑脂的特点

① 极佳的低温性，启动扭矩小，工作温度范围宽。

② 极低的挥发性和扩散性，摩擦系数小，承载能力强。

③ 优异的抗氧化稳定性和热稳定性，具有极长的使用寿命。

④ 优良的抗水和抗腐蚀能力，与绝大多数塑胶和弹胶体良好相容。

**2. 磷酸酯类润滑剂**

磷酸酯是一种很好的润滑材料，很早以前就用作极压抗磨剂。磷酸酯可用作难燃液压油，其次用作润滑性添加剂、煤矿机械的润滑油和合成润滑油。磷酸酯通过特殊的催化酯化方法制备而成，广泛应用于金属加工业领域，在高载荷引起边界润滑条件下减少摩擦和磨损。磷酸酯在水性产品中可作为一种替代氯化石蜡的添加剂增加产品切削液润滑及极压性能；适合应用于乳化油、半合成及全合成冷却液中。常用于铝轧制液，钢板轧制液，拉伸液，冲压油，超精研，磨削液，冷轧液等产品中。长链碳磷酸单酯与双酯的协同混合物，被广泛认同为有效的无灰抗磨添加剂和中等极压添加剂，可应用于高载荷引起边界润滑条件下减少摩擦和磨损，延长设备使用寿命，减少刀具损耗以及降低能耗。其与高极压添加剂复合，能极大改善双方的性能。在切削和磨削油/液中，磷酸酯具有"抛光"功能，将导致非常优异的表面光洁度的加工产品。与其他硫系化合物和氯系化合物相比，磷酸酯可以降低腐蚀的倾向。

磷酸酯抗燃液压油是一种抗燃的液压油。随着电力工作的快速发展，在一些大型的火电厂、核电站，大容量高参数汽轮发电机组日益增多。为了适应这些机组调速系统高参数的需要，避免系统高压油泄漏酿成火灾事故，其调速系统已普遍采用磷酸酯抗燃液压油作液压介质。其中，磷酸三甲酚酯可以用作汽油添加剂、润滑油添加剂及液压油，对中枢神经有毒害作用，不可用于食品和医药包装材料、奶嘴、儿童玩具等。由于其具有毒性大、生产工艺复杂、成本高的特点，在中国很少生产，作为抗燃液压油主要用于 $30 \times 10^4 kW$ 以上火力发电厂的调速系统。

磷酸酯类表面活性剂是一种性能优良、应用广泛的表面活性剂。具有优良的润湿、洗净、增溶、乳化、抗静电和缓蚀防锈等特性，且易生物降解，刺激性比较低，热稳定性、耐碱、耐电解质和抗静电性均优于一般阴离子表面活性剂，广泛用于化纤和纺织油品中。

**3. 聚醚类润滑剂**

聚醚又称聚乙二醇醚，是目前销售量最大的一种合成油。它是以环氧乙烷、环氧丙烷、环氧丁烷等为原料，在催化剂作用下开环均聚或共聚制得的线型聚合物。聚醚的突出特点是随着聚醚相对分子质量的增加，其黏度和黏度指数相应增加；其运动黏度在 $6 \sim 1000 mm^2/s$ 范围内变化。聚醚的黏度指数比矿物油大得多，约为 $170 \sim 245$。

聚醚一般具有较低的凝点，低温流动性较好。基于聚醚的极性，加上具有较低的黏性系数，在几乎所有润滑状态下能形成非常稳定的具有大吸附力和承载能力的润滑剂膜，具有较低的摩擦系数与较强的抗剪切能力。聚醚的润滑性优于矿油、聚α-烯烃和双酯，但不如多元醇酯和磷酸酯。

与矿物油和其他合成油相比，聚醚的热氧化稳定性并不优越，在氧化的作用下聚醚容易断链，生成低分子的羰基和羧基化合物，在高温下迅速挥发掉。因此聚醚在高温下不会生沉积物和胶状物质，黏度逐渐降低而不会升高。聚醚对抗氧剂有良好的感受性，加入阻化酚类、芳胺类抗氧剂后可提高聚醚分解温度到240~250℃。

调整聚醚分子中环氧烷比例可分别得到水溶性聚醚和油溶性聚醚。环氧乙烷的比例越高，在水中溶解度就越大。随分子量降低和末端羟基比例的升高，水溶性增强。环氧乙烷、环氧丙烷共聚醚的水溶性随温度的升高而降低。当温度升高到一定程度时，聚醚析出，此性能称为逆溶性。利用这一特性，聚醚水溶液可作为良好的淬火液和金属切削液。

聚醚润滑脂是由聚四氟乙烯(PTFE)稠化高度化学稳定性的全氟聚醚油(PFPE)，并添加特种抗腐蚀添加剂精制而成的白色全氟聚醚润滑脂。专用于高温、高负载、化学腐蚀环境中的轴承以及要求终身润滑的部件，具有极佳的化学惰性、耐久性和低挥发性。

聚醚润滑脂的性能特点：

① 工作温度极宽，极佳的高温稳定性和氧化安定性。
② 稠度随温度变化极小，挥发性极低，使用寿命极长。
③ 优异的抗磨损、抗擦伤、抗燃烧、抗辐射、抗腐蚀性。
④ 低摩擦系数、高承载能力，与绝大多数橡胶、塑料良好相容。
⑤ 绝缘性好，耐水、耐油、耐真空、耐绝大多数有机溶剂及强酸碱。

**4. 聚α-烯烃**

聚α-烯烃是合成基础油中的一种。聚α-烯烃(简称PAO)是由乙烯经聚合反应制成α-烯烃，再进一步经聚合及氢化而制成。它是最常用的合成润滑油基础油，使用范围最广泛。聚α-烯烃合成油具有良好的黏温性能和低温流动性，是配制高档、专用润滑油较为理想的基础油。低黏度PAO，由于其多功能性、高效性及经济性，在高端润滑油基础油市场上占据着绝对优势。

(1) 优点

① 黏度指数高(一般大于135)。PAO黏度指数高，一般都在135以上，而矿物油基础油一般在85~90，精制矿物油基础油VI一般在95左右。精制程度更高的如Ⅲ类基础油的VI一般在120左右。

② 倾点低，低温流动性好。PAO倾点低，比矿物油具有更为优异的低温流动性。可调制很多低温要求高的油品。

③ 高热氧化稳定性。在RBOT测试中，高品质的PAO(聚α烯烃合成基础油)达到压降的时间是Ⅱ类加氢基础油的3~4倍，是Ⅲ类深度加氢基础油的1.5~2倍。

④ 挥发性低。

⑤ 优越的热安定性。PAO耐高温，分解少，其热安定性与双酯相当，优于矿物油和烷基芳烃，PAO与多元醇酯的混合油有很好的热安定性。

⑥ 极佳的剪切安定性。

⑦ 水解安定性好。

⑧ 与矿物油相容性好。

⑨ 一般与油封兼容性好。
（2）缺点
① 成本比矿物油基础油高。
② 添加剂溶解性不好，因为添加剂能溶于酯，酯能溶于PAO，因此常常要和酯（通常是二酯和多羟基酯）调配。

**5. 氟油**

氟油是分子中含有氟元素的合成润滑油，通常是烷烃中的氢被氟或氟、氯取代而形成的氟碳化合物或氟氯碳化合物，较重要的有全氟烃、氟氯碳和全氟醚等。

（1）物理性能　全氟烃油是无色无味液体，它的密度为相应烃的2倍多，分子量大于相应烃的2.5~4倍，凝点较高。氟氯碳的轻、中馏分是无色液体，减压蒸馏所得重馏分是白色脂状物质。它的密度比全氟烃油稍小，凝点稍高，黏温性能比全氟烃油好。聚全氟丙醚油是无色液体，与全氟烃油和氟氯碳油相比，其凝点较低，黏温性能最好，聚全氟甲乙醚的凝点更低。

（2）化学稳定性　含氟油的最大特点是具有优异的化学稳定性，这是矿物油和其他合成油无法比拟的。

（3）润滑性　含氟润滑油的润滑性比一般矿物油好，用四球机测定其最大无卡咬负荷，氟氯碳油最高，全氟聚异丙醚次之，全氟烃居末。

### 3.6.2　固体润滑剂的应用

由于对现代摩擦系统的要求不断提高，很多配方中都含一定比例的固体润滑剂，其主要应用领域是机器部件的润滑以及各种生产工艺，例如生产玻璃及金属加工中的工艺辅助。

固体润滑剂在金属加工中起很重要的作用，特别是在成型加工中。其主要作用是在工具和工件表面形成一个有效的分离层。固体润滑剂与其他载体介质和添加剂一起，起到了降低摩擦或产生恒定摩擦系数的作用，并使过程温度恒定。由于固体润滑剂的保护作用，从而增加了工具寿命，能够防腐蚀，确保了表面质量和工件尺寸的精确度。要选择一种适用于金属加工的固体润滑剂主要是根据机器的运行、工艺参数和相关材料来进行的。

经典的固体润滑剂，例如石墨、二硫化钼、皂、蜡、盐或者软金属的主要应用领域，广泛应用于冷锻和热锻、压铸、冲压成型和冷挤出工序中。将几种固体材料的润滑性能对比，列于表3-78。

表3-78　几种固体材料的平均摩擦系数和平均磨痕直径对比

| 负荷/kg | 石墨 | | 二硫化钼（$MoS_2$） | | 二硫化钨（$WS_2$） | |
| --- | --- | --- | --- | --- | --- | --- |
| | 平均摩擦系数 | 平均磨痕直径/mm | 平均摩擦系数 | 平均磨痕直径/mm | 平均摩擦系数 | 平均磨痕直径/mm |
| 21 | 0.0194 | 0.241 | 0.0194 | 0.268 | | 0.197 |
| 25 | 0.0490 | 0.255 | 0.0204 | 0.270 | | 0.250 |
| 31 | 0.0526 | 0.312 | 0.0180 | 0.283 | 0.0066 | 0.266 |
| 34 | 0.0601 | 0.316 | 0.0240 | 0.288 | 0.0240 | 0.270 |
| 38 | | | 0.0269 | 0.301 | 0.0296 | 0.282 |
| 40 | | | 0.0459 | 0.312 | 0.0375 | 0.309 |

续表

| 负荷/kg | 石墨 | | 二硫化钼(MoS$_2$) | | 二硫化钨(WS$_2$) | |
| --- | --- | --- | --- | --- | --- | --- |
| | 平均摩擦系数 | 平均磨痕直径/mm | 平均摩擦系数 | 平均磨痕直径/mm | 平均摩擦系数 | 平均磨痕直径/mm |
| 44 | | | 0.0510 | 0.324 | 0.0348 | 0 318 |
| 48 | | | 0.0511 | 0 331 | 0.0375 | 0.325 |
| 52 | | | 0.0572 | 0.349 | 0.0333 | 0.343 |
| 56 | | | 0.0565 | 0.370 | 0.0419 | 0.353 |
| 61 | | | | | 0.0452 | 0 354 |
| 66 | | | | | 0.0448 | 0 361 |

由表3-77可见，四球试验中，钢球的平均磨痕直径和摩擦系数为：石墨>MoS$_2$>WS$_2$:；最大无卡咬负荷$P_B$：WS$_2$>MoS$_2$>石墨。

（1）二硫化钼（图3-231） 二硫化钼是有银灰色光泽的黑色粉末，熔点1185℃，密度（14℃）4.80g/cm$^3$，莫氏硬度1.0~1.5。1370℃开始分解，1600℃分解为金属钼和硫。315℃在空气中加热时开始被氧化，温度升高，氧化反应加快。不溶于水，只溶于王水和煮沸的浓硫酸。由于二硫化钼为层状结构，因而是一种很有效的润滑剂。少量的硫与铁反应并形成一个硫化物层，该硫化物层与二硫化钼是相容的，保持润滑膜。二硫化钼对许多化学品具有惰性，并在真空下会完成其润滑作用，而石墨则不能。二硫化钼不同于石墨，它的摩擦系数低（0.03~0.06），不是吸附膜或气体所致，润滑性是它本身所固有的。与金属的亲和力强。在大多数溶剂中具有稳定性。是一种性能良好的固体润滑剂，也可做润滑添加剂。

（2）石墨（图3-232） 石墨具有典型的层状结构。碳原子成层排列，每个碳与相邻的碳之间等距相连，每一层中的碳按六方环状排列，上下相邻层的碳六方环通过平行网面方向相互位移后再叠置形成层状结构，位移的方位和距离不同就导致不同的多型结构。上下两层的碳原子之间距离比同一层内的碳之间的距离大得多（层内C—C间距=0.142nm，层间C—C间距=0.340nm）。

图3-231 二硫化钼

图3-232 石墨

（3）二硫化钨（图2-233） 二硫化钨（WS$_2$）细粉末是一种新型润滑材料，具有优良润滑特性。可作高温润滑脂的添加剂，加入WS$_2$粉末后该润滑脂具有高滴点、高油膜强度、低摩擦因数等优良性能。二硫化钨晶体的微观结构是一个具有六方晶系的层状中空球体，其表面以 S—W—S 分子团形成六方形网络，层间以范德华力连接，这种弱结合力在层间容易被剪切，表现为低摩擦系数。同时二硫化钨晶体在高温下十分稳定，即使在高于550℃的温度环境下，$WS_2$通过缓慢氧化形成致密的氧化钨($WO_3$)保护层，来抑制$WS_2$进一步氧化，并且氧化钨同样具有很低的摩擦因数，仍可起到保护金属表面不发生胶合的作用。

（4）聚四氟乙烯树脂（图3-234） 聚四氟乙烯外观为白色淡灰粉末，相对密度2.16～2.20，使用温度：-200～260℃，软化点超过320℃。几乎对所有的化学品及溶剂都呈惰性，可以改善基材的耐磨性、不黏性、抗腐蚀性及降低摩擦系数。在润滑脂中添加0.25%～10%，可以明显降低材料摩擦系数，并提高材料的使用寿命。

图3-233 二硫化钨

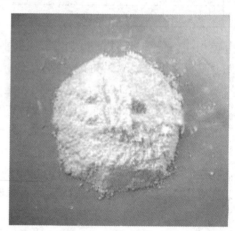

图3-234 聚四氟乙烯

（5）蜡 蜡是不溶于水的固体，温度稍高时变软，温度下降时变硬。凝固点都比较高，约在38～90℃。石蜡又称晶形蜡（如图3-234），是碳原子数约为18～30固态高级烷烃的混合物，主要成分的分子式为$C_nH_{2n+2}$，其中$n=17～35$。主要组分为直链烷烃（约为80%～95%），直链烷烃中主要是正二十二烷（$C_{22}H_{46}$）和正二十八烷（$C_{28}H_{58}$）还有少量带个别支链的烷烃和带长侧链的单环环烷烃（两者合计含量20%以下）。

图3-235 石蜡

石蜡（图3-235）的化学活性较低，呈中性，化学性质稳定，在通常的条件下不与常见的化学试剂反应，但可以燃烧。。石蜡是从原油蒸馏所得的润滑油馏分经溶剂精制、溶剂脱蜡或经蜡冷冻结晶、压榨脱蜡制得蜡膏，再经脱油，并补充精制制得的片状或针状结晶。根据加工精制程度不同，可分为全精炼石蜡、半精炼石蜡和粗石蜡3种。每类蜡又按熔点，一般每隔2℃，分成不同的品种，如52、54、56、58等牌号。粗石蜡含油量较高，主要用于制造火柴、纤维板、篷帆布等。全精炼石蜡和半精炼石蜡用途很广，主要用做食品、口服药品及某些商品（如蜡纸、蜡笔、蜡烛、复写纸）的组分及包装材料，烘烤容器的涂敷料，用于水果保鲜，电器元件绝缘，提高橡胶抗老化性和增加柔韧性等。也可用于氧化生成合成脂肪酸。

将纸张浸入石蜡后就可制取有良好防水性能的各种蜡纸,可以用于食品、药品等包装、金属防锈和印刷业上;石蜡加入棉纱后,可使纺织品柔软、光滑而又有弹性;石蜡还可以制得洗涤剂、乳化剂、分散剂、增塑剂、润滑脂等。

(6) 航空航天用的有机固体润滑材料　有机固体润滑剂能够适应极高温(800℃)、极低温(-253℃)、超高真空(低于$133×10^{-10}$Pa)和强辐射($107$J/kg以上)等严酷的使用条件,适合于给油不方便、装拆困难的场合,简化润滑维修,而且还能够承受巨响、强振动、强冲击和失重条件下的影响,因此在航空、航天领域占有不可替代的一席之地。

典型人造卫星系统需要润滑的部分,包括有遮热罩、太阳能天线驱动装置、传感器、扭矩马达、陀螺、星球跟踪装置、扫描器、天线驱动装置、辐射计、闸板机构、步进马达、磁带录音机、活塞、万向接头、闭锁(latch)机构,及铰链(hinges)等机件。其中卫星中的滑动器、活塞密封圈、轴套、轴瓦、轴承和步进电机等,大量用到PTFE、聚氨酯及其他们的复合材料。例如,宇航器O型密封圈是用低相对分子质量的PTFE调聚物稠化的过氟烷基聚乙醚制成的。而火箭中透平泵轴承中的滚动轴承保持器主要是用PTFE(85%)加玻璃纤维(15%)或PTFE(70%)加铜粉(30%)组成的复合固体润滑剂制成。

在飞机和航天飞机上,也大量的运用到有机固体润滑剂。例如,短纤维增强的PEEK可以制作轴承保持器、凸轮、飞机操纵杆等。PEEK还可以制成长纤维增强的复合材料,英国ICI公司已经推出商品化的PEEK树脂基的复合增强材料,用于制作直升飞机的尾翼等结构件。

飞机上常用的有机复合润滑剂主要有两种形式:DU型和背衬型。背衬型所使用的抗摩擦层是由PTFE纤维与玻璃纤维(或碳纤维、或芳纶纤维)编织而成的一种织物。目前主要依靠进口,成本较高。DU型是目前用得最广的称为"金属塑料"的复合材料。DU的轴承材料,是在软钢板上镀一层30~50m的青铜,再烧结一层多孔青铜球粒,浸渍或滚涂PTFE(聚四氟乙烯)填充孔隙,再经过烧结、扎制、整形而制成的金属塑料轴承。既保持了PTFE低摩擦系数的特点,又具有足够的机械强度,高的承载能力,散热性好,耐磨。广泛用于飞机和宇宙飞船上的高温,重载滑轴承中。

我国在"两弹一星"、"神舟飞船"、"航天航空"等尖端机电产品研制过程中,积极进行有关润滑新材料制备和摩擦机理的研究和分析。经过反复不断地研制、试验,一批批与传统润滑材料在概念和机理上完全不同的固体润滑材料相继研制成功:"物理气相沉积润滑膜"、"黏结固体润滑涂层"、"金属基高温耐磨自润滑复合材料"、"聚合物自润滑复合材料"、"纳米润滑材料"等不胜枚举。

### 3.6.3　气体润滑剂的应用

气体润滑剂多用于不方便添加液体润滑剂的位置,譬如高速旋转的轴承上或开口空间狭小的设备。

**1. 使用气体润滑剂喷雾装置的三种方式**

(1) 吸引式其原理与家用喷雾器一样,主要利用细腰管原理,压缩空气把润滑液吸出液罐而混合雾化于气流中。它有一个通压缩空气的管和另一个虹吸润滑液的管,并连接于混合接头上,它适合于低黏度润滑液的喷雾。

(2) 压气式(加压法) 其原理是润滑液装于密封液筒内,用 0.2~0.4MPa 的压缩空气加压,当电磁阀打开时,润滑液就被压出,通过混合阀与压缩空气气流混合雾化。这种装置适合于水基合成润滑液的喷雾,雾化混合比可由混合阀和调压阀调整。

(3) 喷射式 其原理是用齿轮泵把润滑液加压,通过混合阀直接喷射于压缩空气气流中使其混合雾化。这种装置适用于将低黏度润滑油雾化。

**2. 气雾型润滑剂**

气雾型润滑油(Synmist)由精制合成油加入各种添加剂配制而成,具有平滑、坚韧的油膜,能起到减少摩擦和磨损的作用,且具有优异的再分散性,极优越的雾化性能,杜绝使用过程中产生大体积油滴而造成浪费。

(1) 气雾型润滑剂

① 气雾型润滑剂的组成。气雾型润滑剂由添加剂料液、抛射剂、耐压容器和阀门系统四部分组成。

② 抛射剂。抛射剂(propellents)是直接提供气雾剂动力的物质,有时可兼作润滑剂的溶剂或稀释剂。由于抛射剂的蒸气压高,液化气体在常压下沸点低于大气压。因此,一旦阀门系统开放,压力突然降低,抛射剂急剧汽化,可将容器内的润滑剂分散成极细的微粒,通过阀门系统喷射出来,达到作用部位。理想的抛射剂应具有以下特点:要有适当的沸点,在常温下其蒸气压应适当大于大气压;无毒、无致敏性和刺激性;不易燃易爆;无色、无臭、无味;价廉易得。

③ 容器。气雾剂的容器应对内容物稳定,能耐受工作压力,并且有一定的耐压安全系数和冲击耐力。用于制备耐压容器的材料包括玻璃和金属两大类。玻璃容器的化学性质比较稳定,但耐压性和抗撞击性较差,故需在玻璃瓶的外面搪以塑料层;金属材料如铝、不锈钢等耐压性强,但对润滑剂的稳定性不利,故容器内常用环氧树脂、聚氯乙烯或聚乙烯等进行表面处理。在选择耐压容器时,不仅要注意其耐压性能、轻便、价格和化学惰性等,还应注意其美学效果。现在比较常用的耐压容器包括外包塑料的玻璃瓶、铝制容器等。

④ 阀门系统。阀门系统的基本功能是在密闭条件下控制药物喷射的剂量。阀门系统使用的塑料、橡胶、铝或不锈钢等材料必须对内容物为惰性,所有部件需要精密加工,具有并保持适当的强度,其溶胀性在贮存期内必须保持在一定的限度内,以保证喷药剂量的准确性。阀门系统一般由阀门杆、橡胶封圈、弹簧、浸入管、定量室和推动钮组成,并通过铝制封帽将阀门系统固定在耐压容器上。

⑤ 气雾型润滑剂的灌装流程。

(a) 封帽。其作用是把阀门固定在容器上,通常是铝制品,必要时涂以环氧树脂薄膜。

(b) 阀门杆。是阀门的轴芯部分,通常用尼龙或不锈钢制成,包括内孔和膨胀室。若为定量阀门,其下端应有一细槽(引液槽)供药液进入定量室。内孔是阀门沟通容器内外的极细小孔,位于阀门杆之旁,平常被弹性橡胶封圈封住,使容器内外不通。当揿下推动钮时,内孔与药液相同,内容物立即通过阀门喷射出来。膨胀室位于内孔之上阀门杆之内。容器内容物由内孔进入此室时,骤然膨胀,使抛射剂沸腾汽化,将药物分散,喷出时可增加粒子的细度。

(c)橡胶封圈。是封闭或打开阀门内孔的控制圈，通常用丁腈橡胶制成，有出液与进液两个封圈，分别套在阀门杆上，并定位于定量室的上下两端，分别控制内容物由定量室进入内孔和从容器进入定量室。

(d)弹簧。供给推动钮上升的弹力，套在阀门杆(或定量室)的下部，需要质量稳定的不锈钢制成，如静电真空小炉钢(Cr17Ni12Mo2T)，否则药液易变质。

(e)浸入管。连接在阀门杆的下部，其作用是将内容物输送至阀门系统中，如不用浸入管而仅靠引液槽则使用时需将容器倒置。通常用聚乙烯或聚丙烯制成。

(f)定量室。亦称定量小杯，起定量喷雾作用。它的容量决定气雾剂一次给出一个准确的剂量(一般为0.05~0.2mL)。定量室下端伸入容器内的部分有两个小孔，用橡胶垫圈封住。罐装抛射剂时，因罐装机系统的压力大，抛射剂可以经过小孔注入容器内，罐装后小孔仍被垫圈封住，使内容物不能外漏。

(g)推动钮。是用来打开或关闭阀门系统的装置，具有各种形状并有适当的小孔与喷嘴相连，限制内容物喷出的方向。一般用塑料制成。

(2)特点

① 驱水除湿。消除金属表面上的湿气，并隔绝与空气接触，延长使用期限。

② 润滑。提供机件及工具润滑，使用起来顺畅无比，没有摩擦的杂音。

③ 防锈。在金属表面形成一层薄薄的防锈膜，让物品不会生锈。

④ 去污。清除物件上的油脂，沥青，污垢，且不伤金属表面。

⑤ 渗透松脱。可渗入生锈的螺丝中，使螺纹中的锈蚀松动，轻易拔动螺丝。

⑥ 显著降低轴承振动。具有极其坚韧的油膜强度，还具有独特的微抛光技术，能显著地降低轴承振动与减噪。

**3. 油雾润滑剂**

油雾润滑技术是利用压缩风的能量，将液态的润滑油雾化成$1~3\mu m$的小颗粒，悬浮在压缩风中形成一种混合体(油雾)，在自身的压力能下，经过传输管线，输送到各个需要的部位，提供润滑的一种新的润滑方式。

(1)油雾润滑系统　油雾润滑系统是将由压缩空气管线引来的干燥压缩空气通入油雾发生器，利用文氏(Venturi)管或涡旋效应，借助压缩空气载体将润滑油雾化成悬浮在高速空气(约6m/s以下，压力为2.5~5kPa)喷射流中的微细油颗粒，形成干燥油雾，再用润滑点附近的凝缩嘴，使油雾通过节流达到0.1MPa压力，速度提离到40m/s以上。形成的湿油雾直接引向各润滑点表面，形成润滑油膜，而空气则逸出大气中。油雾润滑系统的油雾颗粒尺寸一般为$1~3\mu m$，空气管线压力为0.3~0.5MPa，输送距离一般不超过30m。

对于使用润滑脂为润滑介质的油雾润滑系统，通常称为干油喷射脂润滑系统。这种润滑系统是以压缩空气为喷射动力源，使用特别设计的喷嘴，每次将定量喷射的雾状润滑脂喷涂在润滑点中，起润滑作用。图3-236是干油喷射润滑装置图。表3-79所示为常用干油喷射润滑装置基本参数。

油气润滑原理与油雾润滑相近似，与油雾润滑的主要区别在于油气润滑系统中的润滑油未被雾化，而是成油滴状进入润滑点，油的颗粒大小为$50~100\mu m$。油气润滑一般使用专用的油气润滑装置，润滑油的黏度范围较油雾润滑宽，对环境的污染程度要比油雾润滑低得多。油气润滑也可采用油雾润滑系统，使用可产生油滴的凝缩嘴，将干油雾转化成润滑油滴，进行润滑。

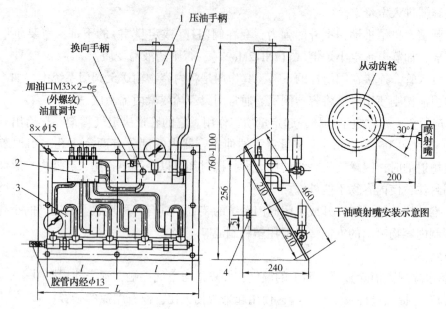

图 3-236　GSZ 型干油喷射润滑装置
1—手动干油站；2—喷嘴；3—控制阀；4—双线给油器

表 3-79　干油喷射润滑装置基本参数

| 型号 | 喷射嘴数量 | 空气压力/MPa | 给油器每循环给脂量/mL | 喷射带长×宽 | $L$ | $l$ | 质量/kg |
|---|---|---|---|---|---|---|---|
| | | | | mm | | | |
| GSZ-2 | 2 | | | 200×65 | 520 | 240 | 40 |
| GSZ-3 | 3 | 0.45~0.6 | 1.5~5 | 320×65 | 560 | 260 | 52 |
| GSZ-4 | 4 | | | 450×65 | 600 | 280 | 55 |
| GSZ-5 | 5 | | | 580×65 | 730 | 345 | 60 |

（2）油雾润滑的优缺点

① 油雾润滑的优点：

（a）油雾能弥散到所需润滑的摩擦表面；

（b）很容易带走摩擦热，冷却效果好，从而能降低摩擦副的工作温度，提高轴承等的极限转数，延长使用寿命；

（c）由于油雾具有一定压力，避免了外界的杂质、尘屑、水分等侵入。

② 油雾润滑的缺点是：①排出的空气中含有悬浮油微粒，污染环境，对操作人员健康不利，需增设排雾通风装置及防护罩；②需具备压缩空气源；③冬季气温低时或昼夜温差大时，会影响所供油雾的稳定性和效率。

（3）油雾润滑装置工作原理及结构组成　油雾润滑装置工作原理如图 3-237 所示，当电磁阀 5 通电接通后，压缩空气经分水滤气器 2 过滤，进入调压阀 3 减压，使压力达到工作压力。经减压后的压缩空气，经电磁阀 5、空气加热器 7 进入油雾发生器，如图 3-238 所示。在发生器体内，沿喷嘴的进气孔进入喷嘴内腔，并经文氏管喷出高速气流，进入雾化室，产生文氏效应。这时真空室内产生负压，并使润滑油经滤油器、喷油管吸入真空室，然后滴入文氏管中，油滴被气流喷碎成不均匀的油粒，再从喷雾罩的排雾孔进入储油器的上部，大的油粒在重力作用下落回到储油器下部的油中，只有小于 3μm 的微小油粒留在气体中形成油雾，油雾经油雾装置出口排出，通过系统管路及凝缩嘴送至润滑点。

这种形式的油雾装置配置有空气加热器，使油雾浓度大大提高，在空气压力过低、油雾压力过高的故障状态下可进行声光报警。

在油雾的形成、输送、凝缩、润滑过程中的较佳参数如下：油雾颗粒的直径一般为 1~3μm；空气管线压力为 0.3~0.5MPa；油雾浓度（在标准状况下，每立方米油雾中的含油量）在 3~12g/m³；油雾在管道中的输送速度为 5~7m/s；输送距离一般不超过 30m；凝缩嘴根据摩擦副的不同，与摩擦副保持 5~25mm 的距离。

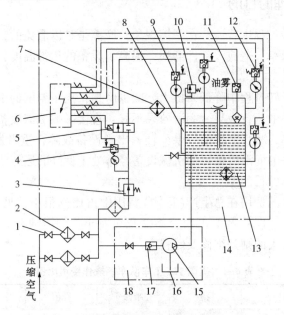

图 3-237 油雾润滑装置系统原理图

1—阀；2—分水滤气器；3—调压阀；4—气压控制器；5—电磁阀；6—电控箱；7—空气加热器；8—油位计；9—温度控制器；10—安全阀；11—油位控制器；12—雾压控制器；13—油加热器；14—油雾润滑装置；15—加油泵；16—储油桶；17—单向阀；18—加油系统

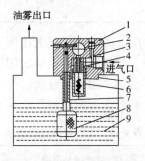

图 3-238 油雾发生器的结构及原理

1—油雾发生器体；2—真空室；3—喷嘴；4—文氏管；5—雾化室；6—喷雾罩；7—喷油管；8—滤油器；9—储油器

# 第4章 润滑剂的应用管理与专业化营销

## 4.1 润滑的管理

### 4.1.1 润滑管理的目的

在机械设备的运转过程中普遍存在摩擦现象。摩擦是难以避免的，对机械设备会产生不良作用在于降低机械效率，造成零部件磨损，提高了设备的运行温度，加速设备磨损，影响设备的正常运转。

润滑是机械设备运转过程中降低摩擦力，减少磨损，控制温度的主要手段。润滑剂的好坏直接影响到机械设备的运行效果。润滑效果不好，直接影响机械设备的运转，润滑油就会严重变质，达不到降温、减少摩擦的效果，轻者出现设备故障，重者发生重大的设备事故，影响生产。所以，良好的润滑管理可使机械设备经常处于良好的运行状态，从而达到满足生产工艺，节约生产成本的目的。

总体来看，润滑剂的费用在总生产(运输)费用中占比例很小，见表4-1和表4-2。尽管国情及制度差异巨大，但从表4-1和表4-2仍可看出：润滑油在汽车运行总费用中占的比例很小，而占比例最大的则是维修及燃料。

表4-1 美国115个车队车辆操作费用比例

| 项 目 | 管理 | 轮胎 | 维修 | 贬值 | 燃料 | 润滑油 |
|---|---|---|---|---|---|---|
| 费用比例/% | 13 | 6 | 27 | 16 | 37 | 1 |

表4-2 茂名石化公司车队营运费用比例

| 项 目 | 管理 | 养路费 | 维修 | 燃料 | 润滑油 | 保险费 | 轮胎 | 基金 |
|---|---|---|---|---|---|---|---|---|
| 费用比例/% | 30 | 16 | 22 | 17 | 0.5 | 1.5 | 4 | 9 |

但是，设备故障中与润滑有关的故障却占了很大比例，见图4-1。

在改进润滑管理得到的效益中，节约润滑油占的比例很小，占比例最大的依次是节约设备维修费用和停工损失，见表4-3和表4-4。搞好润滑管理最大的好处是节省维修费，节约停工损失和延长设备寿命，而节省润滑油占的比例甚小。

表4-3 润滑管理效益调查

| 项 目 | 节能 | 节劳力 | 节润滑油 | 节维修费 | 节停工损失 | 延长设备寿命 |
|---|---|---|---|---|---|---|
| 比例/% | 5.5 | 2.0 | 2.0 | 44.7 | 22.3 | 19.5 |

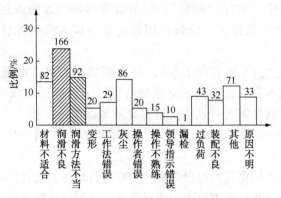

图 4-1 设备产生故障的原因

表 4-4 车队从用 CA 油升级用 CC 油后节约维修次数

| 车号 | 运行里程/km | 应进行保养 | | | 实际保养 | | |
|---|---|---|---|---|---|---|---|
| | | 二保 | 三保 | 大修 | 二保 | 三保 | 大修 |
| 02264 | 101091 | 6 | 2 | 1 | 6 | 0 | 0 |
| 02265 | 101034 | 5 | 2 | 1 | 4 | 0 | 0 |
| 02266 | 114203 | 6 | 2 | 1 | 6 | 0 | 0 |
| 02267 | 101790 | 4 | 2 | 1 | 0 | 0 | 0 |
| 02276 | 160871 | 5 | 3 | 1 | 1 | 1 | 0 |

数据来源于青岛港务局 20 世纪 90 年代初以东风、解放为主的货运车队。换了好润滑油后维修工作量大大减少，原来 10 万公里左右需大修的车辆，用 CC 油后全部不需要了，连三保也几乎省了。最明显的是 02276 号车，16 万公里仅二保三保各 1 次，大大节省了维修费，增加了汽车的运行时间，省下的维修费及增加汽车运行时间的效益，远远高于支付购买 CC 油（价高）与 CA（价低）油的价差。

1990 年美孚润滑油公司在攀钢高速线材轧机推广油膜轴承油，并与 1989 年用低价低质油相比较算了一笔经济账，见表 4-5。

表 4-5 美孚 525 油膜轴承油给钢厂带来的效益比较

| | | 1989 年（低价低质油） | 1990 年（美孚 525 油） | 节约费用/万元 |
|---|---|---|---|---|
| 润滑油 | 费用/t | 148 | 70 | |
| | 费用/万元 | 85.835 | 59.22 | 26.615 |
| 消耗轴承 | 个 | 100 | 20 | |
| | 费用/万元 | 8.560 | 1.720 | 6.848 |
| 减少停工检修多创造的效益 | | | | 57.000 |
| 纸滤芯 | 个 | 1850 | 192 | |
| | 费用/万元 | 16.15 | 1.728 | 14.922 |
| 共计 | | | | 105.850 |

降低初始成本还是降低综合成本？从以上对比应得到这样的启发：润滑油费用在总成本中并算多，但它在与故障的关系上和为总费用创造的效益上是举足轻重的。在接触过的很多润滑管理者中，仍有很多把降低成本简单地理解为降低采购成本也就是初始成

本，购买润滑油要"货比三家"或"招标"，以节省润滑油的采购费用，而低价润滑油的低质量造成的设备磨损大、故障多、维修费用高使综合成本提高等恶果则考虑甚少，甚至认为是另一回事。

事实上这种做法是"占小便宜吃大亏"。从上面数据看到，润滑油的费用仅占成本的 0.5%~1.5%，对总成本影响很小，而搞好润滑可以大大降低总成本，因而应采取"吃小亏占大便宜"的方针，就是用高一点的价格买高质量润滑油，投入一定资金完善润滑设施和润滑环境，由此延长设备使用寿命，减少故障和维修费用，从而大大降低总的综合成本。

人们习惯于把对比不同供应商提供润滑油的有形价格作为选择供应商的唯一基准，而不去评估供应商提供的售前售后能力也作为选择条件，甚至是主要条件。随着现代工业技术含量的提高，工业的主要管理层把主要精力用于主业的保障，而辅助行业则由物料供应商提供的服务去完成。因此，润滑油的总价格应等于有形价格(财务账上的价格)加无形价格(供应商提供的售前售后服务的价值)。

大型汽车制造公司都有润滑油公司派去长驻的人员，他们起到该公司生产设备用润滑油和产品(汽车)出厂加注润滑油的"总管"作用，汽车公司无需自设一套润滑油行业人员，因而价格的竞争变为提供服务的水平和周到程度的竞争。要打破小而全、大而全的落后体制，因此，选择时应充分重视润滑油供应商提供的服务能力和水平，凡提供服务好的供应商所提供产品的质量也应是可靠的。

### 4.1.2 润滑管理的任务

**1. 润滑管理的任务**

(1) 建立与完善润滑管理的组织机构与人员的配备

① 企业应根据润滑管理的需要，明确润滑管理的部门，配备专职或兼职的润滑管理和技术人员，明确企业润滑管理各层次从事润滑管理岗位人员和日常润滑工作人员的职责。

② 应对从事润滑相关的人员，提供相应的润滑管理、润滑标准、实用技术等培训，以确保其有能力履行其职责。

(2) 加强润滑管理的基础工作　如制订日常的消耗定额，油箱的储油定额，设备换油周期，清洗换油工艺与各项交接、收发的制度，并针对各种型号设备建立及回顾和提出改进意见。

(3) 对油库、储油及检测试验设备工具予以管理(如保管、使用、维护有一定的制度办法)。

(4) 总结、推广油料润滑的经验，收集油品生产厂家新油品的信息，推广使用新技术。

**2. 润滑管理的组织形式**

(1) 大型企业的润滑管理组织形式　对大型企业和车间分散的中型企业，可实行二级管理，即设置厂级设备部门和分厂(车间)设备管理维修部门两级。其特点是由厂级负责统筹安排、对外联系、对内指导、协调和服务；分厂(车间)负责现场润滑管理。

(2) 中型企业的润滑管理组织形式　中型企业的车间与厂房一般比较集中，厂区不大，其润滑管理多采用集中的形式，即由设备动力科一管到底。

(3) 小型企业的润滑管理组织形式　小型企业一般由供应科(股)所属的厂油库兼管润滑站的职能，设备动力科(股)可不设润滑站，车间(工段)不设分站。

**3. 设备润滑人员的职责**

(1) 润滑工程师、技术员的职责

① 组织全厂润滑管理工作，拟订各项管理制度、各级人员职责及检查考核办法。

② 编制润滑规程、润滑图表和有关润滑技术资料，供润滑工、操作工和维修工使用。

③ 负责设备润滑油的选用和变更，对进口设备应做好国产油品的代用和用油国产化。暂时无法做到的，应向供应部门提出订购国外油品申请计划。

④ 分析和处理设备润滑事故与油品质量问题，向有关部门提出改进意见，并检查改进措施的实施情况和效果。

⑤ 组织治理设备漏油，制定重点治漏方案，检查实施进度与效果。

⑥ 指导润滑站工作。

⑦ 学习掌握国内外润滑管理工作经验和新技术、新材料、新装置的运用情况，组织推广和业务技术培训。

(2) 润滑操作工的职责

① 要全面熟悉服务区域内设备的数量、型号及用油要求。

② 具体执行设备润滑"五定"工作和润滑管理制度。

③ 按期做好清洗换油工作，在齿轮箱、液压系统等规定部位添加油。每周检查一次，以保持油位线。

④ 经常巡回检查设备润滑系统的工作情况，发现问题及时向维修组长或润滑技术人员报告，以便及时解决。

⑤ 对质量不好的润滑油，有权拒绝使用，并且负责废油回收与冷却液的配制工作。代用油料必须经过润滑技术人员的批准。

⑥ 有责任监督设备操作人员的润滑工作，对不遵守润滑规定的人员，应提出劝告；若不听从，可报告有关领导处理。

⑦ 按时提出润滑油料需要量计划，经润滑技术人员核准，供应科采购。

⑧ 协助润滑技术人员编制润滑卡片等润滑技术资料。

⑨ 经常保持容器、加油工具的清洁完好，及时修补油壶及润滑工具，做好润滑站(组)内安全卫生工作。

⑩ 对设备润滑不良、浪费油料、损坏工具的现象，提出改进和处理意见，并对没有及时加油或换油而引起的设备事故负责。

⑪ 做好领发油和巡回检查的记录以及报表工作。

⑫ 学习润滑管理的先进经验，不断改进润滑工作。

### 4.1.3　润滑管理的制度

**1. 润滑管理的组织**

为了更好实施润滑管理工作的任务，一些企业可在原有的润滑管理机构基础上，并根据企业规模增加相关的润滑工作量，合理地设置润滑工作量和各级润滑组织，配备具有专业知识和工作能力的润滑技术人员和工人，这是做好润滑工作的重要环节和组织保证。

目前，润滑管理的组织形式主要有三种：一级润滑管理形式、二级润滑管理形式和三级润滑管理形式。

(1) 一级润滑管理形式　设备动力部门设有专、兼职润滑技术人员，并配备维修工和润滑工负责全厂润滑工作，供应部门负责全厂润滑油的储存、收发、再生和金属加工液的配制。一级润滑管理形式见图 4-2。

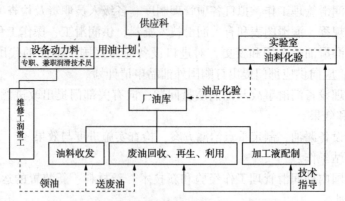

图 4-2　一级润滑管理组织形式及工作关系
——表示行政领导关系；---表示业务联络关系

小型企业多采用一级润滑管理形式。它有利于提高润滑专业人员的工作效率和工作质量，但要经常协调设备动力部门与供应部门间的关系。

（2）二级润滑管理形式　由设备动力部门的润滑工程师全面负责全厂润滑管理工作，下设润滑站负责油料收发、废油回收与再生利用和金属加工液配制。车间机动师领导车间润滑工负责车间的润滑管理工作。供应部门只设油库，负责向润滑站供应油品，二级润滑管理形式见图 4-3。

这种润滑管理形式适用于一般大中型企业。它的优点是有利于提高润滑人员的专业化程度和工作质量，缺点是与生产配合较差。

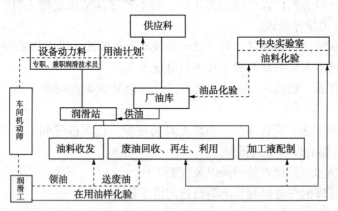

图 4-3　二级润滑管理组织形式及工作关系
——表示行政领导关系；---表示业务联络关系

（3）三级润滑管理形式　三级润滑管理的组织形式见图 4-4，它是三级润滑管理的常用形式。设备动力处下设润滑管理科(室)，通过在用油品鉴定站来抓全厂润滑油的动态监测。各分厂机动科设置润滑站，负责各分厂的油料收发、废油回收利用与金属加工液的配制。供应部门设油库，负责向分厂润滑站供应油料及废油再生工作。另一种形式的三级润滑管理模式是总厂设润滑总站，负责全厂油料收发、金属加工液配制和废油回收、再生、利用工作，分厂设润滑分站，只负责油料领发与回收。

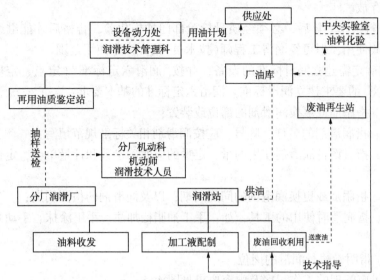

图 4-4　三级润滑管理组织形式及工作关系
——表示行政领导关系；---表示业务联络关系

　　润滑管理的组织形式没有确定的形式。厂矿企业可根据自身的规模、厂区面积、设备拥有量、润滑工作量、润滑技术人员和润滑工人素质等具体情况，参考三种润滑管理的组织形式，提出本企业的组织机构形式。

　　在润滑管理组织形式确定以后，接着就是人员配备问题。企业应配备专职润滑技术人员（大型企业可配备润滑工程师），并配备一定数量的技术工人。润滑工人的数量可根据企业设备复杂系数总额来确定，如表 4-6 所列。

表 4-6　机械加工设备润滑工人配备参考表

| 设备类别 | 机械修理复杂系数 | 人数 | 设备类别 | 机械修理复杂系数 | 人数 |
| --- | --- | --- | --- | --- | --- |
| 金属切削设备 | 800~1000 | 1 | 起重设备 | 500~700 | 1 |
| 铸、锻设备 | 600~800 | 1 | 动力设备 | 800~1000 | 1 |
| 冲、剪设备 | 700~900 | 1 | | | |

　　根据润滑材料进厂检验与进行润滑技术、润滑材料的应用研究情况，大型企业可设油料实验室，并配有相当数量的油料技术人员与化验员。企业的润滑技术人员应受过摩擦学、润滑工程学方面的培训，能够正确选用润滑剂，掌握新型润滑剂的信息，能进行各种润滑油品的分析工作并能操作监测仪器。润滑操作工属于技术工种，除了能完成清洗、换油、添油等工作外，最好还要具备二级以上维修钳工的技能，经常检查设备和工艺加工润滑状态，做好润滑器具的管理，定期抽样、送样，协助搞好润滑管理工作。

**2. 润滑的管理制度**

（1）润滑的管理制度

① 供应部门根据设备管理部门提出的润滑材料计划，采购合格的润滑材料进厂后，由质量检验部门对其主要质量指标进行化验，提出化验报告单，提交供应部门。合格的润滑材料才能入库发放；不合格的润滑材料要求生产厂家退换或采取技术处理。

② 润滑材料入库上账后，应妥善保管，以防变质。所有润滑材料不得在露天存放，库

内也不得敞口存放。

③ 润滑材料入库一年后，必须经质量检验部门抽样化验，合格后才能继续发放；不合格，则严禁发放使用，但可经润滑工程师（技术员）研究商定使用范围。

④ 企业应确定需建立润滑标准的设备，并按"润滑六定标准"（定点、定质、定量、定时、定法、定岗）的要求建立润滑标准。润滑六定标准的基本要求：

（a）定点。指添加或更换润滑剂的部位或装置；

（b）定质。指润滑剂的名称、牌号，应按润滑剂相关标准规范填写；

（c）定量。指对设备润滑剂使用的量，定量的应明确参数和计量单位，定性描述应具体明确；

（d）定时。指添加或更换润滑剂的间隔周期，以及润滑剂的检测周期；

（e）定法。指润滑时使用的工具，如：手工油脂枪加注、手工涂抹、手动泵加注，或自动润滑等；

（f）定岗。指明确执行润滑的岗位。

润滑材料供应管理的工作程序及内容要求见图4-5。

（2）润滑装置及器具管理制度　润滑装置及器具在日常使用中消耗大，品种多，容易损坏，为保证设备经常处于良好的润滑状态，必须统一归口管理。

① 设备管理部门应对各种规格型号的润滑装置及器具的数量进行统计，建立润滑装置卡片和润滑器具卡片。

② 对标准的润滑装置做出计划进行外购，定量储备；特殊装置应组织测绘自制。易损器具按计划定量采购储备。

③ 设备管理部门应使全厂使用的润滑装置和器具逐步标准化、系列化，并建立图册。

（3）润滑操作工安全技术操作规程

① 每日巡回中要注意安全，穿戴工作服、安全帽，要在规定的通道上行走。

② 清洗换油前，需由电工配合将电路开关拉开，挂上"禁止合闸"标牌，并接好抽油泵的临时线。

③ 如要检查润滑系统供油情况，需由操作工或维修工开动设备，不得擅自启动设备。

④ 注意油桶、油车的运输和行走安全，保持现场卫生。离开现场前要及时擦净溅落在地面上的润滑油。

⑤ 遵守防火规则，工作后不准用易燃溶剂擦洗用具或洗手。

（4）润滑剂的管理制度

① 润滑剂的选用及消耗定额由工艺技术部门确定，配方、配制工艺质量检验标准及定期的检查鉴定，由中心试验室负责，并从技术管理上作技术指导。

② 润滑站要严格遵守工艺规程配制润滑油液，要保质、保量并及时供生产需用。凡质量不合格储存变质者不得发放，以免影响产品加工质量和腐蚀设备。

图4-5为润滑材料供应管理的工作程序及内容要求。

③ 操作工要定期更换润滑油液，并清理储液箱，不使用变质腐败及能引起设备、工件发生锈蚀的工艺用油液。

④ 做好润滑剂的回收处理工作，防止浪费和污染环境。

（4）润滑油库防火制度

① 油库的防火设施及电气安装必须符合消防管理要求。

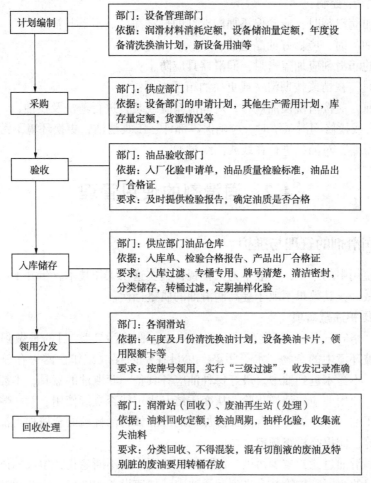

图 4-5 润滑材料供应管理的工作程序及内容要求

② 油库范围内严禁吸烟及用火。必须动用明火时，需按消防部门的规定办理用火手续，并指派专人监护。

③ 库内不得存放易燃、易爆物品，如汽油、香蕉水、酒精、油漆等。

④ 燃点低的油料不准露天存放，库内应有防范措施。

⑤ 库内消防用具、砂箱、二氧化碳灭火器等必须安放在指定地点，管理人员必须熟悉消防器材使用方法。

(5) 现场润滑实施

① 人员技能。对具体从事现场设备润滑的人员，应培训其岗位润滑作业应知的制度标准(规范)和操作方法，确保人员应知应会；

② 润滑器具。企业应根据润滑管理的需要，配置必要的润滑器具柜、容器、润滑工具设备、过滤设备。必要时，可根据实际需要配置润滑剂检测仪器；

③ 可视化应用。根据需要，对油标、油镜、油杯、油位表、油温表、油压表等，进行油位标示，以方便日常检查。

④ 润滑作业。润滑执行人员，应按企业的润滑管理要求、操作规范、润滑标准等，对设备做好添加、过滤(在线或离线)、取样、检测、清洗、更换(滤芯)、换油等工作；

245

⑤ 在用油污染控制

（a）在添加润滑剂时，应确保添加润滑剂的口洁净、润滑器具洁净；
（b）添加油品时，应做好油品过滤；
（c）用后的润滑剂应加盖密封，润滑器具应防尘；
（d）适用时，视情或按期清洗或更换油箱透气帽；
（e）换油前，应按清洗换油规程，对润滑系统或装置进行清洗及换油；
（f）在更换或检修润滑系统时，应确保零部件、工具清洁，更换环境不污染润滑系统；
（g）根据需要，对油品进行在线或离线过滤。

## 4.2 润滑剂的使用管理

### 4.2.1 润滑剂的管理与维护

润滑油在使用中的维护，一般不为人重视，其实这项工作技术含量并不高，无需大投入的工作就可以做好，其效果不亚于提高润滑油的质量档次。

**1. 润滑油维护注意事项**

（1）储存　恪守三条："分类存放，环境洁净，杜绝污染"，目的是做到不同品种间不要污染，不要被环境中的杂物、水等污染，尽量在室内存放，如在露天存放，应按图4-6所示的堆放法，不让水进到油中。最好每种油应各具备一套取油的器具，不能共用。如油品存放一年以上，使用前应取油样化验，从变质情况决定能否继续使用。对一些要求较严格的油品如抗磨液压油、绝缘油等，含活性添加剂的产品如含活性硫的金属加工油和水基金属加工液、齿轮油等，应提高检查频率。

（2）加强润滑油过滤，减少污染　润滑油在使用中会不断老化，生成固体物，环境中的灰尘、设备磨损的金属颗粒等都会进到润滑油中，加速设备的磨损，应及时通过滤清器把这类有害物质除去。

（3）掌握合理的换油期　润滑油在设备中运转，受热、氧化作用，有害物污染而产生物理和化学作用，会逐渐降解，功能下降并产生对设备有腐蚀的物质，因而在老化到一定程度后就要换油。掌握合理的换油期是润滑管理的重要工作，过早换油既浪费资源又不经济，过迟换油会对设备造成很大损害。

（4）控制润滑油消耗量　润滑油消耗量的大小反映了设备的先进程度和设备管理水平，漏油多不但经济受损失，污染环境，也是产生故障之源。现在的状况是在润滑油的总消耗量中往往漏掉的油多于由于达到换油期而换的油，需要提高设备的精密度和改善油的密封来治理漏油问题。

（5）控制使用中润滑油的温度　油温越高，氧化速度越快，换油期缩短，油氧化后生成酸性物加速了设备的腐蚀磨损，越到高温范围，每升高1℃，其氧化速度会成倍的加快。

做到上述五点便可大大改善设备的润滑状况，延长设备的使用寿命，减少事故。

**2. 润滑油的设备故障诊断技术**

在用润滑油对设备故障诊断的技术包括：润滑油的理化指标分析、光谱分析（发射光谱和红外光谱）及润滑油的运行参数（油压，油温和其他）。在用润滑油理化指标变化与故障的关系如表4-7所示。

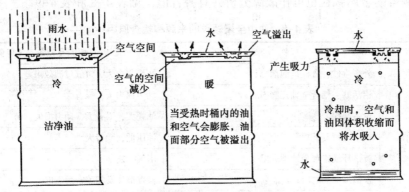

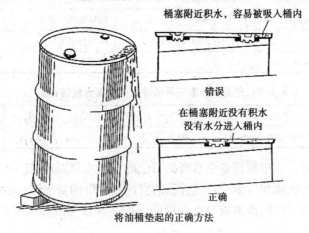

图 4-6 润滑油桶的露天存放方法

表 4-7 在用润滑油理化指标与设备故障的关联性

| 项 目 | 上 升 | 下 降 | 规 律 |
|---|---|---|---|
| 黏度 | 操作温度高,冷却系统工作差 | 内燃机燃料雾化不良,活塞-气缸间隙大 | |
| 酸值 | 工况苛刻,换油期过长 | — | 一般为上升 |
| 闪点 | 设备温度高 | 燃料稀释 | |
| 残炭 | 外来污染物多,油过滤效果差 | | 一般为上升 |
| 碱值 | — | 换油期过长,燃料含硫大 | 一般为下降 |
| 不溶物 | 工况苛刻,换油期过长 | | 一般为上升 |
| 水分 | 操作温度过低,泄漏 | — | 一般为上升 |

上述指标都有一警告值,这个值就是每种油的换油期的推荐值。如很多种润滑油的换油期的黏度变化要求不大于±25%,超过此范围就要换油。同样,若较快超过此范围,就应及时检查故障原因。

另一种方法是光谱,主要是发射光谱和红外光谱,发射光谱检测油可快速(一般在1min内)检测出油中数十种金属元素(包括磷)的含量,它主要是检测小于5um或溶于油中的金属颗粒。它的优点是定量,快速,样品均匀,在产生恶性磨损即大颗粒出现前,肯定有个小颗粒浓度大的过程。而铁谱分析很难定量,分析速度慢,只对磁性金属较敏感,样品均匀性差。从光谱测得的金属颗粒也可作故障分析并有警告值,见表4-8和表4-9。

表4-8 油中金属颗粒的来源和检查原因

| 金属 | 来源 | 检查原因及设备宏观现象 |
|---|---|---|
| 硅铝铁铜铬钠铅 | 外来尘砂,含硅抗泡剂 | 环境灰尘大,进气过滤效果差 |
| | 铝活塞、铝合金轴瓦磨损 | 动力损失大,噪音大 |
| | 设备磨损 | 油耗大,噪音大,动力损失,窜气 |
| | 轴承或衬套磨损 | 油压低,噪音大 |
| | 镀铬环或铬台合金轴颈磨损 | 窜气,震动 |
| | 含钠添加剂的冷却液泄漏 | 检查垫片及相关密封部位 |
| | 含铅汽油稀释,铝合金轴承磨损 | 燃料系统工作不良,油压低,动力下降,震动 |
| 钒、镍 | 重油稀释,镍钒合金部件磨损 | 燃料系统工作不良,油压低,动力下降,震动 |
| 钼钙、锌 | 铝合金部件磨损或油中含钼的添加剂 | 检查相应部位 |
| | 添加剂消耗 | 换油期过长 |

表4-9 光谱分析法在用润滑油中金属含量警告值

| 元素 | 铁 | 铅 | 硅 | 铬 | 铝 | 铜 | 锡 | 银 |
|---|---|---|---|---|---|---|---|---|
| 含量/(μg/g) | 100~200 | 5~14 | 10 | 30~60 | 15~40 | 5~40 | 5~15 | 5~10 |

上述数值仅供参考,应根据设备中易磨损部位的合金成分而定。

红外光谱是从检测在用润滑油中含氧含氮的官能团含量的变化评定油的变质情况。

观察油压和油耗也是故障预测的很有帮助的手段,油压与故障的关系见表4-10。油耗与故障的关系见表4-11。

表4-10 油压不正常的可能原因

| 油压偏高 | 油压偏低 |
|---|---|
| 滤清器或管路部分堵塞<br>润滑油黏度过高或油温过低 | 机油泵工作不良<br>油路漏油<br>油箱油面过低<br>润滑油黏度过低,被燃油稀释,油温过高<br>运动件间隙过大<br>油路部分堵塞 |

表4-11 润滑油油耗偏大原因及现象

| 油耗偏大原因 | 现象 |
|---|---|
| 油路漏油或密封失效 | 设备有关部位有可见的油渗漏 |
| 发动机活塞环搭口排成一线 | 排气冒蓝烟,烟中有颗粒状物 |
| 活塞环断,回油孔堵塞,油环黏住 | |
| 因活塞硬积炭使气缸磨损抛光 | |
| 油黏度过低,油温过高 | 油压偏低 |

总的说来,从在用润滑油的操作参数,各种项目的分析,对设备故障诊断,包括故障早期预测,故障后的原因分析,都是必不可少的手段。

### 4.2.2 润滑油的使用与储运

(1) 润滑油(液)在储运过程中要防水,防尘,密封保存。在仓库长期储存时要在室内避光存放,避免暴晒引起变质。

(2) 大包装产品在开启使用后,剩余的油液应注意密封存放,并尽快在短期内用完,开启后存放最好不要超过三个月。

(3) 润滑油(液)产品要分批分类存放,并在各批次各类上有明显的标记,以免错取错用。因为不少品牌的产品包装外观颜色统一,仅靠外部贴纸不同而区分;有的品牌产品甚至外包装纸箱是一样的,仅靠一张贴纸标明不同级别,因此储存及使用时要看清楚,避免误用造成事故。

(4) 200L 大桶包装产品最好横放,堆放高度不要超过四层。因条件所限在室外放置时,要向桶口处倾斜一定角度,以免外界水分淤积在桶口渗入油中。

(5) 16L、18L、50L 等包装的产品在堆放时,叠放高度不要超过四层。如果外包装物为铁桶,更应注意轻取轻放,以免引起碰撞变形。

(6) 4L、3.5L、1L 等小包装产品在堆放时,叠放高度不要超过六层,长期存放时地面要铺上油毡纸或用木架隔开地板,以免地板水汽上升,潮湿纸箱。

(7) 在门面摆放的样品避免长期日光暴晒引起变质,在一定时间内(一般一个月内)要更换样品。

(8) 润滑油液在将要开启使用前,一定要将桶口周围的灰尘、杂质抹擦干净,以免在使用时将这些东西混入油液中。

(9) 润滑油液使用前要检查其生产日期,如果存放时间过长,可能有质变倾向,必须检查油质后再使用。

(10) 机油类、齿轮油类、自动传动液类产品如果发现外观浑浊,有明显悬浮物,或者罐底有沉淀物等,不要使用。

(11) 刹车油类产品如果发现油液颜色变浑,发臭,或外包装变形等,不要使用。

(12) 防冻液类产品如果发现液体发臭,浑浊,有沉淀物,或 pH 值变小,偏中性,不要使用。

(13) 外包装有裂缝、砂眼或密封不严等原因产生渗漏,外部有明显油迹的产品,要仔细检查其是否质变再使用。

(14) 要特别注意润滑脂产品的储存和使用,因为润滑脂是一个胶体,在储存和使用中结构将会受到各种外界因素的影响而变化。

① 在库房存储时,温度不宜高于 35℃,也不宜低于 -15℃,以免引起润滑脂高温析油或低温硬化。

② 包装容器应密封,不能漏入水分及外来杂质,使用设备加脂后,应有外盖,以免水分及杂质混入,因为脂不似油液,难以通过过滤手段将杂质等除去。

③ 当开桶取样或取部分产品使用后,不要在包装桶内留下孔洞状,应将取样样品后的脂表面抹平,以防出现凹坑,否则基础油将被自然重力压挤而渗入取样留下的凹坑,而影响产品的质量。

④ 如果润滑脂出现表面明显变化,有龟裂,或因混入水分而乳化变白,变浅,或稠度明显变小,或表面有明显析油,或有明显酸败味等,都说明润滑脂变质,不可使用。

(15) 护理品类产品要轻取轻放,密封存放,使用时一定要看生产日期,超过期限的最好不要使用。

(16) 发动机清洗剂、油路清洗剂或燃油添加剂类产品为易燃品,存放及使用时一定要注意避开火源。

(17) 不同性质的油品不能相混,否则会使油品质量下降,严重时会使油品变质。特别是各种中高档润滑油,含有多种特殊作用的添加剂,当加有不同体系添加剂的油品相混时,就会影响它的使用性能,甚至会使添加剂沉淀变质。

(18) 油桶、油罐汽车、油罐、油船等容器改装别种油品时,应进行刷洗、干燥。灌装与容器中原残存品种相同的油料,可根据具体情况简化刷洗手续,但必须确认容器合乎要求,才能重复灌装,以保证油品质量。用使用过的油桶、油罐、油罐车、油船灌装中高档润滑油时,必须进行特别刷洗,即用溶剂或适宜的汽油刷洗,必要时用蒸汽吹扫,要求达到无杂质、水分、油垢和纤维。并无明显铁锈,目视不呈现锈皮、锈渣及黑色油污,方准装入。

(19) 车用润滑油液类产品如果列入对人体有危害的,要远离儿童,避免误服,皮肤接触后要用大量清水清洗干净。

(20) 废的车用润滑油液,注意回收,分类存放,不要随便废弃,污染环境。

### 4.2.3 废液处理与废油再生处理技术

由于环保原因,润滑油液的处置越来越引起重视。处理废润滑油液时,需要遵守当地关于废液处理管理条例。为了降低废润滑油液的废液处理费用,除了选择最好的润滑油液之外,还可以将使用过的润滑油液进行废液处理或者废油再生,以达到降低废液处理量和循环利用的目的。

**1. 废油再生技术**

不同品种和牌号的废油再生方法不同,即便是同品种的废油,由于机械设备的工作条件、使用时间和环境不同,废油的杂质含量不同,变质深浅的程度不一样,再生的方法也不同。因而废油的再生工艺必须根据具体的情况合理选择。

废油的再生大致可分为"再净化"及"再精制"两类。"再净化"包括过滤、离心、真空脱水、沉降等过程,以除去废油中的水分及固体杂质为目标,包括细分散的杂质。为了破乳及凝聚细分散杂质,经常使用适当的破乳剂和助凝剂。"再精制"是指能除去溶解在油中的杂质的工艺,包括硫酸精制、吸附精制、蒸馏、加氢精制、溶剂精制等过程(单元操作)。

**2. 废油再生工艺**

通常选用的工艺有沉降过滤工艺,白土吸附工艺,碱中和+白土吸附工艺,硫酸精制+碱中和+白土吸附工艺,其流程如图4-7所示。

(1) 废油过滤　废油过滤可采用自然压力过滤法和加压过滤法两种方法。

(2) 白土吸附工艺　天然白土对吸附过滤废油中的氧化杂质有很好的效果,而且价格便宜,可以大量应用。在有条件时也可以考虑采用较高温度的白土处理来代替硫酸精制,以简化处理的手续,便于解决深度废油的再生问题。

(3) 硫酸精制、碱中和、白土吸附工艺

① 硫酸精制　硫酸精制的目的就是要除去润滑油中由于氧化变质而产生的不饱和烃、氧化胶质、沥青质、树脂等有害部分。

硫酸精制的优点是使用设备简易,操作简单方便,并可以获得高质量的再生油。但在硫

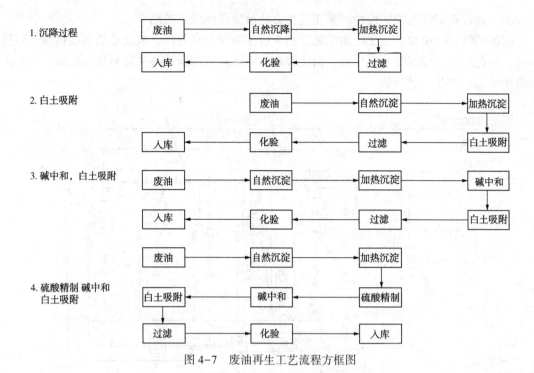

图 4-7 废油再生工艺流程方框图

酸精制过程中，部分有用的润滑油组分也受到破坏，而且酸洗后生成的酸渣不易处理。

② 碱中和、白土吸附　碱中和主要采用碱中和油中的环烷酸、低分子有机酸、硫酸等，使之生成盐和皂。白土吸附除去其中未被酸碱洗掉的沥青、胶质、环烷酸、多环芳香烃等有害物质，并起到脱水、脱色的作用。碱中和既可独立用于再生，又可与硫酸精制联合使用，也可把碱中和—白土吸附同时进行。中和剂一般使用苛性钠水溶液或无水碳酸钠，苛性钠水溶液易乳化，而无水碳酸钠不乳化，且操作简便。

（4）过滤　废油的过滤是利用可以让油通过而不能让固体通过的多孔介质，将废油固体颗粒(油中的杂质及白土处理后油中的含有的白土)分离出去的单元操作，这道工序主要注意过滤介质和过滤的温度。过滤介质是过滤时用的滤纸、滤布和滞留在滤纸滤布上的沉淀层。

（5）化验和入库　过滤后取样化验。合格油品可泵送至储油槽中，废油再生工作即告结束。

① 再生油按国家有关标准进行化验，全部符合再生油的国家标准，可作为新油入库。
② 经过化验的再生油有部分指标达不到国家标准，可降级使用。
③ 测试指标达不到再生油要求的，按废油入库，重新处理。

**3. 废油再生工艺的比较选择**

废油再生并不是设备越复杂、工艺流程越繁琐，再生油的质量就好，而是在保证再生油质量的前提下，尽量采用简单的设备、较低的成本及合理的工艺流程进行再生。例如，沉降过滤工艺用于废油变质程度浅，仅含一般的机械杂质，使用时间又很短的废润滑油。如新设备试运转用过的油或换油后不久因故停用的设备用过的油等。这类油经过常温沉降过滤即可达到规定的质量指标。

白土吸附工艺及碱中和、白土吸附工艺用于含有较多水分和杂质，因氧化变质酸值增高的废油。如设备定期更换的废油,采用这种方法就能得到满意的结果。

硫酸精制、碱中和、白土吸附工艺,用于废油杂质、水分高,氧化变质程度很深,酸值很高,颜色黯黑,经沉降、碱中和、白土吸附后不能达到润滑油各项质量指标的油,就要采取图4-8这种再生工艺流程。

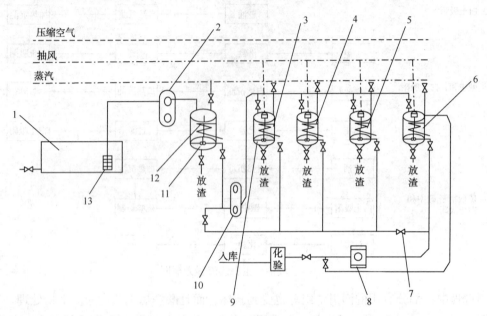

图 4-8 废油再生工艺流程
1—自然沉淀槽;2—废油泵;3—酸洗罐;4—碱-白土处理罐;5—过滤罐;6—暂存罐;7—截止阀;
8—板框过滤机;9—搅拌机;10—循环泵;11—加热沉淀槽;12—蒸汽加热管;13—过滤器

**4. 再生油的使用**

(1) 直接使用 再生后的润滑油其质量指标与外观颜色如果完全符合新润滑油规定的指标,就完全可以像新油一样直接使用。但由于再生油的抗氧化性能较新油差,因此最好加入抗氧化剂 2,6-二叔丁基对甲酚(T-501)。使用时间不长的润滑油经沉降过滤再生后化验合格可直接使用。

(2) 调配使用 以再生油作为基础油,调配成适合于冬夏季设备用的普通润滑油;也可以根据生产需要调配成特种油品。

(3) 其他用途 再生油的质量如达不到规定的指标时,可重新处理。对于那些批量小、调配又没有意义的不合格再生油,可用于不重要的润滑部位或降级使用。

## 4.3 润滑剂的专业化营销

### 4.3.1 润滑油的专业化营销特点

专业化营销是相对于全员营销而言的,指具有专业知识和专业理论水平的专业人士,实现市场营销策划、知识营销、智慧营销、方案营销,实现企业价值观念、服务意识、文化理念的推销,从而让客户认识、接受乃至享受企业的业务。

专业化营销是一种销售手段,包括销售前中后期的一系列活动,落脚点是销售。核心是专业化,它的起点是对消费者需求及所从事行业的深入了解,目的是为消费者提供最为满意的产品和服务,标准是顾客的满意度。

**1. 润滑油的知识营销**

知识营销就是通过多种方式传播商品知识,让用户更了解商品,从而达到促进商品销售的一种营销手段。对于润滑油产品而言,知识营销的实质就是技术服务。

知识营销的基本内容是:售前、售中、售后的技术服务。

(1)售前　提供油品基础知识。如何分类,如何判断油质好坏等,油品的特点,所推荐产品的特性,如抗磨、节能、环保等。油品选用原则及使用方法:根据发动机结构特性,运转状况,气候条件和道路状况等选用质量级别及黏度级别。

(2)售中　技术服务结合用户需要。具体推荐该油品生产企业的品种和详细介绍其技术性能,并协助用户选用适宜的油品,此外还有与用户签订合同,送货方式确定等。以方便周到的服务吸引用户,增加用户信赖感,提高企业竞争力。

(3)售后　技术服务即用户购买油品后的跟踪服务。除严格执行合同,保证按时按质,按量发货和交货外,还应该定期不定期地回访用户,并及时地处理用户使用异议及产品质量异议,不断提高服务质量和用户的满意程度。

**2. 润滑油(液)的服务营销**

科技的发展和市场的推广使得润滑油产品趋于同质化,国内外润滑油产品几乎采用相同类型的原材料及工艺,于技术及产品质量上已没多大的差距。但是,国外润滑油知名品牌之所以能在世界上立足且处于不败之地位,不断地向其他国家渗透并夺得一定的市场份额,除了质量保证之外,关键的还在于它有强大的销售服务队伍,在市场上以服务取胜,也就是说,国外的润滑油行业已先我们一步进入服务经济时代。

(1)服务营销的含义　服务经济时代的来临及发展必然使市场营销发展演变成一种新型的营销模式:服务营销。

服务营销的实质就是促进服务的交换,它既包括如何促进纯粹的服务交换,也包括利用服务来促进物质产品的交换。传统的营销模式侧重于销售产品,强调市场份额的占领,而服务营销与传统营销不同,它以顾客满意为经营的核心理念,重视顾客的满意和忠诚,通过保留和维持顾客来实现利益。服务营销在20世纪70年代末于西方出现,并得到迅速的发展与推广,现在已成了企业获取竞争优势的有效途径和利器。

(2)润滑油行业的服务营销意识　在激烈的市场竞争中,在不断地取代别人或被别人取代的市场交替波折中,不少润滑油企业也意识到服务跟不上,没有竞争力,也配备了一定的服务系统和服务手段。但相对于真正的服务营销,或相对于国外同行业的服务行为和手段,仍存在较大的缺陷和差距,具体表现为:

① 单纯将服务营销看成为售后服务,认为建立良好的售后服务系统并做好售后服务工作则可以了,而忽略了售前,售中服务,忽略了服务营销是贯穿在企业整个市场营销行为之中的。

② 单纯将服务营销看成为纯粹的技术服务,所以它的服务系统为技术系统,服务人员仅由技术人员组成,却忽略了服务行为还包括诸如订货、运输、市场扶持等等营销行为。

③ 认为服务营销仅是技术咨询或质量事故处理,可以靠一两个优秀的技术人员就可以解决得了所有服务问题。为此不惜高薪聘请能人专门从事此工作,就好似消防员灭火一样,那儿有火灾(即投诉)就那儿去"灭火"。这种"孤军奋战"的结果,有可能会为企业解决一些

问题,但真正的服务营销并非一个人就做得到的,需要大家的配合及相关系统全面启动才行。

④ 服务营销工作仅由某个部门独立承担,,如技术部,开发部或市场部,其实服务工作涉及到整个生产、销售、运输、产品入市策划及企业经营管理全过程之中,能够意识到部门负责又比某个人单挑独担有所改进,但仍远不够完善。

企业无论大小,产品或服务项目无论多么简单或复杂,客户服务都已成为企业成功地进行产品销售的永恒因素,因此,服务已不再是某一个部门的职能,它已是贯穿在企业中的一种文化。在润滑油行业中,以服务来促进营销的意识已育萌芽,虽然以上做法简单,无规律,或零乱而无计划,但此意识已抬头,要使服务营销在此行业中得以大力推广,开花结果,真正利用它来获取竞争优势,还得进一步完善和提升。

(3) 服务营销的核心理念

① 新型的营销组合。传统的营销组合是20世纪60年代被哈佛商学院提出,后来以简化了的4PS营销组合,即产品(PRODUCT)、价格 PRICE)、促销(PROMOTION)和地点(PLACE)的组合,PS营销组合是关注产品营销的营销组合,着眼点在于市场份额的扩大。于80年代末,新型的营销组合逐渐形成并被迅速推广,它就是7PS营销组合,即在4PS基础上新加了3PS:人(PEOPLE)、过程(PROCESS)和客户服务的提供(PROVISION OF CUSTOMER SERVICE)。如图4-9所示。

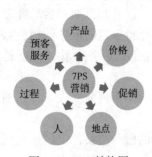

图4-9 7PS结构图

顾客服务已成了新的营销组合的核心和重点,这种发展促进了服务营销模式的发展和推广。

对于润滑油行业而言,在历史进展到21世纪初,国内润滑油市场竞争已进入了白热化阶段,众多国外厂家看好中国润滑油消费市场这块肥肉,纷纷在本世纪之初,加强了攻势,他们以成功的品牌知名度,雄厚的经济实力,优良的品质和强大的服务为后盾进攻中国市场,美孚与埃索的合作,强强联合的优势在中国市场即时凸现,市场占有率空前膨胀,尤其是中国加入WTO之后,关税的降低,将会引入更多的同行竞争者。从资金实力到宣传促销,从生产规模到产品价格,从产品质量到品牌信誉,国内润滑油企业的资金无法与国外同行相比,唯一让我们从劣势走向优势的方式就是顾客。在这种形势下,传统的营销模式已经落伍,已难以立足市场,必须采用新的营销模式,才能与国外大企业抗衡,这种新营销模式就是服务营销,它与传统的营销有以下不同:

(a) 传统营销侧重于销售产品,占领和扩大市场份额而服务营销则注重提高顾客的满意度和忠诚度;

(b) 传统营销注重的是短期利益,而服务营销则注重长期利益。

(c) 传统营销不重视与顾客建立关系,而服务营销则注重于与顾客形成良好关系;

(d) 传统营销是产品功能导向,而服务营销则以顾客满总为导向。

② 服务营销的核心理念是顾客满意

服务营销就是在物质营销过程中利用为顾客提供服务来促进物质销售,它的核心理念就是顾客满意。

何为顾客满意呢?顾客满意就是指顾客对所购买的产品或服务的评价超过了其心理预期并产生愉悦感。

(4) 如何在润滑油行业中实行服务营销

① 服务的特点

在润滑油营销过程中做好顾客服务，首先就要了解除服务的特点，它有四方面特点。

(a) 无形性。与有形的商品，如润滑油产品不同，服务是看不见的，品味不到的，也听不到的，但它是可感知的。

(b) 不可分离性。服务的生产和消费是同时进行的，不可分离的。比如对客户的技术培训，或协助客户搞促销活动，服务人员现场服务，客户也现场受益。

(c) 差异性。服务没有固定标准，一般是随现场情况的变化而变化，它没有固定模式，哪一种服务让客户满意，哪一种服务就有效益。

(d) 不可储存性。服务不可保存，如上层领导拜访客户现场服务，不是拜访一次客户就永远跟随着你，认可你的服务的。但有形商品则不同，可以储存，如某司机今天买的一罐机油，有可能是去年6月份生产的。

服务有这些特点，因此，润滑油企业做营销服务工作时，对其他企业的服务方式及手段可以参考，却不宜套用；而且要不断地进行，贯穿整个营销过程才有效果。另外服务工作有很大的伸缩空间，很强的弹性，怎样做都可以，只要让客户满意。

② 了解顾客及顾客的需求

服务营销的核心理念是顾客满意，为做好服务营销进一步需要了解的就是何为顾客。顾客的存在是企业存在的前提，没有顾客，也就无所谓经营，无所谓企业了。

从本质上说，顾客就是具有消费能力或消费潜力的个人或集团。

要能提供使顾客满意的服务首先必须了解企业的顾客有哪些，他们有哪些特点，才能因人而异地提供针对性服务。从企业的整个营销行为而言，顾客区分为内部顾客和外部客两大类群。

(a) 内部顾客。内部顾客指的就是企业内部的员工，内部顾客是具有多种身份的群体。首先，内部顾客在工作之余是明显的一般性的外部顾客，他们如果有摩托车、汽车等则同样也是润滑油产品的消费者；其次，企业内部存在着各种类似于企业与客户的关系，如部门之间，母公司与子公司之间，领导与员工之间，老板与雇员之间等。

(b) 外部顾客。所谓外部顾客就是来自于企业外部并与之发生交易的人，也就是一般意义上的顾客，他们又可分为显著型顾客和隐藏型顾客。显著型顾客就是企业正在发生交易或准备发生业务往来的顾客，潜在型顾客就是有消费需求，但尚未与企业任何联系，正有待去开拓、去挖掘的顾客群体。具体到润滑油行业而言，这些顾客群体为：润滑油专卖店，汽配店，汽修厂，汽车换油中心，汽车美容中心，摩托车维修店，运输公司，企业、机关团体车队及出租车司机，货车司机，私家车主，工业油用户等。

③ 顾客的需求。服务营销的核心就是让顾客满意，企业的顾客服务工作是由企业内部的员工去实现的。古语有云："先安内""再攻外"。因此企业要做好顾客服务，首先就得让内部顾客感到满意，才会提高他们的工作积极性和责任感，才能使由他们去实现的外部顾客服务工作做好，才能达到真正的顾客满意。试想一下，内部员工的薪酬不合理，工作条件苛刻，福利不理想，他们满怀怨气，还会为企业做好工作吗？会有好的责任心去为企业的外部顾客服务吗？因此，企业最有必要的是修炼内功，满足内部顾客的需求。

(a) 内部顾客的需求。具体到润滑油行业而言，它的内部顾客有以下需求：

a. 相当合理的薪酬；

b. 宽松和蔼的工作环境，良好的人际关系；
c. 具有发展前途的职位或岗位；
d. 能够得到重视和关心，福利待遇良好；
e. 调合厂部生产环境良好，有良好的安全措施；
f. 企业的管理机制完善。

使内部顾客的需求得到满足，就得做好企业内部人事工作和管理工作，有良好的企业文化。

（b）外部顾客的需求。对不同的润滑油企业，其外部顾客的归属不同，对于生产企业如调合厂，它的外部顾客群体就是代理商或大的润滑油用户，如车队、工矿企业等；对于润滑油销售企业，它的外部顾客群体就是分销商，或具体用户。这些外部顾客类群有他们不同的需求。

a. 代理商或经销商的需求：
a）经营一个质量保证且具有市场开发潜力的产品，能为其带来丰厚的利益；
b）企业能提供便捷的购销服务及良好的市场扶持方式；
c）能与企业长久友好合作，合作企业信誉好；
d）付款方式灵活；
e）代理的产品有特色，有市场说明力。

b. 分销商（汽修厂，油品专卖店，换油中心……）的需求：
a）经营的产品利润丰厚，有一定的市场推广基础，不必自己再作宣传；
b）产品质量保证，外观包装设计可人，有吸引力；
c）企业提供周到便捷的服务，如送货上门，协助门面装修，配送灯箱、海报、POP旗等；
d）企业有良好的促销手段，如油品箱箱有礼，罐罐有礼，多销有奖等；
e）企业的售后服务力量强，能快速解决问题。

c. 具体用户（司机，运输集团，工矿企业等）的需求：
a）产品优价廉、美观、真正实惠；
b）产品质量保证，实行三包服务（包换、包修、包质量）；
c）发生使用问题，厂家能及时处理，售后服务口碑好；
d）送货上门，免费换油，付款方式灵活；
e）产品附加价值大，有礼物赠送，购买后可获免费洗车，免费为车辆美容等服务。

在营销活动过程中，要利用各种方式收集，了解顾客的需求，如面对面访谈、电话访谈、互联网沟通、问卷调查、顾客意见卡等。针对不同的顾客群体，针对不同的需求，企业要采取相应的措施，服务于顾客，满足他们的需求才能留住顾客的心，维持长久的友好合作关系。

### 4.3.2 润滑剂的专业化营销技巧

在社会上，有关营销的培训多如牛毛，这些都是市场营销普遍的共通性的知识和技巧，但针对某个特定行业，尤其是润滑油此类属科技含量高的产品行业，有针对性地谈营销的书籍和培训课程还没有，润滑油行业作为我国国民经济的支柱产业之一，其营销方式有不同于其他行业的地方，这里略谈几点行业营销技巧，以供参考。

## 1. 注重特色，抓住卖点

任何商品入市都会有其卖点，这是商品的共性。不同商品之间的卖点有不同，润滑油产品同样有其与其他产品不同的卖点，为产品注入特色，抓住买点投放市场，这是不少润滑油企业已在市场上取得成功的策略，对于车用润滑油（液），它们的卖点如图4-10所示。

（1）内燃机油的卖点，节能，环保，抗磨，长寿。润滑油产品的市场竞争，以内燃机油最为激烈，为取得竞争优势，不少企业在产品特色上绞尽脑汁，发动机的发展要求机油能节能、环保、抗磨、长寿，顺应这个趋势，不少企业在这些方面做了文章，市面上出现"普通油"、"传统油"及"划时代油"、"绿色环保油"、"抗磨油""纳米油"、"石墨烯油"等概念名词，无非是在油品的特色上加以一种说法而已，而正是这些特色，引入不同点，吸引了众多用户。早几年出现了共晶滚球理论，就有了系列共晶滚球型抗磨油，近一两年纳米技术迅速发展，润滑油引入了纳米科技，于是也就有了纳米系列油品；随着合成油的推广应用，将来用合成油制的长寿机油也将会是机油的买点和热点。抓住时代的热点，发展具有特色的油品，或利用新兴事物，给油品注入特色（比如申奥成功，随之推出奥运专用油），也就是卖点，使你的产品在未入市之前，已拥有了不同于其他产品而优于其他产品的入市说服力。因此，营销人员在市场推广过程中，第一个关键因素就是要亮出产品的卖点，吸引客户，引起他

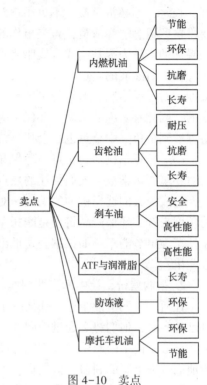

图4-10 卖点

们的兴趣，引诱他们购买。为了说明你的产品的特点。比如能够节能多少，对环保是否有利，是否利于保护发动机，延长其寿命等。第一次与客户接触，向客户推荐产品时，最好向客户出示权威机构的相关项目检测报告，加强你的说服力。因为机油的特色不同于食品，可以当场品尝得出来的，必须经过一两个月的试用才可以验证。首次与客户接触，准备相关的检测报告很有必要。

（2）齿轮油的卖点　耐压，抗磨，长寿。齿轮油用于汽车的传动系统，它的极压抗磨性能要求比普通机油高，由于国内市场因素影响，不少车辆都是超载的，用于传动系统的齿轮油必须经得起车辆超载的负荷。另外齿轮油不似机油那样更换频繁。能够延长换油期，减少更换麻烦，也将是齿轮油的卖点。试一试打着"耐压油"的招牌去推销你的齿轮油，相信会有惊人的效果。

（3）刹车液的卖点　高性能，安全。用户选用刹车液关键讲究质量，因为刹车液质量不好危及生命，没有人会因节省几元钱而冒生命风险的。因此推销刹车液时，突出它的高性能、保质量、安全性很关键，除权威部门的检测报告协助你说服客户外，最好有一张交通部门的安全报告，提高客户心中可信度和信誉度。

（4）ATF的卖点　使用性能良好，长寿。ATF油的科技含量较其他油品高，一般ATF都采用较好的材料调配，以提高其性能。用户采用ATF是希望排排挡系统顺畅，而且不必常换油。那么，采用第三类基础油调配或半合成，或合成油调配的ATF将会比普通矿物油

调配的 ATF 性能优越且长寿。说服客户接受你的 ATF，试一试打出这些特色。

(5) 润滑脂的卖点　长寿，使用性能好。润滑脂更换时不似油品那样容易更换，润滑部位也不易清洗，如果润滑脂使用不久就流失，抗磨性不足，磨损部件，或很易氧化变质，更换频繁等，将是所有用户都反感的。因此，在推荐润滑脂时，最好强调你的产品使用性能良好，长寿，不必常更换。不少用户对润滑脂了解不多，常认为它就是"黄油"或"雪油"，你要将这些概念解释清楚，再突出你的产品特性更好。目前市场上流通得比较多的是锂基脂。如果你的产品为脲基脂或合成脂之类，将会有更强的说服力。

(6) 防冻液的卖点　环保。大部分防冻液都采用乙二醇作为冷却组分，乙二醇具有一定毒性，对环保不利，但它价格便宜，仍有很多人选用，所以它废弃后对环保的影响是令人头疼的。因此对防冻液来说，环保最为关键。如果你的产品对环保无危害（如在现场演示，加防冻液到金鱼缸中金鱼也不会死）你的产品将会迅速畅销

(7) 摩托车机油的卖点　环保和节能。近来摩托车在城乡之间利用率很高，摩托车的排放对环境的污染成了人们关注的焦点。摩托车机油的环保性能，尤其是二冲程车机油的环保性，已成为人们选择机油的关注。对摩托车机油而言，价格竞争仍存在一定优势，但从长远的角度来看，环保产品将会是摩托车机油入市的新高点，尤其是2T油的低烟型和无烟型油。摩托车推出节能车，如银钢公司推出有节能器的车型，那么随之而来的机油也节能，岂不是很配伍？

**2. 强调差价，让中间商获利**

任何一个润滑油企业，任何一个润滑油营销人员，都不可能直接面对具体的用户来销售自己的产品，他们势必通过中间商，让他们来做直销工作，使产品流通到具体用户手上。那么，能够驱使中间商乐意做你的产品的直销工作，唯一吸引他们就是利益，如果你的产品能给他们带来丰厚的利益，他们肯定十分卖力。大的知名品牌，比如美孚、埃索、壳牌以及国内的长城、南海牌、海牌等，因为它们的宣传做得充分，产品已是家喻户晓的东西，中间商纷纷抢着代理，其间必然导致代理商之间的竞争，竞争的结果肯定是不断让利，这样的结局自然是：知名品牌产品很好卖，不必费很多口舌就能让用户接受，但他们的中间差价很少，除非取得了大区代理地位，否则获利不多。有些中间商并不想销售大品牌油，反而乐意去做那些正在发展之中并有一定实力的品牌产品，如果你的产品定价合理，而且全国批发价零售价统一，能够保护中间商的利益，他们肯定乐意接受。为此如果你是一个并不十分知名的品牌产品的业务员，你可以为中间商算一笔账，让他们接受你的产品，比纯粹强调质量，强调其他好得多。中间商关心的是他们的利益，你从他们最关心点切入，他们能不心动吗？

**3. 突出促销手段，让中间商感到没有市场压力**

宣传力度大的大品牌产品，中间差价盈利不多；不知名的品牌，也许中间差价大盈利丰厚，但中间商代理你的产品会感到吃力，由于鲜为人知，入市让用户接受并消费要花一定力气。那么在这种情况下，突出在你的产品之后的市场扶持手段相当关键，在行业内大气魄一点的品牌会在全国各地搞展销会，搞推广会；资金实力稍弱一点的则在送礼、返利、广告礼品等等方面用些心思。但不管怎么样，"箱箱有大礼，罐罐有小礼"永远都会受到中间商及用户的欢迎的。能有良好的促销手段的产品，让中间商销售过程中觉得不费力气，觉得做你的产品比较容易，他们会更倾向于选择你的产品。

**4. 独特的品牌包装，让客户感到满意**

这里所讲的包装，并不仅仅指润滑油品的外包装，如包装罐型、色泽、图案等，而且还

包括总体的整个品牌的包装，比如营销人员的衣着，言行举止，初次见面的第一印象，产品说明书的质量、内容、样品的外观等。这里的包装除了人的包装以外还有物的包装以及抽象的品牌内涵的包装。营销人员作为企业产品的形象大使，初次与客户约会当然要衣着整洁，精神面貌良好，谈吐大方，温和有礼，向客户推荐你的产品时出示的说明书质量要好，上档次，出示的样板油外观色泽好，另外还有显示品牌内涵的包装——检测报告，质量证书，企业荣誉证书，企业参加的社会活动报道，各大媒体对企业及产品的相关报道等有力依据，有说服力。这一系列独特的品牌包装，会增强客户对企业、对产品的信心，进行下一步的业务协商则会比较容易展开。

**5. 展示权威部门的检测报告**

润滑油产品作为一个高科技产品，广大用户对之了解不多或根本不了解，公众认可的权威部门的检测报告则是让用户了解你的产品的一个有效的途径，而且往往收到较好的效果。对于具体的用户，他采用你的产品当然希望质量保证，因为采用油品质量不佳而引起的车辆故障、误事误工等一系列负面影响是他们所不能接受的，他们要求产品质量保证；对于中间商，他们更希望厂家的产品质量保证，减少用户使用过程中对质量的投诉，减少他们销售阻力。说明产品质量的依据，仅靠厂家自己的检测报告是没有多少人相信的，如果有权威部门的检测报告，如当地技术监督局检测报告，省质量检测中心的检测报告，石油化工科学研究院油品检测中心的报告等等，以及知名企业对油品的使用报告等，对于增强产品的质量说服力、提高用户的信心很有效。营销人员手上有几份这样的报告，犹如在冲锋陷阵之时手中多了一把枪一样，增强对客户的降服力。

**6. 买产品保险，增强安全感**

虽然，润滑油企业大多都感到对润滑油产品投保，在质量保证的前提下根本没有必要，一年投入几万元实属浪费，而实际上发生事故，保险公司赔偿的也不多，大多都是企业内部消化。一张保险单，对企业经营而言似乎作用不大；但对营销人员直接面对市场时，却是使客户增强产品安全感的有力凭证。在客户面前保证产品质量的同时，有那么一张险单，并附加一句："油品使用后有问题，有保险公司负责赔偿。"客户的心里会感觉到踏实一些。别小看那一张纸，也许它是营销人员打江山的利器呢！

**7. 现场演示油品性能，给客户直观的感觉**

也许大家在市场上对这么一个现象已屡见不鲜，做抗磨油的业务员身上都带着一台梯姆肯机到处跑，以梯姆肯机挂码数多少和钢珠磨痕大小来现场演示油品抗磨减摩性能，虽然这样检测油品不科学也不全面，但它能够现场演示，很直观地向客户说明油品的特点，在抗磨油的营销领域内已取得成功并得以推广。推荐润滑脂的业务员身上都带者打火机，现场用火烧润滑脂看它是否滴落来表示它是否耐高温，肯定也会给用户直观的说服力。推销环保防冻液，带着一小缸金鱼，如果现场在水中加入防冻液而金鱼仍然畅游自如，客户能对此不惊叹信服吗？不管你用何种方式，不管科学或全面与否，能够做一下现场演示实验，定会获得客户拍手认可的。

**8. 免费试用，吸引回头客**

润滑油产品不似食品，可以现场尝试就知道味道好坏，它需要一两个月的试用，才能知道真正的效果，因此面对具体用户，免费提供试用油品，让他们感觉一下使用效果，让试用者口碑宣传，来吸引你的客户，这对进攻大型企业修理厂和机关、团体、企业的车队这些大用户非常有效。

### 9. 强调性价比，提升用户使用价值

用油品的性价比来说服具体用户非常有效。近几年曾出现诸如此类的广告，如"多花一元钱，可省一百元"、"环保能赚大钱"等，他们也就是强调了产品的性价比，在产品使用过程中给客户算了一笔账，如节能了多少、减少了多少维修费用、误工费用等。用户选购油品也非常关注其性价比，也非常乐意接受这些观点。如果产品的性价比有实测数据，比如某某运输中心的节能测试报告，某政府部门的费用节约报告等，都是提升产品吸引力，提高用户购买欲的有效手段。

### 10. 加强信心，带新客户拜访成功的旧客户

作交易之前，一般客户都会来公司考察并协商合作事项，企业的精神面貌和整体运作良好能给客户信心是无可非议的。为了加强他们做好产品销售的信心，可以带新的客户拜访成功的旧客户，让他们从旧客户那里了解产品信息、市场信息，学习经营经验，为以后做好市场树立信心。当然有些人会担心旧客户存在对公司的不满会给新客户带来不良影响，但本人认为这种担心是多余的，因为新客户存心去做好这个产品，他们会从这些不满和抱怨之中吸取教训，避免这些问题的出现，会将销售工作做得更好。真金不怕火炼，让客户与客户沟通，让旧客户来帮助你说服新客户，你将会收到预想不到的营销效果。

市场营销既有共性，也有个性，尤其针对具体某个行业产品的营销，它的个性显现突出。你想挤身到润滑油行业做一个成功的营销人员吗？你想提升你的营销业绩吗？以上十点技巧，试着运用，相信不久的将来，你会喜欢这个行业的，因为，它体现了你人生的亮点，带给事业成功的喜悦。

## 4.3.3　润滑剂的专业化售后服务

"真正的销售是从售后开始的，而不是在商品销售之前。"国外某项研究表明，加强售后服务，提高服务质量，使顾客重复购买。维持一个既有顾客的成本是新开发顾客成本的五分之一，而且，只要减少5%的顾客流失率，公司就可以增加25%~85%的利润。

润滑油产品属于高新科技产品，润滑油行业属于特殊行业，它有不同于其他行业的特点，如何在此行业中做好售后服务，如何以售后服务取胜，在竞争中取得优势，为企业赢取利润，这是我们以后必须大力探讨的问题。

### 1. 润滑油企业如何去建立售后服务体系

售后服务体系是指企业为顾客提供服务的各种途径，它是一个整体，由售后服务制度、售后服务组织、售后服务人员及售后服务硬件设施组成。要做好售后服务工作，首先就得建立售后服务体系。

润滑油产销企业，无论规模大小，它们都拥有自己的生产厂，自己的营销队伍，有自己完整的企业运作体系。这些企业构成复杂，人员组成多元化。它们的售后服务体系庞大而且涉及部门多，它们主要针的客户为代理商，但它们必须处理市场具体用户的问题。此类企业的售后服务体系由以下构成：

（1）售后服务制度　包括：为客户业务员提供培训服务。完善的营销政策，使售后服务人员有积极性去完成他们的工作。完善的生产管理制度，使生产厂工人依照有关规定去完成他们生产任务，保证按时按质按量为客户供货；生产有计划，备货充分，客户订货随订随送。货款结算方式灵活，方便客户付款订购。设立服务热线，24h为客户服务。有条件的为客户送货上门。指导客户依照市场实情配货。配合客户搞各项促销活动。为产品推广作适当

的市场投入,在相关媒体上做广告。为客户提供门面装修,如灯箱、横额等,使之符合企业CIS规划。为客户提供宣传画册,说明书,产品小册子,POP旗,海报,小礼物等。免费为客户提供油品检测。为大的用户,如工矿企业、车队、运输中心等提供使用指导服务或培训。为客户提供免费技术咨询。为客户开发各种适销对路的新产品。客户来访热情招待。配套提供售前、售中、售后服务。要认真及时处理客户投诉。

(2) 售后服务人员　产销一体型企业的售后服务人员组成复杂,因为它的企业机构复杂,因此售后服务人员要涉及到生产部门,销售部门及两者的连带部门如调度部门的相关人员。它们售后服务人员组成大多为:专业技术人员,业务员,调度员,仓管员,财务人员,送货司机等,为此对售后服务人员的服务要求如下:

① 衣着整洁,仪表端庄,微笑服务,礼貌迎送。
② 素质高,团结协作,顾全大局。
③ 部门与部门、人员与人员之间沟通良好。
④ 具备相当的油品知识、销售技巧、交际能力,掌握熟练的语言艺术。
⑤ 注意顾客反映,认真听取顾客意见,态度友好,讲话诚实,负责。

(3) 售后服务设施

① 配备送货车辆,随时准备为客户送货上门。
② 导入CIS策划,建立统一的形象规范,如识别图案文字、色彩等。
③ 门前挂牌,设立灯箱指示牌,形象标识色泽鲜艳。
④ 生产厂部环境优雅,无污染,厂区干净清洁,配备现代化的生产设备及生产系统,能够保质保量为客户供货。
⑤ 营销部门设置会客室,有专门接待人员,方便客户洽谈业务。
⑥ 有专门招待客户食宿设施,如企业内部招待所、餐厅等。
⑦ 专门为来访客户订购回程票。
⑧ 配备充足的市场宣传品及促销品,如画册、说明书产品简介等,以及小礼物,如风衣、太阳伞、T恤、工作服等。

**2. 售后服务人员的要求**

企业制定了售后服务系统,并有了相应的制度,那么实施这些制度的关键因素就是人,售后服务人员是服务行为的提供者,他们的素质、知识、性格等等都会影响到服务的质量。提供服务的过程是一个需要知识和技能的互动过程,对服务人员的综合素质要求非常高,尤其是那些在企业专职做售后服务的员工,对他们的高超服务技能要求很高,并非一般闲杂人等能做得了能够胜任的。目前润滑油行业有不少企业也重视售后服务,也着手实施售后服务工作,但由于他们对这份工作认识不够,至使从事此工作的人员他们所具有的技能与正常的要求有很大的差距,目前润滑油售后服务人员常常表现为此几类:

(1) 单纯为技术人员　仅仅能做一些诸如技术咨询,油品质量事故处理等工作,纯粹为技术服务,并非达到全面的真正的售后服务要求。

(2) 由业务员兼职　企业内无专职人员,便指定一两个工作出色的业务员兼职。他们对油品知识贫乏,有些本身素养不高,没整体工作观念,只考虑自己的事情,不是自己的客户就不积极服务,使服务工作不完善,不全面,有偏颇。

(3) 由闲杂人员从事　企业内总有一些"过剩"而难以淘汰的人员,如某某领导亲戚或其他企业的关系人物等,他们在企业中没有合适的位置便将之"塞"到服务位置,此类人员对油品知识不了解，没有销售能力，也没市场营销技巧，本身素养差，对问题用户甚至出现恐吓、打骂等不良现象，此类售后服务人员是最差人选。

（4）由其他部门人员兼职　如企业负责订货或调度人员，或企业内部文员等。他们的工作也仅仅限于听听电话，传递一下公司与客户之间的信息，根本无法走出市场面对面地为客户进行服务。

非正规的服务人员的不尽人意的服务表现，常常使企业不但无法从售后服务工作中收益，而且还受困于其处理不当，伤害了客户，损失了公司的利益。那么，哪些人员才适合做售后服务呢？售后服务对员工的要求有多高呢？如果企业暂时找不到此类"高手"，又如何去培训内部较优秀的员工去从事售后服务呢？这都是许多润滑油企业迫切去思考、去解决的问题。

售后服务工作是一个综合技能要求相当高的工作，它对售后服务人员的要求也相当高。凭笔者在润滑油企业内多年的经验判断，笔者本人认为能够可以从事或者能够胜任此工作的人员，必须具备以下条件：

① 在润滑油行业中从事工作至少有三年以上经验，最好是从事技术工作或销售工作有几年经验，知道市场现状，了解客户需求，而且了解一些企业运作和服务途径。

② 个人修养较高，有较高的知识水平，如本科以上学历，对油品知识熟悉，并且具备所使用销售产品的机械、装置、设备的知识。

③ 个人交际能力好，口头表达能力好，对人有礼貌，知道何时何地面对何种情况适合用何种语言表达，懂得一定的关系处理，处世经验丰富，具有一定的人格魅力，第一印象就能给客户信任。

④ 头脑灵活，现场应变能力好，能够到现场利用现场条件立即解决问题。

⑤ 外表整洁大方，言行举止得体，有企业形象大使和产品代言人的风度，不一定是要长得英俊、漂亮，但至少要对得起观众，别一出场就是歪鼻扭嘴斜眼，吹胡子瞪眼睛的，有损企业形象。

⑥ 工作态度良好，热情，积极主动，能及时为客户服务，不计较个人得失，有奉献精神。

**3. 售后服务方式**

针对润滑油行业而言可行的售后服务方式有：

（1）上门服务　对于润滑油生产企业或代理商采用此方式较好，上门为客户提供培训、现场使用指导、处理使用故障或处理客户投诉等服务；如果坐在家门守株待兔，肯定没有回头客，送货上门同样也为上门服务的一种。

（2）定点服务　对于油品分销商或油品专卖店等采取此方式较多，在某处设立换油中心或汽车美容中心等，专门为用户换油并免费进行洗车等美容服务。

（3）委托服务　润滑油生产企业常常采用此类服务，或委托代理商为具体用户服务，或委托某运输公司为客户送货等，一般委托服务都要付款的。

（4）咨询服务　润滑油产品是高新科技产品，人们对其了解不多或根本不了解，如何去营销，如何去使用，如何去保管，许多用户都不知道，一般企业都有开通服务热线，免费为用户提供技术咨询服务或业务咨询服务。

（5）促销服务　润滑油生产企业常常会协助代理商搞好市场促销，此时有必要提供相关的服务，如帮助代理商进行市场调研，策划促销活动，布置促销活动场所，派员参与促销活动等；而且还辅助于硬件配套设施，如海报、企业画册、宣传画、说明书、产品小册子、小礼品(如钥匙扣、毛巾、纸、太阳伞、风衣、工作服)等。

（6）市场调研服务　这是一般企业与代理商有合作合同之后进行，由于代理商对该企业产品特性及市场定位不了解，润滑油企业提供此服务，派员协助代理商进行市场调研，从而开展以后的销售工作。

（7）技术指导服务　如指导客户随不同的季节，不同的细分市场进行配货，指导用户使用等等，这包括推出一些技术性小册子，如《司机手册》、《业务员油品营销手册》等。

（8）货运服务　有条件的企业自己配备送货车辆，客户随时要货随时送货上门，或者帮助客户进行油品托运等。

（9）货款服务　企业提供合理的货款结算服务。目前不少企业都是现金现货或批次结算或滚动结算，客户出示定单后，必须在财务上尽快落实货款问题，尽快给客户发货，如企业开户行一定要服务快捷，收款财务一定要时时查实公司货款流向等。

（10）订货服务　有了现代高科技的协助，订货方式越来越简便，由原来的写信到电话、传真，再发展到、电子邮件、QQ、微信等互联网手段，都方便了客户与企业的沟通，这方面的服务必须设施齐备。

（11）沟通服务　企业内部部门变更，人员变更，产品价格变更，联系方式变更等等，这些信息要及时流通到客户处，而且客户的订货、意见反馈、投诉等，须由专人负责登记并处理，这些沟通服务需要企业以文字传真、电话等方式进行。

（12）接待服务　客户来企业考察拜访，要热情接待，车接车送，并有专门的会议室供业务洽谈，有专门的休息室供客户休息，客户过夜的要为他们安排妥善的食宿，使他们宾至如归，促进彼此之间感情联系，这些接待服务必不可少。

（13）检测服务　免费为客户提供油品检测服务。如油品什么时候到了换油期，油品在使用过程中出现使用问题时帮助客户通过分析废油的状态来寻找事故原因，或对工矿企业大用户所使用的液压油、齿轮油或气轮机油等，实行跟踪检测，定期检测服务。

（14）访谈服务　企业高层领导定期到客户哪儿进行面对面的访谈、电话访谈、信笺沟通等，以此收集信息，了解客户的需求，对症下药，为客户提供合适的服务。

**4. 售后服务的质量**

油品是有形的，其质量是可通过具体的标准来判断的，如SF15W/40机油的质量，在国内它必以 GB 11121—2006 标准来判断是否达标；而售后服务是无形的，其质量只有通过客户感知之后反映出来，体现在客户的满意程度上。对于润滑油企业而言，售后服务的基础标准是什么呢？可参考以下标准：

（1）企业领导重视售后服务，制定相关的服务及激励机制，一旦售后服务人员达到标准要求或偏离标准，要体现在对员工的奖罚上，这是所有售后服务工作的最基本的前提条件。

（2）售后服务人员的标准　在本行业内从事销售管理或技术，生产工作五年以上，知识水平高，有大专以上学历，本身修养好，有较强的自学能力和自我提升要求。

（3）售后服务工作的评估原则　服务人员每一次为顾客服务完之后，都要做工作记录，并一个月次向领导汇报，对未能依要求完成服务工作受到客户投诉的，要进行处罚。

（4）设立服务热线，24h 服务，对顾客的问题要求 24h 内给予答复。

（5）对顾客送货上门的，根据路途远近与顾客约定到货时间，不得超过顾客要求的时间到达，如非客观原因耽误送货的，耽误一天即进行金钱惩罚。

（6）客户款到即发货，一般情况下不超过两天发货，如因特殊原因耽误的，要当即与客户沟通。

（7）客户来访专人接待，整个过程服务于客户直至客户离开，中途不得冷落、怠慢客户。服务工作包括安排客户住宿，协助客户办事，帮客户联络、约定工作人员，帮客户订购回程票等，因接待不周受到客户投诉的，要体现金钱惩罚。

（8）服务人员要有计划拜访客户，一般高层服务人员半年拜访一次，普通服务人员或业务员一个月一次。

（9）免费为客户提供各种技巧培训，如技术培训，销售技巧培训等，在客户提出此要求后一个月内落实。

（10）免费为客户检测油品，收到油样后立即进行检测，24h之内将检测结果告知客户。

（11）协助客户处理市场上的质量投诉及其他问题，保证接投诉后24h内答复，一个月内处理完。

（12）与客户确立代理关系后，要十天内依合同为客户发货并提供诸如门面装修，市场促销等服务以及产品说明书、画册、海报等物品。

（13）协助客户策划市场推广，促销活动等，要求在客户提出要求后20天内完成。

（14）如果客户为工矿企业或车队，本身为油品的大用户，与客户确立直销关系后，要求十天内为客户提供使用指导服务，并在客户使用过程中进行使用跟踪，每一季度向领导汇报一次情况。

（15）如果服务人员因言语、行为、服务态度，服务方式不当受到客户投诉，损害公司利益并经查实，第一次发出警告，第二次进行处罚，第三次进行解雇。

**5. 如何处理客户的投诉与抱怨**

润滑油售后服务工作中，常常会遇到各式各样的客户投诉，需要售后服务人员处理和解决。针对此问题，相关的解决措施。客户投诉常见的问题大致可归纳为两大类，一为产品质量问题，二为销售服务问题。

处理客户投诉与抱怨是复杂的系统工程，尤其是需要经验和技巧的支持，要真正处理好此类事情，决不是一件易事，如何才能处理好客户的投诉与抱怨呢？它有什么技巧呢？

（1）处理顾客投诉与抱怨的技巧

① 耐心多一点。

② 态度好一点。

③ 动作快一点。

④ 语言得体一点。

⑤ 补偿多一点。

⑥ 层次高一点。

⑦ 办法多一点。

（2）处理顾客投诉与抱怨的程序

① 建立客户意见表（或投诉登记表）之类表格。

② 接到客户投诉或抱怨的信息，在表格上记录下并及时将表格传递到售后服务员手中，负责记录的人要签名确认，如办公室文员、接待员或业务员等。

③ 售后服务人员接到信息后即通过电话、传真或客户所在地进行面对面的交流沟通，详细了解投诉或抱怨的内容，如问题油品名称规格，生产日期，生产批号，什么车辆（或机

械)使用,何时使用,问题表现状况,在使用此品前曾使用何种品牌,车况如何,最近行驶状况如何等。

④ 分析这些问题信息,并向客户说明及解释工作,规定与客户沟通协商。

⑤ 将处理情况向领导汇报,服务人员提出自己的处理意见,申请领导批准后,要及时答复客户。

⑥ 客户确认处理方案后,签下处理协议。

⑦ 将协议反馈回企业有关部门进行实施,如需补偿油品的,通知仓管出货,如需送小礼物的,通知市场管理人员发出等。

⑧ 跟踪处理结果的落实,直到客户答复满意为止。

(3) 处理顾客抱怨与投诉的方法

① 确认问题。

(a) 认真仔细,耐心地听申诉者说话,并边听边记录,在对方陈述过程中判断问题的起因,抓住关键因素。

(b) 尽量了解投诉或抱怨问题发生的全过程,听不清楚的,要用委婉的语气进行详细询问,注意不要用攻击性言辞,如"请你再详细讲一次"或者"请等一下,我有些不清楚……"

(c) 把你所了解的问题向客户复述一次,让客户予以确认。

(d) 了解完问题之后征求客户的意见,如他们认为如何处理才合适,你们有什么要求等。

② 分析问题。

(a) 在自己没有把握的情况下,现场不要下结论,妄下判断,也不要轻下承诺。

(b) 最好将问题与同行服务人员协商一下,或者向企业领导汇报一下,共同分析问题。

a. 问题的严重性,到何种程度?

b. 你掌握的问题达到何种程度?是否有必要再到其他地方作进一步了解?如听了代理商陈述后,是否应到具体用户,如修车店那儿了解一下。

c. 如果客户所提问题不合理,或无事实依据,如何让客户认识到此点?

d. 解决问题时抱怨者除求得经济补偿外,还有什么要求?如有些代理商会提出促销、开分店资助等要求。

③ 互相协商。在与同行服务人员或者与公司领导协商之后,得到我方一致意见之后,由在现场的服务人员负责与客户交涉协商,进行协商之前,要考虑以下问题。

(a) 公司与抱怨者之间,是否有长期的交易关系?

(b) 当你努力把问题解决之后,客户有无今后再度购买的希望?

(c) 争执的结果,可能会造成怎样的善意与非善意口传的影响?

(d) 客户要求是什么?是不是无理要求或过分要求?

(e) 公司方面有无过失?过失程度多大?

作为公司意见的代理人,要决定给投诉或抱怨者提供某种补偿时,一定要考虑以上条件。如果属公司过失造成的,对受害者的补偿应更丰厚一些;如果是客户方面不合理,且日后不可再有业务来往,你可大方明确地向对方说:"NO"。

与客户协商时同样要注意言词表达,要表达清楚明确,尽可能听取客户的意见和观察反应,抓住要点,妥善解决。

④ 落实处理方案。协商有了结论之后,接下来就要作适当的处置,将结论汇报公司领

导并征得领导同意后，要明确直接地通知客户，并且在以后的工作中要跟踪落实结果，处理方案中有涉及公司内部其他部门的，要将相关信息传达到执行的部门中，如应允客户补偿油品的，要通知仓管及发货部门，如客户要求油品特殊包装的或附加其他识别标志的，应通知相应的生产部门，相关部门是否落实这些方案，售后服务一定要进行监督和追踪，直到客户反映满意为止。

### 4.3.4 润滑剂的专业化营销案例分析

理解客户是销售当中最重要的环节，干脆说是润滑剂销售的起点。在这里说的是理解，不是了解，二者的含义不相同。了解是一种对于客观存在的简单直接反馈；理解是在了解的基础上对于大量信息处理，分析得出的。下面以一个案例入手来阐述金属加工液专业化营销及其管理。

**1. 加工基本情况**

某大型机械加工企业的加工情况具体如表 4-12 所示。

表 4-12 机械加工企业加工工艺与加工液信息

| 序 号 | 项 目 | 具 体 实 况 |
|---|---|---|
| 1 | 客户 | 苏州某大型机械加工企业 |
| 2 | 加工产品 | 机械零件配件 |
| 3 | 加工材料 | 铸铁 |
| 4 | 加工方式 | 无心磨、内圆磨削、外圆磨削、平面磨削 |
| 5 | 加工速度 | 最低 50m/s，最高 85m/s |
| 6 | 砂轮 | 棕刚玉磨粒粒度号：粒精磨为 120 号，粗磨为 80 号 |
| 7 | 冷却方式 | 单机为主，部分中央冷却系统 |
| 8 | 用量/价格 | 40 桶/月；RMB 5000 元/桶，200L |
| 9 | 加工液 | 现使用某著名合资品牌全合成产品 |

表中收集的信息，对于销售人员来说，不能说做的不好，但是，凭这些信息，还无法对于客户进行判断和推荐具体的金属加工液产品和进入下一销售环节。需要对于客户需求理解的进一步展开：

**2. 客户的加工液使用历史**

了解客户的使用历史，对于理解客户需求是至关重要的，你可以知道，这个客户在这个环节，到底应该使用什么类型的产品，不同类型的产品在这里可能会出现哪些问题，如何去避免这些问题。

(1) 该客户属于日本企业在中国的建厂，建厂初期，日方根据日本本土使用的产品沿用。对于该型号的产品的调查发现，该产品属于全合成产品，在初期的使用中效果良好；后改用中央冷却系统后，该产品存在泡沫问题，同时，经过过滤介质后，有效成分下降的很厉害。

(2) 在建厂初期到现在，先后使用了 10 余个品牌的产品，列举这些产品的缺陷：某 A 著名公司的乳化液产品，很明显在这里不适合使用乳化液，铸铁粉末难以分离；某 B 著名公司的半合成产品，因为对于杂油的乳化导致寿命缩短。至今为止，该厂至少有 6 家以上的全合成产品，先后出现铁屑黏附、乳化废油、防锈不良、泡沫问题、尘屑不好、腐蚀感应器铜件、抽水泵叶片铝件的腐蚀等问题。

（3）对于现在使用的产品的现场评定，基本满足要求，价格稍高。

（4）根据客户使用习惯，该客房希望使用的加工液产品能够降低生产成本，具有更长的使用寿命和更高的防锈性，倾向于使用全合成切削液产品；从现场管理人员以及操作工人了解到，希望改善产品对于皮肤的刺激；一般来说，大部分的客户使用的加工液（包括防锈产品）往往受前后工序的制约，该客户的情况是：所用的毛坯，小部分是自己的铸造车间提供，大部分外发加工，入厂的毛坯上涂有防锈油，混入切削液后，很容易导致乳化，在前工序，有拉削、钻孔、珩磨等使用油性加工液的环节，原来有中间清洗工序，后来为了简化工艺，取消了中间清洗。这样，要求加工液有很好的抗乳化性和杂油分离性。

注意：导轨油和防锈油对于切削液的污染程度是不一样的在随后的清洗工序，使用的是1%浓度的清洗剂清洗因为随后的组装前的检查，要求清洗后的表面残余物极低，因此，清洗剂本身的清洗能力、使用浓度受到限制。这对于切削液的可清洗性提出了较高的要求。切削后，在车间内放置，一般在1~3天左右，切削液应该保证在这段时间里的防锈。

**3. 在用产品分析比较**

（1）对于对手的现在使用的产品，是一家外国品牌公司生产，该公司在中国有工厂对于该公司的特点的理解：

① 产品有很好的知名度和市场认可度。

② 销售当中重视团队的作用。

③ 有专人进行现场服务，服务人员素质比较高；经常根据不同情况添加杀菌剂、防锈剂等改善使用性能。

④ 擅长与客户关系，尤其擅长和现场人员的关系。

（2）对于对手产品的基本分析判断

① 防锈性和相关产品进行防锈对比，该产品防锈数据排在前面。

② 抗乳化试验表明，该产品抗乳化性（杂油分离性非常优异）。

③ 清洗渗透性与同类产品相比，具有明显的优势。

④ 铁屑沉降性对比表明，沉降性非常好；现场观察，水槽基本是澄清的。

⑤ 使用寿命在定期维护的情况下，该产品1年以上。

⑥ 润滑性磨削没有问题（和现场人员沟通，砂轮修整周期偏短）；曾经尝试过切削，明显刀具磨损比较厉害。

⑦ 外观、气味等 现场反应气味比较独特，有的员工喜欢，也有的员工排斥；对于皮肤刺激方面，曾出现多人比较明显的反映（车间工人操作要求手套）。

**4. 为客户提供设备与加工的润滑方案**

在给制造业企业推荐时工业与加工润滑油脂，可以先为客户厂家整个用油情况进行细致了解，整理一份工业与加工润滑油脂整厂的润滑方案，提供给客户，对促进金属加工润滑产品的销售很有帮助，具体内容如下：

（1）客户资料 一般客户资料包括：客户名称、地址、电话、传真、主管、联系人、经营项目、所属行业等内容，由基层销售业务员进行收集。

（2）客户机台保养状况介绍 贵厂如果需要机械处于一个顺畅的工作状态，那就要求贵厂的使用上，除了掌握润滑油技术指标的准确性，还要制定一套适合贵厂并能严格执行的保养规划，以利于把这类庞大保养工作从设备机修部门那里分担到全厂员工，从而达到节约用油、降低成本、细致周到的润滑保养目的。

(3) 油品介绍及服务

① 品质　根据各种机械及加工材质、加工方式,调整各项用油,并提供多种油品成本、特性等分析表,以供选择。每批产品均可附成品质量检验书等证明数据。

② 油品检验　对于客户所用油品,将每月或每六个月定期取样化验,凭化验数据之标准来判断油品劣化程度,以建议油品是否更换或过滤,化验报告将送至贵公司。同时也随时接受客户的要求以应付突发的异常检验,了解油品的状况,测知机械的运作是否有异常,以便提早发现,提早解决。

③ 售后服务　周全的售后服务使供油公司更加了解客户的机械用油状况,油品质量提供了有力的保证,更为客户的权益做出最大限度的保障与优惠。其中包括:

(a) 上门清洗机械油箱及注入新油;

(b) 旧油(可用油)的过滤及添加;

(c) 油品的质量跟踪(油品定期的抽样检验);

(d) 油品管理及相关信息;

客户相关用油人员的润滑知识之教育及训练(以期达到全厂自主润滑管理,保障客户权益)。

### 4.3.5　润滑剂的互联网营销

互联网营销是以国际互联网络为基础,利用数字化的信息和网络媒体的交互性来辅助营销目标实现的一种新型的市场营销方式。简单的说,互联网营销就是以互联网为主要手段进行的,为达到一定营销目的的营销活动。互联网营销渠道的发展是伴随着信息技术的发展而发展起来的,作为一种全新的营销方式在市场经济中扮演着越来越重要的角色,互联网高效率的信息交换,改变着过去传统营销渠道的诸多环节,将错综复杂的关系简化为单一关系。

**1. 互联网营销渠道的优势**

(1) 互联网营销渠道相对于传统营销渠道的环节大大减少。减少了销售人员费用的支出以及店面和促销设备的购置费用,降低了促销成本。减少了流通环节,降低了流通过程中的成本。

(2) 增强了价格透明度,扩大了价格空间,有利于提高企业的薄利多销或多利少销的灵活度,提高企业的盈利能力。

(3) 通过信息化网络营销的中间商,进一步扩大规模,实现更大的规模经济,提高专业化水平。

**2. 车用润滑油传统营销渠道与互联网营销渠道的关系**

如何在消费者购物的过程中让购物变得有效率,让消费者获得最大的收益是润滑油企业营销过程的核心。但目前润滑油企业在车用润滑油的营销过程中对消费者的了解与掌控不足,因此传统营销渠道在很长一段时间内有其存在与发展的必要性。传统营销渠道有其自身独特的优势,而这些优势往往是互联网营销渠道所不具备的。

通过将传统营销渠道及互联网营销渠道两种模式相结合才能够更加精确的掌握并满足消费者的需求。首先,要避免互联网营销渠道发展对传统营销渠道的冲击,润滑油企业要综合考虑潜在的渠道冲突和渠道风险,在对市场调研及细分的基础上,确定互联网营销推广的模式及方案,最大限度减少渠道冲突的发生,实现两种渠道的优势互补。其次,互联网营销的方式方法要多样化,有针对性,要考虑与传统营销渠道成员的有效合作,充分利用现有资源,实现效益最大化。

**3. 车用润滑油互联网营销模式探讨**

(1) 润滑油生产厂家线上自营模式

① 借助第三方直营平台开展车用润滑油线上自营零售业务。对于润滑油企业来说,为避免与传统营销渠道的冲突,可借助第三方直营平台以直营旗舰店的销售模式为主,开展车用润滑油线上自营零售业务,线上零售价格应与传统营销渠道的零售价格保持一致,主要目的除扩大销量以外,要利用互联网的优势加大对品牌的宣传,提升品牌知名度及消费者认知度,注重收集消费者信息,分析消费者偏好,为传统营销渠道提供消费者层面的数据支撑及分析。

② 自主建立完善的在线零售平台。在现在营销渠道中,不论是互联网营销渠道或者是传统营销渠道,总存在着一部分企业或者生产商为了减少供应链,减低销售成本,利用网络在线销售的经营手段直接为消费者提供产品乃至服务,这方面做的相对比较成功的是海尔、以直销著名的戴尔以及部分手机厂商等等。对于润滑油生产厂家来说,由于大部分消费者不具备自主换油的能力,换油仍主要依靠终端实现,目前并不一定具备自主建立在线零售平台的条件,应在发展过程中注重提升服务能力,整合资源,在未来各方面条件具备后再考虑自建网络平台。

(2) 润滑油生产厂家与在线网络运营商合作模式

① 与自营式电商企业合作开展线上零售业务。润滑油生产厂家可以与自营式电商企业合作,授权自营式电商企业作为车用润滑油的网络零售商,借助其优势拓展客户,加强品牌宣传,提升对消费者的服务水平,但同样要注意零售价格的管理及自营式电商企业促销方式的选择,以避免与传统营销渠道的冲突。

② 与保险公司合作开展线上促销。目前知名保险公司都建立了网上销售平台,在网上销售保险的同时会对车主提供一定的优惠折扣或促销,润滑油企业可与保险公司合作以赠送油品的方式共同开展对消费者的促销,扩大销量同时提升品牌的知名度。同时可考虑与传统营销渠道相结合,由区域经销商负责配送,由区域经销商下级终端为车主提供换油服务。

③ 与上门养车服务平台合作开展线上零售业务。润滑油企业可与上门养车服务平台开展线上零售业务的合作,消费者在线上购买油品后由上门养车服务平台负责提供上门保养服务,油品应以高档乘用车用油为主,通过对消费者服务能力的提升来扩大销量。对于国产润滑油品牌,由于在一线城市的市场占有率低,在扩大销量的同时可快速提升消费者的品牌认知度,以提升一线城市高档乘用车用油的市场占有率。

④ 与其他在线网络运营商的合作。除了以上几种合作模式以外,润滑油企业还可以考虑与其他第三方汽车配件交易等平台的合作,为终端及机构用户提供线上油品销售服务,促进终端及机构用户的开发,与传统营销渠道相结合,弥补传统营销渠道的不足,扩大销量的同时不断提升品牌的影响力和知名度。

综上所述,互联网营销渠道与传统营销渠道应当进行优势互补。互联网营销渠道作为高技术含量的工具,在很大程度上提高了传统营销渠道的工作效率,使渠道效益和渠道效率都得到了很好的实现和提升。对于润滑油企业来说,互联网的出现把消费者和生产厂家紧密的联系在一起,为生产厂家提供了一种新型的销售渠道模式。在未来的发展过程中,润滑油企业应结合传统营销渠道的特点,整合资源,避免渠道冲突,不断探索互联网营销的新模式,以提升对消费者的营销水平和能力,为成为国际领先的润滑油企业创造条件。

## 4.4 润滑管理问答

案例：这是一家生产润滑油以及汽车保养品的公司，员工人数均为200名左右，年产值6.6亿元，产品销往全国以及部分海外市场，以下是该公司招聘总经理的面试试题，想听听各位同学的看法：

1. 你是老板邀请加盟新到这家公司的，公司上下都讲人力资源部主管是"老板的人"；人力资源部主管的权利很大，也很有号召力，你调动不了的人和事他都可以调动得了，你明显地感觉到这位主管对你在这家企业的发展是个"绊脚石"。某天，人力资源部主管向你报告，人力资源部的公章在他的抽屉里不翼而飞，丢了。你将会如何处理公章事件和人力资源部主管这个难题？

答：略

2. 你向老板递交了一份新的公司管理方案，老板很欣赏并让你推行新的管理方案。公司个别高层老职员对你的这套方案的推行进行软抵抗。你将如何工作？

答：略

3. 四川原经销商销售业绩总是不能达标，销售副总向你报告更换经销商，并推荐了新的经销商人选，但公司与原经销商的合同尚未到期，怎样处理可以两全其美？

答：略

4. 老板已把公司的食堂承包了出去。员工们一直对公司食堂的伙食有意见，这些意见已形成员工对公司不满的焦点。你为此事汇报给老板，老板说一切交给你处理。你打算怎样处理食堂之事？

答：略

5. 业务部小赵和司机小钱出去送货，到目的地客户工厂刚好是下班时间，要等下午上班后才能卸货。客户工厂收货员小孙对小赵开玩笑说要小赵请他吃饭；小赵是个直爽大方的人，热情的拉着小孙非请小孙吃饭不可，三人共花了168元钱；第二天小赵来找你签字报销招待费。公司规定业务人员未经公司批准不得对客户请客送礼。老板告诉过你，3000元以下的费用审批由你全权处理，不用请示老板。你是否会给小赵签字报销？

答：略

6. 老板出国考察要4月10日回国，临走前安排你处理公司的一切事务。供应商李总和老板是好朋友，两家公司一直合作得很好。3月9日李总来找你，说他最近资金周转较困难，请求将我公司本应4月15日付他公司的货款15万多元提前付给他，李总3月11日前着急用钱。你询问了财务部，李总公司的对账单已核对无误，我公司账户资金充裕，近一个星期内没有计划外应付账款。你批示财务部，付给李总此项货款。财务部主管提出了异议，说不可以破坏规定，不同意提前支付。你是否会坚持并落实你的决定？

答：略

7. 你在这个公司的努力工作终于得到了老板的嘉奖，老板说公司要给你5%的股份或者是60万的奖金，任你选择。你会选择哪一样，你的职位年薪为88万。

答：略

8. 某种生产用添加剂，用月结结算方式和用现款结算方式购买到的价格每千克相差近2元钱；最近采购部经理向你请示要求用现款购买此添加剂，以降低产品成本。公司制度规定常用添加剂结算方式一律为月结，不得用现款采购。你不想改变公司规定，又想为公司省下2元钱，真是难坏了你，于是你打算立即……？

答：略

9. 不知道什么原因，公司最近几个月生意很不好，资金非常紧张，吴总经理和公司的高级主管已有三个月没有领到薪水了；老板召集高级主管以上职员会议，请大家和老板一起度过难关，说公司下个月就会有意想不到的好转。主管们议论猜测人心惶惶，有人已请假开始偷偷去找新工作了。这时期有一家企业来请吴总去任职，吴总看不出老板会有什么起死回生之术，而现在向老板提出辞职似乎又于心不忍，于是吴总称病不再来公司上班。半个月后，老板委托高校开发的新产品问市，新产品刚一在润滑油会展展出，一客户就下了1000万元的订单。吴总回来上班了。老板对吴总一如既往。你如何评价吴总经理？你如何评价这个老板？

答：略

# 第5章 绿色润滑与润滑技术发展

## 5.1 绿色润滑与环境保护

润滑是降低摩擦和减少磨损的重要手段。同时还有冷却、防腐、绝缘、减震、清洗和密封等各方面的作用,由此可见润滑的重要性。21世纪以来,由于环境问题突出,各国都在大力发展高效、节能和环保的润滑新技术,人们称之为"绿色润滑"技术。

### 5.1.1 绿色润滑

**1. 传统润滑剂**

润滑剂是基础油和添加剂组成的,传统润滑油的基础油一般为矿物润滑油(图5-1)。

图5-1 矿物润滑油

由于工业的飞速发展,润滑剂的需求量和消费量不断上升。润滑剂在大量使用的同时,由于运输、泄漏、溅射、自然更换等原因,不可避免地被排放到自然环境中。但是,矿物润滑剂生态毒性高,在环境中生物降解性差,滞留时间长,对土壤和水资源等自然环境造成污染,已在一定程度上影响了生态环境和生态平衡。因此,其在保护环境的浪潮中正面临着严峻的挑战——润滑剂在满足使用性能要求的同时,如何改善生态效能,在使用性能与生态效能之间寻求合理的平衡,是当前润滑剂发展亟待研究和解决的重大课题!

**2. 绿色润滑(剂)技术的发展**

国际上对"环境友好"、"可生物降解"的绿色润滑剂研究始于20世纪70年代,并首先在森林开发中得到了应用。德国是较早研究环境友好润滑剂的国家之一。1986年,德国出现了第一批完全可生物降解的润滑油。目前,德国75%的链锯油和10%的润滑脂已被可生物降解的产品取代,并且每年以10%的速度递增。此外,英国、奥地利、加拿大、匈牙利、日本、波兰、瑞士、美国等国家也都制定和颁布一些法规条例来规范和管理润滑剂的使用,如欧洲环保法规规定用于摩托车、操舟机、雪橇、除草机、链锯等的润滑油必须是可生物降解的,这在相当大的程度上促进了绿色润滑剂的研制、应用和发展。

近十多年来,绿色润滑剂的发展更为迅速,并逐步形成了润滑剂发展的一大主流,并且提出"润滑+环保+节能"的现代润滑新理念。

**3. 绿色润滑剂**

环境友好润滑剂是一类生态型润滑剂(Eco - Lubricant)。环境友好润滑剂(Environmentally Friendly Lubricant)亦称环境无害润滑剂(Environmentally Harmless Lubricant)、环境兼容润滑剂(Environmentally Acceptable/Adapted Lubricant)、环境协调润滑

剂（Environmentally Compatible Lubricant）以及环境满意润滑剂（Environmentally Considerate/Preferable Lubricant）等，是指润滑剂既能满足机械设备的使用要求，又能在较短的时间内被活性微生物（细菌）分解为 $CO_2$ 和 $H_2O$，润滑剂及其耗损产物对生态环境不产生危害，或在一定程度上为环境所容许。环境友好润滑剂有时也泛称为绿色润滑剂（Green Lubricant）。

环境友好润滑剂这一概念包含了两层含意，一是这类产品首先是润滑剂，在使用效能上达到特定润滑剂产品的规格指标及润滑要求；二是这类产品对环境的负面影响小，在生态效能上对环境无危害或为环境所容许，通常表现为易生物降解且生态毒性低。所谓的生物降解润滑剂（Biodegradable lubricant）通常亦纳入环境友好润滑剂之列，但严格上讲，生物降解没有明确反映出生态毒性的问题。生物降解性和生态毒性是两个不同的方面，例如某些有毒物质生物降解后生成非毒性物质，有些物质的生物降解产物比原物质有更强的毒性。作为环境友好润滑剂，要求其生物降解性好，而且生态毒性积累性要小。

(1) 绿色润滑剂的要求　理想的高性能环保型润滑油应具备以下几个条件：ⓐ低毒性和可生物降解性能；ⓑ优良的氧化安定性和低温性能；ⓒ成本较低，低于或相当于合成酯；ⓓ使用性能高于或相当于合成酯；ⓔ原材料可回收利用；ⓕ良好的使用性能和换油周期；ⓖ符合环境评价要求等。

(2) 绿色基础油　植物油是人们最早利用的绿色润滑油，由于它有着良好的润滑性、可生物降解性、黏温性、资源广和可再生等特点，故它已成为一种最具竞争力的可生物降解润滑油的基础油。

植物油是取之不尽的太阳能产物，是可再生资源，且生物降解性好，无毒性，是一种清洁而丰富的绿色润滑油基础油的原料。植物油的主要成份是甘油和脂肪酸形成的脂肪酸三甘油酯，其化学结构如图 5-2 所示。

构成植物油分子的脂肪酸有油酸（含一个双键）、亚油酸（含两个双键）、亚麻酸（含三个双键），此外还有棕榈酸、硬脂酸及羟基脂肪酸如蓖麻酸、芥酸等，而且不饱和酸越高，其低温流动性就越好，但氧化安定性就越差。一般在植物油中含有大量的 $C=C$ 不饱和键，所以，在植物油分子中存在大量活泼烯丙基位，而氧化的机理一般是自由基反应机理，这正是其氧化安定性差的主要原因。

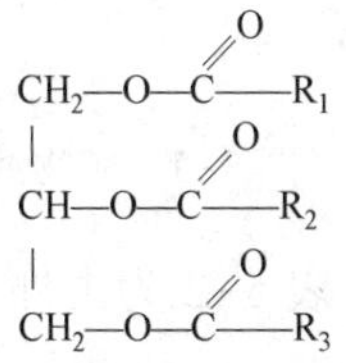

图 5-2　植物油的化学结构式

植物油在润滑过程中，首先是其中的极性分子形成物理和化学吸附，其次是其中的饱和脂肪酸在金属表面形成脂肪酸皂的吸附膜，将相互摩擦的金属表面隔开。值得指出的是，不同地区生长的同类植物油，其组成也有差异，而不同国家所用的植物油种类也不完全相同。如英国植物油一半是菜籽油，其次是大豆油和葵花籽油；美国主要的植物油是大豆油；法国主要是用葵花籽油；德国大多用蓖麻油；而远东国家主要是用棕榈油。

具有优异润滑性能的天然植物油被视为是金属加工液的重要组分之一，它们属于三甘油酯类物质。典型的脂肪酸有含 1 个双键的油酸（$C_{17}H_{33}COOH$）、含 2 个双键的亚油酸（$C_{17}H_{31}COOH$）、含 3 个双键的亚麻酸（$C_{17}H_{29}COOH$）和不含不饱和双键的硬脂酸（$C_{17}H_{35}COOH$）。脂肪酸链的类型和含量不同，决定了植物油的种类，并对油脂的多项性能有较大的影响。表 5-1 列出了几种天然植物油的油酸含量和生物降解能力。

表 5-1 几种天然植物油的生物降解能力和其油酸含量的关系

| 天然植物油 | 生物降解率/% | 油酸含量/% |
|---|---|---|
| 蓖麻油 | 96.0 | 44.5 |
| 低芥菜籽油 | 94.4 | 38.0 |
| 高芥菜籽油 | 100 | 50.0 |
| 豆油 | 77.9 | 19.0 |
| 棉籽油 | 88.7 | 34.5 |
| 橄榄油 | 99.1 | 45.0 |

植物油的种类不同，脂肪酸链的类型和含量也不同，油脂的性能也有较大的差异。通常植物油中过多的饱和脂肪酸是低温流动性变差的原因。如过多的多元不饱和脂肪酸会导致氧化安定性变差。一般来说油酸含量越高，亚麻酸和亚油酸含量越低，其热氧化稳定性越好。

矿物油是最重要的基础油，占润滑剂市场的 90% 以上，石油基矿物油一般分为环烷基、中间基和石蜡基三类。图 5-3 为出矿物油中芳烃含量与生物降解的关系。

绿色基础油的一些应用。可生物降解润滑剂最初用于舷外二冲程发动机油，后来逐步发展到许多行业，如链锯油、液压油、机械加工用油和食品加工机械专用润滑剂等。环境友好型润滑油的主要品种如图 5-4 所示。

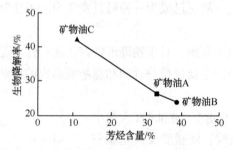 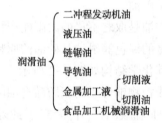

图 5-3 矿物油的生物降解能力与芳烃含量的关系　　图 5-4 环境友好型润滑油的主要品种

表 5-2 为国外主要可生物降解润滑剂的商品牌号。

表 5-2 国外主要可生物降解润滑剂的商品牌号

| 产品 | 生产公司 | 商品牌号 | 主 要 性 能 |
|---|---|---|---|
| 二冲程发动机油 | Total | Neptuna | 合成润滑油，黏度指数 142，40℃黏度 55mm$^2$/s，倾点 -36℃，生物降解能力大于 90% |
| 液压油 | Mobil | Mobil EAL 224H | 菜籽油基础油，黏度指数 216，40℃黏度 38mm$^2$/s，生物降解能力大于 90% |
|  | Fuchs | Plantohyd 40N | 菜籽油基础油，黏度指数 210，40℃黏度 40mm$^2$/s |
| 链锯油 | Fuchs | Plantotac | 菜籽油基础油，含有抗氧及改进抗磨性能的生物降解性的添加剂，黏度指数 228，40℃黏度 60mm$^2$/s |
| 齿轮油 | Castrol | Careluble GTG | 三甘油酯基础油，黏度级别有 150 和 220 |
| 润滑脂 | Bechem | Biostar LFB | 优质高性能酯基润滑脂 |
| 金属加工液 | Binol | Filium 102 | 植物油沥青乳液 |

(3) 绿色润滑油添加剂　对于绿色润滑油添加剂的研究，目前主要集中在抗氧化剂、防

锈剂和极压抗磨剂等几方面,而抗氧化剂对绿色润滑油而言更为重要。尤其对于植物油,这是因为植物油本身含有大量的双键结构,容易被氧化,而且容易水解生成酸性物质,对氧化过程还有催化作用。一般含P、N元素的添加剂有利于提高润滑剂的可生物降解性能,硫化脂肪是非常适用于作为可生物降解润滑油的极压抗磨添加剂,而无灰杂环类添加剂是一类多功能型润滑油添加剂,在绿色润滑油中具有很好的应用前景。

根据德国制定的"蓝色天使法规",对基础油的要求是:其组分生物降解性不少于70%,没有水污染,不含氯,低毒。对添加剂要求是:无致癌物,无致基因诱变、畸变物,最大允许使用7%的具有潜在可生物降解性的添加剂(OECED302B法,生物降解率大于20%),可添加2%不可生物降解的添加剂,但必需是低毒的,可生物降解添加剂则无限制(根据OECD301A-E)。绿色添加剂必须满足以下条件:无致癌物、无放射性、无氯、无亚硝酸盐。

(4) 润滑油生物降解评定方法　润滑油的生物降解是一个复杂的生化过程,它是指润滑油被活性微生物(细菌、霉菌、藻类)及酶分解为简单化合物(如 $H_2O$ 和 $CO_2$)、它是氧的消耗、能量的释放和微生物(biomass)增加的过程,目前评价生物降解能力的方法有多种。如检测生物降解过程中产生的 $CO_2$ 来评价生物降解能力的STURM法,检测生物降解过程中 $O_2$ 的消耗量,以BOD/COD为度量指标的MITI法,检测生物降解前后油品含量的变化来评定生物降解能力的CEC-L-33-T-82方法等。但大多数方法因受干扰因素太多而缺乏较好的可靠性和准确性。而欧洲协调委员会推出的CEC-L-33-A-93方法已被指定为润滑油生物降解性能的评定标准方法。欧盟官方2005年制定环保友好型液压油标准为EU2005/360/EC,对可生物降解液压油作了具体的质量规定。

随着人们环保意识的日益增强,绿色润滑剂取代对环境有严重不良影响的矿物油基润滑油(剂)是必然的趋势。开发环保友好型水基润滑剂是资源、经济和环境有机结合的一项可持续发展的系统工程。将植物油转化为绿色润滑剂的研究更受到业界的重点关注。目前环氧化-开环反应是一种最具经济和有效的植物油改性方法,可显著提高植物油的高温氧化稳定性和低温流动性能。针对植物油基基础油分子结构和润滑油的降解要求,开发综合性能良好的绿色添加剂是拓展植物油基润滑油应用市场和实现可生物降解绿色润滑剂(油)的关键。可以预言,绿色润滑剂技术必将成为21世纪润滑剂发展的主流,也是润滑技术发展的新趋势之一。

### 5.1.2 环境保护

**1. 废液处理与回收**

(1) 水基金属加工液的废液处理　水基金属加工液在使用过程中,由于其使用浓度和pH值在不断的变化,以及温度、污物、杂油、细菌等的影响,使用一段时间后,会出现以下现象:ⓐ工作液发臭;ⓑ工作液状态不稳定,油水分离;ⓒpH值下降;ⓓ切削能力下降;ⓔ对机床设备及工件产生腐蚀;ⓕ工件表面或油箱附有黏性沉积物,堵塞滤网或管路。出现上述现象主要是:添加剂的消耗和氧化降解及微生物引起的腐败所致。当金属加工液出现腐败变质时,就不可避免需要更换。

更换出来的水基加工液的废液处理可分为物理处理、化学处理、生物处理、燃烧处理四大类,见表5-3。

① 物理处理。其目的是使废液中的悬浊物(粒子直径在10μm以上的切屑、磨粒粉末、油离子等)与水分离。

表 5-3　废液处理的方式与分类

| 物理处理 | 离心分离法 | |
| --- | --- | --- |
| | 加热分离法 | |
| | 超细过滤法 | |
| | 陶瓷过滤法 | |
| | 地下滤槽法 | |
| | 活性炭吸附法 | |
| 化学处理 | 凝聚法 | 凝聚浮上法 |
| | | 凝聚沉淀法 |
| | 氧化还原法 | 电分解 |
| | | 氧、臭氧、紫外线 |
| | | 用化学试剂氧化还原 |
| | 电解法 | 浮上分离法 |
| | | 沉淀分离法 |
| | 离子交换法-离子交换树脂 | |
| | 电渗析 | |
| 生物处理 | 活性污泥法(加菌淤渣法) | |
| | 散水滤床法 | |
| 燃烧处理 | 直接燃烧法 | |
| | 蒸发浓缩法 | |

② 化学处理。其目的是对在物理处理中未被分离的微细悬浊粒子或胶体状粒(粒径 0.001～10μm 的物质)进行处理或对废液中的有害成分用化学处理使之变为无害物质。

③ 生物处理。生物处理的目的是对物理处理、化学处理都很难除去的废液中的有机物(如有机胺、非离子系活性剂、多元醇类等)进行处理，其代表性的方法有加菌淤渣法和散水滤床法。

④ 燃烧处理。燃烧处理是燃烧处理废液的一种方法，一般有"直接燃烧法"与将废液蒸发浓缩以后再行燃烧处理的"蒸发浓缩法"。

水基加工液废液处理没有固定化的方法，通常是根据被处理废液的性状综合使用上述各种方法。常用的组合如图 5-5 所示。

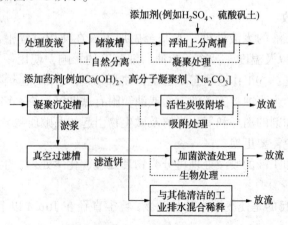

图 5-5　水基加工液的废液处理

在确立废液处理计划时，首先要充分掌握整个工厂水基加工液的使用状况：加工法、工时、使用着的液种类、稀释倍率、月使用量、使用期间、液箱容积和数目、液箱的清扫方法等。考虑采用最经济的处理方法。

**2. 绿色润滑剂的开发**

（1）绿色切削液的开发与使用　大力开发对生态环境和人类健康副作用小、加工性能优越的切削液，朝着对人和环境完全无害的绿色切削液方向发展；同时，努力改进供液方法，优化供液参数和加强使用管理，延长切削液的使用寿命，减少废液排放量；此外，还应进一步研究废液的回收利用和无害化处理技术。近几年来，为了达到环境保护的目的，切削油还需要尽可能地对环境不产生污染。目前仍在使用的极压润滑剂主要是含有硫、磷、氯类的化合物，它们对环境有污染，对操作者有害。随着人们环保意识的加强，现在已限制使用此类添加剂。国内外正在着手研究它的替代物。近年来，无毒无害的硼酸盐（酯）类添加剂系列受到了广泛的重视。目前研究开发的重点是：

① 矿物油逐渐被生物降解性好的植物油和合成酯所代替。
② 油基切削液逐渐被水基切削液所代替。
③ 开发性能优良且对人体无害和对环境无污染的添加剂。

（2）切削液的绿色使用

① 推广中央集中冷却润滑系统，即把加工设备各自独立的冷却润滑装置合并为一个集中系统，使维护管理提高到一个新的水平。
② 研究干切削和最小用量的润滑切削，以减少切削液的用量。
③ 研究和推广废液处理的新工艺、新技术，以确保排放的废液对环境无污染，达到排放标准。

## 5.2　润滑技术发展

### 5.2.1　纳米润滑技术

纳米技术是组建和利用纳米材料来实现特有功能和智能作用的高科技先进技术。纳米材料由于大的比表面以及一系列新的效应（如小尺寸效应、界面效应、量子效应和量子隧道效应等），出现许多不同于传统材料的独特性能。在这当中，纳米摩擦学（Nanotribology）研究是其热点之一。它是在纳米尺度上研究摩擦界面上的行为、变化、损伤及其控制的科学。纳米摩擦学虽然发展时间不长，但其理论和应用研究已取得重大进展，有些成果还直接应用于实际，其中，纳米润滑技术的研究受到人们的高度关注。

随着纳米技术的发展，为研制先进润滑防护材料和技术提供了新的途径。纳米材料具有优异的降低摩擦和减小磨损的功能。纳米颗粒做润滑油添加剂的研究已倍受关注。有关纳米金属作为润滑油添加剂的研究也有报道。

**1. 纳米材料的特殊性质**

纳米粒子因其具有奇异的光、电、磁、热和力学等特殊性质，使其在摩擦学领域引起了人们的极大兴趣，也给润滑材料的发展提供了广阔的技术空间。

**2. 纳米润滑材料的结构效应**

纳米润滑材料充分利用纳米材料的结构效应，如小尺寸效应、量子化效应、表面效应和界面效应等,这些效应能赋予润滑材料许多奇异的性能。这种含有纳米微粒的新型润滑材料,不但可以在摩擦表面上形成一层易剪切的薄膜,降低摩擦系数,而且还可以对摩擦表面进行一定程度的填补和修复,这也催生了自修复纳米润滑添加剂的发展。

**3. 纳米润滑油添加剂**

纳米粒子作为油品添加剂,通过材料表面分析,是由于纳米粒子的球形结构使得摩擦过程的滑动摩擦变为滚动摩擦,从而降低了摩擦系数,提高了承载能力。

纳米金属微粒作为润滑油添加剂能有效的改善润滑油的摩擦学性能。纳米材料在润滑油中主要用作减摩、抗磨、极压剂等,现在国内主要有5大类纳米添加剂:

① 纳米无机物,如石墨粉、氟化石墨粉等。
② 纳米无机盐,如硼酸钙、硼酸锌、硼酸钛、磷酸锌等。
③ 纳米有机物,如有机铝化物、有机硼化物等。
④ 纳米高分子材料,如聚四氟乙烯(PTFE)。
⑤ 纳米软金属粉,如铝、铜、镍、铋等。

**4. 自修复润滑油添加剂**

自修复润滑油添加剂的研制成功给纳米润滑技术的发展增添新的活力。选择性转移是一种具有自修复功能的摩擦学现象。自修复纳米润滑油添加剂制备的关键技术是纳米微粒的表面修饰以及纳米微粒在油相中的分散和稳定性问题。

目前,含纳米粒子添加剂的商品润滑剂还仍然不多,究其原因,主要是纳米粒子在润滑剂中的分散性及稳定性问题尚未得到满意解决。

**5. 纳米材料的润滑机理**

纳米粒子的润滑机理主要是通过三个途径实现:

① 通过类似"微轴承"作用,减少摩擦阻力。
② 在摩擦条件下,纳米微粒在摩擦副表面形成一层光滑保护层。
③ 填充摩擦副表面的微坑和损伤部位,起修复作用。

**6. 微纳米润滑材料**

微纳米自修复技术是机械设备智能自修复技术的重要研究内容之一。微纳米润滑材料可以降低摩擦,修复磨损,达到提高设备可靠性和延长使用寿命的目的。以微纳米材料为基础开发的润滑剂在减摩、抗磨和自修复技术方面的应用已成为现代再制造技术的发展方向之一,也是再制造领域的创新性前沿研究内容。

**7. 纳米润滑材料的应用**

目前,纳米润滑材料的应用主要有以下几方面:

① 高密度磁记录。
② 大规模集成电路的制造。
③ 微型机械。
④ 合成高档润滑油。
⑤ 通讯卫星。

纳米润滑技术在工业生产中有着广阔的应用前景,随着纳米技术的发展,以零磨损和超滑为目标的纳米颗粒材料及表面改性技术已取得了很大进展。纳米润滑技术在摩擦学领域有着良好的应用前景。但要大规模用于生产实际还有相当的距离,需要业界同仁在这方面共同努力。

### 5.2.2 油气润滑技术

油气润滑技术是一种利用压缩空气的作用对润滑剂进行输送及分配的集中润滑系统。它与传统的单相流体润滑技术相比,具有无可比拟的优越性,并有非常明显的使用效果,大大延长了摩擦副的使用寿命。油气润滑作为一种先进的润滑技术在钢铁行业中发挥了巨大作用。

**1. 油气润滑原理**

油气润滑其工作原理是将单独供送的润滑介质和气体传送介质进行混合,并形成紊流状的油气两相介质流,经油气分配器分配后,以油膜方式由专用喷嘴喷到润滑点(轴承),从而达到降低摩擦、减缓磨损、延长摩擦副使用寿命的目的。

油气润滑系统一般是由润滑油源、油量分配部分、气源、油气混合部分、油气输送部分和控制部分所组成。

**2. 油气润滑特点**

油气润滑是润滑剂和气体联合作用参与润滑,具有气体润滑和液体润滑的双重优点。油气润滑有油雾润滑的优点,同时克服了油雾润滑无法雾化高黏度润滑油、污染环境、油雾量调节困难等不足。但是有些设备因为需要压缩空气而受到限制,如吊车,移动行走机械等。因此要采用空压机,不仅增加了投资,同时也由于使用压缩空气而带来了噪声。这是油气润滑的缺点。

**3. 油气润滑技术应用**

油气润滑的应用是从一些工况恶劣的部位(尤其是冶金设备)开始的,也就是说油气润滑应用从一开始就针对其他润滑方式很难解决的地方。从传动件的类型来看,油气润滑不仅能用于滚动轴承和滑动轴承,还在齿轮尤其是大型开式齿轮、蜗轮蜗杆、滑动面、机车轮缘及轨道、链条等传动件获得了广泛应用。以下是在一些恶劣工况下的典型应用:

(1)高负荷及高速运行的各种类型的轧机及其附属设备的轴承。

(2)高温场合运行的轴承。

(3)轴承受有化学侵蚀性流体危害的场合。

(4)各类磨床高速主轴。

(5)齿轮尤其是大型开式齿轮。

(6)滑动面。如烧结机台车滑板、各种导轨等。

(7)机车轮缘及轨道。

### 5.2.3 油雾润滑技术

**1. 油雾润滑概述**

油雾润滑(Oil-mist lubrication)技术最早应用于航空航天及重要的精密仪器上的润滑。近些年来油雾润滑技术逐步应用在其他工业领域,尤其在化工企业的重要机组和重要机泵上。

油雾润滑系统是一种新型的集中润滑方式。油雾润滑主体装置是系统的核心设备,其原理是将压缩空气引入主机,通过高科技雾化工艺,产生微米级的油雾颗粒。油雾颗粒组成的油雾流通过管道送到需要润滑的部位。颗粒极小的油雾在金属摩擦表面形成润滑效果更好的油膜,减小摩擦力及零件的发热。另外由于润滑部位内充满油雾,对外界存在微正压(约为

1~5KPa），外来污染物很难进入，因而保证了内部的清洁，防止了摩擦的加速。

对于油雾润滑系统，可以精确地计算每个润滑点需要的油雾量，并且可以调节油雾浓度，因此能大大降低系统总的耗油量。

**2. 油雾润滑系统**

油雾润滑系统是一种新型的集中润滑方式，它包括4个主要部分：

（1）油雾发生及控制部分。

（2）油雾输送及分配部分。

（3）油雾凝缩装置。

（4）残雾回收系统。

**3. 油雾润滑技术的应用**

油雾润滑技术在石化、钢铁、造纸、纺织、机床和矿业等各工业领域中已得到广泛应用，尤其在轴承、链条等机械结构的润滑方面已取得很大成效。要充分发挥油雾润滑方式的优越性，需要选择合适的油雾润滑装置。要按照下列步骤来选择合适的油雾润滑系统：

（1）选择油雾润滑系统时，首先要看是否满足使用该装置需要满足的一些基本条件。

（2）选择设备型号。选择油雾润滑设备时，首先要确定设备润滑所需要的油雾总量，然后以这个参数，结合油雾压力、摩擦副的类型以及润滑点数目，来选择合适的设备型号。

（3）产品扩展功能的选择及个性化设计。企业根据自己的实际需要，可以对设备提出个性化的设计要求，同时也可以对设备的扩展功能进行选择。

**4. 影响油雾润滑效果的主要因素**

影响润滑效果的主要因素包括温度、速度、载荷等。温度升高时，润滑油中的极性分子吸附能力会下降，如果温度继续升高到边界温度，就导致润滑失效；随着速度的增加，摩擦系数会减少；在允许的承载压强限度内，摩擦系数可以保持一定的稳定性，但是如果承载压强增大，会使摩擦系数急剧升高。

**5. 油雾润滑技术对润滑剂的要求**

油雾润滑技术对润滑剂有一定要求，其润滑剂选择必须考虑5个方面的因素：

（1）合适的黏度。

（2）低温下抗蜡形成的能力。

（3）高温下的稳定性。

（4）雾化和重新分类的特性。

（5）低毒性。

**6. 油雾润滑技术的优点**

油雾润滑技术是目前世界上广泛采用的一种先进的集中润滑方式，以其优越的技术特性已得到业界的广泛好评。其优点具体表现在以下3个方面：

（1）润滑效果好故障率低。

（2）润滑系统可靠性高。

（3）运行成本低。

### 5.2.4 微量润滑技术

近些年，为了解决"环保"问题，人们重视研究少排放甚至零排放的加工工艺，研究干切削和半干切削。从"环保"角度看，干切削最理想，但在干切削加工时，由于发热量大、振动大、影响刀具寿命和加工精度，故干切削只能适用于特殊条件下。半干切削是在确保润滑性能和冷却效果的前提下，使用最小限度的切削液，目前新发展起来的微量润滑（Minimum Quantity Lubricants，MQL，最小量润滑）加工方法，导致润滑技术发生划时代的变化。

微量润滑也称最少量润滑，它作为一种新型的绿色冷却润滑方式，介于干切削和湿式切削两者之间，是一种有效的绿色制造技术。

微量润滑技术是在压缩空气中，混入微量的无公害油雾，以代替湿式切削对切削点实施冷却、润滑和排屑。切削液以高速雾粒供给，增加了润滑剂的渗透性，提高了冷却润滑效果，改善了工件的表面加工质量。使用切削液的量仅为传统切削液用量的万分之一，从而大大降低了冷却液的成本，并使切削区域外的刀具、工件和切屑保持干燥，避免了处理废液的难题。微量润滑系统采用无污染和可降解的绿色润滑剂。微量润滑加工时，润滑剂是以微米级雾粒形式喷射到加工表面上，不会产生急冷作用，也就是说不会产生淬火效应。

MQL主要包括气雾外部润滑和气雾内部冷却两种方式。如图5-6所示的MQL系统方案。气雾外部润滑方式：将切削液送入高压喷射系统并与气体混合雾化，然后通过一个或多头喷嘴将雾滴尺寸达毫、微米级的气雾喷射到加工刀具表面，对刀具进行冷却和润滑；气雾内部冷却方式：通过主轴和刀具中的孔道直接将冷却气雾送至切削区域，进行冷却和润滑。根据加工需要，可将两种润滑方式配合使用，以获得最佳冷却润滑效果。

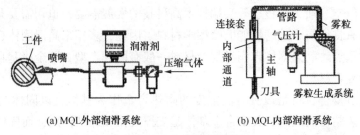

图5-6 MQL润滑系统

MQL技术融合了传统湿式切削与干式切削两者的优点。一方面是MQL将切削液的用量降低到极微量的程度，一般仅为0.03~0.2L/h，而传统湿法切削的用油量为2~10L/min；另一方面，与干式切削相比，MQL由于引入了冷却润滑介质，使得切削过程的冷却润滑条件大为改善，这就有助于降低切削力、切削温度和刀具的磨损。

MQL在车削加工、铣削加工和钻削加工等方面的应用取得了很大进展。通过采用MQL技术，可以用TiN涂层刀具来代替CBN刀具以降低刀具成本、减少刀具磨损、延长刀具使用寿命约3~5倍。导致工艺润滑技术发生了巨大的变化，也带来机床结构的变化。

低温微量润滑技术作为MQL技术发展起来的一种先进的绿色切削润滑技术已得到了长足的发展。这种技术是在微量润滑的基础上结合低温冷风而发展起来的。它是将低温压缩气体（空气、氮气、二氧化碳等）与极微量的润滑油（10~200mL/h）混合气化后，形成微米级液滴，将其喷射至加工区，对刀具和工件之间的加工部位进行有效的冷却和润滑。低温压缩气体的主要作用是冷却和排屑。微量的润滑油通过高压高速气流在加工区表面形成润滑膜，有效减少刀具与工件、刀具与切屑之间的摩擦，降低切削力。

低温MQL中，润滑油的选择必须综合考虑润滑油在低温下的特性，如黏度、表面张力和倾点等。

### 5.2.5 机械加工中的自润滑技术

机床是机械加工的重要母机之一，而导轨又是机床重要的运动部件，导轨精度和使用寿命在很大程度上决定着金属切削机床的工作性能。而机床导轨表面的耐磨性和抗擦伤能力又是影响其精度和使用寿命的关键因素之一。

传统的机床导轨副的配对形式为铸铁——铸铁组成，这样的导轨摩擦副在使用一定时间后，导轨面磨损逐渐加重，机床加工精度也随之降低。因此，经过一定时间使用后的机床导轨需要进行维修。

20世纪70年代以来，采用高聚物来制造带自润滑功能的机床导轨日趋普遍，以满足机床导轨的低摩擦、耐磨、无爬行和高刚度等的要求。其中包括氟碳聚合物导轨，导轨抗摩软带，环氧抗摩涂层，聚酯涂层等。

### 5.2.6 高温固体自润滑技术

**1. 特殊工况环境下的润滑问题**

由于油脂润滑的使用温度很难超越 $-80 \sim 350℃$，一般的润滑油脂在高温环境下容易蒸发、氧化变质，失去润滑作用。在高温、超低温、超高真空和强辐射等一些极端工况环境下，传统的固体润滑剂如层状结构的石墨以及有机高聚物等也无法满足这方面的使用要求。为了满足国防、航空、航天和核能等尖端技术高科技的发展需要，迫切需要开发从低温到高温环境下同时具有良好抗摩减磨性能的摩擦学材料。因此，多年来高温固体自润滑复合材料更是业界研究的重点。高温固体自润滑复合材料一般有两种类型，即金属基自润滑复合材料和陶瓷基自润滑复合材料。

金属基自润滑复合材料是以具有高强度的耐热合金作为基体，以固体润滑剂作为分散相，通过特定工艺制备而成的。其中合金基体起支撑负荷和黏结作用，而固体润滑剂则起抗磨减摩作用。常用的合金基体为耐热合金，如镍基高温合金和钴基高温合金等。

陶瓷基自润滑复合材料具有高强度、高硬度、高刚度、低密度、高化学稳定性以及高温力学性能好等特点，但突出的问题是其固有的脆性和磨损率较大。陶瓷是烧结而成的材料，将某些固体润滑剂作为添加剂加入到结构陶瓷基体中，形成自润滑陶瓷复合材料。

高温固体自润滑材料在先进发动机上的应用也已取得一定的成果。通过高温固体润滑表面改性技术能够解决发动机的气门杆、涡轮增压器部件（如轴承及密封）等由于高温而面临的摩擦问题。

**2. 高温固体自润滑涂层**

高温固体润滑涂层材料主要包括基体材料、减磨润滑材料、耐磨材料以及少量填充材料。机体材料是连接底材与润滑材料和耐磨材料的黏结性材料。既要保证涂层与底材的结合强度，又要解决涂层内部材料体系的界面相容性问题。目前高温固体润滑涂层中用的润滑材料的设计已向纳米化、超晶格和智能化的方向发展，而稀土润滑材料受到更大的关注。

近年来磁控溅射制备高温固体自润滑涂层的技术发展快速。

**3. 无机固体润滑材料**

近年来，为解决高温工程材料在高温条件下的润滑问题，采用无机固体润滑剂已被证明是一条有效途径。这其中应用较为成功的有软金属、氧化物、氟化物和含氧酸盐等。例如，要解决 1000℃ 及以上温度条件下的润滑问题，主要采用的润滑剂如 $ZrO_2$ 等氧化物及其复合润滑剂。今后，实现更高温度（如高于 1500℃）下的有效润滑将是摩擦学研究的重要课题。

**4. 纳米自润滑涂层**

纳米结构材料在固体自润滑涂层中的应用将会为高温固体自润滑涂层的发展带来变革性的影响。纳米材料技术为新型纳米润滑材料和耐磨材料在高温自润滑涂层中的应用发挥了越来越关键的作用

**5. 高温固体润滑涂层的未来发展**

（1）涂层润滑材料，特别是纳米材料的复合。

（2）润滑材料的特性以及固体润滑涂层摩擦过程中的"协合效应"。

（3）研究涂层先进的制备工艺和复合制备工艺对涂层性能的影响。

（4）智能、自适应涂层的设计。

### 5.2.7　仿生润滑技术

**1. 仿生润滑技术的概述**

仿生润滑技术是仿生技术中一个重要的组成部分。而开发研制人工关节合成润滑剂是仿生润滑技术的重要课题之一。

透明质酸（Hyaluroric Acid，HA）具有许多重要的物理特性，如高度黏弹性、可塑性、渗透性和独特的流变性质以及良好的生物相容性，HA 已广泛临床应用于关节腔内注射治疗骨关节病，也是人工关节润滑剂的首先材料。

近年来，仿生润滑技术在人工关节仿生润滑、机器人关节润滑、仿生减阻及脱黏和生物医用润滑剂等方面发挥了重要作用。

**2. 人工关节生物摩擦学**

生物摩擦学是摩擦学在生物系统（biotribology systems）中的应用。

生物摩擦学的研究与人工关节植入体的发展和应用密不可分。研究发现，人工关节运行时的生物摩擦学性能直接制约其服役寿命和使用可靠性。弄清楚天然关节的润滑机理，研制具备满足关节润滑机理的人工润滑液，是生物摩擦学的关键课题之一。

**3. 仿生减阻及脱黏**

在仿生减阻方面，人们受鱼类（尤其是鲨鱼、鳝鱼、泥鳅等）生物体在水流、泥土中生物行为和荷叶的超疏水性现象及壁虎的超黏性的启发，试验中选择各种新鲜活体鱼类，刮取体表滑液，通过对这些鱼类体表黏滑液的测试，在生成减阻机理研究方面表明：

（1）剖析能有效减阻的鱼类体表滑液，发现减阻作用机理是由于鱼体黏液的高分子蛋白聚合物能抑制紊流，由此来进行仿生合成润滑减阻剂的研究。

（2）只有在通常容易发生紊流的水流速度条件下；鱼体黏液和仿生润滑减阻剂才起减阻作用。

**4. 仿生润滑剂**

目前，仿生润滑的研究主要集中于模拟天然润滑液的组分和结构，但目前关于智能响应的仿生润滑液的研究仍较少。利用仿生学研究人工关节软骨组织，研发新型超低摩擦系数、自润滑的软体界面是目前仿生润滑技术的研究重点之一。

**5. 仿生润滑技术在工业机器人方面的应用**

由于工业机器人越来越多的应用于低温、高温、高速和重负荷等苛刻工况环境，故综合性能优异的润滑剂及先进润滑技术对工业机器人在各领域的成功应用显得越来越重要。要求润滑剂(脂)具有足够的油膜厚度和良好的极压性能以及优异的抗微动磨损性能。

### 5.2.8 气体润滑技术

空气轴承即是采用气体作为介质的流体膜润滑轴承，气体润滑技术是一种"绿色"的润滑技术，它一出现就打破了液体润滑"一统天下"的局面，使润滑技术产生了质的飞跃。

**1. 气体润滑的基础理论**

与流体润滑相同，气体润滑系统也有动压润滑与静压润滑两类系统，其基本原理与液体润滑系统大致相同。

**2. 气体润滑原理**

气体润滑技术是研究气膜形成原理、气膜支承结构设计及其应用的一门先进的实用技术。气体润滑主要用作设备或仪器的精密、高速支承。

气体润滑是通过动压或静压方式由具有足够压力的气膜将运动副两摩擦表面隔开，承受外力作用，从而降低运动时的摩擦阻力，减少表面磨损。气体润滑包括气体动力润滑和气体静压润滑两个方面。前者是以气体作为润滑剂，借助于运动表面的外形和相对运动形成气膜，从而使相对运动两表面隔开的润滑；而后者是指依靠外部压力装置，将足够压力的气体输送到摩擦运动表面之间，形成压力气膜而隔开两运动表面的润滑。

**3. 气体润滑技术优点**

由于润滑油脂本身的特性决定了一些润滑区域是禁区，如高温情况下，油脂易挥发；低温情况下，油脂易凝固；有辐射的环境中，油脂易变质等，而气体润滑却可在这些油脂的润滑禁区大显身手。气体润滑技术在高速度、高精度和低摩擦三个领域，均已显示出了强大的生命力。

**4. 气体润滑技术的核心产品——气体轴承**

气体轴承是利用气膜支承负荷来减少摩擦的机械构件。与滚动轴承及油滑动轴承相比，气体轴承具有速度高，精度高，功耗低，寿命长，清洁度高，结构简单和易于推广应用等诸多优点。近年来得到了广泛的应用。在高转速和高精度的机械设备上，气体润滑轴承显示出它的极大优越性，如超精密车床、超精密镗床、高速空气牙钻、三坐标仪、圆度仪以及空间模拟装置等，都采用了气体轴承支承。精度高是气体润滑的另一个主要优点。另外，气体轴承也能够在非常苛刻的具有高温和辐射的环境下工作，如高温瓦斯炉的炉心冷却循环机需要在高温和有辐射的条件下工作。

**5. 气体润滑技术的发展趋势**

（1）技术理论由理想向更加贴合实际和精确化方向发展。

（2）高性能新型结构气体轴承的研制。

（3）进一步改进气体支承的制造工艺，提高气体支承的标准化和系列化以及降低气体轴承的使用成本。

（4）气体静压轴承仍将是气体润滑支撑的主力 气体静压轴承由于采用气体作为轴承的

润滑剂，它与其他轴承相比，具有"轻巧、干净、耐热、耐寒、耐久和转动平滑"等诸多优点，多用于超精密机床主轴或高精度测量仪器的轴承。

### 5.2.9 全优润滑技术

**1. 全优润滑技术的概述**

随着现代科技的不断进步和各工业领域的创新发展，设备维修制度已从过去故障维修（事后维修）、预防维修（定期维修）、预知维修（预测维修）发展到当今的主动维修（设备维修新理念）。

全优润滑管理就是对设备润滑的所有各个环节进行优化，以达到设备效益的最大化。即，以实现设备寿命周期成本最低、设备寿命周期利润最高为目的，在现有基础上，对设备润滑系统进行全过程优化，而采取的各种管理和技术措施。图5-7是全优润滑的内涵。

润滑剂的选用和优化是全优润滑的前提，污染控制是全优润滑价值和实践的核心，而油液监测是润滑剂优化和污染控制的手段，三者交至作用，缺一不可。

润滑装置的优化，包括对点与集中润滑，气雾润滑以及油和脂润滑等的优化和润滑剂用量的控制等。润滑污染控制是指采用各种有效措施，保持润滑材料洁净。它已被现代工业看作是保障设备可靠性、延长设备寿命和润滑油使用寿命的最重要手段。

油液状态监测技术是通过油液检测有效地分析出设备和专用油所处的状态，从而有效地指导设备运行和维护。油液监测由三个部分组成：

① 油液污染状态监测。
② 油液理化状态监测。
③ 设备磨损状态监测。

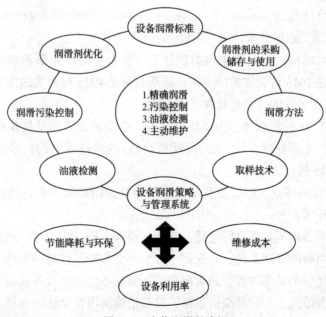

图5-7 全优润滑的内涵

**2. 全优润滑体系建设**

全优润滑不是使用最好的润滑材料，而是考虑在改进润滑方式（如污染控制）的基础上使用合适的润滑剂，并与设备生产和维护相匹配，从而达到最优的目标；即设备寿命周期成本最低和设备寿命周期利润最高。全优润滑要求企业在设备需要用油时，优先考虑精确选优和合理用油；通过对润滑油的正确运用和维护，减少污染，提高油品的清洁度；通过油液监测技术，延长润滑油的使用寿命，从而达到能源的高度作用，实现低碳排放。

建立设备全优润滑体系其目的是为了探索出一条有效的设备润滑优化管理的新思路。

全优润滑体系的建设有四大特点：分别是制度化的管理，专业化的执行，信息化的效率和可持续化的发展。

**3. 应用设备状态监测技术进行全优润滑管理**

通过应用设备状态监测技术对设备进行状态润滑管理，可以大大降低设备故障率，实现设备维修过程管理的科学化，保证设备安全运转的全优润滑。

**4. 基于润滑油液检测技术的全优润滑体系**

对润滑油液的检测能给我们带来三方面的变革：

① 由原来"按期换油"变成"按质换油"。

② 实现润滑油从开箱到润滑油废弃全过程的实时状态监测。

③ 结合其他监测技术实现问题的预防与诊断和失效分析等功能。

**5. 全优润滑管理基于设备润滑的全程污染控制与全面的油液监测技术相结合**

因为润滑剂是机器的"血液"，设备润滑管理，核心是对润滑污染控制的管理，保证设备时刻处于最佳润滑状态。

**6. PMS 是全优润滑技术的重要组成部分**

（1）设备维修管理体制　设备维修管理体制在经历了"事后维修"、"定期维修"之后，正在向"预知维修"方向转变，并成为设备维修管理的发展方向。采用基于设备监测与故障诊断技术的预知维修体制（Predictive Maintenance System，PMS）是企业全面推行"精益生产"方式和实现"敏捷制造"系统要求的唯一手段。

（2）工程的体系结构　PMS 系统由组织体系、技术及资源体系和诊断对象集三部分构成，其中组织体系是 PMS 行为实施的主体；诊断对象是 PMS 行为实施的客体；而技术及资源体系则是 PMS 工程实施的技术基础和必要手段。

① 组织体系　PMS 的组织体系由高层决策者、中层规划者和基层执行者构成，他们一般来自于企业设备的主管领导、设备动力科（机动科）或维修车间的技术管理人员和维修工人，是企业实施 PMS 的行为主体。

② 诊断技术及资源体系　PMS 工程是一项较为复杂的系统工程，其技术基础是设备状态监测和故障诊断技术。

总之，全优润滑管理不是孤立的过程，它涉及到人、机、法、环、料各个方面。是一个涵盖企业管理方方面面的管理系统，忽视哪一方面都会影响其作用的发挥。

全优润滑管理是一个动态过程，只有根据实际情况不断优化设备润滑管理，才能真正实现设备寿命周期成本最低、利润最高的目标；设备精确润滑是全优润滑技术的基础，除了设备润滑标准化的优化，更重要的是严格按照"润滑五定"的要求认真贯彻设备润滑标准，否则全优润滑将无从谈起；重视油品监测和污染控制是全优润滑不同于以往润滑管理模式的显著特点。通过对设备润滑介质的实时监控，对油品采取主动维护措施，控制其劣化倾向，可以有效降低设备维修和使用成本。

**7. IT 时代预知维修技术发展的动向**

进入 21 世纪以来，由于 IT 时代的到来，与过去设备管理(PE)相关的技术作为企业资产的最佳管理方案，维修管理正在进化为企业资产管理(Enterprise Asset Management，EAM)，预知维修系统正在进化为设备资产管理(Plant Asset Management，PAM)，特别是设备诊断技术(CDT)，其重要性和有效性在维修现场已被再度确认，现在已经出现了远程监视和远程诊断(两者合称为 E-monitor)等 IT 时代的新装置。

有关远程监视和远程诊断的仪器已经开发出系列产品，这些称为 E-Monitor 的仪器正处在商品化过程中。用热成像和 CDD 摄像诊断腐蚀图像等已被实际应用于构筑物和管道等的诊断；而能够测到声响和振动在空间分布的声响图像和振动图像，则正在研究室中使用。通常把利用因特网的远程监视称为电子监视器(E-monitor)。其构成要素所具的主要功能有设备监视、精密诊断、便携式无线检查、过渡状态监视、质量性能监视和控制装置监视。

### 5.2.10 薄膜润滑技术

**1. 概述**

薄膜润滑(Thin Film lubrication)是 20 世纪 90 年代发现的一种新型润滑状态，它有着自身独特的润滑规律。薄膜润滑作为纳米摩擦学的一个重要分支，它已成为摩擦学研究的一大热点。

**2. 薄膜润滑概念的提出**

无论从膜厚还是摩擦系数的范围划分来看，在弹流润滑和边界润滑之间存在一个空白带。这一过程的未知领域就是薄膜润滑区，它既广泛存在于超精密制造的机械系统与微机械系统中，也存在于生物基体的组织中。

就机理而言，薄膜润滑是介于弹流润滑与边界润滑之间的一种独立的润滑形态，它具有特殊的润滑规律和本质。薄膜润滑的膜厚远大于弹流润滑的理论计算膜厚值，并且与时间效应相关，由此可知，薄膜润滑与弹流润滑的润滑机理是不同的。

**3. 薄膜润滑的特性**

润滑状态由弹流润滑转变为薄膜润滑状态时，润滑机理已与弹流润滑不同。润滑油黏度对膜厚的影响程度低于弹流润滑的情况。这时薄膜润滑与弹流润滑膜厚度也存在较大差异等，这些都是薄膜润滑区别于弹流润滑的主要特征。在薄膜润滑状态下，膜厚降到了纳米量级时，静态吸附膜已经达到了不可忽略的地步。薄膜润滑与弹流润滑的润滑机理是不同的。在薄膜润滑状态下，摩擦副表面上的吸附膜在摩擦过程中不参与流动，其对膜厚—速度关系的影响已不可忽略。

薄膜润滑研究中的关键问题之一就是实现这种润滑状态的全面性能测试。

**4. 薄膜润滑研究展望**

薄膜润滑是一个迅速发展的新领域，在理论研究上已取得一定的进展，其机理研究是近年来摩擦学领域中最为活跃的研究方向之一。但如何针对具体的应用工况开展研究，已成为目前的迫切问题。目前，计算机硬盘制造技术的飞速发展为纳米薄膜润滑，特别是分子膜润滑提供了广阔的应用前景。

有关薄膜润滑研究应重点集中在以下几个方面：
① 研制亚微米、纳米级润滑膜特性的测试技术和实验装置。
② 研究不同类型润滑膜的流变特性与润滑特征及其转化。
③ 研究薄膜润滑特性变化及其与工况参数和环境条件的相关性。
④ 薄膜润滑状态的模型化研究及其数值计算。
⑤ 薄膜润滑的失效准则与应用研究。
此外，以改善薄膜润滑性能为目标的新型润滑介质的研究也具有重要意义。

# 附录1 润滑剂专业词汇英中文对照

## A

| | |
|---|---|
| Abrasive Wear, Abrasion | 磨粒磨损 |
| Additive | 添加剂 |
| Adhesion | 黏附 |
| Adhesive force | 黏附力 |
| Adhesive wear | 黏附磨损 |
| Adsorption | 吸附 |
| Aerodynamil lubrication | 气体动力润滑 |
| Aerostatil lubrication | 气体静力润滑 |
| Affinty for oil | 亲油性 |
| Age-hardering of grease | 时效硬化 |
| Aluminium base grease | 铝基润滑脂 |
| Amonton's laws | 阿蒙顿定律 |
| Aniline point | 苯胺点 |
| Anticorrosion additive | 抗腐蚀添加剂 |
| Anti-foam additive | 抗泡添加剂 |
| Anti-friction material | 减磨材料 |
| Antioxidant additive | 抗氧添加剂 |
| Anti-scoring additive | 抗刮伤添加剂 |
| Anti-seizure property | 抗咬黏性 |
| Anti-wear additive | 抗磨损添加剂 |
| Anti-wear treetment | 抗磨损处理 |
| Apiezon oil | 阿匹松油 |
| Apparent viscosity | 表观黏度 |
| Area of contact | 接触面积 |
| Asperitise, Protuberances, Rugosities | 微凸体 |
| AT fluid | 自动变速器油 |
| Atomic wear | 原子磨损 |
| Attrition | 磨耗 |

## B

| | |
|---|---|
| Barium base grease | 钡基润滑脂 |

| | |
|---|---|
| Base oil | 基础油 |
| Bath lubrication, Dip-feed lubrication | 油浴润滑 |
| Blending | 调和 |
| Block grease | 硬质润滑脂 |
| Bonded solid lubricant | 粘结固体润滑剂 |
| Bone oil | 骨油 |
| Boundary lubrication | 边界润滑 |
| Bubbly oil lubrication | 气液混合润滑 |
| Burning | 烧伤 |

## C

| | |
|---|---|
| Carbon oil | 碳油 |
| Castor oil | 蓖麻油 |
| Catastrophic wear | 突变性磨损 |
| Chemical conversion coating | 化学转化覆层 |
| Chemical Lapping | 化学研磨 |
| Chlorinated lubricant | 氯化润滑剂 |
| Circulating lubrication | 循环润滑 |
| Cloud point | 浊点 |
| Coastal oil | 海岸油 |
| Coefficient of adhesion | 黏附系数 |
| Coefficient of friction | 摩擦系数 |
| Cold test | 冷凝试验 |
| Combined lubricant | 复合润滑剂 |
| Combined rolling and sliding friction | 滚滑摩擦 |
| Compounding | 调配 |
| Coolant | 冷却剂 |
| Compression effect | 压缩效应 |
| Corrosion resistance | 抗腐蚀性 |
| Corrosive wear | 腐蚀磨损 |
| Continuous lubrication | 连续润滑 |
| Consistency | 稠度 |
| Cracking | 裂化 |
| Crankcase oil | 曲轴箱油 |
| Crude oil | 原油 |
| Coulomb friction | 库仑摩擦 |
| Cut-back oil | 稀释油 |
| Cutting fluid | 切削液 |
| Cylinder stork | 气缸油 |

## D

| | |
|---|---|
| Degras | 羊毛脂 |
| Detergent additive | 清净添加剂 |
| Detergent oil | 清净性油 |
| Diffusive wear | 扩散磨损 |
| Dispersant additive | 分散添加剂 |
| Dispersant oil | 分散性油 |
| Drawing lubricant | 拉制用润滑剂 |
| Drop feed lubrication | 滴油润滑 |
| Dynamic friction, Kinetic friction | 动摩擦 |
| Dynamic Viscosity | 动力黏度 |

## E

| | |
|---|---|
| Elastohydrodynamic lubrication(E. H. L) | 弹性流体动力润滑 |
| Electro erosive wear, Spark erosion | 电侵蚀磨损 |
| Embeddability | 嵌入性 |
| Emulsion | 乳化 |
| Emulsion inversion | 逆乳化 |
| Engine oil | 发动机油 |
| Engler viscosity | 恩氏黏度 |
| Erosive Wear, Erosion | 侵蚀磨损 |
| Extreme-pressure lubrication | 极压润滑 |
| Extreme-pressure(E. P)additive | 极压添加剂 |

## F

| | |
|---|---|
| Fat | 脂肪 |
| Fatigue resistance | 抗疲劳性 |
| Fatigue wear | 疲劳磨损 |
| Fatty acid | 脂肪酸 |
| Fatty oil | 脂肪油 |
| Fiber grease | 纤维状润滑脂 |
| Filler | 填料 |
| Flash point | 闪点 |
| Flash temperature | 闪温 |
| Flood lubrication | 溢流润滑 |
| Fluid erosion | 流体侵蚀磨损 |
| Fluid friction | 流体摩擦 |
| Fluting | 沟蚀 |
| Foam inhibitor | 抗泡剂 |
| Free rolling | 自由滚动 |

| | |
|---|---|
| Fretting | 微动磨损 |
| Fretting corrosion | 微动腐蚀 |
| Friction | 摩擦 |
| Friction force | 摩擦力 |
| Friction polymer | 摩擦聚合物 |
| Friction power | 摩擦功率 |
| Frictional compatibility | 摩擦相容性 |
| Frictional conformability | 摩擦顺应性 |
| Frictional oscillation | 摩擦震动 |
| Friction heat | 摩擦热 |

## G

| | |
|---|---|
| Galling | 咬焊 |
| Gas lubrication | 气体润滑 |
| Gaseous lubricant | 气体润滑剂 |
| Gear oil | 齿轮油 |
| Gone resistance value(C. R. V.) | 锥体阻力值 |
| Graze cracking Checking | 龟裂 |
| Graphite | 石墨 |
| Graphited grease | 石墨润滑脂 |
| Grease | 润滑脂 |
| Gum | 胶质 |

## H

| | |
|---|---|
| Heary-duty(H. D)oil | 重负荷油 |
| Hertzian contact area | 赫兹接触面积 |
| Hertzian contact pressure | 赫兹接触压力 |
| Hoar grease | 含毛润滑脂 |
| Hydraulic fluid | 液压液 |
| Hydro abrasive(Gas abrasive)wear | 流体磨粒磨损 |
| Hydrodynamic lubrication | 液体动力润滑 |
| Hydrostatic lubrication | 液体静力润滑 |

## I

| | |
|---|---|
| Initial Pitting | 初期点蚀 |

## K

| | |
|---|---|
| Kinematic Viscosity | 运动黏度 |

## L

| | |
|---|---|
| Lacquer | 胶膜 |
| Laminar lattice material | 层状晶格材料 |
| Layer-lattice material | 层状点阵材料 |

| | |
|---|---|
| Life-time lubrication | 永久润滑 |
| Light fraction | 轻馏分 |
| Limiting(Maximum)Static friction | 最大静摩擦力 |
| Liquid lubrication | 液体润滑 |
| Load carrying Capacity | 承载能力 |
| Coulomb friction | 库仑摩擦 |
| Lubricant | 润滑剂 |
| Lubricant carrier | 润滑剂载体 |
| Lubricant compatibility | 润滑剂相容性 |
| Lubricated friction | 润滑摩擦 |
| Lubricating oil | 润滑油 |
| Lubrication | 润滑 |
| Lubricity, oiliness | 润滑性 |
| lut | 馏分 |

## M

| | |
|---|---|
| Macroslip, Overall relative Slip | 宏观滑动 |
| Magneto-hydrodynamic lubrication | 磁流体动力润滑 |
| Mechanical activation | 机械活化 |
| Mechanical wear | 机械磨损 |
| Mechano-chemical wear | 机械化学磨损 |
| Mechanochemistry | 机械化学 |
| Metallurgical burn | 冶金烧伤 |
| Metallurgical Compatibility | 冶金相容性 |
| Microslip, Creep | 微观滑移 |
| Mild wear | 轻微磨损 |
| Mineral, petroleum oil | 矿物油 |
| Mist lubrication, oil fog lubrication | 油雾润滑 |
| Motor oil | 汽油机油 |
| Mould(Mold)oil | 脱模油 |
| Multifunction additive | 多效添加剂 |
| Multigrade oil | 多级油 |
| Multipurpose oil | 多效油 |

## N

| | |
|---|---|
| Nascent Surface, Virgin Surface | 初生表面 |
| Neat oil | 未稀释油 |
| Neutral oil | 中性油 |
| Neutralization value | 中和值 |
| Newtonian fluid | 牛顿流体 |

| | |
|---|---|
| Non-Soap grease | 非皂基润滑脂 |
| Normal wear | 正常磨损 |

## O

| | |
|---|---|
| Oil | 油 |
| Oiler | 加油器 |
| Oiliness additive | 油性添加剂 |
| Once-through lubrication | 单程润滑 |
| Overbasing | 高碱性 |
| Oxidation stability | 氧化安定性 |

## P

| | |
|---|---|
| Pad lubrication | 油垫润滑 |
| Plasticity | 塑性 |
| Pasto-hydrodynamic lubrication | 塑性流体动力润滑 |
| Peening wear | 冲击磨损 |
| Penetration | 针入度 |
| Penetrometer | 针入度计 |
| Periodical lubrication | 间断润滑 |
| Petroleum lubricant | 石油润滑剂 |
| Phase-change lubrication | 相变润滑 |
| Plastic flow | 塑性流动 |
| Ploughing, plowing | 犁沟 |
| Polytetrafluoroethylene(PTFE) | 聚四氟乙烯 |
| Pour point | 倾点 |
| Pour-point depressant | 降凝剂 |
| Pressure flow, Poiseuille flow | 压力流 |
| Pressure lubrication, Foveae-feed lubrication | 压力润滑 |
| Pressure-velocity factor | 压强速度值 |
| Pressure-velocity-limit | 压强速度极限值 |
| Pressure-viscosity coefficient | 压力黏度系数 |

## Q

| | |
|---|---|
| Quasi-hydrodynamic lubrication, Mixed lubrication | 准流体动力润滑 |

## R

| | |
|---|---|
| Redwood Viscosity | 雷氏黏度 |
| Relative wear resistance | 相对耐磨性 |
| Reynold's equation | 雷诺方程 |
| Rheodynamic lubrication | 流变动力润滑 |
| Rheology | 流变学 |
| Rheopectic grease | 触变性润滑脂 |

| | |
|---|---|
| Rheopectic material | 触变性材料 |
| Ring lubrication | 油环润滑 |
| Roll oil | 轧制用油 |
| Rolling | 滚动 |
| Rolling friction | 滚动摩擦 |
| Rota print lubrication | 压印润滑 |
| Running in | 磨合 |
| Running-in ability | 磨合性 |
| Russell effect | 罗素效应 |
| Rust preventive additive | 防锈添加剂 |

## S

| | |
|---|---|
| Scoring | 刮伤 |
| Scratching | 摩擦 |
| Scuffing | 胶合 |
| Seal | 密封 |
| Secondary surface | 次表面 |
| Seizure | 咬黏 |
| Self-lubricating material | 自润滑材料 |
| Semi-Liquid lubrication | 半液体润滑 |
| Sever wear | 严重磨损 |
| Shake-down of surface layers | 表层安定 |
| Shear flow, Cutting flow | 剪切流 |
| Shear stability | 剪切安定性 |
| Shear thickening | 剪切稠化 |
| Shear thinning | 剪切稀化 |
| Slide-roll ratio | 滑滚比 |
| Sliding | 滑动 |
| Sliding friction | 滑动摩擦 |
| Sliding Surface | 滑动表面 |
| Sludge | 油泥 |
| Smearing, Wiping | 涂沫 |
| Soap | 皂 |
| Soild lubricant binder | 固体润滑剂黏结剂 |
| Soild-film coating | 固体膜涂敷润滑 |
| Solid lubricant | 固体润滑剂 |
| Solid film lubrication | 固体润滑 |
| Soluble oil | 可溶性油 |
| Spalling, Flaking | 剥落 |

| | |
|---|---|
| Specific sliding | 滑动率 |
| Spindle oil | 锭子油 |
| Splash lubrication, Spit lubrication | 飞溅润滑 |
| Squeeze effect | 挤压效应 |
| Static friction | 静摩擦 |
| Steadily loaded bearing | 静载轴承 |
| Stick-slip motion | 黏滑运动 |
| Stiction | 黏滞 |
| Straight mineral oil | 直馏矿物油 |
| Sulphur-chlorinated lubricant | 硫氯化润滑剂 |
| Sulphurized lubricant | 硫化润滑脂 |
| Surfactant | 表面活性剂 |
| Synthetic lubricant | 合成润滑剂 |

**T**

| | |
|---|---|
| Textile oil | 纺织用油 |
| Thermal fatigue | 热疲劳 |
| Thermal wear | 热磨损 |
| Thickener, Gelling agent | 稠化剂 |
| Thick-film lubrication | 厚膜润滑 |
| Thin film lubrication | 薄膜润滑 |
| Thixotropy | 触变性 |
| Total acid number(TAN) | 总酸值 |
| Total base number(TBN) | 总碱值 |
| Transfer of material | 材料迁移 |
| Transition Wear effects | 磨损转移效应 |
| Transmission oil | 传动用油 |
| Tribochemistry | 摩擦化学 |
| Tribology | 摩擦学 |
| Tribometer | 摩擦仪 |
| Tribophysics | 摩擦物理学 |
| Turbine oil | 涡轮机油 |

**U**

| | |
|---|---|
| Unlubricated friction | 无润滑摩擦 |

**V**

| | |
|---|---|
| Varnish | 漆膜 |
| Viscoelasticity | 黏弹性 |
| Viscosity | 黏度 |
| Viscosity index(V.I) | 黏度指数 |

| | |
|---|---|
| Viscosity index (V.I) improver | 黏度指数改进剂 |
| Viscous friction | 黏滞摩擦 |
| Viscous | 黏性 |

## W

| | |
|---|---|
| Wear | 磨损 |
| Wear debris, Detritus | 磨屑 |
| Wear extent | 磨损量 |
| Wear intensity | 磨损度 |
| Wear rate | 磨损率 |
| Wear resistance | 磨损性 |
| Wedge effect | 楔效应 |
| Welding | 焊合 |
| Wettability | 湿润性 |
| Wick lubrication | 油绳润滑方法 |

## Y

| | |
|---|---|
| Yarn grease | 含线润滑脂 |

# 附录2  部分常用润滑油产品及厂家

| 序号 | 产品主要类型 | 厂家/供应商 | 备注 |
|---|---|---|---|
| 1 | 金属加工液、工业油品、车用油 | 安美科技股份有限公司 | https://www.amer.cn/ |
| 2 | 金属加工液、模具润滑材料、线切割加工液系列产品、气雾防锈润滑产品、汽车后市场产品 | 广州工大科技有限公司<br>深圳市建儒科技有限公司<br>广东信鹏化工实业有限公司 | http://www.sinogonda.com/<br>http://www.jyes.cn/ |
| 3 | 高端润滑脂产品 | 深圳市合诚润滑科技有限公司 | http://www.hcrhz.com/ |
| 4 | 金属加工液、工业油品 | 广州市方川润滑科技有限公司 | http://www.fanchu.com/ |
| 5 | 车用油、工业油、汽车维护保养产品 | 广东车路士能源科技有限公司 | http://www.chelsea-power.com/ |
| 6 | 车用油、工业油、高端油品代工 | 珠海美合科技股份有限公司 | http://www.makhop.com/ |
| 7 | 车用油、防冻液、汽车后市场产品 | 广东德联集团股份有限公司 | http://www.delian.cn/zh_cn/ |
| 8 | 金属加工液、工业油品 | 富兰克科技(深圳)股份有限公司 | http://www.francool.com/ |
| 9 | 高端车用油、润滑脂 | 广东卫士石化有限公司 | http://www.watts21.com/ |
| 10 | 基础油、润滑油 | 茂名海和石油化工有限公司 | |
| 11 | 润滑油产品的工业集成,设备润滑管理 | 珠海经济特区顺益发展有限公司 | http://www.chinashunyi.com/ |
| 12 | 长城牌润滑油系列经销、工业油、基础油 | 东莞市北山润滑油有限公司 | |
| 13 | 长城牌润滑油系列 | 中国石化润滑油有限公司(长城) | Sinopec |
| 14 | 昆仑牌润滑油系列 | 中国石油润滑油有限公司(昆仑) | KunLun |
| 15 | 吉盛润滑油、基础油、工业油、金属加工液、车用油、油品检测 | 广州吉盛润滑科技有限公司<br>广州机械科学研究院有限公司 | http://www.gmeri.com/ |
| 16 | 气雾防锈润滑产品 | 中山市天图精细化工有限公司 | http://www.tentopchem.com/ |
| 17 | 工业油品、车用油、金属加工液 | 广东澳力丹实业有限公司 | http://www.oita.com.cn/ |
| 18 | 橡胶油、基础油、工业油 | 广州大港石油科技有限公司 | |
| 19 | 润滑脂、食品级润滑脂产品 | 广州精润润滑材料有限公司 | |
| 20 | 金属加工液、工业油品 | 广州市联诺化工科技有限公司 | http://www.xf-chemical.com/ |
| 21 | 车用油 | 深圳市巨龙腾实业发展有限公司(伊斯坦润滑油) | http://www.kingoil.cn/ |

# 附录3　部分常用润滑油添加剂及厂家

| 序号 | 主要产品 | 厂家/供应商 | 备　注 |
|---|---|---|---|
| 1 | 路博润产品；腐蚀抑制剂、极压润滑剂、水基复合剂、消泡剂、工业油添加剂、单剂、内燃机复合剂 | 广州市润必德化工有限公司 | 中山大道西140号华港商务大厦西塔20层2021房 |
| 2 | 昆仑润滑油添加剂系列、齿轮油添加剂 | 中国石油昆仑润滑油添加剂事业部 | 2017年成立 |
| 3 | 磺酸、磺酸盐清净剂、复合基质型盐类清净剂、清净剂、ZDDP抗氧抗腐剂、聚异丁烯丁二酰亚胺无灰分散剂和发动机油复合剂、齿轮油复合剂、液压油复合剂、金属加工油复合剂及特种工业油复合剂 | 锦州康泰润滑油添加剂有限公司 | https://jzkangtai.com/ |
| 4 | 金属加工液添加剂、各种润滑油添加剂 | 上海宏泽化工有限公司 | http://starrychem.com/ |
| 5 | 工业油复合剂、船用油复合剂、各种功能添加剂 | 中山市坤厚添加剂有限公司 | http://bzkunhou.com/ |
| 6 | 石油添加剂、润滑油添加剂；工业油复合剂、车用油复合剂、各种功能添加剂 | 淄博惠华化工有限公司 | www.huihuachem.com/ |
| 7 | 金属清净剂、无灰分散剂、抗氧化剂、降凝剂、极压抗磨剂、防锈剂、乳化剂、金属钝化剂、黏度指数改进剂、抗泡剂等 | 深圳市鸿庆泰石油添加剂有限公司 | www.shenzhenhqt.com/ |
| 8 | 德国Clariant（科莱恩）、AkzoNobel（阿克苏诺贝尔）；金属加工液添加剂 | 上海振威化工有限公司 | www.zhenweihg.com |
| 9 | 巴斯夫产品；表面活性剂、洗涤剂原材料、金属加工液原材料 | 广州龙慧贸易有限公司 | http://www.longhuigd.com/ |
| 10 | 清净剂、分散剂、ZDDP、高温抗氧剂、汽机油复合剂、柴机油复合剂、船用油复合剂、工业油复合剂及燃料油清净剂 | 新乡市瑞丰新材料股份有限公司 | www.sinoruifeng.com/ |
| 11 | 石油添加剂；抗氧抗腐剂、油性剂、极压抗剂等 | 丹阳市博尔石油添加剂有限公司 | www.dyboer.com/ |
| 12 | 极压剂、防锈剂、消泡剂、杀菌剂、抗氧剂、极压抗磨剂、降凝剂 | 上海裕诚化工有限公司 | 021-54880400 |

## 参 考 文 献

[1] 潘传艺，张晨辉．金属加工润滑技术的应用与管理[M]．北京：中国石化出版社，2010
[2] 傅树琴，潘传艺等译．金属加工液原著第二版[M]．北京：化学工业出版社，2011
[3] 关子杰、钟光飞编著．润滑油应用与采购指南(第三版)[M]．北京：中国石化出版社，2017
[4] 王先会．润滑脂的选用指南[M]．北京：机械工业出版社，2012
[5] 王先会．车辆与船舶润滑油脂应用技术[M]．北京：中国石化出版社，2009
[6] 鲁德尼克(美)(Rudnick, L. R.)主编；李华峰等译．润滑剂添加剂化学与应用[M]．北京：中国石化出版社，2006
[7] 陈冬梅．车用润滑油(液)应用与营销[M]．北京：中国石化出版社，2002
[8] 汪德涛，林亨耀．设备润滑手册[M]．北京：机械工业出版社，2009
[9] 中华润滑技术论坛(2015)暨中国内燃机学会油品与清洁燃料分会第五届学术年会论文专辑[J]．《润滑油》编辑部，中国内燃机学会油品与清洁燃料分会，2015.9
[10] 中国润滑技术论坛(2016)论文专辑[J]．《润滑油》编辑部．《润滑与密封》编辑部，2016.9
[11] 中国润滑技术论坛(2017)论文专辑[J]．《润滑油》编辑部．《润滑与密封》编辑部，2017.9
[12] Metalworking Fluids 2$^{nd}$ Edition, Jerry P. Byers. CRC/Taylor & Francis, 2006
[13] 刘镇昌编著．金属切削液选择、配制与使用[M]．北京：化学工业出版社，2007
[14] 黄文轩编著．润滑剂添加剂应用指南[M]．北京：中国石化出版社，2003
[15] 潘传艺．新型中走丝线切割工作液的研制[J]．润滑与密封，2011(8)：102-104.
[16] 潘传艺．中走丝电火花线切割工作液的应用与发展[J]．模具制造，2011(5)：97-100.
[17] 潘传艺．金属加工润滑技术标准的发展[J]．中国工业润滑，2010(8)：14-20.
[18] 潘传艺．金属加工润滑剂的技术进展[J]．中国工业润滑，2010(9)：11-16.
[20] 潘传艺．高速加工技术及其润滑[J]．模具制造，2011(8)：65-68.
[21] 潘传艺等．铋系纳米材料在润滑中的应用[J]．润滑与密封，2007(3)：202-206
[22] 潘传艺．铋基添加剂在润滑材料中的研究进展[J]．石油添加剂，2010(8)：1-6.
[23] 潘传艺等．合成材料PAGs在金属加工液中的应用[J]．润滑与密封，2010(8)：104-110.
[24] 潘传艺等．DOT-4合成车辆制动液的研制与应用[J]．汽车零部件，2010(8)：61-67.